散乱の量子力学

散乱の量子力学

並木美喜雄
大 場 一 郎 著

岩 波 書 店

まえがき

量子論を使って具体的な現象をしらべる場合，必ずといってよいほど，散乱の理論の助けを借りる．通常，ミクロ現象の解明は，観察対象であるミクロ系に，これもミクロ系である入射粒子のビームを投入して衝突・散乱現象を起こし，そのアウトプットをしらべるという方法で行なわれる．その衝突・散乱現象を解析するのが散乱の理論，すなわち，“散乱の量子力学”である．ミクロ現象の現場研究にとって，散乱の量子力学は理論的道具として欠くことができない．実際，散乱の量子力学は各方面への広範な量子論の具体的適用とともに成長し発展してきた．現在，散乱の量子力学は豊富な具体例に支えられた壮大な理論体系として整備されている．

一方，量子力学における観測問題は長い間アカデミックかつ哲学的興味だけの目で見られ，現場的研究の対極にあると思われてきた．しかし，この20年ほどの間に，技術革新のおかげで，昔は思考実験でしか考えられなかったような原理的実験が可能になり，観測問題が具体的な物理過程として議論されるようになった．その場合，理論的分析の中核はやはり散乱の量子力学にある．すなわち，散乱の量子力学は，量子論の現場利用と原理的考察の両面において，不可欠の理論的道具だということができる．

しかし，量子力学の初等的教科書は散乱について十分な説明を与えていないのがふつうである．紙数の制限もあって，やむを得ないところもあるが，第一線で働く研究者・技術者の養成という面から見ると極めて物足りない．もちろん，専門書はある程度公刊されており，中には優れたものもある．しかし，古くて膨大なものや，かなり数学的なものが目につく．散乱の量子力学も，時代の流れに応じて書き直して行くべきだと思う．これが本書の執筆を思い立った主な理由である．

本書は学部課程高学年から大学院修士課程の学生を対象にした散乱の量子力学の教科書である．そのため，初歩的な具体例を使って説明しながら，技術面に片寄らず，ある程度原理面からの議論も取り入れて，適当な分量の中で分かりやすい教科書となるよう心掛けた．したがって，本書は一部の専門家を相手にした数学的またはエンサイクロペディア的なモノグラフではなく，あくまでも散乱の量子力学への導入的な教科書を目指している．なお，著者(並木)が以前担当執筆した岩波講座「現代物理学の基礎」第2版“量子力学 I”の第2章と第3章および“量子力学 II”の第12章と第13章をベースにしたが，構成・内容とも全面的に書き直すと同時に，かなり新しい項目をつけ加えた．

散乱の量子力学について，一応の知識を得ようとする人たちは，ひとまず第1章から第6章までを通読すればよい．それだけでも，散乱理論の現場的利用には事足りるように構成したつもりである．それ以上は，もっと突っ込んで勉強したいと希望する人たちのものだ．その一方で，書き足りないと思う項目もある．たとえば，多重散乱については概略しか書けなかったし，3体散乱問題には触れることもできなかった．相対論的効果についての話も十分ではないと思う．分量などから見てやむを得ないところだが，著者としては残念である．読者の皆さんの補足的勉強に期待せざるをえない．なお，最初の通読に際しては，♯印をつけた章や節は省略してもよい．この印は一応量子力学を学習した人たちならば当然知っていると思う項目にもつけた．

本書の大部分は並木が執筆し，一部を大場が担当した．しかし，両者とも内容全体についての責任を負うものである．十分に検討しながら書いたつもりだが，それでも著者の理解不足や不注意または勘違いによるミスを恐れている．皆さま方のご指導やご教示を得て改善して行きたい．

早稲田大学助教授中里弘道氏や研究室の学生諸君からは，原稿全体を注意深く読んだ上での適切な注意と助言を得た．また，本書の出版は岩波書店編集部片山宏海氏にご尽力いただいたおかげである．なお，本書の執筆は LaTeX（岩波書店版）で行なったが，これに関しては同編集部永沼浩一氏に面倒を見ていただいた．さらに高エネルギー物理学研究所（日本），フェルミ国立研究所大型放射光施設 Spring8（日本）にある加速器の写真をのせることができた．これらのお世話になったすべての方々に厚くお礼申し上げる．

1997 年 2 月

並木　美喜雄，大場　一郎

目次

第 5 章　定常状態問題における近似法　161

第 6 章　非定常問題としての衝突・散乱現象　183

第 7 章　一般の散乱♯　227

1　衝突・散乱現象とは何か

衝突・散乱現象とは何だろうか？　それがこの章の主題である．現在私たちは原子，分子，原子核，素粒子，各種の物性材料，生体物質などのミクロ的構造について多くの知識や情報をもっている．その大半は衝突・散乱現象を通して得られたものだ．この章では，まずミクロ系の衝突・散乱現象をしらべる目的，実験方法のあらまし，理論的解析の目標などについて説明する．

1-1　ミクロ系からの情報の抽出 ——現代物理学における衝突・散乱

私たちはある事物が何であるかを知ろうとする場合，まず光(自然光か人工光)を当ててその形状や色合いを見る．それでも足りない場合は，叩いたり壊したりする．相手が動物や人間のときは，声をかけたりさわってみたりして反応を見る．一般に事物を観察する場合，その事物に他の事物を投入してレスポンスを見るという操作を行なう．投入した事物と対象である事物の相互作用がレスポンスに反映し，それがアウトプット情報として出てくるのである．

この方式は相手がミクロ系である場合でも変わらない．もちろん，ミクロ系を実際に手に取って見ることはできないが，ミクロ粒子を投入してレスポンスをしらべることは可能である．ミクロ対象系と相互作用して有効な情報を引き出すものとしては，やはりミクロ系であるミクロ粒子がもっとも適している．

その際，投入したミクロ粒子は対象系と衝突し，散乱される．このように，ミクロ系からの情報の抽出は多くの場合衝突・散乱過程を通して行なわれている．ふつうは，既知のミクロ系を未知のミクロ系に投入して後者の情報を求めるのだが，逆に未知のミクロ系を既知のミクロ系に投入して前者についての情報を得ようとすることもある．第2章の冒頭で述べるミクロ粒子の波動・粒子2重性の観測はまさにそれである．また，温度，圧力，時空的な物質分布などのマクロ的な環境を変化させて，観察対象であるミクロ系のレスポンスをしらべる場合もある．なお，衝突する双方が既知のものであるが，相互作用が未知だということもある．この場合，衝突・散乱実験は相互作用をしらべる目的で行なわれる．いずれも，散乱の理論の枠内で処理できるものだ．

まず，ミクロ系同士の衝突・散乱過程が実際にどのようにして行なわれるかを概観しよう．具体的な実験では，図1-1のように，射出器から発射された(ミクロ系からなる)入射粒子ビームを衝突・散乱の相手(これを**散乱体** (scatterer) または**標的**(target)という)であるミクロ系の集団にぶつけて相互作用させ，出てくる散乱粒子を，離れたところにおいた検出器で捕捉するのである．一般的にいえば，散乱粒子が入射粒子と異なる場合もある．なお，「粒子」という言葉を用いたが，構造をもつ「ミクロ系」である可能性もある．ここではミクロ系とミクロ粒子という言葉を区別しないで使っている．

よく知られているRutherfordの実験では，入射粒子は放射性同位元素の崩壊によって生まれたα粒子であり，散乱体は金箔の中の金の原子核であった．Franck-Hertzの実験では，入射粒子は電子銃から発射された電子，散乱体は水

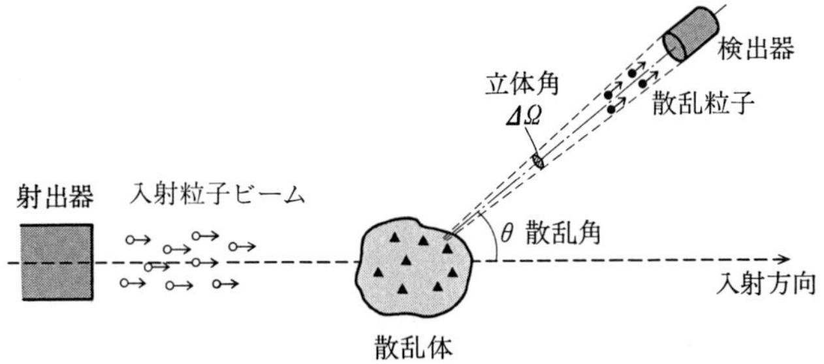

図1-1　衝突・散乱過程の概観

銀蒸気中の水銀原子であった．原子核反応実験においては，入射粒子は光子，中性子，陽子，重陽子，または他の原子核などであり，散乱体は各種原子核である．素粒子実験では，光子，電子，陽電子，陽子，中性子，π 中間子，K中間子，反陽子またはその他の反粒子などを入射粒子とし，液体水素(すなわち，陽子)や各種原子核などを散乱体として使っている．いずれの場合も，実験目的に応じた選択が行なわれる．通常，入射ビーム内の各粒子はほとんど一定の運動量をもつように工夫されている．

ミクロ粒子は量子力学に従って行動するので，量子力学的波動として扱わなければならない．したがって，ミクロ粒子の衝突・散乱過程は波の散乱となり，図1-2のように図式化して考えることができる．すなわち，入射粒子を表わす(平面波に近い)入射波が散乱体によって散乱されて，(球面波に近い)散乱波が出てくるわけであるが，その散乱波を入射波との比較でとらえて情報を得るように工夫するのである．

後で議論するように，入射粒子と散乱体の相互作用が実数の固定ポテンシャルで表わされる場合は，**弾性散乱**(elastic scattering)(**弾性衝突**(elastic collision))だけが起こり，情報は散乱の「位相のずれ」という形で記述される．もしも，この入射波で表わされるチャンネル以外にも反応が起こるならば，散乱波の振幅が減少し，情報は「位相のずれ」ばかりでなく「振幅の減衰」を表わす**減衰定数**にも現われる．また，散乱体が励起して初期状態と異なる状態に落ちたときに出てくる粒子を散乱波としてとらえるならば，エネルギーまたは運動量

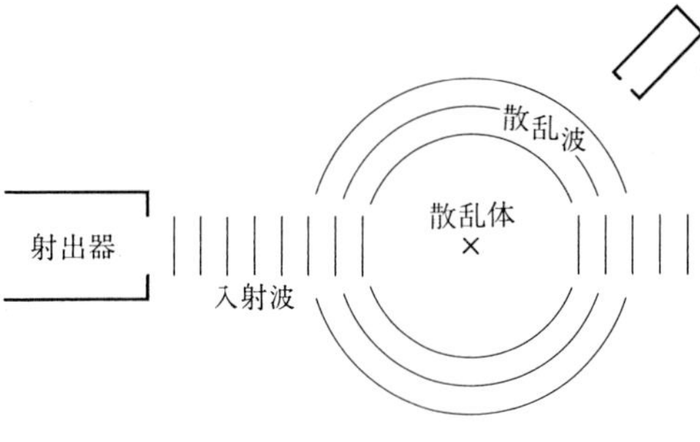

図1-2　波の散乱

(すなわち，振動数や波長)にも変化が生じるが，これも情報を伝える．いずれも，**非弾性散乱**(inelastic scattering)(**非弾性衝突**(inelastic collision))の場合である．

通信技術の目で見れば，これらはある種の変調機構である．通常，通信機械によって情報を伝達する際，ゼロ情報に相当する基本的搬送波を用意しておき，それを情報によって「変調」している．この「変調」された搬送波が情報伝達の主役である．現在，振幅変調，周波数変調，位相変調，時分割変調などの変調方式が広く使われている．強いて対応させれば，「位相のずれ」は位相変調，「振幅の減衰」は振幅変調，「エネルギー変化」は周波数変調をした結果出てきたものといえないこともない．もっとも，すべて静的な変調だから，現行の通信機構における動的な変調に比較すべくもないが．

この観点から，衝突・散乱過程による情報の抽出と伝達を図式化すれば，図1-3のようになる．この図は，搬送波としての入射波を散乱体との相互作用によって変調し，情報を運ぶ散乱波に変換する仕組みを示したダイヤグラムである．多くの場合，雑音が混入し，変調は情報と雑音とによって行なわれる．注目している情報以外の原因による変調はすべて雑音である．雑音は散乱体自身またはその環境からくるものもあり，入射ビーム内からくるものもある．通信理論は情報信号と雑音について定量的分析を行ない，雑音を取り除いて情報信号を取り出す方法を与えるものである．ミクロ粒子の衝突・散乱実験の現場で

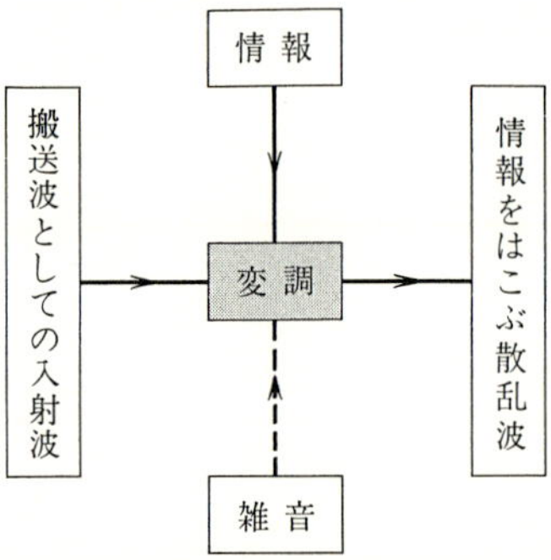

図1-3　衝突・散乱過程における情報の抽出・伝送

は，通信理論の意図的な適用というほどのものはないとしても，ミクロ現象に即した工夫と努力によって情報を取り出している．

衝突・散乱過程からミクロ系の情報を抽出しようとする量子力学的「変調」を通信システムの変調方式に対応させたが，これだけでは，衝突・散乱過程を変調という言葉で解釈したに過ぎず，ミクロ過程を自由自在に変調する技術の内容を示唆したものではない．しかし，今の技術はまだ発展途上にある．近い未来に，一定の定常流ビームや静的な散乱体のかわりに，規則的またはランダムに変動する入射ビームや散乱体を作ることも可能になるかもしれない．また，非常に短いパルスの利用もできるようになるだろう．すでに，非線形光学を利用する光通信や中性子干渉実験などではその萌芽ともいうべき技術が開発されつつある．散乱の理論はそれに応じて発展してゆくべきものだ．それも，新しい実験に合わせて理論を改良するというような受け身の姿勢ではなく，ミクロ系から情報を抽出し伝送するにはどのような変調方式がよいかという積極的な設計理論の構成であってほしい．これは将来の問題であり，ここでは議論している余裕はない．

さて，波の散乱という目でみれば，観察対象を精密に知るためには，観察対象のサイズと同程度またはそれ以下の波長の波を投入する必要がある．ミクロ系は，原子・分子→原子核→素粒子→…の順に小さくなるので，入射波の波長は各段階の対象に合わせて短くしてゆかなければならない．量子力学によれば，投入するミクロ粒子は量子力学的波動であり，周知の de Broglie 公式 $\lambda=h/p$ (h は Planck の定数，p は入射粒子の運動量)によって与えられる波長をもつ(第2章参照)．したがって，入射波の波長を短くするには，投入するミクロ粒子の運動量，すなわち，エネルギーを増大させる必要がある．粒子に大きなエネルギーを与えるにはふつう加速器を使うが，このような理由で原子核・素粒子実験に使う加速器が大規模化してきたのである．現在素粒子・原子核実験に利用されている代表的な粒子加速器としては，静電加速器，サイクロトロン，シンクロトロン，線形加速器などがあり，加速する粒子の種類やエネルギーに応じて使い分けられている．かつては，加速器から発射された入射粒子のビームをほとんど静止している標的に当てる実験が多かったが，最近の素粒子実験では2つの高エネルギー粒子ビームを正面衝突させて反応を引き出す衝突型加速器が主流になりつつある.

日本に現存する最大の加速器は，筑波研究学園都市の高エネルギー物理学研究所にある電子・陽電子衝突型加速器(通称トリスタン)であり，約30 GeV (300億電子ボルト：1電子ボルト $\simeq 1.6\times10^{-19}$ J)のエネルギーをもつ電子と陽電子のビームを正面衝突させることができる．世界最大の加速器はアメリカのFermi国立研究所にあるテバトロンで，約1 TeV(1兆電子ボルト)の陽子・反陽子衝突型加速器である．図1-4(a),(b) にそれらの写真を示す．ヨーロッパ原子核連合研究所(CERN)には，通称LEPと呼ばれる電子・陽電子衝突型加速器があって活躍中である．エネルギーは約50 GeV(500億電子ボルト)．いずれも高エネルギー粒子の衝突を実現するために建設された加速器である.

これらとは少々違った目的の加速器としては，大型放射光施設のSpring8(図の (c)) がある．これは電子を8 GeV程度に加速してリング状にためておく装置であるが，リング状の電子軌道から放射される光(電磁波)を利用するものだ．主として，物質構造の解明に用いられる予定であり，広範な利用が期待されている．また，コンプトン後方散乱などを利用して，コヒーレンスのよい高エネルギー偏極ガンマ線を作れば，質の高い粒子物理学実験もできるし，地球磁場による位相のずれを利用できれば，光子干渉現象によって一般相対論の検証実験も可能になる．現在 (1997年3月) 兵庫県に建設中のこの設備は放射光施設としては世界最大である.

レーガン，ブッシュ大統領時代にアメリカで計画され，クリントン大統領時代になって中止された超伝導衝突型陽子加速器 (SSC) は，20 TeV(20兆電子ボルト)の2つの陽子ビームの衝突型加速器であった．粒子軌道は長円形で，その長さは約88キロメートル(山の手線の3倍程度)もある巨大なものである．当然のことながら，建設費は非常に高く1兆円を越えるはずだった．当時，アメリカ政府は日本に経費の負担を依頼してきていた．現在，ヨーロッパ連合の研究所でそれに代わる大加速器の計画が考えられている．いずれにしても，1国では負担しきれないほどの大きな費用がかかる．早く新しい加速原理を開発して，もっと安上がりの高エネルギー加速器ができるようにしたいものである.

(a)

(b)

(c)

図 1-4 大加速器の写真：(a)「トリスタン」高エネルギー物理学研究所(日本，同研究所提供)，(b)「テバトロン」Fermi 国立研究所(アメリカ，同研究所提供)，(c) 大型放射光施設 Spring8 (日本，大型放射光施設共同チーム提供).

1-2　散乱実験のあらまし——散乱の断面積

図1-2を眺めながら，散乱現象の量的取扱いについて説明しよう．いままでは丁寧に衝突・散乱といってきたが，これからは単に散乱とだけいうことがある．簡単のためである．

マクロ的感覚からすれば，ふつうの実験条件下で用いられている入射ビームや散乱体集団は，狭い領域に極めて多数の粒子を含んでいる．したがって，前節で概観した衝突・散乱現象は，無数の粒子が相互作用しあう非常に複雑な多体問題として，処理しなければならないように見える．とすれば，問題は絶望的なほどむずかしい．しかし，幸いなことにその心配はない．

Rutherfordの実験を例に取ってこの問題を考えよう．α 粒子の半径はおおよそ 10^{-15} m くらいであり，金の原子核の半径は 10^{-14} m の程度である．α 粒子の射出器，すなわち，放射性同位元素(たとえばラジウム)を入れた容器の開口部は小さいけれどマクロの大きさをもっている．たとえば，直径 1 mm=10^{-3} m くらいとしてよい．すると α 粒子 のビームは横方向に 1 mm 程度のひろがりをもつ定常的な流れになる．このひろがりは α 粒子 の大きさと比べれば，$10^{-3}/10^{-15}=10^{12}$ 倍も大きい．α 粒子を仮に直径 1 m の球だとすれば，この広がりは約 10^{12} m=10 億 km の大きさに匹敵する．α 粒子 にとっては，ビームの広がりは無限大のように見えるだろう．

このビーム内の α 粒子 の密度について考えよう．ビームの流れの大きさを電流換算で表現して I A であったとする．素電荷の大きさを e C とすれば，α 粒子のもつ電気量は $2e$ C であるから，このビームの流れ強度は $N_0=I/2eS_0$ となる．ただし，流れの方向に垂直なビーム断面の全面積を S_0 m^2 とした．**流れ強度** N_0 は毎秒流れ方向に垂直な1平方メートルの面積を通る粒子数を表わし，単位は m^{-2} s^{-1} である．したがって，S_0 m^2 の面積を時間間隔 Δt s 中に通過してゆく α 粒子の個数は $\Delta N=N_0S_0\Delta t$ であり，その粒子群の占める体積は $\Delta V=S_0v_0\Delta t$ m^3 (v_0 は α 粒子の速さ：次元は m^{-1} s^{-1})であるから，α 粒子密度は $\Delta N/\Delta V=N_0/v_0$ m^{-3} となる．この密度を d^{-3} に等しいとおけば，平均粒子間隔 d m を求めることができる．すなわち，$d=\sqrt[3]{v_0/N_0}$ である．1 個の α 粒子のエネルギーを E_0 J，質量を m kg とすれば，非相対論的な速度の場合，$v_0=\sqrt{2E_0/m}$ m s $^{-1}$ と書くことができる．

さて，具体的数値例として，$S_0\simeq 10^{-6}$ m ^{2}，$I\simeq 10^{-3}$ A，$E_0\simeq 10^{-13}$ J（$\simeq 10^6$ eV $\simeq 1$ MeV：ラジウムの崩壊から出る α 粒子 のエネルギーはこの程度である）を選べば，$N_0\simeq 10^{22}$ s $^{-1}$ m $^{-2}$，$v_0\simeq 10^7$ m s $^{-1}$ であるから，平均粒子間隔は $d\simeq 10^{-5}$ m となる．これは α 粒子の大きさの 10^{10} 倍である．電流換算で $I\simeq 10^{-3}$ A という流れ強度はかなり強いものだが，そのように強いビーム内でも，個々の α 粒子 は隣の α 粒子の存在を気にしなくてもよいほどの密度しかない．

なお，量子力学的には，この平均間隔を α 粒子の de Broglie 波長($\lambda=h/p$)に比べる必要がある．1 MeV のエネルギーをもつ α 粒子の de Broglie 波長はだいたい 10^{-14} m であるから，上記の平均間隔はこの波長に比べても非常に大きい．したがって，このビームは個々の α 粒子を表わす独立な波束の集団と見ることができるのである．

次に，標的である金箔内の原子核の密度を考えよう．金箔内には電子もあるが，α 粒子は電子質量に比べて約 7200 倍もの大きい質量をもっているので，電子による α 粒子の散乱を問題にする必要はない．α 粒子の散乱体として考えなければならないものは金の原子核である．金箔は結晶体であるから，その内部には結晶格子が 10^{-10} m ぐらいの間隔を保って規則正しく並んでおり，原子核は結晶格子の中心に座っている．したがって，大きさ 10^{-14} m 程度の原子核にとって，隣の原子核は自分の大きさの $10^{-10}/10^{-14}=10^4$ 倍も遠いところにいる．仮に原子核の大きさが 1 m の球であったとすれば，原子核同士の間隔は 10 km の程度になってしまうというわけである．量子力学的には，原子核間隔($\simeq 10^{-10}$ m)を α 粒子の de Broglie 波長と比べることも重要である．上記の具体的数値例では，その de Broglie 波長はおおよそ 10^{-14} m だったから，これに比べても，原子核間隔は十分大きい．この場合，波の散乱問題としては，多数の散乱体を同時に考える必要はない．

こうして，複雑な多体問題のように見えた衝突・散乱過程も，実は 1 個の入射粒子と1個の散乱体の衝突という単純な問題に帰着されてしまうことが分かった．全体としての散乱実験のデータは，個々の独立な衝突(1個の入射粒子と1個の散乱体との衝突)を多数回行ない，その結果を「重ね焼き」したものなのである．したがって，図1-1の散乱実験では，検出器に単位時間毎に入ってくる散乱粒子の総数は，入射粒子の流れ強度と散乱体の数と検出器開口部が散乱中心に対して張る(十分小さな)立体角の相乗積に比例することになる．しかも，その比例係数は個々の衝突だけによって決まるはずのものだ．散乱実験を実質的かつ定量的に記述するものはその比例係数に他ならない．それが次に説明する散乱の微分断面積である．

さて，力の中心(散乱中心)を通り入射方向を向く直線を**入射軸** (incident axis) または**衝突軸** (collision axis) という．入射軸を極軸にとり，極角 θ($= 90° -$ 緯度角)，方位角 φ(経度角)によって散乱方向を表すと便利である．(θ, φ) を**散乱角** (scattering angle) という．図1-5を見よ．検出器は，散乱中心に対して，散乱方向のまわりに十分小さな立体角 $\Delta\omega$ を張る開口部をもっているとする．十分短い時間間隔 $(t, t+\Delta t)$ の間にこの検出器に入ってくる粒子の数を $\Delta N(t)\Delta t$ とすれば，上に述べた事柄は

$$S_0 \int_{-\infty}^{\infty} \Delta N(t) dt \propto n S_0 \int_{-\infty}^{\infty} N_0 dt \Delta\omega \tag{1.1}$$

ということである．ただし，n は散乱体の総数．比例係数は習慣上 $\sigma(\theta, \varphi)$ と書くことが多い．これを使えば，上式は

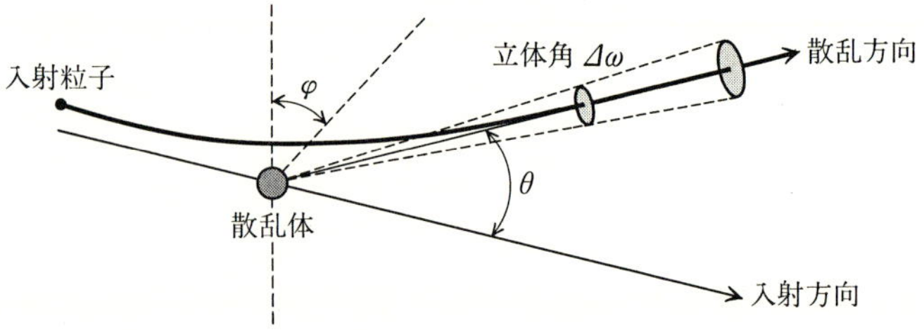

図1-5　散乱角

$$\int_{-\infty}^{\infty} \Delta N(t)dt = \sigma(\theta,\varphi)n\int_{-\infty}^{\infty} N_0(t)dt\Delta\omega \tag{1.2}$$

または

$$\sigma(\theta,\varphi) = \frac{\int_{-\infty}^{\infty} \Delta N(t)dt}{n\Delta\omega\int_{-\infty}^{\infty} N_0(t)dt} \tag{1.3}$$

と書くことができる．$\sigma(\theta,\varphi)$ が一般に散乱角 (θ,φ) の関数になることは明らかだろう．$\sigma(\theta,\varphi)$ が面積の次元をもっているので，これを散乱の**微分断面積** (differential cross section) という．ときには，$d\sigma=\sigma(\theta,\varphi)d\omega$ を微分断面積ということがある．物理的には，$d\sigma$ は方向 (θ,φ) のまわりの微小立体角 $\Delta\omega$ 内への散乱が起きることの面積確率を表わしている．

入射粒子ビームおよび散乱粒子流がほとんど定常的な流れになっているときは，十分よい近似で

$$\int_{-\infty}^{\infty} \Delta N(t)dt = \Delta NT\ ,\quad \int_{-\infty}^{\infty} N_0(t)dt = N_0T \tag{1.4}$$

とおくことができる．T は散乱実験が行なわれている全時間を表わす．この時間内では $\Delta N(t)$ も $N_0(t)$ もほとんど一定であり，それを ΔN および N_0 と書いたのである．この場合，(1.3) は

$$\sigma(\theta,\varphi) = \frac{\Delta N}{nN_0\Delta\omega} \tag{1.5}$$

と書き直すことができる．(1.3) および (1.5) は実験値だけで書かれていることに注意してほしい．これは実験側から見た散乱の微分断面積の定義である．散乱の量子力学は，この量を理論側から与えようとするものであり，本書の主題がそこにある．

なお，$\sigma(\theta,\varphi)$ を全立体角について積分したもの，すなわち，

$$\begin{aligned}\sigma &= \int\sigma(\theta,\varphi)d\omega \\ &= \int_0^{\pi}\int_0^{2\pi}\sigma(\theta,\varphi)\sin\theta d\theta d\varphi\end{aligned} \tag{1.6}$$

をこの散乱の**全断面積** (total cross section) という．いままで立ち入った話は

しなかったが，弾性散乱を念頭において説明してきた．その場合，(1.6) は弾性散乱の全断面積 $\sigma_{\rm el}$ である．非弾性散乱が存在するときの全断面積 $\sigma_{\rm tot}$ は非弾性散乱の全断面積 $\sigma_{\rm inel}$ を加えて

$$\sigma_{\rm tot} = \sigma_{\rm el} + \sigma_{\rm inel} \tag{1.7}$$

としなければならない．くわしくは後で説明する．

散乱の断面積は面積の次元をもつので，m^2 または cm^2 などの単位で測ってよいが，原子核反応や素粒子反応の場合は歴史的な習慣で，1 barn$=10^{-24}$ cm^2 という単位が広く用いられている．

上記の取扱いでは，現実の衝突・散乱実験を1個の入射粒子と1個の散乱体との独立な散乱の集積と見なしたが，それが許されない場合もある．たとえば，入射粒子の de Broglie 波長が十分長く結晶の格子間隔程度になれば，規則的に並んだ多数の格子を1つの散乱体として考えなければならない．この場合は，多数格子の効果が干渉縞などとなって現われるわけである．一方，散乱体が大きくなってゆくと(たとえば，Rutherford の実験における金箔の厚さが増してゆくと)，入射粒子は標的物体の中で2回以上の衝突を繰り返すことになる．このような現象は**多重散乱** (multiple scattering) として知られている．また，あまり現実的ではないが，入射粒子ビームの密度が極端に大きくなると，散乱前後における入射粒子同士または散乱粒子同士の相互作用も考慮に入れなければならないという事態が起こるかも知れない．1個の入射粒子と1個の標的との衝突でも，多数の粒子が発生する場合は，発生粒子間の終状態相互作用を考慮する必要がある．高エネルギー素粒子・原子核反応においては，現実の問題として研究されている．いずれも，個々の具体的な状況に即して処理すべき事柄だから，ここで立ち入ることはしない．

1-3　古典力学による散乱問題の取扱い♯

散乱の量子力学に入る前に，予備知識として，散乱の古典力学について簡単に説明しておこう．入射粒子と散乱体(標的)の行動が古典力学によって支配されている場合は，古典力学による散乱問題の取扱いが許される．

質量 $m_{\rm a}$，$m_{\rm b}$ をもつ 2 個の粒子 a，b の衝突を考えよう．両者間の力は相対距離 $r=|\boldsymbol{r}_{\rm a}-\boldsymbol{r}_{\rm b}|$（$\boldsymbol{r}_{\rm a}$，$\boldsymbol{r}_{\rm b}$ はそれぞれ粒子 a，b の位置を表わす）だけの関数であるポテンシャル $V(r)$ をもつものとする．よく知られているように，この場合の運動は，重心座標 $\boldsymbol{R}\equiv(m_{\rm a}\boldsymbol{r}_{\rm a}+m_{\rm b}\boldsymbol{r}_{\rm b})/(m_{\rm a}+m_{\rm b})$ と相対座標 $\boldsymbol{r}=\boldsymbol{r}_{\rm a}-\boldsymbol{r}_{\rm b}$ についての運動に分解することができる：

$$M\frac{d^2\boldsymbol{R}}{dt^2}=0\ , \tag{1.8}$$

$$\mu\frac{d^2\boldsymbol{r}}{dt^2}=-\frac{\partial V(r)}{\partial\boldsymbol{r}}\ . \tag{1.9}$$

$M\equiv m_{\rm a}+m_{\rm b}$ は**全質量**，$\mu\equiv m_{\rm a}m_{\rm b}/M$ は**換算質量**，$\partial/\partial\boldsymbol{r}=(\partial/\partial x,\partial/\partial y,\partial/\partial z)$ はベクトル微分演算子である．(1.8) は重心の等速直線運動を表わすので，重心運動量 $Md\boldsymbol{R}/dt=\boldsymbol{p}_{\rm a}+\boldsymbol{p}_{\rm b}$ は全運動量に等しく一定である．一方，(1.9) は相対座標の変動が，換算質量 μ をもつ（仮想的な）粒子の $\boldsymbol{r}=0$ を中心とする固定中心力場 $\boldsymbol{f}=-\partial V(r)/\partial\boldsymbol{r}$ 内の運動に等価であることを意味している．

さて，粒子 a が入射粒子，粒子 b が散乱体粒子であるとする．この場合，$m_{\rm b}\gg m_{\rm a}$ であるとして話を進めよう．そのとき，$\mu\simeq m_{\rm a}$ となり，粒子 b はほとんど動かず，粒子 a の運動に対して力の固定中心を提供するだけである．そのとき，$\boldsymbol{r}$ の運動はほとんど $\boldsymbol{r}_{\rm a}$ の運動と同じである．簡単のため，当分の間この状況を念頭において話を進めよう．一般の場合への復帰は簡単であり，その一部は次節で見るつもりだ．

散乱問題の性格上，ポテンシャルと力が相対距離の増大に対して急速に減少してゼロに近づく場合だけを考えればよい．したがって，はじめ遠くにあって等速直線運動をしていた入射粒子は，散乱体に近づくにつれて力を受けて進路を曲げることになる．図 1-6 にその概況を示した．

力の作用がなければ，相対座標 $\boldsymbol{r}$ で記述される粒子（上の状況では粒子 a）は力の固定中心となるはずの点から距離 b 離れた入射直線上を一定速度で進行するだけだろう．この b を**衝突パラメーター** (impact parameter) という．または**衝突径数**ということがある．入射直線が示す方向が入射方向であることはい

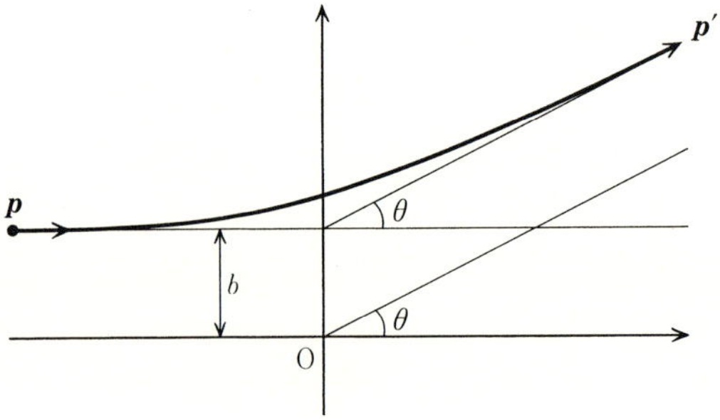

図 1-6　衝突パラメーター

うまでもないが，$b=0$ の直線が**衝突軸**というのであった．

力の作用があれば，この粒子は進路を曲げながら力の働く範囲を通過して，やがて別の脱出直線上を一定速度で遠方に飛び去るだろう．十分遠方で入射直線に乗っていた粒子は，この散乱過程によって，運動量を $\boldsymbol{p}$ から $\boldsymbol{p}'$ に変える（上の状況では，粒子 a が運動量を $\boldsymbol{p}_{\mathrm{a}}$ から $\boldsymbol{p}'_{\mathrm{a}}$ に変える）．

$\boldsymbol{p}$ が入射直線と，$\boldsymbol{p}'$ が脱出直線と同方向であることはいうまでもない．散乱問題は，初期条件として衝突パラメーター b と 初期運動量 $\boldsymbol{p}$ を与えて，終期運動量 $\boldsymbol{p}'$ と脱出直線の位置を求めるものである．

力とポテンシャルが(十分遠方でゼロとなる)保存力であれば，エネルギー保存則の結果として，入射速度 $\boldsymbol{v}$ および入射運動量 $\boldsymbol{p}$ の大きさは，それぞれ，脱出速度 $\boldsymbol{v}'$ および脱出運動量 $\boldsymbol{p}'$ の大きさに等しく(すなわち，$v_0=|\boldsymbol{v}|=|\boldsymbol{v}'|$ および $p_0=|\boldsymbol{p}|=|\boldsymbol{p}'|$)，全エネルギー E(すなわち初期運動エネルギー)と $E=\mu v_0^2/2=p_0^2/2\mu$ の関係にある．また，力が中心力であるため，軌道角運動量 $\boldsymbol{L}=\boldsymbol{r}\times\boldsymbol{p}$ が保存するので，運動は力の固定中心と入射直線が作る平面内で起こり，脱出直線と固定中心の距離も衝突パラメーター b に等しい．この場合，初期条件は衝突パラメーター b と初期運動量の大きさ p_0 を与えるだけで確定し，散乱問題は脱出直線と入射直線がつくる**散乱角**を求めるだけのものになる．いずれも，初等力学で学んだとおりである．

いうまでもなく，入射軸を極軸に選んだときの脱出方向の極角 θ が散乱角であり，経度角 φ は衝突軸のまわりの運動平面の位置を表わす．中心力場では，

経度角 φ は運動平面を指定する初期条件だけで決まってしまう．図 1-6 はその運動平面上で描いたものである．この場合，散乱過程の結果は散乱角である極角 θ だけで表わすことができ，散乱角は衝突パラメーターと初期運動量の大きさによって決まる．すなわち，散乱角 θ は b と p_0 の関数であるが，逆に見れば b は θ と p_0 の関数でもある．これを

$$\theta = \theta(b, p_0) \quad \text{または} \quad b = b(\theta, p_0) \tag{1.10}$$

と書いておこう．

さて，1-2 節で説明したように，ミクロの衝突・散乱現象では入射粒子は，マクロ的には幅狭いがミクロ的には非常に幅広いビームによって散乱体または標的にぶつけられる．したがって，入射粒子がビーム断面のどの部分を通って散乱体に向かうのかを，私たちは知らない．いいかえれば，衝突パラメーターの値を知らない．しかし，衝突後 θ と $\theta+\Delta\theta$ の間の角度をもって出てくる粒子は，必ず (1.10) で与えられる b と $b+\Delta b$ の間の衝突パラメーターをもっているはずだ．したがって，入射方向に垂直な平面上の微小面積 $b\Delta b\Delta\varphi$ を通過する粒子(単位時間毎の数でいえば $\Delta N = N_0 b\Delta b\Delta\varphi$)はすべて (1.10) で与えられる (θ, φ) 方向の立体角 $\Delta\omega = \sin\theta\Delta\theta\Delta\varphi$ 内に散乱されて行くことになる(N_0 は入射粒子ビームの流れ強度——1-2 節参照)．ただし，$n=1$ とした．こうして $\Delta\sigma = (\Delta N/N_0) = b\Delta b\Delta\varphi = (b/\sin\theta)|db/d\theta|\Delta\omega$ が成立するので，散乱の微分断面積は

$$\sigma(\theta) = \frac{b}{\sin\theta}\left|\frac{db}{d\theta}\right| \tag{1.11}$$

となる．

電荷 Ze(e は素電荷)，質量 M をもつ原子核に電荷 ze，質量 m をもつ荷電粒子が弾性衝突する Rutherford 散乱の場合，粒子の間の力はポテンシャル

$$V = \frac{Zze^2}{r} \tag{1.12}$$

をもつ静電力であり(r は相対距離)，初等力学でよく知られているように，

$$b(\theta) = \frac{\mu|Zz|e^2}{p_0^2}\cot\frac{\theta}{2} \tag{1.13}$$

という関係が成立する．μ は換算質量．したがって，散乱の微分断面積は

$$\sigma(\theta)=\left(\frac{\mu Zze^2}{2p_0^2}\right)^2\frac{1}{\sin^4(\theta/2)} \tag{1.14}$$

によって与えられる．これを**Rutherford の散乱公式**(Rutherford formula)という．この本の読者にとっては先刻ご存知の知識だろう．

さて、個々の入射粒子が広がった入射ビームのどこを通るか分からないとすれば，その位置情報は確率分布でしか語ることができない．とくにミクロ現象の場合，個々の粒子がどのような道筋を通って最終の検出器に到達するのか，よく分からない．このような場合に便利な記述道具として**相空間分布関数**(phase space distribution function)がある．ここでは，相空間分布関数によって散乱問題を取り扱う方法のあらましを説明しておこう．基本的な思考方法が量子力学における散乱理論によく似ているからである．

相空間分布関数は，一般に，ある時刻において相空間力学変数(すべての粒子の位置座標と運動量)が特定の値をとることの確率分布(密度関数)を与えるものとして定義される．2個の粒子 a，b の衝突という上記の場合を考えよう．両者間の力が相対距離の関数であるポテンシャルをもつ場合に限れば，Newton の運動方程式は (1.8)，(1.9) であり，重心座標は等速直線運動をするだけなので，散乱問題を含むすべての動力学的問題は相対運動を解くことに帰着される．繰り返しだが，この相対運動は質量 μ をもつ(仮想的な)粒子の固定ポテンシャル V 内の運動に等価である．いま，この描像で話を進めているわけだ．

相対運動に対する相空間分布関数は相対座標 $\boldsymbol{r}$，相対運動量 $\boldsymbol{p}$，時間変数 t の関数 $f(\boldsymbol{r},\boldsymbol{p},t)$ であり，時刻 t のとき相対位置と相対運動量の代表点が $\boldsymbol{r}$，$\boldsymbol{p}$ を中心とする体積 $d^3\boldsymbol{r}$，$d^3\boldsymbol{p}$ をもつ相空間内微小領域に存在することの確率を $f(\boldsymbol{r},\boldsymbol{p},t)d^3\boldsymbol{r}d^3\boldsymbol{p}$ として与えるものである．ふつう

$$\int f(\boldsymbol{r},\boldsymbol{p},t)d^3\boldsymbol{r}d^3\boldsymbol{p}=1 \tag{1.15}$$

のように規格化されるが，散乱問題の場合は後出の (1.19) の方が便利だ．Newton の運動方程式が (1.9) の場合，この相空間分布関数は**Liouville の方程式**(Liouville equation)

$$\frac{\partial f}{\partial t}+\frac{\boldsymbol{p}}{\mu}\cdot\frac{\partial f}{\partial \boldsymbol{r}}-\frac{\partial V}{\partial \boldsymbol{r}}\cdot\frac{\partial f}{\partial \boldsymbol{p}}=0 \tag{1.16}$$

を満足することが知られている．これが相空間分布関数の動力学的法則である．

さて，運動量 $\boldsymbol{p}_0=(0,0,p_0)$ をもつ入射粒子ビーム内の粒子分布は自由粒子($V=0$ の場合)に対する相空間分布関数

$$f_0(\boldsymbol{r},\boldsymbol{p},t)=\phi(x,y,z-\frac{p_0}{\mu}(t-t_0))\delta^3(\boldsymbol{p}-\boldsymbol{p}_0) \tag{1.17}$$

によって表わすとよい．t_0 は初期時刻である．$\phi(x,y,z)$ が，相対座標についての(すなわち，上記の等価的表現では，換算質量 μ をもつ1個の仮想的粒子の)初期の空間的存在確率分布を表わす関数である．力の固定中心から十分遠いところ，すなわち，z が負の大きな値のところだけで，関数 ϕ がゼロでない値をもつように作られている．(x,y) についての関数形はビーム断面上での(衝突パラメーターのいろいろな値に対応する)粒子の存在確率分布を記述するように決めればよい．いずれにしても，これはゆっくり変わる関数である．さらに，

$$\boldsymbol{J}_0(\boldsymbol{r},t)=\int\frac{\boldsymbol{p}}{\mu}f_0(\boldsymbol{r},\boldsymbol{p},t)d^3\boldsymbol{p}=\frac{\boldsymbol{p}_0}{\mu}\phi(x,y,z-\frac{p_0}{\mu}(t-t_0)) \tag{1.18}$$

が現実の入射粒子ビームの粒子流密度になるように，f_0 を規格化しておけば便利だ．このとき，f_0 すなわち ϕ の規格化は

$$N_0=\int_{-\infty}^{\infty}\frac{p_0}{\mu}\phi(x,y,z-\frac{p_0}{\mu}(t-t_0))dt=\int_{-\infty}^{\infty}\phi(0,0,z)dz \tag{1.19}$$

によって与えられる((1.17) に注意)．ただし，N_0 は単位時間内に (x,y) 平面上の単位面積を通って z 方向に流入する粒子数である(1-2 節参照)．(x,y) 依存性についてはビームの広がりの中心値で代用した．(1.19) を**粒子流強度規格化**という．散乱問題の場合，この方が (1.15) よりも便利である．

散乱問題は，このように規格化した $f_0(\boldsymbol{r},\boldsymbol{p},t)$ を $t=t_0$ における初期分布として与えて，Liouville 方程式 (1.16) を解くことである．解 $f(\boldsymbol{r},\boldsymbol{p},t)$ が分かったとしよう．この中には素通りの部分 f_0 が入っているので，散乱された粒子の分布は

$$f_{\mathrm{sc}}(\boldsymbol{r},\boldsymbol{p},t)=f(\boldsymbol{r},\boldsymbol{p},t)-f_0(\boldsymbol{r},\boldsymbol{p},t) \tag{1.20}$$

である．したがって，散乱後の単位時間内に散乱粒子が $\boldsymbol{p}$ を含む体積 $\varDelta^3\boldsymbol{p}$ の微小領域中の運動量をもって発見される全粒子数は

$$F_{\rm sc}(\boldsymbol{p})\varDelta^3\boldsymbol{p} \tag{1.21}$$

に等しい．ただし，

$$F_{\rm sc}(\boldsymbol{p}) \equiv \lim_{t\to\infty}\int f_{\rm sc}(\boldsymbol{r},\boldsymbol{p},t)d^3\boldsymbol{r}\ . \tag{1.22}$$

したがって，$\boldsymbol{p}$ の方向を (θ,φ) とし，そのまわりの立体角を $\varDelta\omega$ とすれば，$\varDelta^3\boldsymbol{p}=p^2\varDelta p\varDelta\omega$ だから，単位時間内にその立体角内に散乱されて出て行く全粒子数は

$$\varDelta N_{\rm sc}(\theta,\varphi) = \varDelta\omega\int_0^\infty F_{\rm sc}(\boldsymbol{p})p^2dp \tag{1.23}$$

である．散乱の微分断面積は定義 (1.3) または (1.5)

$$\sigma(\theta,\varphi) = \frac{\displaystyle\int_0^\infty F_{\rm sc}(\boldsymbol{p})p^2dp}{\displaystyle\int_{-\infty}^\infty \phi(0,0,z)dz} \tag{1.24}$$

によって与えられる．これが相空間分布関数を通して求めた散乱断面積の公式である．

これ以上この問題に深入りすることは止めよう．相空間分布関数と散乱問題への応用についての詳細は巻末文献 [17] を見ていただきたい．

1-4　実験室系と重心系

散乱問題を扱う際，よく用いられる座標系として実験室系と重心系がある．昔の散乱実験では，多くの場合，実験室に固定した座標系で見た散乱体(標的)粒子は散乱前ではほとんど静止していた．その場合を念頭において，衝突前に散乱体粒子の運動量がゼロであるような座標系を**実験室系**(laboratory system)と呼んだのである．これに対して，最近は別個に加速しておいた2本のビームを正面衝突させる衝突型加速器実験が広く行なわれるようになった．この2本のビームがほとんど同じ大きさの運動量をもてば，衝突する2個の粒子の運動

量はほとんど大きさ等しく方向反対である．この場合，入射粒子と散乱体粒子の運動量のベクトル和がゼロであるような座標系を準備すると便利だ．このような座標系を**重心系**(center-of-mass system)という．実験室系の対極には，入射粒子の運動量をゼロと見る座標系があり，それを**鏡系** (mirror system) と呼ぶことがある．実験室系と重心系の間に，実際の衝突状況に応じて，いろいろな座標系が考えられる．なお，衝突型加速器を利用する場合，ビームの強さを表わすのに，流れ強度(1-2 節を見よ)よりも衝突頻度に相当する**ルミノシティ**(luminosity)と呼ばれる量を使う方が便利だが，やや専門的になるので立ち入らない．

実験室系で見ると，重心系は一定速度 $\boldsymbol{u}$ で走っている運動座標系であり，両者の関係は，非相対論的粒子の場合，Galilei 変換

$$\boldsymbol{r}_{\mathrm{a}}^{*}=\boldsymbol{r}_{\mathrm{a}}-\boldsymbol{u}t\ , \quad \boldsymbol{r}_{\mathrm{b}}^{*}=\boldsymbol{r}_{\mathrm{b}}-\boldsymbol{u}t \tag{1.25}$$

によって与えられる．＊印は重心系で見た力学量を表すためにつけた(以下同様)．無印は実験室系の量を示す．当分の間，運動座標系への変換は非相対論的な場合に限る．対応する運動量の変換は

$$\boldsymbol{p}_{\mathrm{a}}^{*}=\boldsymbol{p}_{\mathrm{a}}-m_{\mathrm{a}}\boldsymbol{u}\ , \quad \boldsymbol{p}_{\mathrm{b}}^{*}=\boldsymbol{p}_{\mathrm{b}}-m_{\mathrm{b}}\boldsymbol{u} \tag{1.26}$$

である．いうまでもないが，粒子 a を入射粒子，粒子 b を散乱体粒子とし，$\boldsymbol{p}_{\mathrm{a}}$，$\boldsymbol{p}_{\mathrm{b}}$ および $\boldsymbol{p}_{\mathrm{a}}^{*}$，$\boldsymbol{p}_{\mathrm{b}}^{*}$ を衝突前の運動量とすれば，実験室系条件は $\boldsymbol{p}_{\mathrm{b}}=0$，重心系条件は $\boldsymbol{p}_{\mathrm{a}}^{*}+\boldsymbol{p}_{\mathrm{b}}^{*}=0$ であるから，ただちに

$$\boldsymbol{u}=\frac{1}{M}\boldsymbol{p}_{\mathrm{a}} \tag{1.27}$$

が得られる．これが実験室系で見た重心系の速度である．各粒子の衝突前の重心系運動量は

$$\boldsymbol{p}_{\mathrm{a}}^{*}=\frac{m_{\mathrm{b}}}{M}\boldsymbol{p}_{\mathrm{a}}\ , \quad \boldsymbol{p}_{\mathrm{b}}^{*}=-\frac{m_{\mathrm{b}}}{M}\boldsymbol{p}_{\mathrm{a}} \tag{1.28}$$

と書くことができる．

ところで，重心系で見た重心 $\boldsymbol{R}^{*}=M^{-1}(m_{\mathrm{a}}\boldsymbol{r}_{\mathrm{a}}^{*}+m_{\mathrm{b}}\boldsymbol{r}_{\mathrm{b}}^{*})$ の速度は $M^{-1}(\boldsymbol{p}_{\mathrm{a}}^{*}+\boldsymbol{p}_{\mathrm{b}})^{*}=0$ である．当然のことながら，重心は静止している．一方，重心系で見た相対座標は $\boldsymbol{r}^{*}=\boldsymbol{r}_{\mathrm{a}}^{*}-\boldsymbol{r}_{\mathrm{b}}^{*}=\boldsymbol{r}_{\mathrm{a}}-\boldsymbol{r}_{\mathrm{b}}=\boldsymbol{r}$ であり，実験室系で見た相対座標に等しい．

さらに，相対座標に共役な相対運動量は $\boldsymbol{p}=\mu d\boldsymbol{r}/dt=\mu d\boldsymbol{r}^*/dt=M^{-1}(m_b\boldsymbol{p}_a^*-m_a\boldsymbol{p}_b^*)=\boldsymbol{p}_a^*$ となる($\boldsymbol{p}_a^*+\boldsymbol{p}_b^*=0$ を使った)．この関係式は相対運動量が重心系で見た入射粒子の運動量に等しいことを意味している．この事実は衝突前ばかりでなく，衝突後においても正しい．いいかえれば，相対運動を代表する質量 μ の仮想的粒子の固定ポテンシャル V による散乱が重心系における粒子 a の散乱そのものである．重心系が理論計算に便利な理由の一つがそこにある．

弾性散乱による運動量の変化について，実験室系と重心系の関係をもう少し議論しておこう．弾性散乱によって各粒子の運動量が，実験室系では $\boldsymbol{p}_a$，$\boldsymbol{p}_b$ から $\boldsymbol{p}_a'$，$\boldsymbol{p}_b'$ に，重心系では $\boldsymbol{p}_a^*$，$\boldsymbol{p}_b^*$ から $\boldsymbol{p}_a'^*$，$\boldsymbol{p}_b'^*$ に変わったとしよう．散乱平面は $\boldsymbol{p}_a$ と $\boldsymbol{p}_a'$ または $\boldsymbol{p}_a^*$ と $\boldsymbol{p}_a'^*$ の作る平面であるが，衝突前後の各粒子の運動量はすべてこの平面に乗る(図1-7を見よ)．もちろん，$\boldsymbol{p}_b=0$，$\boldsymbol{p}_a^*+\boldsymbol{p}_b^*=\boldsymbol{p}_a'^*+\boldsymbol{p}_b'^*=0$ は変わらない．しかも弾性散乱であるから，

$$|\boldsymbol{p}_a'^*|=|\boldsymbol{p}_b'^*|=|\boldsymbol{p}_a^*|=\frac{m_b}{M}|\boldsymbol{p}_a| \tag{1.29}$$

が成立する((1.28)参照)．

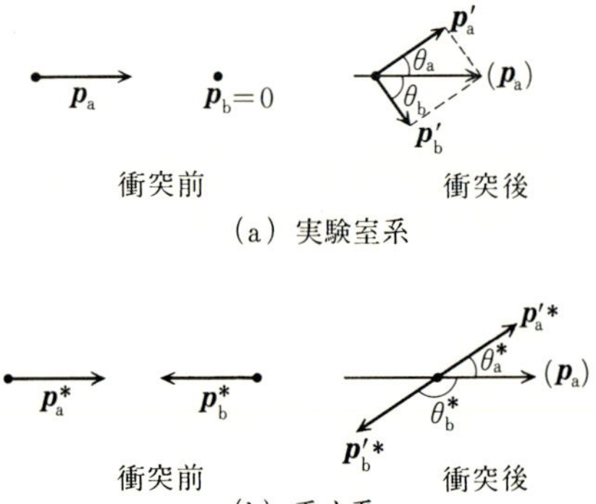

図1-7　実験室系と重心系の散乱平面

$\boldsymbol{p}_a$ の方向に平行な入射軸を極軸として測った $\boldsymbol{p}_a'$，$\boldsymbol{p}_b'$，$\boldsymbol{p}_a'^*$，$\boldsymbol{p}_b'^*$ の角度をそれぞれ (θ_a,φ_a)，(θ_b,φ_b)，(θ_a^*,φ_a^*)，(θ_b^*,φ_b^*) としよう．$\varphi_a=\varphi_a^*$，$\varphi_b=\varphi_b^*$，$|\varphi_a-\varphi_b|=\pi$ であることは明らかだ．重心系条件からは $\theta_a^*+\theta_b^*=\pi$ が出てくる．

Galilei 変換 (1.26) は衝突後の運動量に対しても成立するので

$$\boldsymbol{p}'_{\mathrm{a}} = \boldsymbol{p}'^{*}_{\mathrm{a}} + \frac{m_{\mathrm{a}}}{M}\boldsymbol{p}_{\mathrm{a}}\,, \quad \boldsymbol{p}'_{\mathrm{b}} = -\boldsymbol{p}'^{*}_{\mathrm{a}} + \frac{m_{\mathrm{b}}}{M}\boldsymbol{p}_{\mathrm{a}} \tag{1.30}$$

が得られる．これを使って，θ^*_{a} と θ_{a} および θ^*_{a} と θ_{b} の関係を求めることができる．(1.30) の第 1 式を成分で書けば

$$|\boldsymbol{p}'_{\mathrm{a}}|\cos\theta_{\mathrm{a}} = |\boldsymbol{p}'^{*}_{\mathrm{a}}|\cos\theta^*_{\mathrm{a}} + \frac{m_{\mathrm{a}}}{M}|\boldsymbol{p}_{\mathrm{a}}|\,, \tag{1.31}$$

$$|\boldsymbol{p}'_{\mathrm{a}}|\sin\theta_{\mathrm{a}} = |\boldsymbol{p}'^{*}_{\mathrm{a}}|\sin\theta^*_{\mathrm{a}} \tag{1.32}$$

であるが，これから角度の変換式

$$\tan\theta_{\mathrm{a}} = \frac{\sin\theta^*_{\mathrm{a}}}{\cos\theta^*_{\mathrm{a}} + (m_{\mathrm{a}}/m_{\mathrm{b}})}\,, \tag{1.33}$$

または

$$\cos\theta_{\mathrm{a}} = \frac{\cos\theta^*_{\mathrm{a}} + (m_{\mathrm{a}}/m_{\mathrm{b}})}{\sqrt{1 + 2(m_{\mathrm{a}}/m_{\mathrm{b}})\cos\theta^*_{\mathrm{a}} + (m_{\mathrm{a}}/m_{\mathrm{b}})^2}} \tag{1.34}$$

を得る．ただし，$|\boldsymbol{p}_{\mathrm{a}}|/|\boldsymbol{p}'^{*}_{\mathrm{a}}| = M/m_{\mathrm{b}}$ を用いた ((1.29) による)．

さて，同じ検出器に入ってくる粒子数は実験室系でも重心系でも等しいはずだから，

$$\sigma(\theta_{\mathrm{a}}, \varphi_{\mathrm{a}})\sin\theta_{\mathrm{a}}d\theta_{\mathrm{a}}d\varphi_{\mathrm{a}} = \sigma^*(\theta^*_{\mathrm{a}}, \varphi^*_{\mathrm{a}})\sin\theta^*_{\mathrm{a}}d\theta^*_{\mathrm{a}}d\varphi^*_{\mathrm{a}} \tag{1.35}$$

が成立し，これから微分断面積の変換式

$$\sigma(\theta_{\mathrm{a}}, \varphi_{\mathrm{a}}) = \frac{[1 + 2(m_{\mathrm{a}}/m_{\mathrm{b}})\cos\theta^*_{\mathrm{a}} + (m_{\mathrm{a}}/m_{\mathrm{b}})^2]^{3/2}}{1 + (m_{\mathrm{a}}/m_{\mathrm{b}})\cos\theta^*_{\mathrm{a}}}\sigma^*(\theta^*_{\mathrm{a}}, \varphi^*_{\mathrm{a}}) \tag{1.36}$$

が得られる．角度の換算に際しては (1.33) または (1.34) を用いた．この節の変換公式は量子力学でも成立するものである．記憶しておいていただきたい．

変換式 (1.36) は非相対論的粒子に対するものである．粒子速度が光速度に近い場合は Galilei 変換 (1.25) のかわりに Lorentz 変換を用いなければならない．そのため，角度の変換式 (1.33) および (1.34) が変更を受け，したがって，断面積の変換式 (1.36) も変わる．読者自ら相対論的粒子の場合の変換式を導出していただきたい．

演習問題

1-1　実験室系と重心系の両方で，2個の剛体球の弾性衝突の概況を述べ，さらに衝突の断面積を求めよ．ただし，球の表面は滑らかであるとし，回転は無視する．球の質量，半径，初速度，衝突パラメーターなどは適当に設定してよい．

1-2　十分遠方でゼロとなる固定中心力ポテンシャル $V(r)$ による質量 m の粒子の散乱を考えよう．r はポテンシャルの中心と散乱粒子までの距離である．衝突パラメーターを b，初速度を v_0 としたとき，運動エネルギーがポテンシャルエネルギーよりもはるかに大きいとしよう：すなわち，$\frac{1}{2}mv_0^2 \gg V(\sqrt{b^2+z^2})$．ただし，$z$ は衝突軸上の変数であり，力の中心を座標原点にとれば $r=\sqrt{b^2+z^2}$ である．このとき，散乱角 θ は近似的に

$$\tan\theta = -\frac{1}{mv_0^2}\int_{-\infty}^{\infty}\frac{\partial}{\partial b}V(\sqrt{b^2+z^2})dz$$

によって与えられることを示せ．さらに次の問に答えよ．

（i）　Coulomb ポテンシャル $V(r)=Zze^2/r$ に対して上記の公式を適用し，散乱角の近似式を求めよ．その際，上記の式の右辺の積分が一様収束しないため，b についての微分は積分の外に取り出せないことに注意せよ．長距離力の代表ともいうべき Coulomb 力の特徴である．

（ii）　短距離力では，そのような危険はない．短距離力の代表として次の2個のポテンシャルをとり上げる．上式を使って散乱角の近似式を求めよ．その際，z の積分と b の微分の交換可能性についても吟味せよ．

（a）　湯川型ポテンシャル $V(r)=V_0r^{-1}\exp(-\kappa r)$．ただし V_0 と $\kappa(>0)$ は定数．

（b）　半径 a の3次元井戸型ポテンシャル $V(r)=V_0$ $(r<a)$，$V(r)=0$ $(r>a)$．ただし V_0 は定数．

1-3　1-4節では，非相対論的粒子の衝突の記述に関して，実験室系と重心系の間の変換について述べた．同様の変換を高速で運動する相対論的粒子の衝突に対して実行せよ．そのためには，Galilei 変換 (1.26) ではなく Lorentz 変換を用いなければならない．いま，ある慣性系 O xyz で見たとき x 軸に沿って等速 u で走行中の別の慣性系 O$'x'y'z'$ があったとしよう．前者におけるある粒子の運動量・エネルギ

ーを $p_\mu=(p_x, p_y, p_z, p_0=c^{-1}E)$，後者で見たときの同じ粒子の運動量・エネルギーを $p_\mu^*=(p_x^*,\ p_y^*,\ p_z^*,\ p_0^*=c^{-1}E^*)$ とすれば(c は光速)，その間のローレンツ変換は

$$p_x^* = \gamma\left(p_x - \frac{1}{c}\beta E\right), \quad p_y^* = p_y, \quad p_z^* = p_z,$$
$$E^* = \gamma(E - c\beta p_x)$$

で与えられる．ただし

$$\gamma^{-1} = \sqrt{1-\beta^2}, \quad \beta = \frac{u}{c}.$$

2 量子力学のまとめ♯

この章では量子力学の基本的理論構成をまとめて復習しよう．それは，後で展開する散乱理論が必要とする知識と技術を簡明に述べて，この本を自己完結的にしておきたいからである．しかし，すでに量子力学の学習をした人たちにとっては，単なる復習であり省略してもよい．

2-1 量子力学の実験基盤—波動・粒子の 2 重性

古典物理学の世界では，ほとんどすべての物理現象は「粒子」と「波動」というモデルで語ることができる．点状の小さい空間領域に「局在する物」の理想化が「粒子」であり，水面の波のように広い範囲の空間領域にわたって移動する「現象」のモデル化が「波動」であった．両者は対立する概念であり，一つの物理的対象が同時に「粒子」であり「波動」であるということはあり得ない．ところが，量子力学的粒子には「波動・粒子の 2 重性」と呼ぶ「実験事実」がある．「粒子性」と「波動性」を同時にもつということだが，もちろん，ゴルフボール的な「粒子」や水面の波のような「波動」を連想したのでは，この実験事実は理解できない．この場合，「粒子」とは運動量とエネルギーを運ぶことのできる分割不可能な「何か」であり，「波動」とは干渉現象を起こす「何か」である．それ以上の古典的かつ視覚的な描像は不要であり有害だ．量子力学建設の実験的基盤は「波動・粒子の 2 重性」という「実験事実」にある．他のものは一切要らない．

量子力学の実験的基盤　『光子や電子および中性子などのミクロ粒子（量子力学的粒子）は「波動・粒子の2重性」をもつ.』ただし，波動像における波数ベクトル $\boldsymbol{k}$ および角振動数 ω と粒子像における運動量 $\boldsymbol{p}$ およびエネルギー E とは **de Broglie の関係式**

$$\boldsymbol{k} = \frac{1}{\hbar}\boldsymbol{p}, \quad \omega = \frac{1}{\hbar}E \tag{2.1}$$

によって結び付けられている．ただし，$\hbar = h/2\pi$ は h とともに Planck 定数と呼ばれる普遍定数である．数値は

$$\hbar = 1.05457266 \times 10^{-34}(\mathrm{J\ s}) = 6.582122 \times 10^{-22}(\mathrm{MeV\ s}) \tag{2.2}$$

であり，作用の次元をもつので**作用量子** (action quantum) と呼ばれている．マクロ的尺度で見れば極めて小さい量だが，これが量子力学の主役を務める．Planck 定数を無視すれば，量子効果は消えて量子力学は古典力学に戻る．

de Broglie の関係式から，大きさ p の運動量をもつ量子力学的粒子が波長

$$\lambda = \frac{h}{p} \tag{2.3}$$

をもつ「波動」であることが分かる．これを **de Broglie 波長**という．質量 m の非相対論的自由粒子の場合，エネルギー E と運動量 p の関係は

$$E = \frac{p^2}{2m} \tag{2.4}$$

だから（m は粒子の質量），エネルギーを電子ボルト (eV) の単位で書けば

電子の場合　$\lambda \simeq 1.23 \times 10^{-9}/\sqrt{E}$　(m)

陽子または中性子の場合　$\lambda \simeq 2.86 \times 10^{-11}/\sqrt{E}$　(m)

である．エネルギーが 1 keV=1000 eV 程度の電子および 10^{-1} eV 程度の熱中性子の波は 10^{-10} m くらいの波長をもち，ちょうど原子の大きさまたは固体結晶の格子間隔程度の長さとなる．そのような電子波や中性子波は物質構造の解明に威力を発揮した．散乱体が原子核や素粒子の場合，それらの構造をしらべ

るためには，入射粒子の波長はもっと短く(エネルギーはもっと大きく)する必要がある．なお，速度が光速度に近い相対論的自由粒子の場合，エネルギーと運動量の関係は

$$E^2 = (c\boldsymbol{p})^2 + (mc^2)^2 \tag{2.5}$$

であり(c は光速)，それに応じて波長とエネルギーとの関係を修正しておく必要がある．理論構成上，運動量・エネルギー関係式は動力学的法則として捉え直すべき事柄である(次節)．

さて「波動・粒子の 2 重性」といっても，それだけでは何のことやら分からない．まず,「実験事実」としての「波動・粒子の 2 重性」の内容について語ろう．

干渉の実験—波動性の観測　「波動性」の実験的証明はふつう干渉現象の観測によって与えられる．図 2-1 のような装置で典型的な Young 型干渉実験を行なって見よう．図の下方においた射出器から波長ほぼ一定の波を送り出し，十分小さな小孔 a，b をもつ衝立に当てる．小孔から漏れ出た 2 個の波が上方の空間で重ね合わされ，さらに上方にあるスクリーンに到達して干渉縞を作る．干渉縞を作るメカニズムには，次の二つの要因がある．

(1) 「重ね合わせ」: 衝立上方の空間には，小孔 a，b から漏れ出た分波 ψ_{a} と ψ_{b} が重ね合わされて，それらの和である合成波 ψ が現われる：

$$\psi = \psi_{\mathrm{a}} + \psi_{\mathrm{b}} \, . \tag{2.6}$$

(2) 「波の強度」: スクリーン上で観測される波の強度 P_{ab} は波動関数の絶対値 2 乗に比例する：

$$P_{\mathrm{ab}} = |\psi|^2 = |\psi_{\mathrm{a}} + \psi_{\mathrm{b}}|^2 \tag{2.7}$$

$$= P_{\mathrm{a}} + P_{\mathrm{b}} + 2\mathrm{Re}\,\psi_{\mathrm{a}}^* \psi_{\mathrm{b}} \, . \tag{2.8}$$

簡単のため，比例係数は 1 とおいた．ただし，$P_{\mathrm{a}} = |\psi_{\mathrm{a}}|^2$ ($P_{\mathrm{b}} = |\psi_{\mathrm{b}}|^2$)は一方の小孔 a(または b)だけがある場合のスクリーン上の波の強度だ．したがって，小孔が二つある場合の強度 P_{ab} (2.8) は，右辺最後の項があるおかげで，各分波強度の単純和 $P_a + P_b$ からずれて干渉縞を作るのである．その最後の項を干

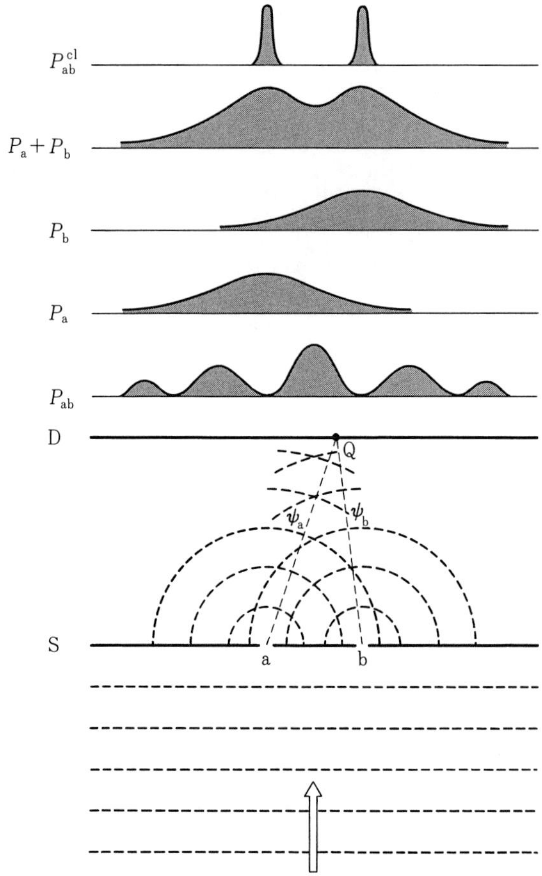

図 2-1　Young 型干渉実験．P_a+P_b の中央の凹みは強調して描いた．実際はほとんど見えない．P_{ab}^{cl} は古典的粒子分布．

渉項という．二つの分波 ψ_a，ψ_b の位相差 ξ が確定して存在すれば，干渉項は $\cos\xi$ に比例して存在する．もちろん，$\xi=\pi/2$ ならば消える．

図 2-1 の装置(とくに 2 個の小孔をもつ衝立)は模式的な理想化にすぎるという疑問があるかも知れない[*1]．実際の実験では，衝立に相当するものとしては，

---

*1　最近はそのような実験も可能になった．

回折格子や結晶格子などが用いられている．干渉縞をスクリーン上のマクロ的尺度ではっきり見るためには，小孔の間隔や衝立・スクリーン間距離を波長との関係で適当に選ばなければならない．高校物理などで学んだ事柄だ．いずれにしても，光子，電子，中性子などの量子力学的粒子の「波動性」はこのような干渉実験によって，「実験的」に証明されたのである．de Broglie 波長の公式(2.3) の成立も，この種の実験で確かめられた．

粒子性の確認と波動・粒子の2重性　ここまでの話に限れば，古典的波動の干渉現象と量子力学的粒子の(「波動性」が引き起こす)干渉現象の間には本質的な相違はないように見える．いずれの場合も，干渉縞を与える本質的なメカニズムが同じだからである．量子力学的粒子の特異性は，入射ビームの流れ強度を弱くしていったときに現われる．古典的波動ならば，その場合でも，干渉模様は高さを減らしていくだけで形は崩れない．しかし，量子力学的粒子の場合は干渉縞はどこかで崩れだし，極端に弱いビーム(単位時間毎に単位面積を通して—平均で—1個程度以下の粒子しか送り込めないようなビーム)による短い時間内の測定では，スクリーン上の映像は高々ただ1個だけのスポットになってしまう．これは「実験事実」である．

この実験状況下では，スクリーン上の「1個のスポット」は粒子1個に対応する実験結果であることは間違いない．スクリーンとは微小な粒子検出器が無数に分布しているものだ．「1個のスポット」の出現はその一つが働いて粒子の到達を検出したことを意味し，同時にその粒子が空間的に離れた2個の検出器に分割吸収されなかったという事実を示している．すなわち，「分割不可能」という意味での「粒子性」が見えたのである．これが量子力学的粒子の「粒子性」の発現，実験事実としての「粒子性」の確認であった．

しかしながら，このままでは「波動性」がどこかに消えてしまったかのような印象を受ける．実はそうではない．粒子各1個に対する独立な測定の結果である各1個のスポットをもつ映像を，多数集めて「重ね焼き」すれば，先ほどの干渉縞が正確に再現されるからだ．これもまた「実験事実」である．各1個のスポットという映像も，決して「波動性」を忘れてはいなかったわけだ．この意味で「波動性」は粒子1個の属性である．「重ね焼き」は多数回の実験の繰り返しを要求するが，音波などのような多数個の粒子集団内で起こる粗密現象としての波とは違う．

以上が「波動・粒子の2重性」という実験事実，すなわち，量子力学的粒子が「粒子性」と「波動性」を同時にもつという実験事実の具体的内容である．では，この実験事実をどのように理解したらよいか？　ここから理論的考察が登場する．

確率解釈—量子力学的波動の物理的意味　古典時代から「波動」であった光と，「粒子」と考えられていた電子等の物質粒子はともに上記のような「量子力学的波動」であった．波動である以上それを記述する波動関数が必要だ．波動関数は，すでに干渉現象の説明に，ψ（またはその分波 ψ_a，ψ_b）として姿を見せている．「波動・粒子の2重性」の内容的理解は，その波動関数の物理的説明を定式化してはじめて得られる．量子力学の発足当初，これは物理学者を悩ませた難問題であった．くわしい経緯は省略するが，この問題は，干渉現象の説明に波の強度として登場した波動関数の絶対値の2乗に，粒子の「存在確率密度」という意味を与える「確率解釈」によって一応解決されたのである．

改めていえば，**確率解釈**とは，「量子力学的粒子が波動関数 $\psi(\boldsymbol{r},t)$ で表わされている状態にあれば，時刻 t のときその粒子が空間点 $\boldsymbol{r}$ にあることの**存在確率密度**は $P(\boldsymbol{r},t)=|\psi(\boldsymbol{r},t)|^2$ に比例する．」という物理的要請である．その場合，絶対値2乗が確率を与えるという意味で，波動関数 ψ を**確率振幅**ということがある．

確率解釈によれば，干渉実験の場合，粒子をスクリーン上の点Qで見い出すことの確率は $|\psi(\mathrm{Q})|^2$ に比例する*2．したがって，弱いビームによる粒子各1個毎の実験では，実験を多数回繰り返せば，粒子の到達を示すスポットは存在確率密度($|\psi(\mathrm{Q})|^2$)の大きい場所には数多く現われるし，小さい場所にはあまり出ない．その結果，多数回の実験を「重ね焼き」して得られたスクリーン上のスポットの分布は存在確率密度と同形になってしまう．これが「重ね焼き」による干渉縞再現の理由である．強い強度のビームによる実験では，この「重

*2　定常流の場合，この確率は時間に依存しない(2-3節(a))．

ね焼き」をいちどに実行するので，始めから干渉縞が出てきたのだ．干渉縞が現れるメカニズムはビームが弱くても強くても変わらない．

確率の導入は背景に**確率母集団**を設定することを要求する．Young 型干渉実験の場合，入射ビームによって次々に衝立(実際的には，回折格子または結晶格子)に投入される粒子群がその確率母集団の源を与える．すなわち，その各 1 個の入射粒子が独立にスクリーン上に作る多数個のスポット集団が，スクリーン上の粒子位置測定に関する確率母集団になるのである．波動関数の確率解釈はこの確率母集団によって支えられている．量子力学的粒子の「波動性」はこの確率母集団上で(干渉縞として)視覚化されるのである．

Young 型干渉実験を通して見た「波動・粒子 2 重性」とその説明は，ほとんどそのまま，衝突・散乱現象の場合にあてはまる．干渉を引き起こす原因だった小孔のある衝立(実際的には，回折格子や結晶格子)を衝突・散乱現象における散乱体(衝突の標的)に置き換えて考えればよい．そのとき，元の干渉現象はその散乱体による入射粒子の衝突・散乱現象に変わるが，私たちの観測は，入射ビームで運び込まれた各 1 個の入射粒子と 1 個の散乱体との独立な衝突・散乱現象を多数回行ない，それらの「重ね焼き」を見ることなのである．すでに 1-2 節で見たところだ．波動関数の物理的説明(確率解釈)とそれを支える確率母集団は干渉現象の場合とまったく同じである．ただし，一般には散乱体の運動も量子力学の対象となる．

2-2　波動力学の構成

前小節で理解した実験事実「波動・粒子の 2 重性」とその解釈を基にして，まず**波動力学** (wave mechanics) を構築しよう．これは前小節で導入した波動関数の性質と行動を規定するものである．古典力学にならって，その運動法則[*3]を設定する．主要なポイントは，(1)de Broglie の関係式，(2) 重ね合わせの原理，(3) 動力学的法則，(4) 確率解釈である．当分の間粒子 1 個を対象にし

*3　著者だけの名付けであって，広く使われているものではない．

て波動力学を語る．

(a)　運動の法則

第1法則—自由粒子　　力の作用を受けない自由粒子が一定の運動量 $\boldsymbol{p}$ とエネルギー E をもつとき，その運動状態は平面波

$$\psi(\boldsymbol{r},t) = Cu_{\boldsymbol{p}}(\boldsymbol{r})\exp(-\frac{i}{\hbar}Et) \ : \tag{2.9}$$

$$u_{\boldsymbol{p}}(\boldsymbol{r}) = \frac{1}{\sqrt{(2\pi\hbar)^3}}\exp(\frac{i}{\hbar}\boldsymbol{p}\cdot\boldsymbol{r}) \tag{2.10}$$

によって表わされる．ただし，C は定数(一般には複素数)，$i=\sqrt{-1}$ は虚数単位，$\hbar=h/2\pi$ は h とともに Planck 定数と呼ばれている普遍定数である．$\boldsymbol{p}$ と E は自由粒子条件(2.4)(非相対論的粒子の場合)または(2.5)(相対論的粒子の場合)にしたがう．

古典力学では，慣性系における自由粒子は必ず等速直線運動を行ない，運動量とエネルギーが一定となった．波動力学の第1法則(2.9)は，等速直線運動に平面波を対応させ，de Broglie の関係式(2.1)を取り入れたものである．この法則は二つの重要な設定を含んでいる．一つは運動量 $\boldsymbol{p}$ 一定の運動が平面波(2.10)で表わされること，もう一つはエネルギー E 一定の状態の波動関数が時間因子 $\exp(-iEt/\hbar)$ を含むことである．いずれも，後で量子力学の理論体系の中に吸収されるはずのものだ．

古典力学では，力が作用している粒子は(慣性系で見たとき)加速度運動を行ない，運動量は一定ではなくなり，その変化を規定するものとして第2法則があった．波動力学では，運動量がいろいろな値をとり得るという状況は，「重ね合わせの原理」によって処理しなければならない．

第2法則(a)重ね合わせの原理 (superposition principle)　　いくつかの異なる運動状態 a，b，c，… が実現可能な場合，力学系の波動関数は各々の運動状態を表わす波動関数 $\psi_{\rm a}$，$\psi_{\rm b}$，$\psi_{\rm c}$，… の和で表わされる．

運動量がいろいろな値をとれば，その一つの値 $\boldsymbol{p}$ をもつ状態は $u_{\boldsymbol{p}}$ であるから(第1法則)，「重ね合わせの原理」は，いろいろな運動量状態を取り得る場合の波動関数として

$$\psi(\boldsymbol{r},t) = \int u_{\boldsymbol{p}}(\boldsymbol{r})\tilde{\psi}(\boldsymbol{p},t)d^3\boldsymbol{p} \tag{2.11}$$

$$= \frac{1}{\sqrt{(2\pi\hbar)^3}}\int e^{\frac{i}{\hbar}(\boldsymbol{p}\cdot\boldsymbol{r})}\tilde{\psi}(\boldsymbol{p},t)d^3\boldsymbol{p} \tag{2.12}$$

を要求する.

数学的には，(2.12) は $\tilde{\psi}(\boldsymbol{p},t)$ から $\psi(\boldsymbol{r},t)$ への Fourier 変換だから，逆変換

$$\tilde{\psi}(\boldsymbol{p},t) = \frac{1}{\sqrt{(2\pi\hbar)^3}}\int e^{-\frac{i}{\hbar}(\boldsymbol{p}\cdot\boldsymbol{r})}\psi(\boldsymbol{r},t)d^3\boldsymbol{r} \tag{2.13}$$

と Parseval の等式

$$\int|\psi(\boldsymbol{r},t)|^2d^3\boldsymbol{r} = \int|\tilde{\psi}(\boldsymbol{p},t)|^2d^3\boldsymbol{p} \tag{2.14}$$

の成立が期待される．この数学的性格は $\psi(\boldsymbol{r},t)$ と $\tilde{\psi}(\boldsymbol{p},t)$ が，波動力学的な状態の記述という視点から見て，まったく同格であることを示している．波動力学的状態は，波動関数 $\psi(\boldsymbol{r},t)$ によっても，その Fourier 変換 $\tilde{\psi}(\boldsymbol{p},t)$ によっても，同じように表わすことができるのである．前者の記述方式を**位置座標表示** (position representation)，後者の記述方式を**運動量表示** (momentum representation) という.

第 2 法則 (b) 動力学的法則—Schrödinger 方程式　古典的ハミルトニアン $H(\boldsymbol{r},\boldsymbol{p})$ をもつ力学系の波動関数 $\psi(\boldsymbol{r},t)$ の時空変動は **Schrödinger 方程式**

$$i\hbar\frac{\partial\psi}{\partial t} = \hat{H}\psi \tag{2.15}$$

によって与えられる．ただし，右辺の**ハミルトニアン演算子** $\hat{H}$ は古典的ハミルトニアン $H(\boldsymbol{r},\boldsymbol{p})$ から置き換え

$$\boldsymbol{p} \to \hat{\boldsymbol{p}} = \frac{\hbar}{i}\frac{\partial}{\partial\boldsymbol{r}} \tag{2.16}$$

によって得られた演算子である*4. $\hat{\boldsymbol{p}}$ を**運動量演算子**という．なお，$\partial/\partial\boldsymbol{r}$ は

*4　数学公式 $de^{ax}/dx = ae^{ax}$ を使った.

ベクトル微分演算子 $(\partial/\partial x, \partial/\partial y, \partial/\partial z)$ である．古典的ハミルトニアンは(スピン系などの例外を除けば)通常の古典力学が教える手順にしたがって作ればよい(さらに項目 2-2(b) を見よ)．

このように，量子力学系の時間発展はハミルトニアン演算子によって作られる．その意味で，ハミルトニアン演算子を**時間推進演算子** (time evolution operator) と呼ぶことがある．古典力学の場合もハミルトニアンが力学系の時間発展を与えたが，その性格は確実に波動力学(量子力学)にも受け継がれたのである．

Schrödinger 方程式が正しいかどうかは，理論と実験との照合によって判断する以外にはない．量子力学と Schrödinger 方程式は，発足以来 70 年以上の間，その試練に耐えて生き残ってきたものである．

時間に依存しない実数ポテンシャル $V(\boldsymbol{r})$ をもつ保存力の場合，非相対論的粒子のハミルトニアンは $H=p^2/2m+V$ であるから，Schrödinger 方程式は

$$i\hbar\frac{\partial\psi}{\partial t} = -\frac{\hbar^2}{2m}\nabla^2\psi+V\psi \tag{2.17}$$

となる．自由粒子の場合($V=0$)，この方程式は

$$i\hbar\frac{\partial\psi}{\partial t} = \hat{H}_0\psi \tag{2.18}$$

である．ただし，$\hat{H}_0=\hat{\boldsymbol{p}}^2/2m$ であり，(置き換え (2.16) によって)運動量・エネルギー関係式 (2.4) に対応していることは自明だろう．

第 1 法則で規定した平面波は方程式 (2.18) の特解ではあるが，一般解ではない．物理として重要な解は後で議論する自由粒子波束である．

なお，相対論的自由粒子に対しては，(2.5) に対応する Klein-Gordon 方程式

$$\frac{1}{c^2}\frac{\partial^2\psi}{\partial t^2}-\nabla^2\psi+\left(\frac{mc}{\hbar}\right)^2\psi=0 \tag{2.19}$$

が成立するが，当分の間議論しない．

古典力学の第 3 法則は「作用・反作用の法則」であった．この法則は古典力学体系の論理的整合性にとって重要な意味をもっていたが，並進変換不変性に結びついた定理として，運動量保存則の中に吸収された．この定理は波動力学

(量子力学)でも成立するはずのものだ．改めて新しい法則として設定する必要はあるまい．波動力学は，古典力学とは明らかに異質な「確率解釈」という波動関数の物理的説明を，新しい基礎法則として，受け入れるべきであろう．これが第3法則でなければならない．実験的根拠はすでに前節で説明しておいた．

第3法則—波動関数の物理的意味 (a)　　力学系が波動関数 $\psi(\boldsymbol{r},t)$ によって表わされる状態にある場合，時刻 t のとき空間点 $\boldsymbol{r}$ のまわりの体積 $d^3\boldsymbol{r}$ をもつ微小領域中で見出される確率は

$$|\psi(\boldsymbol{r},t)|^2 d^3\boldsymbol{r} \tag{2.20}$$

に比例する．これは $|\psi(\boldsymbol{r},t)|^2$ が粒子の**存在確率密度**を与えると規定する法則である．しかし，これだけでは，運動量についての知識が欠落している．逆変換 (2.13) が与える Fourier 成分 $\tilde{\psi}(\boldsymbol{p},t)$ に対して，次の独立な法則を設定する．

第3法則—波動関数の物理的意味 (b)　　力学系が $\tilde{\psi}(\boldsymbol{p},t)$ で表わされる状態にある場合，時刻 t のとき運動量空間の点 $\boldsymbol{p}$ のまわりの体積 $d^3\boldsymbol{p}$ をもつ微小領域中の値が実現する確率は

$$|\tilde{\psi}(\boldsymbol{p},t)|^2 d^3\boldsymbol{p} \tag{2.21}$$

に比例する．すなわち，$|\tilde{\psi}(\boldsymbol{p},t)|^2$ が粒子の**運動量分布**であると規定するのである．(2.20) と (2.21) とは互いに独立な法則であり，どちらが欠けても波動力学は成立しない．

Schrödinger 方程式が (2.17) である場合には，次式の成立が知られている．

確率流連続の式：

$$\frac{\partial\rho}{\partial t} + \nabla\cdot\boldsymbol{J} = 0\ . \tag{2.22}$$

ただし，

$$\rho(\boldsymbol{r},t) \equiv |\psi(\boldsymbol{r},t)|^2\ , \tag{2.23}$$

$$\boldsymbol{J}(\boldsymbol{r},t) \equiv \frac{\hbar}{2im}[\psi^*(\boldsymbol{r},t)\nabla\psi(\boldsymbol{r},t) - (\nabla\psi^*(\boldsymbol{r},t))\psi(\boldsymbol{r},t)]\ . \tag{2.24}$$

第3法則の立場でいえば $\rho(\boldsymbol{r},t)$ は粒子の存在確率密度であるから，$\boldsymbol{J}(\boldsymbol{r},t)$ は**確率流密度** (probability current) を表わすものである．なお，$\nabla = \partial/\partial\boldsymbol{r}$.

この式から，ρ の全空間積分 (ψ,ψ) が (したがって，$(\tilde{\psi},\tilde{\psi})$ も) 時間的に一

定となることを知る．周知の事柄だから，改めて説明する必要はあるまい．したがって，波動関数 ψ または $\tilde{\psi}$ の**規格化条件** (normalization condition)

$$(\psi,\psi)_x=\int|\psi(\boldsymbol{r},t)|^2d^3\boldsymbol{r}=1\ , \tag{2.25}$$

$$(\tilde{\psi},\tilde{\psi})_p=\int|\tilde{\psi}(\boldsymbol{p},t)|^2d^3\boldsymbol{p}=1 \tag{2.26}$$

は始めに設定しておけば，全時間を通して保たれる (第1式と第2式が等しいことは Parseval の等式 (2.14) で保証されている)．このことは同時に粒子の生成消滅がないことを意味するので，**確率保存則**でもある．この法則は今の場合ポテンシャルの実数性から出てきたが，一般にはハミルトニアン演算子の自己共役性の帰結である．なお，括弧は関数内積を表わす(添字は積分変数が位置座標か運動量かを表わす．煩わしいので，自明な場合は省略する)．

この規格化は(必ず起こるはずの)粒子が全空間のどこかに存在することの確率，および(必ず起こるはずの)許し得る運動量の値一つをとる事象の確率を1としたもので，合理的である．積分の値を1とおくことは，基礎法則である Schrödinger 方程式が線形であって乗数定数を勝手に選べるため，いつも可能である．

波動関数の絶対値2乗が可積分でない場合，たとえば，平面波の場合，この方式による規格化は不可能になる．しかし，その場合でも，別方式の規格化が考えられている．平面波の規格化は 2-3 節 (b) で，散乱状態固有関数の規格化は後の章で説明する予定である．

一般に量子力学では，力学量は**線形自己共役演算子**で表わされ，測定に際してその力学量のとる値はその演算子の固有値のどれか一つであると規定される．「線形性」は「重ね合わせの原理」に矛盾しないためであるが，「自己共役性」は固有値が実数であること，(固有関数が直交していて)一つ値が得られれば他の値が出てこないことを保証するためである[*5]．さて，運動量演算子 $\hat{\boldsymbol{p}}=(\hbar/i)(\partial/\partial\boldsymbol{r}')$ ((2.16) を見よ) の固有値方程式は

$$\hat{\boldsymbol{p}}u_{\boldsymbol{p}}(\boldsymbol{r}')=\boldsymbol{p}u_{\boldsymbol{p}}(\boldsymbol{r}') \tag{2.27}$$

---

*5　項目 (b) でもう一度議論する．

だから，平面波 $u_{\boldsymbol{p}}(\boldsymbol{r}')=(1/\sqrt{(2\pi\hbar)^3})\exp(i\boldsymbol{p}\cdot\boldsymbol{r}'/\hbar)$ (2.10) は固有値 $\boldsymbol{p}$ に属する(位置座標表示における)運動量演算子の固有関数である．一方，位置座標表示において，座標変数 $\boldsymbol{r}'$ を掛けるという**位置演算子** $\hat{\boldsymbol{r}}$ を定義すれば，その固有値方程式は

$$\hat{\boldsymbol{r}}u_{\boldsymbol{r}}(\boldsymbol{r}')=\boldsymbol{r}u_{\boldsymbol{r}}(\boldsymbol{r}') \qquad (2.28)$$

であり，固有値 $\boldsymbol{r}$ に属する位置演算子の固有関数は

$$u_{\boldsymbol{r}}(\boldsymbol{r}')=\delta^3(\boldsymbol{r}-\boldsymbol{r}') \qquad (2.29)$$

である．この固有関数は「粒子がシャープに $\boldsymbol{r}$ にいる状態」を表わすものと説明される．(2.10) と (2.29) の関数はいずれも次式で規格化されている：

$$(u_{\boldsymbol{p}},u_{\boldsymbol{p}'})_x=\delta^3(\boldsymbol{p}-\boldsymbol{p}')\ ,\ (u_{\boldsymbol{r}},u_{\boldsymbol{r}'})_x=\delta^3(\boldsymbol{r}-\boldsymbol{r}')\ . \qquad (2.30)$$

なお，これらの関係式を Fourier 変換すれば，運動量表示における運動量演算子 $\hat{\boldsymbol{p}}$(数変数 $\boldsymbol{p}'$ を掛けるという演算子)と位置座標演算子

$$\hat{\boldsymbol{r}}=i\hbar\frac{\partial}{\partial\boldsymbol{p}'} \qquad (2.31)$$

が現われて，固有値方程式 (2.27)，(2.28) はそれぞれ

$$\hat{\boldsymbol{p}}\tilde{u}_{\boldsymbol{p}}(\boldsymbol{p}')=\boldsymbol{p}\tilde{u}_{\boldsymbol{p}}(\boldsymbol{p}')\ , \qquad (2.32)$$

$$\hat{\boldsymbol{r}}\tilde{u}_{\boldsymbol{r}}(\boldsymbol{p}')=\boldsymbol{r}\tilde{u}_{\boldsymbol{r}}(\boldsymbol{p}') \qquad (2.33)$$

となる．固有関数と規格化は次の通り：

$$\tilde{u}_{\boldsymbol{p}}(\boldsymbol{p}')=\delta^3(\boldsymbol{p}-\boldsymbol{p}')\ , \qquad (2.34)$$

$$\tilde{u}_{\boldsymbol{r}}(\boldsymbol{p}')=\frac{1}{\sqrt{(2\pi\hbar)^3}}\exp[-\frac{i}{\hbar}\boldsymbol{p}'\cdot\boldsymbol{r}]\ , \qquad (2.35)$$

$$(\tilde{u}_{\boldsymbol{r}},\tilde{u}_{\boldsymbol{r}'})_p=\delta^3(\boldsymbol{r}-\boldsymbol{r}')\ ,\quad (\tilde{u}_{\boldsymbol{p}},\tilde{u}_{\boldsymbol{p}'})_p=\delta^3(\boldsymbol{p}-\boldsymbol{p}')\ . \qquad (2.36)$$

これらの固有関数を用いれば，第 3 法則における確率密度や確率分布を

$$|\psi(\boldsymbol{r},t)|^2=|(u_{\boldsymbol{r}},\psi_t)|^2\ ,\quad |\tilde{\psi}(\boldsymbol{p},t)|^2=|(u_{\boldsymbol{p}},\psi_t)|^2 \qquad (2.37)$$

のように書き直すことができる．ここでは，波動関数の時間依存性を強調したいために ψ_t と書いた(以下同様)．したがって，第 3 法則は次のように一般化できる．

一般的な確率解釈　　波動関数 ψ によって表わされる状態[*6]において状態 ϕ を見出すことの確率は $|(\phi, \psi)|^2$ に比例する．

この一般的な法則の中に，散乱理論にとって重要な「遷移確率」という考えが含まれている．すなわち，ψ として初期状態 ϕ_{I} から出発して Schrödinger 方程式 (2.15) にしたがって時間発展した状態

$$\psi_t = \exp(-\frac{i}{\hbar}\hat{H}t)\phi_{\mathrm{I}} \tag{2.38}$$

をとり（右辺は (2.15) の形式解），ϕ として終期状態 ϕ_{F} をとれば，この確率は，時刻 $t=0$ のとき状態 ϕ_{I} にあった量子力学系が後の時刻 $t(>0)$ において状態 ϕ_{F} に遷移することの確率を与える．これを**遷移確率** (transition probability) と呼び，次のように書く：

$$W_{\mathrm{I}\to\mathrm{F}}(t) = |(\phi_{\mathrm{F}}, \psi_t)|^2 = |(\phi_{\mathrm{F}}, \exp(-\frac{i}{\hbar}\hat{H}t)\phi_{\mathrm{I}})|^2 \ . \tag{2.39}$$

(b)　力学量の測定と期待値

第3法則のおかげで，力学量の期待値を計算できるようになった．初等確率論によれば，位置変数 $\boldsymbol{r}$ だけの関数である力学量 $F(\boldsymbol{r})$ の状態 ψ における期待値 $\langle F\rangle_t$ は，それに確率密度 $|\psi(\boldsymbol{r},t)|^2$ を掛けて積分すれば得られる．同様に，運動量変数 $\boldsymbol{p}$ だけの力学量 $G(\boldsymbol{p})$ の状態 $\tilde{\psi}(\boldsymbol{p},t)$ における期待値 $\langle G\rangle_t$ は，確率分布 $|\tilde{\psi}(\boldsymbol{p},t)|^2$ を掛けて積分すれば得られる．すなわち，

$$\langle F\rangle_t = \int F(\boldsymbol{r})|\psi(\boldsymbol{r},t)|^2 d^3\boldsymbol{r} = (\psi_t, F\psi_t)_x \ , \tag{2.40}$$

$$\langle G\rangle_t = \int G(\boldsymbol{p})|\tilde{\psi}(\boldsymbol{p},t)|^2 d^3\boldsymbol{p} = (\tilde{\psi}_t, G\tilde{\psi}_t)_p \ . \tag{2.41}$$

$\tilde{\psi}_t = \tilde{\psi}(\boldsymbol{p},t)$ は (2.13) で定義された $\boldsymbol{p}$ の関数である．ただし，波動関数は (2.25) または (2.26) によって規格化してある．

なお，位置座標に関する期待値 $\langle F\rangle$ の式をすべて運動量変数で，および運動量に関する期待値 $\langle G\rangle$ をすべて位置変数で書くことも可能である：

$$\langle F\rangle = (\psi, F(\boldsymbol{r})\psi)_x = (\tilde{\psi}, F(\hat{\boldsymbol{r}})\tilde{\psi})_p \ , \tag{2.42}$$

---

*6　以後これを簡単に状態 ψ ということにする．

$$\langle G\rangle=(\tilde{\psi},G(\boldsymbol{p})\tilde{\psi})_p=(\psi,G(\hat{\boldsymbol{p}})\psi)_x\ . \tag{2.43}$$

ここで $\hat{\boldsymbol{p}}$ と $\hat{\boldsymbol{r}}$ はそれぞれ(2.16)と(2.31)で定義されたベクトル微分演算子である．証明には Fourier 変換(2.12)とその逆変換の式(2.13)またはデルタ関数の Fourier 積分表示(A.5)を使うとよい．(A.5)は巻末付録にある．

存在確率密度(2.20)および期待値(2.40)は粒子位置の測定に結びついている．粒子位置 $\boldsymbol{r}$ を1次元変数 x のように扱って，両者の物理的意味を簡単に説明しておこう．変数の全区間を十分狭い幅をもつ有限個の区間 $\Omega_k(k=1,2,\cdots,N_x)$ に分け，その代表点(たとえば中点)の位置を x_k とする．いま，同じ(波動関数 ψ で記述される)状態にある N 個(N_x と混同しないように！)の力学系を用意し，各力学系で独立に粒子位置の測定を行ない，k 番目の区間 Ω_k で粒子を見つけた力学系の数が N_k であったとしよう．この実験の結果を概念的に示したのが図2-2である．Young 型干渉実験(図2-1)におけるスクリーン上の粒子位置測定を念頭において考えればよい．

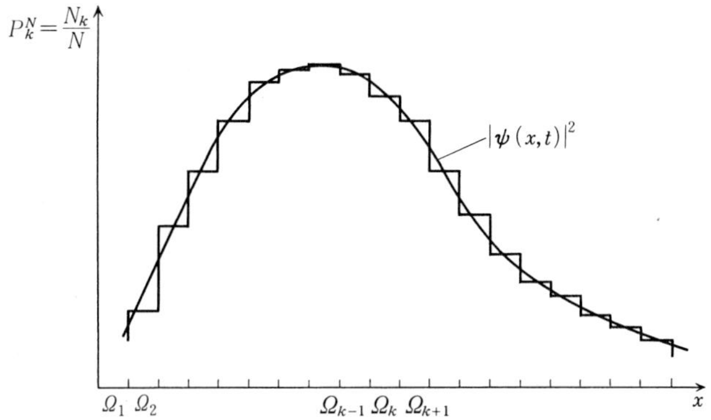

図2-2　位置座標の測定結果と波動関数

この場合，粒子が区間 Ω_k に存在することの確率は

$$P_k^N=\frac{N_k}{\sum_{k=1}^{N_x}N_k} \tag{2.44}$$

であり，この測定が与える粒子位置の確率論的平均値(期待値)は

$$\langle F(x)\rangle^N = \sum_{k=1}^{N_x} F(x_k)P_k^N \tag{2.45}$$

に等しい．ただし，N は十分大きいとした．これらはいずれも実験から得られるものである．波動力学の理論体系は，区間幅がゼロとなる極限において，P_k^N が理論の与える $|\psi(x_k)|^2$ (すなわち，(2.20)) に，$\langle F(x)\rangle^N$ が理論的期待値 (2.40) に等しくなることを主張するものである．

運動量測定についても，同様な説明が可能だ．図 2-3 は典型的な運動量測定装置の模式図である．運動量が一定でない入射粒子ビームを一様な磁場Mに導けば，各粒子は運動量の値に応じた偏向角をもって出て行くので，遠くにおいた(磁場中心に対して)立体角 $\Omega_k(k=1,2,\cdots,N_p)$ をもつ各検出器は対応する運動量領域の粒子を捕捉する．Ω_k は1次元的に表記した値 p_k を中心とする運動量領域である．$x_k\to p_k$ (および，(2.40) → (2.41)) と置き換えれば，上の議論はすべて成立し，実験結果はやはり P_k^N で与えられるが，これに等置すべき理論式は $|\tilde{\psi}(p_k)|^2$ (すなわち，(2.21)) でなければならない．この磁場を散乱体で置き換えれば，以上の話はすべて衝突・散乱現象の観測・測定の場合に移行する．実際，多くの衝突・散乱実験における終状態の観測はこのような運動量測定によって行なわれるのである．

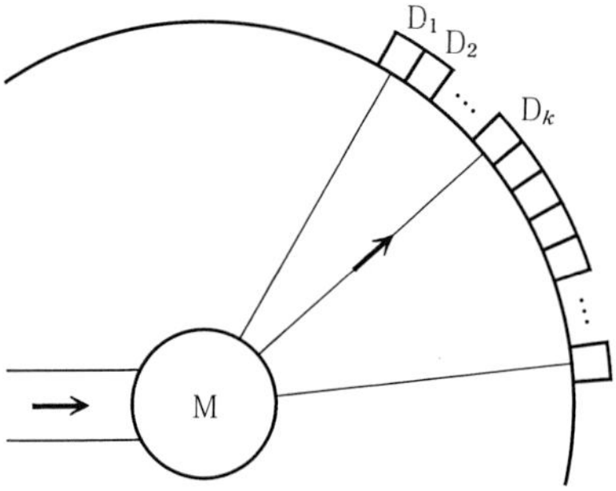

図 2-3　磁場による運動量測定

位置と運動量両方の関数である一般的な力学量 $F(\boldsymbol{r},\boldsymbol{p})$ の場合はどうか？自由粒子以外の力学系のハミルトニアンがよい例だ．古典力学では，位置座標と運動量の値を別々に測定して $F(\boldsymbol{r},\boldsymbol{p})$ を作ればよかったが，量子力学では，この方法は両者の同時精密測定ができない(不確定性原理)ため，不可能である．したがって，個々の力学量に即した測定実験を(位置や運動量の測定とは別に)用意しなければならない．

また，$F(\boldsymbol{r},\boldsymbol{p})$ に相当する量子力学的演算子が位置座標表示では $F(\boldsymbol{r},\hat{\boldsymbol{p}})$ であり，運動量表示では $F(\hat{\boldsymbol{r}},\boldsymbol{p})$ であることが予想されるが，これらの演算子は数学的には確定していない．位置と運動量の演算子が交換不可能なためである．たとえば，古典量 xp_x に相当する演算子が $\hat{x}\hat{p}_x$ であるか $\hat{p}_x\hat{x}$ であるか分からないからだ．それにこの両者は自己共役ではない．ふつう，量子力学では，対称化した自己共役演算子 $(\hat{x}\hat{p}_x+\hat{p}_x\hat{x})/2$ を使っている．なお，一般的な対称化法として Weyl の方法がある(章末問題を見よ)．

このようにして得られた線形自己共役演算子を $\hat{F}$ としよう．位置座標表示では $\hat{F}_x=F(\boldsymbol{r},\hat{\boldsymbol{p}})$，運動量表示では $\hat{F}_p=F(\hat{\boldsymbol{r}},\boldsymbol{p})$ であるが(いずれも適当に対称化してある)，いまは表示を問わない．その演算子が正しいかどうかは，理論の整合性と実験との照合で判断するだけなのである．

さて，量子力学では，力学量 $\hat{F}$ が測定に際してとる値は固有値方程式

$$\hat{F}u_\nu = \lambda_\nu u_\nu \tag{2.46}$$

に現われる固有値のどれか一つであると「規定」する．自己共役性のため，λ は実数であり，異なる固有値 $\lambda_\nu \neq \lambda_{\nu'}$ の固有関数は互いに直交する：$(u_\nu, u_{\nu'})=0$．直交性は状態 $u_{\nu'}$ にある系が状態 u_ν で見出されるはずはないこと，すなわち，測定はただ一つの値しか与えないことを保証する．上記の Ω_k は力学量 $\hat{F}$ を測定する実験装置に適した測定領域として設定される．実験によって与えられる確率分布や期待値も，位置測定や運動量測定の場合と同様に作られる．

いま一般の重ね合わせ状態

$$\psi_t = \sum_\nu c_\nu(t)u_\nu \tag{2.47}$$

における時刻 t での $\hat{F}$ の測定を考えよう．ただし，

$$(u_\nu, u_{\nu'}) = \delta_{\nu,\nu'} \quad (\text{正規直交性}), \tag{2.48}$$

$$\sum_\nu u_\nu(\boldsymbol{r})u_\nu^*(\boldsymbol{r}') = \delta^3(\boldsymbol{r}-\boldsymbol{r}') \quad (\text{完全性}) \tag{2.49}$$

と規格化されているとしよう．このとき

$$c_\nu(t) = (u_\nu, \psi_t) \tag{2.50}$$

である．この実験に対する理論的予言は，『特定の値 λ_ν が得られる確率は，固有状態 u_ν を見出すことの確率 $|c_\nu(t)|^2$ に等しい』ということだ（第3法則：一般的な確率解釈）．

したがって，この測定における $\hat{F}$ の期待値は次式で与えられる：

$$\langle F \rangle_t = \sum_\nu \lambda_\nu |c_\nu(t)|^2 = (\psi_t, \hat{F}\psi_t)\ . \tag{2.51}$$

最後の等式の証明には，$c_\nu(t)$ に定義式 (2.50) を入れて，内積積分内で固有値方程式 (2.46) と完全性条件 (2.49) を使えばよい．これが力学量期待値に対する一般的公式である．(2.42)，(2.43) は (2.51) の特殊な場合であった．

力学量 $\hat{F}$ の測定において得られた固有値 λ_ν の「ばらつき」は2乗偏差

$$(\Delta F)^2 \equiv (\psi, (\hat{F} - \langle F \rangle)^2 \psi) = \langle F^2 \rangle - \langle F \rangle^2 \tag{2.52}$$

によって測ることができる．ψ が $\hat{F}$ の固有状態であれば，$\Delta F = 0$．他の力学量 $\hat{G}$ に対しても，同様な手続きで2乗偏差 $(\Delta G)^2$ を作れば，不等式

$$\Delta F \Delta G \geqq \frac{1}{2} |\langle i(\hat{F}\hat{G} - \hat{G}\hat{F}) \rangle| \tag{2.53}$$

の成立を証明することができる．$\hat{F}\hat{G} \neq \hat{G}\hat{F}$ であれば，右辺はゼロでない値をもち，ΔG と ΔF に対して制約を与える．その場合，(2.53) は**不確定性関係**（uncertainty relation）となって力学量 ΔG，ΔF の同時精密測定が不可能であることを示す．$\hat{F} = \hat{x}$，$\hat{G} = \hat{p}_x$ の場合，(2.53) は

$$\Delta x \Delta p_x \geqq \frac{1}{2} \hbar \tag{2.54}$$

であるが，これはよく知られた位置と運動量の不確定性関係に他ならない．他の成分についても同様である．

(c)　量子条件と量子力学の抽象表示

波動力学の記述方式には，位置座標表示と運動量表示があることはすでに述べた．両者はまったく同格であって，どちらを使っても原理的な優劣はない．選んだ表示によって，具体的な数式表現が変わるだけである．とすれば，状態

を表わす波動関数や位置座標および運動量の背景には，表示によらない抽象的な量や関係式が存在するはずだ．

任意の波動関数 $\psi(\boldsymbol{r})$（位置座標表示）をとれば，恒等式 $(x\hat{p}_x-\hat{p}_x x)\psi(\boldsymbol{r})=i\hbar\psi(\boldsymbol{r})$ が成立する（ただし，$\hat{p}_x=-i\hbar(\partial/\partial x),\cdots$）．運動量表示では，これは $(\hat{x}p_x-p_x\hat{x})\tilde{\psi}(\boldsymbol{p})=i\hbar\tilde{\psi}(\boldsymbol{p})$ となる（ただし，$\hat{x}=i\hbar(\partial/\partial p_x),\cdots$）．証明は容易である．これらの式の括弧内は，表示こそ違うが，演算子としてはまったく同形である．

この事実から，本来は，具体的表示の奥に位置座標と運動量に対応する抽象的演算子があって，**交換関係**（commutation relation）

$$[\hat{x}_k,\hat{p}_\ell]=i\hbar\delta_{k\ell}\quad(k,\ell=1,2,3) \tag{2.55}$$

に従っていると考えることができる．ただし，省略記号

$$[\hat{a},\hat{b}]\equiv\hat{a}\hat{b}-\hat{b}\hat{a} \tag{2.56}$$

を用いた．これを**交換子**(commutator) という．これがゼロでなければ，演算子 $\hat{a}$ と $\hat{b}$ は演算子として交換可能ではない．交換関係 (2.55) は位置演算子と運動量演算子が交換可能でないことを示すものであった．これに自明な交換関係

$$[\hat{x}_k,\hat{x}_\ell]=0\ ,\ [\hat{p}_k,\hat{p}_\ell]=0\quad(k,\ell=1,2,3) \tag{2.57}$$

をつけ加えておく．(2.55) と (2.57) を**正準交換関係** (canonical commutation relation) という．

前節までは，具体的に表示された演算子，たとえば x 表示における運動量演算子 ($\hat{p}_x=(\hbar/i)(\partial/\partial x),\cdots$) や p 表示における位置演算子 ($\hat{x}=i\hbar(\partial/\partial p_x),\cdots$) などに記号ˆをつけて表わした．いま導入した抽象的演算子は具体的な表示を使う前のもっと抽象的な演算子を想定している．便宜上同じ山型記号ˆを使って書いたが，混乱は起きないと思う．なお，後で x 表示のハミルトニアン演算子を $H^x=H(x,(\hbar/i)(\partial/\partial x))$ と書いてˆをつけないことがある．状況によって判断していただきたい．

私たちは，実験的基盤である「波動・粒子の 2 重性」とそれに基づく波動力学の運動法則から出発して議論した結果，表示に依存しない抽象的演算子の交換関係 (2.55) および (2.57) に到達した．この道筋を逆に辿ろう．すなわち，

はじめに抽象的な演算子関係式が設定されていたと考えるのだ．次の段階として位置座標表示をとれば，位置座標がすべて数変数 x_k となり，交換関係は運動量が微分演算子 $\hat{p}_k=-i\hbar(\partial/\partial x_k)$ となることを教えてくれる（位置座標の実関数が不定の付加項として加わるが，除去可能である）．この運動量微分演算子の固有関数は (2.10) となって第1法則を与える．この平面波系は完全系を作るから，展開 (2.12) を可能にして，第2法則 (a) の枠組みを作る．一方，運動量表示を取って運動量を数変数とすれば，上記の抽象的交換関係は位置座標が運動量についての微分演算子になることを指示する．この道からは波動関数の平面波展開 (2.12) の逆変換式 (2.13) に到達する．

すなわち，私たちが「波動・粒子の2重性」から出発して登りつめた波動力学の階段を，抽象的関係式 (2.55) と (2.57) を出発点とする数学的演繹によって一気に駆け下ったわけだ．この意味で，抽象的関係式 (2.55)，(2.57) は，量子力学の実験的基盤であった「波動・粒子の2重性」と基本的に同等なのである．その意味で，これらの抽象的関係式を**量子条件** (quantum condition) と呼ぶ．理論的にはこれが量子力学の根源であり，これを軸にして理論体系を建設することができる．

正準交換関係は，古典力学の正準力学変数が満足する Poisson 括弧式

$$\{x_k, p_\ell\}=\delta_{k\ell}\ ,\quad \{x_k, x_\ell\}=\{p_k, p_\ell\}=0\quad (k,\ell=1,2,3) \tag{2.58}$$

によく似ている．Dirac は古典力学の Poisson 括弧式を

$$\{a, b\}\ \rightarrow\ \frac{1}{i\hbar}[\hat{a}, \hat{b}] \tag{2.59}$$

によって量子力学的演算子の交換関係におきかえれば，古典力学が量子力学に移行することを見つけた．まさに，Poisson 括弧式は量子力学への魔法の通路だったのである．ただ，直角座標以外のすべての正準変数について無制限に成立するものではないことに注意する必要がある．(2.59) を **Dirac の量子条件**という．

さて，上記の抽象演算子は量子力学系の状態を記述する抽象ベクトル空間の抽象ベクトルに作用する演算子である．抽象ベクトルを表わすのに，しばしば Dirac の記法が用いられる：**ケットベクトル**（たとえば，$|\psi\rangle$）とその共役ベクト

ルであるブラベクトル(たとえば，$\langle\phi|$)．ケットとブラを使って，位置座標の抽象演算子 $\hat{x}_k(k=1,2,\cdots,n)$ の固有ベクトル $|x\rangle$ と $\langle x|$ を固有値方程式

$$\hat{x}_k|x\rangle = x_k|x\rangle\ ,\quad \langle x|\hat{x}_k = x_k\langle x| \tag{2.60}$$

によって与えよう．ただし，x_k は実数であり，完全正規直交性条件

$$\langle x|x'\rangle = \delta(x-x') \equiv \prod_{i=1}^{n}\delta(x_i-x_i')\quad（正規直交性）, \tag{2.61}$$

$$\int|x\rangle d^n x\langle x| = \hat{1}\quad（完全性） \tag{2.62}$$

を満足している．(恒等演算子 $\hat{1}$ は後では単に1と書く.)ここでは話を一般化して，自由度 n の力学系を考えた．$x=(x_1,\cdots,x_n)$ は必ずしも位置座標ではなく，他の力学量であってもよい．

こうして，抽象ベクトルと波動関数の関係

$$|\psi_t\rangle = \int d^n x|x\rangle\psi(x,t)\ :\quad \psi(x,t) = \langle x|\psi_t\rangle\ , \tag{2.63}$$

$$\langle\phi_t| = \int d^n x\phi^*(x,t)\langle x|\ :\quad \phi^*(x,t) = \langle\phi_t|x\rangle \tag{2.64}$$

が得られる．$|\psi\rangle$ と $\langle\phi|$ との内積も

$$\langle\phi|\psi\rangle = \int\phi^*(x)\psi(x)d^n x = (\phi,\psi) \tag{2.65}$$

となって，波動力学の関数内積に一致する．波動関数 $\psi(x,t)$ は $\{|x\rangle\}$ を基底とする抽象ベクトル $|\psi_t\rangle$ の表現なのである．状態を表わすという意味で，このような抽象ベクトルを**状態ベクトル** (state vector) という．

一般的な状態ベクトルに対する動力学的法則である Schrödinger 方程式は

$$i\hbar\frac{d}{dt}|\psi_t\rangle = \hat{H}|\psi_t\rangle \tag{2.66}$$

と書くことができる．ハミルトニアン演算子 $\hat{H}$ は，上記の $\hat{F}$ と同じように，古典的ハミルトニアンから作られた線形自己共役(抽象)演算子である．波動力学における Schrödinger 方程式の具体形 (2.15) は(多粒子系の場合も含めて) $\{|x\rangle\}$ を基底とする (2.66) の表現に他ならない．抽象演算子 $\hat{H}=H(\hat{x},\hat{p})$ とその x 表示の関係は次のとおり(章末問題を参照していただきたい)：

$$\langle x|H(\hat{x},\hat{p})|x'\rangle = H(x, \frac{\hbar}{i}\frac{\partial}{\partial x})\delta(x-x') \ . \tag{2.67}$$

これで抽象表示の Schrödinger 方程式 (2.66) はその x 表示として (2.15) をもつことが分かった.

(d)　密度行列

正確な表現ではないが，一つの波動関数や抽象ベクトルで表わされる状態を**純粋状態** (pure state) という．これを拡張して，いくつかの量子力学的状態からなる統計集団内で表わされる状態を**混合状態** (mixed state) という．両者を統合して表わすのに，拡大された状態ベクトル空間の一つのベクトルを使う方法があるが，密度行列による記述が便利であり広く利用されている．

さて，状態を表わす抽象ベクトル空間において，ケットベクトル $|a\rangle$ とブラベクトル $\langle b|$ のジアド積 $|a\rangle\langle b|$ を考えよう．これは一つの演算子であって，ケットベクトル $|\psi\rangle$ に作用してケットベクトル $|a\rangle\langle b|\psi\rangle$ を作り，ブラベクトル $\langle\phi|$ に作用してブラベクトル $\langle\phi|a\rangle\langle b|$ を作る（$\langle b|\psi\rangle$, $\langle\phi|a\rangle$ は c 数）．そのジアド積の一つとして，演算子

$$\hat{\rho} \equiv |\psi\rangle\langle\psi| \tag{2.68}$$

を定義しよう．これは（抽象ベクトル $|\psi\rangle$ または波動関数 $\psi(x)$ に相当する）量子力学的純粋状態を表わすものであり，**密度行列** (density matrix) という．**統計演算子** (statistical operator) ともいう．ただし，$|\psi\rangle$ は規格化されているものとする：$\langle\psi|\psi\rangle=1$．いま，正規直交系 $\{|u_i\rangle\}$ を基底とする行列表現を作れば，密度行列 $\hat{\rho}$ とその行列要素は

$$\hat{\rho} = \sum_i \sum_j c_i c_j^* |u_i\rangle\langle u_j| \ : \quad \rho_{ij} \equiv \langle u_i|\hat{\rho}|u_j\rangle = c_i c_j^* \tag{2.69}$$

である．ただし，状態ベクトルが同じ基底によって

$$|\psi\rangle = \sum_i |u_i\rangle c_i \ : \quad c_i = \langle u_i|\psi\rangle \tag{2.70}$$

のように展開できるとした．この状態における力学量 $\hat{F}$ の期待値は

$$\langle F\rangle = \langle\psi|\hat{F}|\psi\rangle = \mathrm{Tr}\ (\hat{F}\hat{\rho}) \tag{2.71}$$

と書くことができる．純粋状態密度行列 (2.68) の特徴は状態 $|\psi\rangle$ への射影演

算子という性質をもつところにある．すなわち，

$$\hat{\rho}^2 = \hat{\rho}\ . \tag{2.72}$$

証明は簡単である．なお，基底として $\{|x\rangle\}$ を取った場合は

$$\rho_{xx'} = \psi(x)\psi^*(x')\ . \tag{2.73}$$

次に，状態ベクトル $|\psi_m\rangle$ によって表わされる量子力学系をメンバーとする統計集団を考える．各メンバーは統計的重率 w_m をもって現われるとしよう．この統計集団によって表される状態を混合状態という．混合状態における力学量 $\hat{F}$ の期待値は

$$\langle\langle F\rangle\rangle = \sum_m w_m \langle\psi_m|\hat{F}|\psi_m\rangle = \mathrm{Tr}(\hat{F}\hat{\hat{\rho}}) \tag{2.74}$$

のように書くことができる(単に $\langle F\rangle$ と書くこともある)．この $\hat{\hat{\rho}}$ が混合状態を表わす密度行列であり，次式で与えられる：

$$\hat{\hat{\rho}} \equiv \sum_m w_m |\psi_m\rangle\langle\psi_m|\ . \tag{2.75}$$

混合状態密度行列の特徴は射影演算子の性質をもたないところにある：

$$\hat{\hat{\rho}}^2 \neq \hat{\hat{\rho}}\ . \tag{2.76}$$

統計集団のメンバーがただ一つのときは，もちろん，混合状態密度行列は純粋状態密度行列に帰着する．

いま，特別な場合として $|\psi_k\rangle = |u_k\rangle$，$w_k = |c_k|^2$ と選べば，(2.75) は

$$\hat{\hat{\rho}} \equiv \sum_k |c_k|^2 |u_k\rangle\langle u_k| \tag{2.77}$$

となる．(2.69) との相違は明らかだろう．(2.77) は (2.69) において状態 $|u_i\rangle$ 間の位相相関が消えた場合の密度行列であり，非対角成分はない．

(2.66) が成立するとき，密度行列に対する動力学的法則は(純粋状態と混合状態の両方に対して)同形の方程式

$$i\hbar\frac{d}{dt}\hat{\rho}_t = [\hat{H}, \hat{\rho}_t] \tag{2.78}$$

によって記述される．密度行列は古典力学における相空間分布関数に対応するものであり，(2.78) は Liouville の方程式の役割を演じている(1-3 節を見よ)．

2-3　定常状態

簡単のため，1粒子系の波動力学に戻ろう．多粒子系または抽象表示への一般化は容易である．

(a)　定常状態の定義と性質

Schrödinger 方程式 (2.15) において，時間推進演算子 $\hat{H}$ が時間依存性をもたない場合 $((\partial\hat{H}/\partial t)=0)$ を考えよう．このとき，$\hat{H}$ は位置変数 $\boldsymbol{r}$ のみの演算子だから，Schrödinger 方程式は変数 $\boldsymbol{r}$ と t について変数分離型となり，$\psi(\boldsymbol{r},t)=u(\boldsymbol{r})\chi(t)$ の形の特解を許す．u と χ はそれぞれ方程式

$$\hat{H}u = Eu\ , \tag{2.79}$$

$$i\hbar\frac{d\chi}{dt} = E\chi \tag{2.80}$$

に従う．E は定数である．第2式はただちに解けて $\chi\propto\exp(-iEt/\hbar)$ となるが，この時間変動は E が実数であるか複素数になるかによって大そう違う．第1式はハミルトニアン演算子 $\hat{H}$ の固有値方程式であり，E はその固有値，u は E に属する $\hat{H}$ の固有関数である．第1式と u との関数内積から $E=(u,\hat{H}u)/(u,u)$ が得られるので，$\hat{H}$ が自己共役演算子であれば，すなわち，(二つの波動関数 ϕ と ψ に対して)

$$(\phi,\hat{H}\psi) = (\hat{H}\phi,\psi) \tag{2.81}$$

であれば，E は実数となる．

$\hat{H}$ が自己共役演算子であるかどうかは，固有関数 u(したがって，波動関数 ψ，ϕ など)に課せられる境界条件によって決まる．Schrödinger 方程式が (2.17) の場合，$(\phi,\hat{H}\psi)-(\hat{H}\phi,\psi)$ の体積積分を Gauss 定理によって表面積分に変えれば，(2.81) は境界条件

$$\oint_{\mathrm{S}}\left(\phi^*\frac{\partial\psi}{\partial n}-\frac{\partial\phi^*}{\partial n}\psi\right)d^2f = 0 \tag{2.82}$$

と同等であることが分かる．ただし，S は十分大きな領域 Ω を包む閉曲面であり，d^2f は微小面積要素，$\partial/\partial n$ はその面素に垂直な方向微分である．この

境界条件は多くの場合に成立する．局所的には同形の演算子でも，境界条件が違えば自己共役にならないこともある．散乱状態に対する境界条件と自己共役性の吟味は後で行なう．ここでは $\hat{H}$ が自己共役であるとして話を進める．

固有値は一般にいくつも存在し，離散的であったり連続的であったりする．ふつう，ハミルトニアン演算子の束縛状態固有関数はエネルギーの離散的固有値に，散乱状態固有関数は連続的固有値に属している．しかし，簡単のため当分の間，エネルギー E が離散的であるかのように扱い，番号 $\boldsymbol{\nu}$ をつける．この場合，エネルギー固有状態の波動関数は

$$\psi(\boldsymbol{r},t) = u_\nu(\boldsymbol{r})\exp(-\frac{i}{\hbar}E_\nu t) \tag{2.83}$$

という形をもつ．空間変数依存性を与える u_ν はハミルトニアン演算子の固有値方程式

$$\hat{H}u_\nu = E_\nu u_\nu \tag{2.84}$$

の解である．(2.84) を定常状態の Schrödinger 方程式と呼ぶことがある．話の筋道は E が連続であっても変わらない．

波動関数 (2.83) の著しい特徴は，E が実数であるため，粒子の存在確率密度

$$P(\boldsymbol{r}) = |\psi(\boldsymbol{r},t)|^2 = |u_\nu(\boldsymbol{r})|^2 \tag{2.85}$$

が時間によらず一定になることである．この式を見ながら，改めて存在確率密度が時間的に一定になるような状態を**定常状態** (stationary state) と定義しよう．(2.83) は定常状態であったのである．

すでに述べたように，量子力学では，力学量の取る値はその固有値に限ると規定した．したがって，エネルギー固有状態(u_ν)では，エネルギーは確定して固有値 E_ν を取るのである．その結果として，(2.83) が成立して定常状態となる．くどいようだが，エネルギー固有状態は定常状態である．

逆は正しいだろうか？　すなわち，定常状態は必ずエネルギー固有状態になるのだろうか？　この問題は定常状態とエネルギー固有状態との同等性を問うものだ．さて，いまエネルギーが E_0，E_1，… と定まらないとすれば，その状態の波動関数は第 2 法則 (a)(32 ページ)によって

$$\psi(\boldsymbol{r},t)=\sum_{\nu}c_{\nu}u_{\nu}(\boldsymbol{r})\exp(-\frac{i}{\hbar}E_{\nu}t) \tag{2.86}$$

となり（c_ν は定数係数），その状態における粒子の存在確率密度は

$$\begin{aligned}P(\boldsymbol{r},t)&=|\psi(\boldsymbol{r},t)|^2\\&=\sum_{\nu}|c_\nu|^2|u_\nu(\boldsymbol{r})|^2+\sum_{\nu}\sum_{\nu'\neq\nu}c_\nu c_{\nu'}^* u_\nu(\boldsymbol{r})u_{\nu'}^*(\boldsymbol{r})\exp\Big(-\frac{i}{\hbar}(E_\nu-E_{\nu'})t\Big)\end{aligned} \tag{2.87}$$

であるはずだ．この式をよく見ると，存在確率密度の時間依存性はもっぱら異なるエネルギーの値の混在にあることが分かる．したがって，時間依存性のない存在確率密度を確保するためには，エネルギーの値はただ一つに限る．すなわち，定常状態とエネルギー固有状態は同等であった．

なお，$P(\boldsymbol{r},t)$ の実質的時間変動 ((2.87) の第 2 項) が異なるエネルギーの混在，すなわち，エネルギー不確定性を原因として出てくるところに，量子力学の特徴がある．実質的時間変動が目に見えるようになるまでの時間間隔を Δt とすれば，第 2 項において $\hbar^{-1}(E_\nu-E_{\nu'})\Delta t\sim 1$ となることだから，エネルギー不確定性 ΔE とは

$$\Delta E\Delta t\sim\hbar \tag{2.88}$$

の関係が成立しなければならない．これが**時間・エネルギーの不確定性関係**である．

さて，Schrödinger 方程式が (2.17) で与えられる場合 (ただし，$(\partial V/\partial t)=0$) の定常状態 (2.83) では，確率密度 (2.23) と確率流密度 (2.24) は

$$\rho_\nu(\boldsymbol{r})=|u_\nu(\boldsymbol{r})|^2\ , \tag{2.89}$$

$$\boldsymbol{J}_\nu(\boldsymbol{r})=\frac{\hbar}{2im}\left\{u_\nu^*(\boldsymbol{r})\frac{\partial u_\nu(\boldsymbol{r})}{\partial\boldsymbol{r}}-\frac{\partial u_\nu^*(\boldsymbol{r})}{\partial\boldsymbol{r}}u_\nu(\boldsymbol{r})\right\} \tag{2.90}$$

となり，u_ν だけで表わされて時間的に一定となる．したがって，連続の式 (2.22) は $(\partial\rho_\nu/\partial t)=0$ により

$$\nabla\cdot\boldsymbol{J}=0\quad\text{または}\quad\oint_{\mathrm{S}}\boldsymbol{J}_\nu\cdot d\boldsymbol{f}=0 \tag{2.91}$$

となる．S は領域 Ω を包む閉曲面である．これは (2.82) によく似ている．

領域 Ω を十分大きく取ったとき，この条件は波動関数に対して遠方における境界条件を与える．局所的に取った場合は局所的な連続条件となる．すなわち，(2.91) は定常状態における確率流が泉なしの流れ，言い換えれば，流線の閉じた連続流になるべきことを指示しているものだ．関数 $\boldsymbol{J}$ の構造を見れば，この条件は固有値方程式 (2.84) の解 u_ν に関して，

「それ自身と位置変数についての 1 階導関数が連続である」　(2.92)

ことを要求している．しかし，これが成立して $\boldsymbol{J}_\nu$ が連続になっても，逆は必ずしも正しくない．すなわち，$\boldsymbol{J}_\nu(\boldsymbol{r})$ が連続であっても，$u_\nu(\boldsymbol{r})$ と $\partial u_\nu(\boldsymbol{r})/\partial \boldsymbol{r}$ が連続であるとは限らない．後で具体例が出てくる．しかし，多くの場合，この要求によって $\boldsymbol{J}_\nu$ の連続条件を代用することができる．

なお，束縛状態波動関数は定数係数を除けば実数関数であり，確率流密度はいつもゼロである．束縛状態では，粒子の運動は古典的には周期運動であり，空間のある有限な領域に局限されていた．確率流が消えるのは物理的に見ても当然だろう．散乱状態の場合，確率流密度はもちろんゼロにはならない．

1 章とくに 1-2 節で説明したように，衝突・散乱現象は本来非周期的な過渡状態である．ところが，波動力学(量子力学)では，衝突・散乱現象を定常状態として扱うことが多い．まず前の説明を思い出そう．実験的には，確率母集団に相当する多数の粒子を定常的な入射ビームで標的(散乱体集団)に送り込み，そこから出てくる定常的な散乱粒子流を検出器で捉えて「重ね焼き」するのであった．そこでは，運動量がほぼ一定の入射粒子 1 個と散乱体 1 個の独立な衝突・散乱現象の「重ね焼き」が行なわれていたのであった．定常的な入射粒子ビーム中の粒子の運動量がほぼ一定の場合，その粒子 1 個は平面波に近い波束状態にある．波束はいずれ通り抜けていってしまうが，通過時間の真只中では，平面波の進行が無限に続くように見えるだろう．これは，平面波で表わされる入射粒子が定常的に投入され，散乱波で表わされる散乱粒子が定常的に出て行くという状況である．この状況の理想的な極限として散乱現象の定常的取り扱いが許される．しかし，衝突・散乱現象の本質はあくまでも非定常な過渡状態にあり，定常的取り扱いは理想化にすぎない．この点に注意しながら散乱の量子力学を学んでいただきたい．なお，散乱問題の定常的取り扱いが量子力学の

特徴のようにいったが，古典力学でも，相空間分布関数(1-3節)による記述方式を取れば話は全く同様に進行する．

(b) 平面波

前節の終わりに述べたように，平面波 (2.10) は $\boldsymbol{p}$ に極めて近い運動量をもつ入射粒子を理想化して記述するものとして，散乱問題において重要な役割を果たす．数学的には，非相対論的自由粒子ハミルトニアン $\hat{H}_0$ と運動量演算子 $\hat{\boldsymbol{p}}$ の(それぞれ固有値 $E=p^2/2m$ と固有値 $\boldsymbol{p}$ に属する)同時的固有関数である．この意味で平面波 (2.10) は自由粒子系の定常状態であった．物理的には，エネルギー $E=p^2/2m$ と運動量 $\boldsymbol{p}$ をもって，はるか遠方にまで進行する自由粒子を表わす．したがって，入射粒子の投入という散乱問題の境界条件を表すのに便利な関数なのである．

いま，平面波 (2.10) の数値係数を一般的に C とおいて，規格化問題を考え直そう．すなわち，

$$u_{\boldsymbol{p}}(\boldsymbol{r}) = C\exp(\frac{i}{\hbar}\boldsymbol{p}\cdot\boldsymbol{r}) . \tag{2.93}$$

これから確率密度 (2.23) と確率流密度 (2.24) を求めれば

$$\rho_{\boldsymbol{p}}(\boldsymbol{r}) = |C|^2 , \quad \boldsymbol{J}_{\boldsymbol{p}}(\boldsymbol{r}) = \frac{\boldsymbol{p}}{m}|C|^2 \tag{2.94}$$

が得られる．定常状態だから時間的に一定になるのは当然であるが，空間的にも一定になってしまった．そのため，この関数は (2.25) の意味では規格化できない．なぜならば，絶対値2乗は定数 $|C|^2$ となり，全空間積分が発散するからである．平面波は空間の隅々にまで一様に広がっているので当然の結果だ．この意味では，平面波関数は Hilbert 空間に属していない．

平面波の規格化には，現在次の方式が考えられている：(1) デルタ関数規格化，(2) 箱規格化，(3) 粒子流強度規格化．

(1) の方式は，$C=1/\sqrt{(2\pi\hbar)^3}$ と選んで，(2.30) が成立するようにしたものである．これは上記の無限大を堂々と公認する方式であり，**デルタ関数規格化** (delta-function normalization) と呼ばれている．この場合，平面波は通常の Hilbert 空間には入らない．むしろ超関数として扱うべきものだ．

(2) の方式は，あくまでも (2.25) を保持しようとする**箱規格化** (box normalization) である．具体的には，サイズは極めて大きいが有限の箱(たとえば，一辺の長さ L の立方体の箱)の中に粒子を閉じこめて，周期性境界条件

$$u(x+L, y, z) = u(x, y, z), \tag{2.95}$$

$$u(x, y+L, z) = u(x, y, z), \tag{2.96}$$

$$u(x, y, z+L) = u(x, y, z) \tag{2.97}$$

を与えることによって実現される．このため，運動量もエネルギーも連続ではなくなって，離散的になる：

$$\boldsymbol{p} = \frac{2\pi\hbar}{L}(l, m, n), \tag{2.98}$$

$$E_{\boldsymbol{p}} = \frac{1}{2m}\left(\frac{2\pi\hbar}{L}\right)^2 (l^2+m^2+n^2)\ . \tag{2.99}$$

$$(l, m, n = 0, \pm 1, \pm 2, \cdots)$$

しかし，運動量のとび高は $2\pi\hbar/L$，エネルギーのとび高は $(2\pi\hbar/L)^2(2m)^{-1}$ の程度だから，L が大きい場合はほとんどゼロと見てよい．この規格化は $C = 1/\sqrt{L^3}$ を与え，規格化された平面波関数は

$$u_{\boldsymbol{p}}(\boldsymbol{r}) = \frac{1}{\sqrt{L^3}} \exp(\frac{i}{\hbar}\boldsymbol{p}\cdot\boldsymbol{r}) \tag{2.100}$$

となって，Hilbert 空間に入る．完全正規直交条件は

$$(u_{\boldsymbol{p}}, u_{\boldsymbol{p}'}) = \delta_{\boldsymbol{p}\boldsymbol{p}'}\ , \tag{2.101}$$

$$\sum_{\boldsymbol{p}} u_{\boldsymbol{p}}(\boldsymbol{r}) u_{\boldsymbol{p}}^*(\boldsymbol{r}') = \delta^3(\boldsymbol{r}-\boldsymbol{r}')\ . \tag{2.102}$$

ただし，$\boldsymbol{p}' = \dfrac{2\pi\hbar}{L}(l', m', n')$，(2.101) の右辺は積 $\delta_{ll'}\delta_{mm'}\delta_{nn'}$ に等しい(各項は Kronecker のデルタである．たとえば，$\delta_{ll'}$ は $l=l'$ のとき 1，そうでないとき 0)．

(3) の方式は，(2.94) において強度 N_0 の粒子流を与えるものである：

$$C=\sqrt{\frac{mN_0}{p}}\ . \qquad (2.103)$$

とくに $N_0=1$ を**単位流規格化** (unit-flux normalization) という．散乱断面積の定義は単位流に対して与えられているので(1-2 節参照)，散乱問題の取り扱いに適しているように見えるが，数式計算上はあまり便利でない．

散乱現象の理論計算は多くの場合，(1) か (2) を用いて行ない，最後に ((2) の場合は極限移行 $L\to\infty$ を行ない) 換算乗数を掛けて (3) に移る．そのため，この極限移行($L\to\infty$)による (1) と (2) の関係を見ておこう．

箱の場合，(2.98) における整数 (l,m,n) のとび高 1 に対応して，運動量は

$$\Delta p_x=\Delta p_y=\Delta p_z=\frac{2\pi\hbar}{L} \qquad (2.104)$$

だけジャンプする．したがって，離散的運動量についての和は次のような手順で積分に移行する：

$$\begin{aligned}
\sum_{\boldsymbol{p}} F(\boldsymbol{p}) &= \sum_{l=-\infty}^{\infty}\sum_{m=-\infty}^{\infty}\sum_{n=-\infty}^{\infty} F(p_x,p_y,p_z)\\
&= \left(\frac{L}{2\pi\hbar}\right)^3 \sum_{p_x=-\infty}^{\infty}\sum_{p_y=-\infty}^{\infty}\sum_{p_z=-\infty}^{\infty} F(p_x,p_y,p_z)\Delta p_x\Delta p_y\Delta p_z\\
&\xrightarrow{L\to\infty} \left(\frac{L}{2\pi\hbar}\right)^3 \int_{-\infty}^{\infty}\int_{-\infty}^{\infty}\int_{-\infty}^{\infty} F(p_x,p_y,p_z)dp_xdp_ydp_z\\
&= \left(\frac{L}{2\pi\hbar}\right)^3 \int F(\boldsymbol{p})d^3\boldsymbol{p}\ . \qquad (2.105)
\end{aligned}$$

$F(\boldsymbol{p})$ が固有関数の双 1 次形式ならば，この移行公式の因子 $(L/2\pi\hbar)^3$ は固有関数の箱規格化方式からデルタ関数規格化方式への移行公式に現われるはずの数値係数である．

なお，以上の関係式から箱規格化の場合の状態数密度を求めることができる．(2.98) を見れば分かるように，運動量空間では体積 $(2\pi\hbar/L)^3$ ごとに 1 個の運動量状態がある．したがって，微小な運動量領域 $d^3\boldsymbol{p}$ 中に含まれる状態数は $(L/2\pi\hbar)^3d^3\boldsymbol{p}$ である．そこで $d^3\boldsymbol{p}=p^2dpd\omega$ を用いて，単位体積ごと，単位立

体角ごと，単位エネルギーごとの状態数を求めると

$$\rho(E_p) = \frac{p^2}{(2\pi\hbar)^3}\left(\frac{dE_p}{dp}\right)^{-1} = \frac{mp}{(2\pi\hbar)^3} \tag{2.106}$$

となる．これを**状態密度**ということがある．最後の式は非相対論的自由粒子に対するものである．

(c) 自由粒子波束の性質と運動

2-3 節では，散乱問題の定常状態的取り扱いに関して，入射ビーム状態を平面波で表わすことを考えた．しかし，平面波 (2.10) は全空間を覆い，無限の過去から永劫の未来にわたって振動しながら伝搬する波である．これは数学的な理想化であって，実際には存在しない．現実にある入射波は，平面波に近く広がっているとはいえ，有限の時空領域だけに存在する自由粒子の**波束**(wave packet)である．自由粒子波束は定常状態ではないが，平面波状態に極めて近い状態を表わすものとして，この節の中で説明しておきたい．

また，平面波は自由粒子の Schrödinger 方程式 (2.18) の特解ではあるが，一般解ではない．その方程式の解であって，運動量 $\boldsymbol{p}$ の平面波に近く，有限領域だけに存在する波束状態波動関数 $\psi(\boldsymbol{r},t)$ は平面波 $u_{\boldsymbol{p}}$ の「重ね合わせ」として表わされる：

$$\psi(\boldsymbol{r},t) = \int a(\boldsymbol{p}')u_{\boldsymbol{p}'}(\boldsymbol{r})\exp(-iE_{\boldsymbol{p}'}t/\hbar)d^3\boldsymbol{p}' , \quad E_{\boldsymbol{p}'} = \frac{\boldsymbol{p}'^2}{2m} . \tag{2.107}$$

もちろん，$a(\boldsymbol{p}')\exp(-iE_{\boldsymbol{p}'}t/\hbar)$ は運動量表示の波束関数である．$\psi(\boldsymbol{r})$，$a(\boldsymbol{p}')$ はともに絶対値 2 乗可積分で Hilbert 空間に属している．

まず，時刻を固定して(たとえば，$t=0$ における)初期状態波束関数

$$\psi_0(\boldsymbol{r}) = \int a(\boldsymbol{p}')u_{\boldsymbol{p}'}(\boldsymbol{r})d^3\boldsymbol{p}' \tag{2.108}$$

の性質を調べよう．平面波 $u_{\boldsymbol{p}}$ に極めて近いので，$|a(\boldsymbol{p}')|$ は $\boldsymbol{p}$ のまわりで鋭いピークをもち，$\boldsymbol{p}'$ が $\boldsymbol{p}$ から離れるにつれて急速にゼロになる $\boldsymbol{p}'$ のよい関数である．したがって，(2.108) の積分は $\boldsymbol{p}$ のまわりの小領域 $\Delta\boldsymbol{p}$ における積分で近似してよい．積分領域がこのように制限されれば，変数 $\boldsymbol{p}'$ の関数は $\boldsymbol{q}\equiv\boldsymbol{p}'-\boldsymbol{p}$ について 2 次以上の依存性を無視することが許される．したがって，上

式は

$$\psi_0(\boldsymbol{r}) \simeq A(\boldsymbol{r}) \exp(\frac{i}{\hbar}\boldsymbol{p}\cdot\boldsymbol{r}) \tag{2.109}$$

と近似される．ただし，

$$A(\boldsymbol{r}) \equiv \int_{\Delta\boldsymbol{p}} a(\boldsymbol{p}+\boldsymbol{q}) \exp(\frac{i}{\hbar}\boldsymbol{q}\cdot\boldsymbol{r}) d^3\boldsymbol{q} \tag{2.110}$$

である．領域 $\boldsymbol{\Delta p}$ の狭さのために，包絡線関数 $A(\boldsymbol{r})$ は極めてゆっくり変わる関数となる．しかも，$|\boldsymbol{r}| \to \infty$ に対して $A \to 0$ となり，そのゼロでない領域幅を $\boldsymbol{\Delta r}$ とすれば，定性的な議論からも

$$\Delta x \Delta p_x \sim \hbar \tag{2.111}$$

であることが分かる．これは不確定性関係 (2.54) に他ならない．大まかな様子を図 2-4 で示した．他の成分についても同様である．

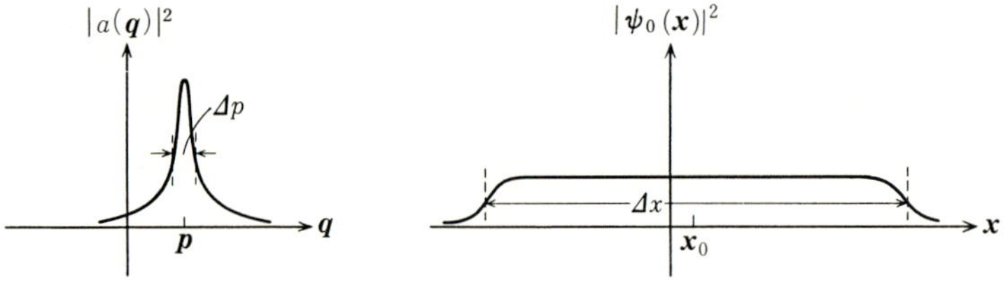

図 2-4　波束の広がり

さて，積分領域のこのような制限により，$\boldsymbol{q} \equiv \boldsymbol{p}' - \boldsymbol{p}$ の 2 次以上の依存性を無視すれば，一般のエネルギー関数に対して $E_{\boldsymbol{p}'} \simeq E_{\boldsymbol{p}} + \boldsymbol{v}_{\mathrm{g}}\cdot\boldsymbol{q}$ と近似することが許される．ただし，

$$\boldsymbol{v}_{\mathrm{g}} = \frac{\partial E_{\boldsymbol{p}}}{\partial \boldsymbol{p}} \tag{2.112}$$

とおいた．したがって，(2.107) は

$$\psi(\boldsymbol{r}, t) \simeq A(\boldsymbol{r} - \boldsymbol{v}_{\mathrm{g}} t) \exp[\frac{i}{\hbar}(\boldsymbol{p}\cdot\boldsymbol{r} - E_{\boldsymbol{p}} t)] \tag{2.113}$$

と近似される．これは平面波 $\exp[i(\boldsymbol{p}\cdot\boldsymbol{r} - E_{\boldsymbol{p}} t)]$ を包絡線関数 $A(\boldsymbol{r} - \boldsymbol{v}_{\mathrm{g}} t)$ で絞った形の波束関数である．この包絡線関数は一定の形を保ったまま速度 $\boldsymbol{v}_{\mathrm{g}}$ で進

行する．したがって，$\boldsymbol{v}_{\mathrm{g}}$ は波動論でいう**群速度** (group velocity) であり，波束が形を崩さず全体として移動するときの速度を表わしている．この意味で $\boldsymbol{q} \equiv \boldsymbol{p}' - \boldsymbol{p}$ の 2 次以上の依存性を無視する近似を**無変形近似**という．非相対論的自由粒子に対しては $\boldsymbol{v}_{\mathrm{g}} = \boldsymbol{p}/m$，相対論的自由粒子に対しては $\boldsymbol{v}_{\mathrm{g}} = c^2 \boldsymbol{p}/E_{\boldsymbol{p}}$ となり，いずれも古典的粒子速度に一致する．ただし，平面波の**位相速度** (phase velocity) $\boldsymbol{v}_{\mathrm{ph}} = (E_{\boldsymbol{p}}/p)(\boldsymbol{p}/p)$ には一致しない．波動力学において，古典的粒子速度に対応するものは群速度なのである．

ここまでは，$E_{\boldsymbol{p}'}$ の展開を $\boldsymbol{q}$ の 1 次で打ち切ってよい場合の結果であった．波束がそれほど平面波に近くない場合，たとえば $E_{\boldsymbol{p}'} \simeq E_{\boldsymbol{p}} + \boldsymbol{v}_{\mathrm{g}} \cdot \boldsymbol{q} + \frac{1}{2}(\boldsymbol{q} \cdot \partial/\partial \boldsymbol{p})^2 E_{\boldsymbol{p}}$ と近似しなければならない場合，(2.107) の要素平面波の位相速度が $\boldsymbol{q}$ 依存性をもつため，波形は時間の進行とともに崩れる．とくに，位相速度が $\boldsymbol{q}$ に比例するので，$|\boldsymbol{q}|$ の大きい要素平面波は $|\boldsymbol{q}|$ の小さい要素平面波よりも速く進み，波束は全体として広がっていく傾向をもつ．これを**波束の拡散**という．いうまでもなく，これは量子力学効果である．

この事情を 1 次元非相対論的自由粒子の場合について見ておこう．波束関数

$$\psi(x,t) = \frac{1}{\sqrt{2\pi\hbar}} \int a(p') \exp[\frac{i}{\hbar}(p'x - \frac{p'^2}{2m}t)]dp' \qquad (2.114)$$

は Schrödinger 方程式

$$i\hbar \frac{\partial \psi}{\partial t} = -\frac{\hbar^2}{2m} \frac{\partial^2 \psi}{\partial x^2} \qquad (2.115)$$

にしたがう．$t=0$ における初期波束が

$$\psi_0(x) = \frac{1}{\sqrt[4]{2\pi(\Delta x)^2}} \exp\left[\frac{i}{\hbar}\langle p \rangle x - \frac{(x - \langle x \rangle)^2}{4(\Delta x)^2}\right] \qquad (2.116)$$

であるとして，方程式 (2.115) を解いてみよう．$\psi_0(x)$ は**最小波束** (minimal wave packet) と呼ばれるものである．なぜならば，この Δx は (2.52) の意味での位置座標標準偏差であり，さらに同様の手続きで運動量の標準偏差 Δp を求めれば，両者の不確定性は一般的関係 (2.54) の与える最小値

$$\Delta x \Delta p = \frac{\hbar}{2} \qquad (2.117)$$

をとるからだ．初等的教科書によく出てくるのでご存じのことと思う．

さて，(2.116) の運動量表示

$$a(p)=\frac{1}{\sqrt[4]{2\pi(\Delta p)^2}}\exp\left[-\frac{i}{\hbar}(p-\langle p\rangle)\langle x\rangle-\frac{(p-\langle p\rangle)^2}{4(\Delta p)^2}\right] \quad (2.118)$$

を (2.107) に代入し，積分公式

$$\int_{-\infty}^{\infty}e^{-i\alpha\xi-\beta\xi^2}d\xi=\sqrt{\frac{\pi}{\beta}}\,e^{-\frac{\alpha^2}{4\beta}} \quad (|\arg\beta|<\frac{\pi}{2}) \quad (2.119)$$

を利用すれば，

$$\psi(x,t)=\frac{1}{\sqrt[4]{2\pi(\Delta x)^2}\sqrt{1+i\dfrac{\Delta pt}{m\Delta x}}}\exp\left[\frac{i}{\hbar}(\langle p\rangle x-\frac{\langle p\rangle^2}{2m}t)\right]$$

$$\times\exp\left[-\frac{(x-\langle x\rangle-\dfrac{\langle p\rangle}{m}t)^2}{4(\Delta x)^2(1+i\dfrac{\Delta pt}{m\Delta x})}\right] \quad (2.120)$$

が得られる．したがって，存在確率密度は

$$|\psi(x,t)|^2=\frac{1}{\sqrt{2\pi(\Delta x)_t^2}}\exp\left[-\frac{(x-\langle x\rangle-\dfrac{\langle p\rangle}{m}t)^2}{2(\Delta x)_t^2}\right] \quad (2.121)$$

となる．ただし，

$$(\Delta x)_t^2=(\Delta x)^2+\frac{(\Delta p)^2}{m^2}t^2\ . \quad (2.122)$$

(2.121) は $\langle x\rangle+(\langle p\rangle/m)t$ を中心とする偏差 $(\Delta x)_t$ をもつ Gauss 分布である．すなわち，時刻 $t=0$ で $\langle x\rangle$ のまわりに偏差 Δx をもって Gauss 分布していた波束は，時間の経過とともに，中心が一定速度 $\langle p\rangle/m$ で移動しながら，偏差を $(\Delta x)_t$ のように広げていくことになる．これが波束の拡散である．$\Delta p/m=\hbar/2m\Delta x$ を波束の広がる速さの目安と考えてよい．なお，(2.120) の運動量表示は (2.118) $(\times e^{-iE_pt/\hbar})$ であるから，運動量分布は初期分布のまま変わらない．

波束の拡散はまさに量子力学的効果であるが，通常のミクロ的衝突・散乱現象ではあまり問題にならない．その事情を見るため，波束の拡散が無視できる条件を求めよう．それらは，運動量が p に近いという条件 $\Delta p \ll p$，波束の形が重要な効果を与えないという条件 $\Delta x \gg a$(a は散乱体のサイズ)，装置全体のサイズ L が波束の長さより大きいという事情 $\Delta x \ll L$ などである．波束の通過時間は mL/p 程度，拡散速度は $\Delta p/m$ の程度だから，拡散が無視できる条件は $(\Delta p/m)(mL/p)=(\Delta p/p)L \ll \Delta x$ または $\lambda=(h/p) \ll (\Delta x/L)(h/\Delta p) \simeq (\Delta x/L)\Delta x$ である．具体例として，$L \sim 1\,\mathrm{m}$，$\Delta x \sim 10^{-(3\sim4)}\,\mathrm{m}$，$a \sim 10^{-10}\,\mathrm{m}$(原子サイズまたは結晶格子間隔の程度)をとれば，この条件は $\lambda \ll 10^{-(6\sim8)}\,\mathrm{m}$ ならば成立する．原子系による電子の散乱の場合，数 keV 程度のエネルギーの電子は $\lambda \sim 10^{-10}\,\mathrm{m}$ 程度の波長をもつので，この条件は十分満足される．1-2 節で説明した Rutherford 散乱の場合でもこの条件は満たされるが，詳しい吟味は読者に任せよう．しかし，極めて短い細切れ波束や超低エネルギー散乱では，無拡散近似(無変形近似)は必ずしも成立しない．最近の中性子干渉実験の中に面白い実例がある．

2-4　多粒子系の波動力学

これまでは粒子 1 個の波動力学を考えてきたが，それを 2 個以上の多粒子系へ拡張する．位置座標表示では，N 粒子系の状態は波動関数 $\psi(\boldsymbol{r}_{(1)}, \boldsymbol{r}_{(2)}, \cdots, \boldsymbol{r}_{(N)}, t)$ で記述される．物理的意味は 1 個の場合の素直な一般化として次のように規定すればよい．すなわち，各粒子が時刻 t のとき空間点 $\boldsymbol{r}_{(i)}(i=1,2,\cdots,N)$ を中心とする体積 $d^3\boldsymbol{r}_{(i)}$ $(i=1,2,\cdots,N)$ の微小領域中に存在することの確率は

$$|\psi(\boldsymbol{r}_{(1)}, \boldsymbol{r}_{(2)}, \cdots, \boldsymbol{r}_{(N)}, t)|^2 d^3\boldsymbol{r}_{(1)} d^3\boldsymbol{r}_{(2)} \cdots d^3\boldsymbol{r}_{(N)} \tag{2.123}$$

に比例するというものである．また，Fourier 変換

$$\begin{aligned}\tilde{\psi}(\boldsymbol{p}_{(1)}, \boldsymbol{p}_{(2)}, \cdots, \boldsymbol{p}_{(N)}, t) &= \frac{1}{\sqrt{(2\pi\hbar)^{3N}}} \int\cdots\int \psi(\boldsymbol{r}_{(1)}, \boldsymbol{r}_{(2)}, \cdots, \boldsymbol{r}_{(N)}, t) \\ &\quad \cdot \exp\left[-\frac{i}{\hbar}\sum_{i=1}^{N} \boldsymbol{p}_{(i)} \cdot \boldsymbol{r}_{(i)}\right] d^3\boldsymbol{r}_{(1)} d^3\boldsymbol{r}_{(2)} \cdots d^3\boldsymbol{r}_{(N)}\end{aligned} \tag{2.124}$$

に対しても，各粒子が時刻 t のとき運動量空間の点 $\boldsymbol{p}_{(i)}(i=1,2,\cdots,N)$ を中心

とする体積 $d^3\boldsymbol{p}_{(i)}$ $(i=1,2,\cdots,N)$ の微小領域中の運動量値をとることの確率は

$$|\tilde{\psi}(\boldsymbol{p}_{(1)},\boldsymbol{p}_{(2)},\cdots,\boldsymbol{p}_{(N)},t)|^2 d^3\boldsymbol{p}_{(1)}d^3\boldsymbol{p}_{(2)}\cdots d^3\boldsymbol{p}_{(N)} \qquad (2.125)$$

に比例すると規定する．

この力学系の時間発展は，1粒子系の場合と同様に，(2.15) とまったく同形の Schrödinger 方程式によって記述される．ただし，ハミルトニアン演算子は古典的ハミルトニアン $H(\boldsymbol{r}_{(1)},\boldsymbol{r}_{(2)},\cdots,\boldsymbol{r}_{(N)};\boldsymbol{p}_{(1)},\boldsymbol{p}_{(2)},\cdots,\boldsymbol{p}_{(N)})$ から置き換え $\boldsymbol{p}_{(i)}\to\hat{\boldsymbol{p}}_{(i)}$ によって作られる．ポテンシャル V をもつ固定保存力の場合は

$$\hat{H}=-\sum_{i=1}^{N}\frac{\hbar^2}{2m_{(i)}}\nabla_{(i)}^2+V(\boldsymbol{r}_{(1)},\boldsymbol{r}_{(2)},\cdots,\boldsymbol{r}_{(N)}) \qquad (2.126)$$

である．

質量 m_{a}，m_{b} をもつ2個の粒子 a，b からなる力学系を取り上げよう．外力はないとし，粒子間ポテンシャルが粒子間距離 $r=|\boldsymbol{r}_{\mathrm{a}}-\boldsymbol{r}_{\mathrm{b}}|$ だけの関数である場合を扱う．古典的な場合はすでに1-3節で説明しておいた．この力学系の波動関数 $\psi(\boldsymbol{r}_{\mathrm{a}},\boldsymbol{r}_{\mathrm{b}},t)$ は Schrödinger 方程式

$$i\hbar\frac{\partial\psi}{\partial t}=\hat{H}_{\mathrm{a,b}}\psi \qquad (2.127)$$

を満足する．ただし，ハミルトニアン演算子は次式で与えられる：

$$\hat{H}_{\mathrm{a,b}}=\left[-\frac{\hbar^2}{2m_{\mathrm{a}}}\nabla_{\mathrm{a}}^2-\frac{\hbar^2}{2m_{\mathrm{b}}}\nabla_{\mathrm{b}}^2+V(r)\right]. \qquad (2.128)$$

定常状態は

$$\psi(\boldsymbol{r}_{\mathrm{a}},\boldsymbol{r}_{\mathrm{b}},t)=\Xi(\boldsymbol{r}_{\mathrm{a}},\boldsymbol{r}_{\mathrm{b}})\exp(-\frac{i}{\hbar}Wt) \qquad (2.129)$$

の形をもつが，$\Xi(\boldsymbol{r}_{\mathrm{a}},\boldsymbol{r}_{\mathrm{b}})$ は固有値 W に属する全ハミルトニアン (2.128) の固有関数である．

重心座標 $\boldsymbol{R}=(m_{\mathrm{a}}\boldsymbol{r}_{\mathrm{a}}+m_{\mathrm{b}}\boldsymbol{r}_{\mathrm{b}})/(m_{\mathrm{a}}+m_{\mathrm{b}})$ と相対座標 $\boldsymbol{r}=\boldsymbol{r}_{\mathrm{a}}-\boldsymbol{r}_{\mathrm{b}}$ を使って，上記のハミルトニアン演算子を書き直せば

$$\hat{H}_{\mathrm{a,b}}=\left[-\frac{\hbar^2}{2M}\nabla_{\boldsymbol{R}}^2-\frac{\hbar^2}{2\mu}\nabla_{\boldsymbol{r}}^2+V(r)\right] \qquad (2.130)$$

となり，独立変数 $\boldsymbol{R}$ と $\boldsymbol{r}$ について変数分離形となる．$M=m_{\mathrm{a}}+m_{\mathrm{b}}$ は全質量，

$\mu = m_a m_b / M$ は換算質量である．したがって，定常状態関数は各独立変数の関数の積

$$\Xi(\boldsymbol{R}, \boldsymbol{r}) = \Phi(\boldsymbol{R}) u(\boldsymbol{r}) \tag{2.131}$$

に分解できる．これらの関数 $\boldsymbol{u}$ と $\boldsymbol{\Phi}$ は次の固有値方程式の解である：

$$\left(-\frac{\hbar^2}{2M}\nabla_{\boldsymbol{R}}^2\right)\Phi_{\boldsymbol{P}} = \left(\frac{P^2}{2M}\right)\Phi_{\boldsymbol{P}} \ , \tag{2.132}$$

$$\left(-\frac{\hbar^2}{2\mu}\nabla_{\boldsymbol{r}}^2 + V(r)\right)u_E = E u_E \ , \tag{2.133}$$

ただし，$W = E + (P^2/2M)$．(2.132) は重心運動を記述する方程式であり，全運動量 $\boldsymbol{P}$ に対応する平面波解

$$\Phi_{\boldsymbol{P}}(\boldsymbol{R}) = \frac{1}{\sqrt{(2\pi\hbar)^3}} \exp\left(\frac{i}{\hbar}\boldsymbol{P}\cdot\boldsymbol{R}\right) \tag{2.134}$$

をもつ．(2.133) は相対座標の運動を表わすが，1-3 節で見たように，入射粒子 a の重心系での運動に等価である．散乱理論の主な仕事は方程式 (2.133)，すなわち，相対座標ハミルトニアン

$$H^x = -\frac{\hbar^2}{2\mu}\nabla^2 + V(|\boldsymbol{r}|) \tag{2.135}$$

の (散乱状態) 固有値問題を解くことにある．

以上は波動力学の運動法則を多粒子系に拡張したというだけの話であり，多粒子系特有の法則はとくになかった．多粒子系特有の法則は同種粒子の場合に現われる．簡単のため，同種粒子 2 個からなる力学系を考えよう．この系が波動関数 $\psi(\boldsymbol{r}_a, \boldsymbol{r}_b, t)$ によって表わされる場合，粒子 a が状態 u_{ν_1} に，粒子 b が状態 u_{ν_2} にあることの確率振幅は

$$C(\nu_1, \nu_2, t) = \iint u_{\nu_1}^*(\boldsymbol{r}_a) u_{\nu_2}^*(\boldsymbol{r}_b) \psi(\boldsymbol{r}_a, \boldsymbol{r}_b, t) d^3\boldsymbol{r}_a d^3\boldsymbol{r}_b \tag{2.136}$$

である．ただし，$\{u_\nu\}$ は完全正規直交系であるとした．すなわち，$C(\nu_1, \nu_2, t)$ は $\psi(\boldsymbol{r}_a, \boldsymbol{r}_b, t)$ を関数列 $\{u_{\nu_1} u_{\nu_2}\}$ で展開したときの係数である．

ミクロ同種粒子を相手にする場合，各粒子を他の粒子から識別することは不可能である．実際上できないというばかりでなく，原理的に不可能であるとい

うことを「事実」として容認しよう．これから同種粒子系に対する新しい法則が生まれるのである．この「事実」によれば，「粒子 a が状態 u_{ν_1} にあり粒子 b が状態 u_{ν_2} にある場合」と「粒子 a が状態 u_{ν_2} にあり粒子 b が状態 u_{ν_1} にある場合」とが区別できないのだから，$C(\nu_1,\nu_2,t)$ と $C(\nu_2,\nu_1,t)$ とは本質的に同じ状態を見つけることの確率振幅である．両者の相違は絶対値 1 の定数因子以外にはありえない．したがって，$C(\nu_1,\nu_2,t)=\epsilon C(\nu_2,\nu_1,t)$ が成立しなければならない（ϵ がその定数）．状態番号の指定は任意だから，$C(\nu_2,\nu_1,t)=\epsilon C(\nu_1,\nu_2,t)$ も成立する．こうして，$\epsilon^2=1$ が得られて規則

$$C(\nu_1,\nu_2,t)=\pm C(\nu_2,\nu_1,t) \tag{2.137}$$

が出てくる．関数列 $\{u_\nu\}$ の完全性を用いれば，これから直ちに

$$\psi(\boldsymbol{r}_{\rm a},\boldsymbol{r}_{\rm b},t)=\pm\psi(\boldsymbol{r}_{\rm b},\boldsymbol{r}_{\rm a},t) \tag{2.138}$$

を導くことができる．(2.137) または (2.138) が同種粒子に対する新法則である．すなわち，「 同種粒子系の波動関数は粒子の交換について対称であるかあるいは反対称である.」

波動関数の対称性または反対称性は粒子固有の性質としてどちらかに決まっている．その理由は次のとおり．同種粒子が原理的に識別不可能であれば，当然のことながら，ハミルトニアンは粒子を取り替えても変わらない．すなわち，粒子交換に対して不変性をもつ．そうでなければ，現実の物理現象によって粒子の識別が可能になってしまうからである．

いま，粒子 a，b を取り替える演算子 $\hat{P}_{ab}$ を

$$\hat{P}_{ab}\psi(\boldsymbol{r}_{\rm a},\boldsymbol{r}_{\rm b},t)=\psi(\boldsymbol{r}_{\rm b},\boldsymbol{r}_{\rm a},t) \tag{2.139}$$

によって定義しよう．各粒子が位置座標の他に別の力学量（たとえば，スピン角運動量）をもっている場合は，いうまでもなく，この演算子はすべての力学量値を取り替えるのである．粒子交換とはそういうことだ．さて，取り替えは2度実行すれば元に戻るので，この演算子には $\hat{P}_{ab}^2=1$ という性質があり，固有値 ±1 をもつ．対称関数はすべて $\hat{P}_{ab}$ の固有値 $+1$ に属する固有関数であり，反対称関数は -1 に属する固有関数である．また，逆演算子が存在し，$\hat{P}_{ab}^{-1}=\hat{P}_{ab}$ となることも明らかだろう．この演算子を使えば，ハミルトニアンの粒子交換に対する不変性は

$$\hat{P}_{ab}\hat{H} = \hat{H}\hat{P}_{ab} \quad \text{または} \quad \hat{P}_{ab}\hat{H}\hat{P}_{ab}^{-1} = \hat{H} \qquad (2.140)$$

と書くことができる．したがって，この系の時間発展 $\psi_t = \exp(-i\hat{H}t/\hbar)\psi_0$（$\psi_0$ は初期状態）に対して

$$\hat{P}_{ab}\psi_t = \exp(-\frac{i}{\hbar}\hat{H}t)\hat{P}_{ab}\psi_0 \qquad (2.141)$$

が成立し，始めに設定された対称性・反対称性は永久に保持されるのである．これは波動関数の対称性・反対称性が粒子固有の性質であることを物語っている．

反対称波動関数は特異な性質をもつ．確率振幅 $C(\nu_1, \nu_2, t)$ において $\nu_1 = \nu_2 = \nu$ とおけば，(2.137) の反対称の場合の式から直ちに $C(\nu, \nu, t) = 0$ が得られる．これは，反対称波動関数で記述される同種粒子 2 個が同時に一つの状態を占めることができない（その確率がゼロ）という結果をもたらす．座標表示の波動関数についても同様であり，(2.138) から $\psi(\boldsymbol{r}, \boldsymbol{r}, t) = 0$ が得られる（反対称の場合）．これは同種粒子 2 個が同時に同じ位置を占有することを許さない法則である．一方，対称性をもつ波動関数の場合 ((2.137) および (2.138) の対称の場合) はこのようなことは起こらず，2 個（もっと一般にはそれ以上）が同じ状態もしくは同じ位置を占めることができる．波動関数の対称性・反対称性に由来する，このような集まり方の規則を**統計性**という．

この事情を簡単な場合で見ておこう．粒子状態が α，β という 2 個しかない場合を考えるのだ（例としてはスピン固有状態がある）．反対称性を取る同種粒子に対しては，$C(\alpha, \alpha, t) = C(\beta, \beta, t) = 0$，$C(\alpha, \beta, t) = -C(\beta, \alpha, t) \neq 0$ であるから，2 個の粒子の一方が状態 α に他方が状態 β という組み合わせしか許されない．対称性粒子に対しては，$C(\alpha, \beta, t) = C(\beta, \alpha, t) \neq 0$，$C(\alpha, \alpha, t) \neq 0$，$C(\beta, \beta, t) \neq 0$ であるから，2 個の粒子の一方が状態 α に他方が β にあるという場合，双方がともに状態 α にあるという場合，双方がともに状態 β にあるという場合の合計 3 通りが許される．古典的粒子に対しては，すべてが原理的に識別可能であるから，$C(\alpha, \beta, t)$ と $C(\beta, \alpha, t)$ が区別され，許される場合の数は合計 4 通りである．識別不可能というミクロ粒子の性質は波動関数の対称性・反対称性に反映し，古典論では想像もできなかったような特異な状況を作

り出すのである．後で分かることだが，散乱現象への影響は想像を絶するほど大きい．

以上の事柄は一般の多粒子系においても同じように成立する．同種粒子系は，その波動関数 $\psi(\boldsymbol{r}_{(1)}, \boldsymbol{r}_{(2)}, \cdots, \boldsymbol{r}_{(N)}, t)$ が任意の2個の粒子座標 $\boldsymbol{r}_{(i)}$ と $\boldsymbol{r}_{(j)}$ の交換に対して符号を変えるもの $\psi(\cdots, \boldsymbol{r}_{(i)}, \cdots, \boldsymbol{r}_{(j)}, \cdots, t) = -\psi(\cdots, \boldsymbol{r}_{(j)}, \cdots, \boldsymbol{r}_{(i)}, \cdots, t)$ と符号を変えないもの $\psi(\cdots, \boldsymbol{r}_{(i)}, \cdots, \boldsymbol{r}_{(j)}, \cdots, t) = \psi(\cdots, \boldsymbol{r}_{(j)}, \cdots, \boldsymbol{r}_{(i)}, \cdots, t)$ とに分類することができる．この性質は粒子の種類に固有なものであり，前者の性質をもつ粒子を **Fermi** 粒子または**フェルミオン** (fermion)，後者の性質をもつ粒子を **Bose** 粒子または**ボソン** (boson) という．フェルミオンは1個の状態には1個の粒子しか入れないが，ボソンは1個の状態に何個でも入れる．したがって，フェルミオンは Fermi-Dirac の統計にしたがい，ボソンは Bose-Einstein の統計にしたがう．一般の場合の**統計性**である．統計性は粒子のもつスピン角運動量の値と密接な関係にあることが，相対論的な場の理論を基礎に解明されている．フェルミオンはスピン角運動量が Planck 定数 $\hbar$ の半整数倍(半奇数倍)であるような粒子であり，例としては，電子，陽子，中性子，ミューオン，ニュートリノなどの素粒子や質量数が奇数の原子核などがある．ボソンはスピン角運動量が Planck 定数の整数倍の値をとる粒子であり，例としては，光子，パイオンなどの素粒子や質量数が偶数の原子核などがある．したがって，散乱問題の解析にあたっては，散乱を引き起こす粒子間力ばかりでなく，関係する粒子のスピンと統計性を知らなければならない．

2-5　Schrödinger 描像，Heisenberg 描像，相互作用描像

いままでは，量子力学系の発展をすべて波動関数の時間的変動で記述してきた．こういう記述の仕方を **Schrödinger 描像** (Schrödinger picture) という．この描像での波動関数 ψ_t の時間的発展は，いうまでもなく，Schrödinger 方程式 (2.15) によって支配されている．(2.15) 自身は1粒子系に対して設定したものだが，形が同じなので，これからは多粒子系を含む一般の場合を想定し話を進める．当分の間ハミルトニアン演算子は時間を陽に含まないものとしよう．

さて，(2.15) の形式解は

$$\psi_t = \hat{U}(t)\psi_0 \;:\; \hat{U}(t) \equiv \exp(-\frac{i}{\hbar}\hat{H}t) \tag{2.142}$$

である．ただし，$\hat{H}$ はハミルトニアン演算子であり，また $t=0$ での初期波動関数が ψ_0 であるとした．演算子 $\hat{U}(t)$ を**時間発展演算子**(time evolution operator)という．これは演算子 Schrödinger 方程式

$$i\hbar\frac{d\hat{U}(t)}{dt} = \hat{H}\hat{U}(t) = \hat{U}(t)\hat{H} \tag{2.143}$$

を満足して，時刻 $t=0$ から時刻 $t(>0)$ までの系の時間発展を与える．初期条件が

$$\hat{U}(0) = 1 \tag{2.144}$$

であることはいうまでもない．t が有限な場合，$\hat{U}(t)$ はユニタリーであって逆演算子をもち，それは Hermite 共役演算子 $(U^\dagger(t))$ に等しく，かつ (2.142) において t を $-t$ で置き換えたものである：

$$\hat{U}^{-1}(t) = \hat{U}^\dagger(t) = \hat{U}(-t)\ , \tag{2.145}$$

$$\hat{U}^\dagger(t)\hat{U}(t) = \hat{U}(t)\hat{U}^\dagger(t) = 1\ . \tag{2.146}$$

演算子 $\hat{U}^\dagger(t)$ は方程式

$$-i\hbar\frac{d\hat{U}^\dagger(t)}{dt} = \hat{H}\hat{U}^\dagger(t) = \hat{U}^\dagger(t)\hat{H} \tag{2.147}$$

にしたがう．

さて，$\hat{F}$ が時間に陽に依存していないとすれば，すなわち，$\partial\hat{F}/\partial t=0$ であれば，この演算子は時間的に一定である．これを **Schrödinger 演算子**(Schrödinger operator)という．Schrödinger 演算子が外場やパラメーターを含み，それらが時間に陽に依存する場合，Schrödinger 演算子でも時間に依存するが，外場やパラメーター以外は時間的に一定ならば，Schrödinger 演算子と呼ぶ．簡単のため，当分の間そのような場合を除外しよう．Schrödinger 描像では，力学系の時間発展は波動関数で与えられ，力学量演算子は時間的に一定である．

いま，状態 ψ_t における力学量 $\hat{F}$ の測定を考えて，期待値 (2.51) を (2.142) によって

$$\langle F\rangle_t = (\hat{U}(t)\psi_0, \hat{F}\hat{U}(t)\psi_0) = (\psi_0, \hat{F}_t\psi_0) \tag{2.148}$$

と変形し，時間依存性をもつ演算子

$$\hat{F}_t \equiv \hat{U}^\dagger(t)\hat{F}\hat{U}(t) \tag{2.149}$$

を定義しよう．時間依存性を強調するため $\hat{F}(t)$ と書くことがある．この力学量は **Heisenberg の運動方程式**

$$i\hbar\frac{d\hat{F}_t}{dt} = [\hat{F}_t, \hat{H}] \tag{2.150}$$

を満足する．証明は簡単であり，(2.143) と (2.147) を使えば直ちにできる．なお，$\hat{H}_t = \hat{H}$ であることに注意してほしい．(2.150) は Poisson 括弧式による古典的な運動方程式

$$\frac{dF_t}{dt} = \{F_t, H\} \tag{2.151}$$

に対して，Dirac の置き換え (2.59)($\{F_t, H\} \to \frac{1}{i\hbar}[\hat{F}_t, \hat{H}]$) を実行したものに他ならない．

さて，今度は力学系の時間発展は力学量演算子 $\hat{F}_t$ が担当し，波動関数は初期値 ψ_0 に据え置かれたまま一定になってしまった．この記述方式を **Heisenberg 描像**という．そのとき，$\hat{F}_t$ を **Heisenberg 演算子** (Heisenberg operator) という．Schrödinger 演算子には添字 S を，Heisenberg 演算子には添字 H をつけて書くことがある．

いままでは，$t=0$ から t までの時間発展を考えたが，時刻 t' から t までの時間発展は演算子

$$\hat{U}(t, t') = \hat{U}(t)\hat{U}^{-1}(t') = \exp(-\frac{i}{\hbar}\hat{H}(t-t')) \tag{2.152}$$

によって与えられるわけだ．この演算子は，t については方程式 (2.143)，t' については方程式 (2.147) を満足し，初終期条件

$$\hat{U}(t, t) = \hat{U}(t', t') = 1 \tag{2.153}$$

にしたがう．

最後に**相互作用描像** (interaction picture) の話をしておこう．ハミルトニアン演算子が

$$\hat{H} = \hat{H}_0 + \hat{H}' \tag{2.154}$$

のように，$\hat{H}_0$ と $\hat{H}'$ の和に分解できる場合を考える．習慣上前者を非摂動ハミルトニアン，後者を相互作用ハミルトニアンと呼ぶ．相互作用ハミルトニアンの効果が小さいことを期待して，摂動論を展開したいのである．ハミルトニアン演算子 $\hat{H}$ による上記の時間発展演算子 $\hat{U}$ において，$\hat{H}$ を $\hat{H}_0$ で置き換えたものに添字 0 をつけて書こう．たとえば，

$$\hat{U}_0(t) = \exp(-\frac{i}{\hbar}\hat{H}_0 t) \ . \tag{2.155}$$

相互作用描像における波動関数 $\psi_{\mathrm{I},t}$ は

$$\psi_t \equiv \hat{U}_0(t)\psi_{\mathrm{I},t} \quad \text{または} \quad \psi_{\mathrm{I},t} \equiv \hat{U}_0^{-1}(t)\psi_t \tag{2.156}$$

で定義される．この関数は相互作用描像の Schrödinger 方程式

$$i\hbar\frac{\partial\psi_{\mathrm{I},t}}{\partial t} = \hat{H}'_{\mathrm{I},t}\psi_{I,t} \tag{2.157}$$

を満足する．ただし，

$$\hat{H}'_{\mathrm{I},t} \equiv \hat{U}_0^{-1}(t)\hat{H}'\hat{U}_0(t) \ . \tag{2.158}$$

一般に

$$\hat{F}_{\mathrm{I},t} \equiv \hat{U}_0^{-1}(t)\hat{F}\hat{U}_0(t) \tag{2.159}$$

で定義された量を相互作用描像の力学量演算子という．これは非摂動ハミルトニアンによる運動方程式

$$i\hbar\frac{d\hat{F}_{\mathrm{I},t}}{dt} = [\hat{F}_{\mathrm{I},t}, \hat{H}_0] \tag{2.160}$$

にしたがう．この場合も時間依存性を強調するため $\hat{F}_{\mathrm{I}}(t)$ と書くことがある．

相互作用描像では，全体の時間発展を二つに分け，$\hat{H}_0$ による部分を力学量演算子に，$\hat{H}'$ による部分を波動関数に分担させたのである．この描像での ((2.152) に相当する) 時間発展演算子は

$$\hat{U}_{\mathrm{I}}(t,t') = \exp\Big(\frac{i}{\hbar}\hat{H}_0 t\Big)\exp\Big(-\frac{i}{\hbar}\hat{H}(t-t')\Big)\exp\Big(-\frac{i}{\hbar}\hat{H}_0 t'\Big)$$

$$= \hat{U}_0^{-1}(t)\hat{U}(t,t')\hat{U}_0(t') \tag{2.161}$$

である．時間変動の方程式と初終期条件は次式で与えられる：

$$i\hbar\frac{d\hat{U}_{\mathrm{I}}(t,t')}{dt} = \hat{H}'_{\mathrm{I}}(t)\hat{U}_{\mathrm{I}}(t,t'), \quad -i\hbar\frac{d\hat{U}_{\mathrm{I}}(t,t')}{dt'} = \hat{U}_{\mathrm{I}}(t,t')\hat{H}'_{\mathrm{I}}(t')\ , \tag{2.162}$$

$$\hat{U}_{\mathrm{I}}(t,t) = \hat{U}_{\mathrm{I}}(t',t') = 1\ . \tag{2.163}$$

ただし，$\hat{H}'_{\mathrm{I}}(t)$ は以前の記法 (2.160) では $\hat{H}'_{\mathrm{I},t}$ と書いたものだ．この方程式の解が必ずしも $\hat{U}_{\mathrm{I}}(t,t')=\exp(-\frac{i}{\hbar}\int_{t'}^{t}\hat{H}'_{\mathrm{I}}(t'')dt'')$ ではないことに注意されたい．この形の解は任意の時刻 t_1，t_2 に対して $[\hat{H}'_{\mathrm{I}}(t_1), \hat{H}'_{\mathrm{I}}(t_2)]=0$ が成立する場合に限って正しいものである．一般の解は，積分方程式

$$\hat{U}_{\mathrm{I}}(t,t') = 1+\frac{1}{i\hbar}\int_{t'}^{t}dt''\hat{H}'_{\mathrm{I}}(t'')\hat{U}_{\mathrm{I}}(t'',t') \tag{2.164}$$

の左辺逐次代入によって得られる摂動級数

$$\hat{U}_{\mathrm{I}}(t,t') = \sum_{n=0}^{\infty}\frac{1}{(i\hbar)^n}\int_{t'}^{t}dt_1\hat{H}'_{\mathrm{I}}(t_1)\int_{t'}^{t_1}dt_2\hat{H}'_{\mathrm{I}}(t_2)\cdots\int_{t'}^{t_{n-1}}dt_n\hat{H}'_{\mathrm{I}}(t_n) \tag{2.165}$$

によって与えられる．なお，後では $\hat{H}'$ の代わりに $\hat{V}$ という表式を断りなく使うことがある．

2-6　古典論への回帰

最後に量子力学の古典表示を定式化し，それをもとにして，Planck 定数 $\hbar$ がゼロと見なせる場合における古典力学への接近と回帰について語りたい．後で古典近似（WKB）を導入する準備でもある．

2-4 節で述べた多粒子系の量子力学を念頭において話を進めよう．簡単のため，ハミルトニアンは (2.126) であるとする．記法を整理して，$x_1=x_{(1)}$，$x_2=y_{(1)}$，$x_3=z_{(1)}$，…，$x_{n-2}=x_{(N)}$，$x_{n-1}=y_{(N)}$，$x_n=z_{(N)}$，$m_1=m_2=m_3=m_{(1)}$，…，$m_{n-2}=m_{n-1}=m_n=m_{(N)}(n=3N)$ と書けば，波動関数 ψ は Schrödinger 方程式

$$i\hbar\frac{\partial\psi}{\partial t} = \left[-\sum_{j=1}^{n}\frac{\hbar^2}{2m_j}\nabla_j^2+V(x_1,\cdots,x_n)\right]\psi \tag{2.166}$$

にしたがう．右辺の括弧内がハミルトニアン演算子である．この方程式で

$$\psi = |\psi| \exp\left(\frac{i}{\hbar}\mathcal{W}\right) , \ p_j = \frac{\partial \mathcal{W}}{\partial x_j} \tag{2.167}$$

とおき($\mathcal{W}$ と p_j は実関数)，実部と虚部に分けて整理すれば

$$\frac{\partial |\psi|^2}{\partial t} + \sum_{j=1}^{n} \frac{\partial J_j}{\partial x_j} = 0 , \tag{2.168}$$

$$\frac{\partial \mathcal{W}}{\partial t} + H_{\mathrm{Q}} = 0 \tag{2.169}$$

が得られる．ただし，

$$J_j = \frac{p_j}{m_j} |\psi|^2 , \tag{2.170}$$

$$H_{\mathrm{Q}} = \sum_{j=1}^{n} \frac{p_j^2}{2m_j} + V + V_{\mathrm{Q}} . \tag{2.171}$$

ここで，V_{Q} は**量子力学的ポテンシャル** (quantum-mechanical potential) と呼ばれているものであり，次式で定義されたものだ：

$$V_{\mathrm{Q}} \equiv \sum_{j=1}^{n} \frac{-\hbar^2}{2m_j} \frac{1}{|\psi|} \frac{\partial^2 |\psi|}{\partial x_j^2} . \tag{2.172}$$

さて，J_j は配位空間における確率流密度だから，(2.168) は確率保存則を与える連続の式に他ならない．(2.171) はポテンシャル $V + V_{\mathrm{Q}}$ をもつ古典的ハミルトニアンであり，(2.169) はそれに対応する Hamilton-Jacobi の偏微分方程式である．これからハミルトニアン H_{Q} をもつ正準方程式やポテンシャル $V + V_{\mathrm{Q}}$ をもつ Newton の運動方程式を導くこともできる．近似なしの正確な結果である．いずれも V_{Q} がつけ加わる以外，古典力学とまったく同形だ．その意味で，この理論形式を量子力学の**古典表示**ということができよう．古典力学と唯一違うところは量子力学的ポテンシャルの登場にあるが，それは $\hbar^2$ に比例している．したがって，量子力学は $\hbar \to 0$ の極限で古典力学に帰る．

なお，$\partial H_{\mathrm{Q}} / \partial t = 0$ の場合，定常状態 $\psi = u_k \exp(-iEt/\hbar)$ が考えられるが，古典論と同様に $\mathcal{W} = \mathcal{S} - Et$ とおけば，確率流連続の式および(時間を含まない)Hamilton-Jacobi の偏微分方程式として

$$\sum_{j=1}^{n} \frac{\partial}{\partial x_j} \frac{p_j}{m_j} |u_k|^2 = 0 \ , \tag{2.173}$$

$$H_{\mathrm{Q}}(x,p) = E \ : \ p_j = \frac{\partial \mathcal{S}}{\partial x_j} \tag{2.174}$$

が成立する．ただし，$\mathcal{S}$ は x と p だけの関数である．

量子力学の古典力学への接近をもう少し詳しく見るため，まず

$$\langle p_j \rangle = \int \cdots \int \left\{ \frac{\hbar}{2i} \frac{\partial}{\partial x_j} |\psi|^2 + p_j |\psi|^2 \right\} \prod_{j=1}^{n} dx_j \tag{2.175}$$

を考えよう．ただし，p_j は(2.167)第2式で与えられたものである．右辺第1項は境界条件のためゼロになるので，$\langle p_j \rangle$ は $|\psi|^2$ を重率とする p_j の平均である．古典的運動に近い状況をマクロ的尺度上で見れば，波動関数は点状波束に近く，右辺は波束の中心点での p_j の値で近似できて古典的運動量の値となる．一方，ミクロ的尺度上の $|\psi|$ は極めてゆっくり変化する関数となり，2階空間微分(すなわち，量子力学的ポテンシャル)はほとんど無視される．この結果として，量子力学は古典力学に接近するのである．

簡単な計算によって，まず

$$(\hat{p}_j - p_j)\psi = \frac{\hbar}{i} w_j^{(1)} \psi \ : \ w_j^{(1)} \equiv \frac{\partial}{\partial x_j} \log |\psi| \tag{2.176}$$

を導き，さらに k 個の $(\hat{p}_j - p_j)$ 型の因子をもつ式

$$(\hat{p}_j - p_j)(\hat{p}_\ell - p_\ell) \cdots (\hat{p}_r - p_r)\psi = \left(\frac{\hbar}{i} \right)^k w_{j\ell\cdots r}^{(k)} \psi \ , \tag{2.177}$$

$$w_{j\ell\cdots r}^{(k)} = \frac{\partial w_{\ell\cdots r}^{(k-1)}}{\partial x_j} + w_j^{(1)} w_{\ell\cdots r}^{(k-1)} \tag{2.178}$$

を証明することができる$(k=1,2,\cdots)$．$w_{j\ell\cdots r}^{(k)}$ は漸化式(2.178)によって $w_j^{(1)}$ から逐次作ることができる．(2.177)の右辺は $\hbar \to 0$ の場合，もしくは $|\psi|$ の微分が無視できるときは消える．その結果，運動量演算子 $\hat{p}_j$ は c 数 p_j で近似され，一般的等式 $F(\hat{p}_1, \hat{p}_2, \cdots)\psi = F(p_1, p_2, \cdots)\psi + O(\hbar)$ が成立して古典論へ戻る道筋を示す(詳しくは巻末文献[8]を見よ)．

演習問題

2-1 1次元波束 $\psi_0(x)=(1/\sqrt{2\pi\hbar})\int a(p')\exp[\frac{i}{\hbar}(p'x)]dp'$ において，$a(p')$ が (a) $\exp(-\epsilon|p'|/\hbar)$, (b) $\exp(-\epsilon^2 p'^2/\hbar^2)$, (c) $\theta(p'+\lambda)-\theta(p'-\lambda)(\lambda=\epsilon^{-1})$ である場合に，波束関数 $\psi_0(x)$ の具体形を求めよ．ただし，$\theta(p')=1(p'>0)$，$\theta(p')=0(p'<0)$．さらに，それぞれの場合における標準偏差 Δx，Δp を求めよ．

2-2 質量 m の量子力学的粒子が，波束状態にあって，一様な重力場(加速度 g)中を自由落下する．鉛直線上方に x 軸をとって1次元問題として扱おう．$t=0$ での初期位置と初期運動量をゼロ $(x_0=\langle x\rangle_0=0,\ p_0=\langle p\rangle_0=0)$，初期波束の広がりを $(\Delta x)_0=a$ として，次の問に答えよ：(a) Schrödinger 波動関数の時空変動を求めよ，(b) Heisenberg 描像をとり，Heisenberg 演算子 $\hat{x}_t$ と $\hat{x}_t$ の運動方程式とその解を求め，それからそれぞれの標準偏差 $(\Delta x)_t$，$(\Delta p)_t$ を計算せよ．ただし，$\langle\hat{x}\hat{p}+\hat{p}\hat{x}\rangle_0=0$ としてよい．

2-3 z 軸方向に進行する円筒型波束関数 $\psi(\boldsymbol{r},t)$ を円筒座標 $\boldsymbol{r}=(z,r,\theta)$ で記述する．$t=0$ での初期波束 $\psi_0(z,r,\theta)$ が，z に関しては平均位置 $\langle z\rangle$ のまわりに広がり(標準偏差)Δz，r に関しては平均位置 $\langle r\rangle$ のまわりに広がり(標準偏差)Δr をもつ極小波束である場合，その後の時間発展を求めよ．ただし，極小波束はガウス型関数であって，最小不確定性関係 $\Delta z\Delta p_z=\hbar/2$，$\Delta r\Delta p_r=\hbar$ にしたがう．運動量分布については，平均運動量 $\langle p_z\rangle$，$\langle p_r\rangle$ のまわりに広がり(標準偏差)Δp_z，Δp_r をもつ．

2-4 連続の式(2.22)によれば，ある領域 Ω 内に粒子を見出す確率 $\int_\Omega \rho d^3\boldsymbol{r}$ が時間的に一定であることは，$\oint_S \boldsymbol{J}\cdot d\boldsymbol{f}=0$ によって保証される．ただし，S は領域を包む閉曲面である．十分遠方でゼロとなる波動関数(波束や束縛状態)は—S を遠くにとれば—確かにこの条件を満たす．平面波関数もまたこの条件を満足することを示せ．そして，その物理的状況を説明せよ．

2-5 ある領域 Ω とそれを包む閉局面を与えたとき，運動量演算子 $\hat{\boldsymbol{p}}=-i\hbar(\partial/\partial\boldsymbol{r})$ がその領域で自己共役であるための条件を求めよ．さらに，平面波関数および波束関数がこの条件を満足するかどうかを吟味せよ．

2-6 交換関係(2.55)，(2.57)を満足する抽象演算子 $\hat{x}_k$，$\hat{p}_\ell$ が与えられたとき，それらの固有ベクトル $|x\rangle$，$|p\rangle$ を基底とする行列表示として

$$\langle x|\hat{p}_\ell|x'\rangle = \frac{\hbar}{i}\frac{\partial}{\partial x_\ell}\delta(x-x')\ ,$$

$$\langle p|\hat{x}_k|p'\rangle = i\hbar\frac{\partial}{\partial p_k}\delta(p-p')\ ,$$

$$\langle x|F(\hat{x},\hat{p})|x'\rangle = F(x,\frac{\hbar}{i}\frac{\partial}{\partial x})\delta(x-x')\ ,$$

$$\langle p|F(\hat{x},\hat{p})|p'\rangle = F(i\hbar\frac{\partial}{\partial p},p)\delta(p-p') \tag{2.179}$$

が成立することを証明せよ．ただし，固有値 x_k，p_ℓ は連続実変数であるとする．

2-7　力学量演算子 $\hat{F}$ の固有ベクトル系 $\{|u_\nu\rangle\}$ の完全性は，数学的には，任意の状態の波動関数が $|\psi\rangle=\sum_\nu c_\nu|u_\nu\rangle$ のようなフーリエ型級数に展開されることを保証するものだ．この条件は，物理的には，任意の状態で $\hat{F}$ の測定を実行したとき，必ずその固有値の一つが測定結果として出てくることを保証するものでもある．この事情を説明せよ．

2-8　力学量 $\hat{F}$ が離散的固有値 λ_ν と固有ベクトル $|\nu\rangle$ を持つ場合，または連続的固有値 λ と固有ベクトル $|\lambda\rangle$ を持つ場合，次のように表わされることを示せ．

$$\hat{F}=\sum_\nu|\nu\rangle\lambda_\nu\langle\nu|\ ,\quad \text{または}\ \hat{F}=\int|\lambda\rangle\lambda d\lambda\langle\lambda|\ . \tag{2.180}$$

ただし，和または積分は固有値のすべての値について取るものとする．

2-9　時刻 $t=0$ のとき状態 $|\psi\rangle$ にあった力学系において，連続固有値 λ と固有ベクトル $|\lambda\rangle$ を持つ力学量 $\hat{F}$ の測定を考える．時刻 $t(>0)$ のとき，この力学量が特定の領域 $\Delta\lambda$ の値をとって見出されることの確率は

$$P(\Delta\alpha,t)=\langle\psi|\hat{I}_t|\psi\rangle$$

であることを示せ．ただし，$\hat{I}_t$ は踏み台関数 $I(\lambda;\Delta\lambda)$（λ が領域 $\Delta\lambda$ 内にあるとき1，外にあるとき0となる関数)，によって定義された踏み台演算子 $\hat{I}=\int d\lambda|\lambda\rangle I(\lambda;\Delta\lambda)\langle\lambda|$ に対応する Heisenberg 演算子である：$\hat{I}_t=e^{i\hat{H}t/\hbar}\hat{I}e^{-i\hat{H}t/\hbar}$．この確率は力学量 $\hat{F}$ がハミルトニアンと可換であれば(すなわち，保存量であれば)，時間的に変動しない．証明せよ．

2-10　相互作用描像における時間発展演算子の摂動級数 (2.165) が次のように書き換えられることを示せ：

$$\hat{U}_I(t,t')=\sum_{n=0}^{\infty}\frac{1}{(i\hbar)^n n!}\int_{t'}^{t}dt_1\int_{t'}^{t}dt_2\cdots\int_{t'}^{t}dt_n\mathrm{T}\left[\hat{H}'_I(t_1)\hat{H}'_I(t_2)\cdots\hat{H}'_I(t_n)\right]\ .$$

ただし，時間順序付け記号 T は括弧内の量を時間の順序に左から右へ並べる操作を意味する．

2-11　n 自由度系における古典的力学量 $F(x,p)$ に対応する量子力学的自己共役演算子 $\hat{F}\equiv F(\hat{x},\hat{p})$ を与える **Weyl の対称化法**は次の通りである．まず，古典量 F のフーリエ変換 $\tilde{F}$ を

$$F(x,p)=\int\cdots\int\tilde{F}(\xi,\eta)\exp\left[i\sum_{k=1}^{n}(\xi_k x_k+\eta_k p_k)\right]d^n\xi d^n\eta$$

によって与え，そして

$$F(\hat{x},\hat{p})\equiv\int\cdots\int\tilde{F}(\xi,\eta)\exp\left[i\sum_{k=1}^{n}(\xi_k \hat{x}_k+\eta_k \hat{p}_k)\right]d^n\xi d^n\eta$$

と定義するのである．この定義に関して，次の問に答えよ：(a) $\hat{F}$ が自己共役であることを示せ，(b)1 自由度系に関して，$F=xp$ に相当する力学量演算子が $\hat{F}=(\hat{x}\hat{p}+\hat{p}\hat{x})/2$ となることを示せ，(c) 古典論への回帰に際して，$[\hat{F},\hat{G}]\psi=\{F,G\}\psi+O(\hbar)$ となることを証明せよ．ただし，演算子 $\hat{G}$ は古典量 G から同様の方法で作られたものであり，$\{F,G\}$ は古典的な Poisson の括弧式である．

3 定常状態問題としての衝突・散乱現象 I ——1 次元の場合

1 次元問題は，量子力学の中では，数学的に簡単な例題というばかりでなく，実際的にも重要な地位を占めている．金属や半導体その他マクロ的に広がった媒質中の電子，光子，中性子などの 1 方向伝搬が，基礎的研究および応用技術のいろいろな局面で数多く現われるからである．1 方向伝搬といっても，内容的には入射粒子が媒質の構成要素と 3 次元的衝突を繰り返し，結果的に平均場中の 1 次元衝突・散乱現象として現われるものである．この章では，それを定常状態問題として扱う．衝突・散乱現象が定常状態問題として扱える理由は，すでに 2-3 節で説明しておいた．

3-1 Schrödinger 方程式と境界条件—衝突・散乱問題の構成

まず，衝突・散乱現象の定常的取り扱いに必要な基礎方程式と境界条件を設定し，衝突・散乱問題の一般的な性質について議論する．

(a) 境界条件の設定

質量 m の量子力学的粒子が実数ポテンシャル $V(x)$ の中を 1 次元運動する場合，エネルギー固有値 E に属する定常状態波動関数 $u_k(x)$ は方程式

$$\left[-\frac{d^2}{dx^2}+U(x)\right]u_k(x) = k^2 u_k(x) \tag{3.1}$$

を満足する．ただし，

$$U(x) \equiv \frac{2m}{\hbar^2}V(x)\ ,\quad k^2 \equiv \frac{2mE}{\hbar^2} \tag{3.2}$$

とおいた．衝突問題の性格上，ポテンシャルは左右の十分遠いところで急速に同じ高さゼロに近づくと想定しておくのが自然である：

$$\lim_{|x|\to\infty} U(x) = 0\ . \tag{3.3}$$

しかし，左右遠方での高さが違う場合もあり得る．後でその場合を扱う．

ポテンシャルが(3.3)である場合，関数 u_k は遠方で自由粒子方程式

$$\left[-\frac{d^2}{dx^2}\right]u_k^{(0)}(x) = k^2 u_k^{(0)}(x) \tag{3.4}$$

の解 $u_k^{(0)}(x)$ に近づく．これが定常状態時間因子 $\exp(-iEt/\hbar)$ ((2.83) 前後の議論を見よ) との組み合わせで進行波を表わすためには

$$u_k^{(0)}(x) = \frac{1}{\sqrt{2\pi}}e^{ikx} \tag{3.5}$$

であり，かつ波数 k は実数でなければならない．したがって，運動量 $p=\hbar k$ は実数となり，エネルギー $E=\hbar^2k^2/2m$ は区間 $[0,\infty)$ の正実数値をとる．なお，この数値係数はデルタ関数規格化によって決められたものである：

$$(u_k^{(0)}, u_{k'}^{(0)}) = \delta(k-k')\ ,\quad \int u_k^{(0)}(x)u_k^{(0)*}(x')dk = \delta(x-x')\ . \tag{3.6}$$

長さ L の領域に閉じこめる箱規格化をとれば，波数は $k=(2\pi/L)n$ ($n=1,2,\cdots$)，$u_k^{(0)}$ の係数は $1/\sqrt{L}$，(3.6) 第1式の右辺は $\delta_{nn'}$，第2式の積分は n についての和になることはいうまでもない．ここでは，十分大きな1次元領域 $(-L/2, L/2)$（ただし，$L\to\infty$）とデルタ関数規格化をとって話を進める．

まず，自由粒子ハミルトニアン $\hat{H}_0=-(\hbar^2/2m)d^2/dx^2$ の関数列 $\{u_k^{(0)}\}$ に対する自己共役性を見ておこう．(2.82) に相当する式を計算すれば，容易に

$$\begin{aligned}\lim_{L\to\infty}\left[u_k^{(0)*}\frac{du_{k'}^{(0)}}{dx} - \frac{du_k^{(0)*}}{dx}u_{k'}^{(0)}\right]_{-L/2}^{L/2} &= \frac{k+k'}{\pi}\lim_{L\to\infty}\sin\frac{(k-k')L}{2} \\ &= (k^2-k'^2)\delta(k-k') = 0\end{aligned} \tag{3.7}$$

が得られるので(巻末デルタ関数公式集を見よ)，$\hat{H}_0$ の自己共役性は明らかだ．ただし，これは k，k' が区間 $(-\infty,\infty)$ の実数値をとるときのみ正しく，固有値問題 (3.4) の固有値 k^2 は連続的に区間 $[0,\infty)$ の実数値をとる．

さて，左遠方 ($x=\infty$) から右方向へ (x 軸に沿って) 運動量 $p(>0)$ (波数 $k(>0)$) をもって投入された入射粒子の定常的な流れを表わす波動が原点 $x=0$ 付近に存在するポテンシャルに衝突すると想定しよう．そのとき，一部は反射され一部は透過するはずだ．反射波と透過波が十分遠方 ($|x|\to\infty$) に到達すれば，そこではポテンシャルがゼロなので，エネルギーは(自由粒子の場合と同様に，連続的正実数値をとって)$E=\hbar^2k^2/2m$ に等しく，いずれも (3.5) 型の進行波になることが期待される．この事情をもっと丁寧に見るため，(3.1) を次のように書き直そう：

$$\frac{d^2u_k}{dx^2}+k^2(x)u_k=0 \quad (k^2(x)\equiv k^2-U(x))\ . \tag{3.8}$$

十分遠方では $k^2\gg U(x)$ であり，$k(x)\simeq k-(1/2k)U(x)$ となるので，進行波型の近似解は $\exp[\pm i\{kx-(2k)^{-1}\int^x U(x')dx'\}]$ に比例する．仮に $U(x)\propto|x|^{-\gamma}$ とおくと，指数内の積分は $|x|^{1-\gamma}$ の形になるので，$\gamma>1$ でなければ $|x|\to\infty$ に対してゼロにならない．Coulomb 型ポテンシャルの場合は $\gamma=1$ だが，この積分は $\log|x|$ に比例してやはりゼロにならない．簡単のため，$\gamma>1$，すなわち，

$$\lim_{|x|\to\infty}|xU(x)|=0 \tag{3.9}$$

として話を進めよう．当分の間 Coulomb 型の場合は除外する．

このとき，左方投入問題では，左遠方では入射波と反射波，右遠方では透過波が現われるはずであり，方程式 (3.1) または (3.8) を解く際の境界条件(無限遠)としては

$$u_k(x)\overset{x\to-\infty}{\longrightarrow}\frac{1}{\sqrt{2\pi}}(e^{ikx}+R_ke^{-ikx})\ ,\quad \overset{x\to\infty}{\longrightarrow}\frac{1}{\sqrt{2\pi}}T_ke^{ikx} \tag{3.10}$$

とおくべきである．ポテンシャルからは外向き波($x\to-\infty$ では左向きの波 e^{-ikx}，$x\to\infty$ では右向きの波 e^{ikx})が出るとした．これを**「入射波＋外向き波」**

境界条件という[*1]．反射係数 R_k と透過係数 T_k は問題を解いて得られる定数（一般に複素数）である．さらに，全領域で確率流

$$J_k = \frac{\hbar}{2im}\left(u_k^* \frac{du_k}{dx} - \frac{du_k^*}{dx} u_k\right) \tag{3.11}$$

が連続であるという条件が付け加わる．多くの場合，これは「$u_k(x)$ および $du_k(x)/dx$ が連続である」という条件で代用される（2-3節を見よ）．

したがって，私たちは連続固有値 k^2 と上記の境界条件を与えて，方程式(3.8)を解かなければならない．その解を（ハミルトニアン演算子の）**散乱状態固有関数**という．束縛状態固有関数に対応する呼称である．束縛状態問題では，固有関数は境界条件

$$u_\nu(x) \xrightarrow{|x|\to\infty} C\exp(-\kappa_\nu|x|) \quad (\kappa_\nu = \sqrt{2m|E_\nu|/\hbar^2}) \tag{3.12}$$

に従い（C は定数），方程式と境界条件によってエネルギーの値まで決まってしまった．これに反して，散乱状態の固有値 $k^2 = 2mE/\hbar^2$（のエネルギー E）は入射ビームの加速機構で前もって決まっている．この問題が解をもつかどうかは，もちろん，ポテンシャルの性質による．ここでは，解があるとして話を進めよう．

(b)　反射確率と透過確率

さて，境界条件に現われた入射波，反射波，透過波を次のように書こう：

$$u_k^{(\mathrm{inc})} = Ce^{ikx},\ u_k^{(\mathrm{ref})} = CR_k e^{-ikx},\ u_k^{(\mathrm{tr})} = CT_k e^{ikx}\ . \tag{3.13}$$

係数 C は任意の規格化定数であるが，散乱問題に適した粒子流強度規格化を使えば $C = \sqrt{N_0 m/\hbar k}$ となる．対応する確率流はそれぞれ

$$J_k^{(\mathrm{inc})} = N_0,\quad J_k^{(\mathrm{ref})} = -N_0|R_k|^2,\quad J_k^{(\mathrm{tr})} = N_0|T_k|^2 \tag{3.14}$$

に等しい．この場合，$J_k^{(\mathrm{inc})}$，$|J_k^{(\mathrm{ref})}|$，$J_k^{(\mathrm{tr})}$ は単位時間内に投入される粒子流強度，反射される粒子流強度，透過する粒子流強度であるから，反射確率と透過確率はそれぞれ

$$P^{\mathrm{r}} = |R_k|^2\ ,\quad P^{\mathrm{t}} = |T_k|^2 \tag{3.15}$$

---

*1　数学的には，進行方向を逆にした**「入射波＋内向き波」境界条件**も考えられる．いまの場合の物理的状況には適合しないが，重要な利用法がある．3次元散乱の場合に議論する．

によって与えられる．これらが実験と照合すべき量子力学の理論的予言である．

さて，k^2 と U の実数性により，(3.8) から $(d/dx)[u_k^*(du_k/dx)-(du_k^*/dx)u_k]=0$ が得られる．これを区間 $[-L/2, L/2]$ について積分すれば，

$$0=\lim_{L\to\infty}\left[u_k^*\frac{du_k}{dx}-\frac{du_k^*}{dx}u_k\right]_{-L/2}^{L/2}=\frac{1}{2\pi}2ik(1-|R_k|^2-|T_k|^2)$$

となるので

$$|R_k|^2+|T_k|^2=P^{\mathrm{r}}+P^{\mathrm{t}}=1 \tag{3.16}$$

の成立を知る．これは確率保存則に他ならない．

さらに，演算子 $[-d^2/dx^2+U]$ の自己共役性を調べよう．やはり k^2 と U の実数性によって，(2.82) に対応する式を作れば，十分大きな L に対して

$$\begin{aligned}&\left[u_k^*\frac{du_{k'}}{dx}-\frac{du_k^*}{dx}u_{k'}\right]_{-L/2}^{L/2}\\&\quad=i\frac{k+k'}{2\pi}[e^{i(k-k')L/2}-(R_k^*R_{k'}+T_k^*T_{k'})e^{-i(k-k')L/2}]\\&\quad\quad-i\frac{k-k'}{2\pi}[R_{k'}e^{i(k+k')L/2}-R_k^*e^{-i(k+k')L/2}]\end{aligned}$$

が成立する．$k\neq k'$ ならば，右辺は $L\to\infty$ に対して激しく振動するのでゼロとなる．もっと正確にいおう．平面波関数が超関数であることを思い出せば，右辺は(有限領域でしか値をもたない)よい関数 $a(k')$ を掛けて k を含まない領域について積分して見るべきものだ．この積分は $L\to\infty$ に対して Riemann-Lebesgue の定理によってゼロになる．一方，$k\simeq k'$ のとき，指数関数以外はゆっくり変化するので $k=k'$ とおいてよい．したがって，第 3 項はゼロ，第 2 項では $R_k^*R_{k'}+T_k^*T_{k'}=1$ とおくことができて，平面波のときとまったく同じ式 (3.7) に到達する．すなわち，演算子 $[-d^2/dx^2+U]$ は $\{u_k\}$ に対して自己共役である．

この計算法を使えば，散乱状態固有関数の規格化が入射波部分と同じであること，今の場合は ((3.10) を用いたので) デルタ関数規格化の採用と同等であることが分かる．なぜならば，(3.8) から次式が出てくるからである：

$$
\begin{aligned}
(u_k, u_{k'}) &= \lim_{L\to\infty}\int_{-L/2}^{L/2} u_k^* u_{k'} dx \\
&= \frac{1}{k^2-k'^2}\lim_{L\to\infty}\left[u_k^*\frac{du_{k'}}{dx}-\frac{du_k^*}{dx}u_{k'}\right]_{-L/2}^{L/2} \\
&= \delta(k-k') \ . \qquad (3.17)
\end{aligned}
$$

したがって，散乱状態固有関数は絶対値2乗可積分ではなく，Hilbert 空間には入らない．平面波関数と同じく超関数と見なすべきものである．

古典論では，$E<V$ に対しては透過はなく，$E>V$ に対しては反射はなかった．しかし，量子力学は前者に対して透過(トンネル効果)を与え，後者に対しては反射を与える．よく知られた量子効果だが，具体例は後でお目に掛ける．

(c)　入射粒子の左方投入と右方投入

次に，入射粒子の右方からの投入を考え，左方投入の場合との関係を調べよう．左右をはっきり区別するため，ポテンシャルの左右同水準($\lim_{|x|\to\infty}V(x)=0$)をやめ，$\lim_{x\to-\infty}V=V_1$ および $\lim_{x\to\infty}V=V_2(\neq V_1)$ としよう．ただし，$E>V_1$，$E>V_2$ とすれば，左右ともに反射と透過が共存し得る．左右無限遠方での波数は $k_1=\sqrt{2m(E-V_1)/\hbar^2}$，$k_2=\sqrt{2m(E-V_2)/\hbar^2}$ $(\neq k_1)$ である．左方投入解 $u_{k1,(\mathrm{L})}$ に対する境界条件は，(3.10) 第1式においては k を k_1 で，第2式においては k_2 で置き換えたものである．ただし，この問題の反射係数を $R_{(\mathrm{L})}$，透過係数を $T_{(\mathrm{L})}$ と書く．添字 (L) は左方投入を示すためにつけた(添字 k は省略してある)．理論的考察は前と同じように進むが，唯一の違いが (3.14) 第3式の k に現われる：$J_k^{(\mathrm{tr})}=\dfrac{k_2\hbar}{m}|T_{(\mathrm{L})}|^2|C|^2=\dfrac{k_2}{k_1}|T_{(\mathrm{L})}|^2N_0$．したがって，

$$
P_{(\mathrm{L})}^{\mathrm{r}}=|R_{(\mathrm{L})}|^2\ ,\ P_{(\mathrm{L})}^{\mathrm{t}}=\frac{k_2}{k_1}|T_{(\mathrm{L})}|^2\quad (P_{(\mathrm{L})}^{\mathrm{r}}+P_{(\mathrm{L})}^{\mathrm{t}}=1) \qquad (3.18)
$$

が得られる．一方，右方投入解 $u_{k2,(\mathrm{R})}$(反射係数 $R_{(\mathrm{R})}$，透過係数 $T_{(\mathrm{R})}$)に対する境界条件(無限遠)と反射確率および透過確率は次のようになる：

$$
u_{k2,(\mathrm{R})}(x)\ \xrightarrow{x\to\infty}\ \frac{1}{\sqrt{2\pi}}(e^{-ik_2x}+R_{(\mathrm{R})}e^{ik_2x})\ ,\quad \xrightarrow{x\to-\infty}\ \frac{1}{\sqrt{2\pi}}T_{(\mathrm{R})}e^{-ik_1x}\ , \qquad (3.19)
$$

$$P^{\mathrm{r}}_{(\mathrm{R})} = |R_{(\mathrm{R})}|^2\ ,\ P^{\mathrm{t}}_{(\mathrm{R})} = \frac{k_1}{k_2}|T_{(\mathrm{R})}|^2 \quad (P^{\mathrm{r}}_{(\mathrm{R})} + P^{\mathrm{t}}_{(\mathrm{R})} = 1)\ . \tag{3.20}$$

ところで，左方投入解と右方投入解はいずれも (3.8) を満している：

$$\left[-\frac{d^2}{dx^2}+U\right]u_{k1,(\mathrm{L})} = k^2 u_{k1,(\mathrm{L})}, \quad \left[-\frac{d^2}{dx^2}+U\right]u_{k2,(\mathrm{R})} = k^2 u_{k2,(\mathrm{R})}\ . \tag{3.21}$$

第 1 式に $u_{k2,(\mathrm{R})}$ を掛け，第 2 式に $u_{k1,(\mathrm{L})}$ を掛けて，辺々引き算すれば $d\Xi/dx = 0$ (ただし，$\Xi \equiv [u_{k2,(\mathrm{R})}(du_{k1,(\mathrm{L})}/dx) - (du_{k2,(\mathrm{R})}/dx)u_{k1,(\mathrm{L})}]$) となり，次の等式が得られる：$\lim_{x\to-\infty}\Xi = \lim_{x\to\infty}\Xi$. これに境界条件を入れれば，関係式

$$k_1 T_{(\mathrm{R})} = k_2 T_{(\mathrm{L})} \tag{3.22}$$

が出てくる．これと確率保存則から

$$P^{\mathrm{t}}_{(\mathrm{L})} = P^{\mathrm{t}}_{(\mathrm{R})}\ , \quad P^{\mathrm{r}}_{(\mathrm{L})} = P^{\mathrm{r}}_{(\mathrm{R})} \tag{3.23}$$

を知る．すなわち，反射確率と透過確率は左方投入に対しても右方投入に対しても同じ値をとる．(3.22) または (3.23) を**相反関係** (reciprocity) という．一般には Schrödinger 方程式の時間反転不変性から出てくる性質である（詳しくは第 7 章で議論する）．なお，$P^{\mathrm{r}}_{(\mathrm{L})} = P^{\mathrm{r}}_{(\mathrm{R})}$ から

$$|R_{(\mathrm{L})}| = |R_{(\mathrm{R})}| \tag{3.24}$$

さらに，$(d/dx)[u^*_{k2,(\mathrm{R})}(du_{k1,(\mathrm{L})}/dx) - u_{k1,(\mathrm{L})}(du^*_{k2,(\mathrm{R})}/dx)] = 0$ が成立するので（Schrödinger 方程式から），次式が得られる：

$$k_2 T_{(\mathrm{L})} R^*_{(\mathrm{R})} = -k_1 T^*_{(\mathrm{R})} R_{(\mathrm{L})} \quad \text{および複素共役式.} \tag{3.25}$$

最後に，**空間反転**変換と衝突・散乱現象の関係を見ておこう．空間反転不変性 $V(-x) = V(x)$ をもつポテンシャルの場合，束縛状態固有関数は一定のパリティをもった．これは束縛状態の境界条件 (3.12) にも空間反転対称性があったからである．散乱状態の境界条件には空間反転対称性がないため，散乱状態固有関数ははっきりしたパリティをもたない．しかし，$k_1 = k_2$ であれば，空間反転変換 $x \to -x$ は境界条件を (3.10) から (3.19) に変える．したがって，右方投入問題は左方投入問題と同等になり，

$$R_{(\mathrm{L})} = R_{(\mathrm{R})}\ , \quad T_{(\mathrm{L})} = T_{(\mathrm{R})} \tag{3.26}$$

を保証する．これが散乱問題への空間反転不変性の反映である．

(d)　波束効果についての注意

さて，平面波関数 $u_k^{(0)}$ は数学的理想であって，物理的には波束関数

$$\phi(x) = \frac{1}{\sqrt{2\pi}} \int a(k') e^{ikx} dk \tag{3.27}$$

を使わなければならないことは第2章で述べた．ただし，$a(k')$ は k のまわりで鋭いピークをもち，それ以外ではゼロになるよい関数である．波束効果はこのようにして取り入れられる．本質的に振幅における「重ね合わせ」であった．

しかし，注意しなければならない場合がある．いま，1次元的な物理過程によって波動関数が

$$\psi(x) = \frac{1}{\sqrt{2\pi}} \int \mathcal{A}(k') a(k') e^{ikx} dk \tag{3.28}$$

に変わったとしよう．$\mathcal{A}(k')$ は平面波がこの物理的過程によって受ける変化を表わすものであって，たとえば，$R(k')$ とか $T(k')$ などを含む関数である．この場合でも，Parseval の関係式

$$\int |\psi(x)|^2 dx = \int |\mathcal{A}(k')|^2 |a(k')|^2 dk' \tag{3.29}$$

が成立することはいうまでもない．この左辺は粒子を検出する領域を特定しないときの検出確率に比例する．したがって，この式はその検出確率が平面波に対する結果 $|\mathcal{A}(k')|^2$ に波束重率 $|a(k')|^2$ を掛けて得られる平均に比例することを意味している．すなわち，確率における平均をとるのである．これがこの場合の**波束効果**であった．

3-2　簡単な例題 ♯

ここでは簡単な例題で1次元衝突問題を扱う．読者はすでに初等的教科書で知っているものであるが，後のために概略と結果だけを述べておこう．

(a)　階段ポテンシャル

質量 m，波数 k の粒子が図3-1のようなポテンシャル

$$V(x) = \pm V_0 \theta(x) \tag{3.30}$$

と衝突する問題を考えよう(このとき束縛状態はない)．$\theta(x)$ は階段関数である($x>0$ に対して 1，$x<0$ に対して 0)．V_0 は正定数とする．いうまでもなく，(3.30) の ± は図3-1 の (a), (b) に対応する．また，入射粒子のエネルギーは $E=(\hbar k)^2/2m(>0)$，運動量は $p=\hbar k$ である．この衝突には，下記のような場合が考えられる．

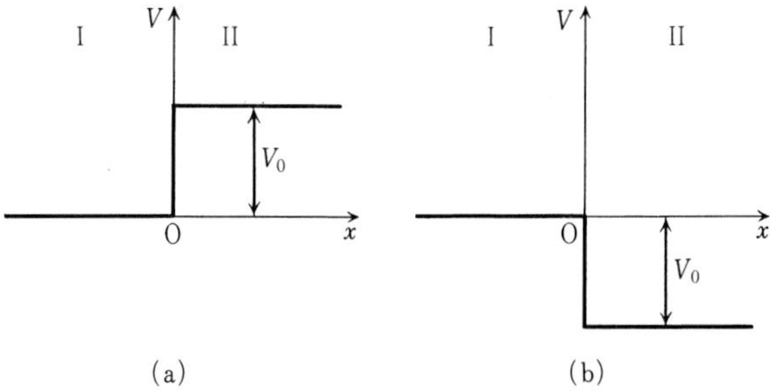

図 3-1　階段ポテンシャル

(i) $V(x)=V_0\theta(x)$ と $E<V_0$ の場合．方程式は $d^2u_k/dx^2+k^2u_k=0$(領域 I)，$d^2u_k/dx^2-\bar{\kappa}^2u_k=0$ (領域 II)であるから($\bar{\kappa}=\sqrt{2m(V_0-E)/\hbar^2}$)，右方に向かっては減少する解をとれば，領域 I，II　の波動関数は

$$\text{I}:\quad u_k(x)=C[e^{ikx}+Re^{-ikx}]\,, \tag{3.31}$$

$$\text{II}:\quad u_k(x)=CDe^{-\bar{\kappa}x} \tag{3.32}$$

となる．共通因子 C は規格化定数($|C|^2=N_0m/\hbar k$)である．係数 R と D は $x=0$ における u_k と du_k/dx の連続条件 $1+R=D$ および $ik(1-R)=-\bar{\kappa}D$ によって次のように決まる：

$$R=\frac{k-i\bar{\kappa}}{k+i\bar{\kappa}}\,,\quad D=\frac{2k}{k+i\bar{\kappa}}\,. \tag{3.33}$$

これから $|R|=1$，$J_k^{(\mathrm{tr})}=0$ となり，結果

$$P^{\mathrm{r}}=1\,,\quad P^{\mathrm{t}}=0 \tag{3.34}$$

が得られる．これは投入された粒子が全部反射され，右方無限遠に到達するものがないことを意味している．(3.32) から見れば当然の結果だ．一見したとこ

ろ，古典力学と同じ結果のように見えるが，領域 II でも粒子を見つける確率がゼロでないところに古典力学とは違う波動力学の特徴がある．波動光学の全反射現象と本質的に同じである．

(3.33) を使って (3.31) を書き直せば，領域 I の波動関数は定数を除いて実数関数であることが分かるので，直ちに領域 I における $J_k=0$ を知る．一方，$J_k^{(\mathrm{tr})}=0$ であり，確率流はもちろん連続である．

なお，$V_0\to\infty$ の極限については注意が必要である．このとき，$\overline{\kappa}\to\infty$ となるので，波動関数は次のようになる：

$$\mathrm{I}\ :\ \ u_k(x)=2iC\sin kx\ :\ R=-1\ , \tag{3.35}$$

$$\mathrm{II}\ :\ \ u_k(x)=0\ :\ D=0\ . \tag{3.36}$$

波動関数自身は $x=0$ で連続だが，その1階微分は不連続になってしまった．しかし，確率流は連続である．確率流が連続であっても，波動関数とその微分が連続でない例がここにあった．関数 $\sin kx=(2i)^{-1}[e^{ikx}-e^{-ikx}]$ は右に進む波と左に進む波を重ね合わせた定在波状態になっていて，確率流を消したのである．無限大の高さをもつポテンシャルの壁を**剛体壁**という．上式は剛体壁における境界条件を与えるものだ．

(ii) $E>V(x)$ の場合．領域 I は (i) の場合と同じだが，領域 II の方程式は $d^2u_k/dx^2+\overline{k}^2u_k=0$（$\overline{k}=\sqrt{2m(E\mp V_0)/\hbar^2}$ ：$\mp$ は (3.30) の符号 $\pm$ に対応する）となるので，左方投入に適した解は

$$\mathrm{I}\ :\ \ u_{k(\mathrm{L})}(x)=C[e^{ikx}+R_{(\mathrm{L})}e^{-ikx}]\ , \tag{3.37}$$

$$\mathrm{II}\ :\ \ u_{k(\mathrm{L})}(x)=CT_{(\mathrm{L})}e^{i\overline{k}x} \tag{3.38}$$

である．係数 $R_{(\mathrm{L})}$ と $T_{(\mathrm{L})}$ は $x=0$ での連続条件 $1+R_{(\mathrm{L})}=T_{(\mathrm{L})}$ と $ik(1-R_{(\mathrm{L})})=i\overline{k}T_{(\mathrm{L})}$ から求められる：

$$R_{(\mathrm{L})}=\frac{k-\overline{k}}{k+\overline{k}}\ ,\quad T_{(\mathrm{L})}=\frac{2k}{k+\overline{k}}\ . \tag{3.39}$$

これから，$|J_k^{(\mathrm{ref})}|=(\hbar k/m)|C|^2|R_{(\mathrm{L})}|^2$，$|J_k^{(\mathrm{tr})}|=(\hbar\overline{k}/m)|C|^2|T_{(\mathrm{L})}|^2$ が出てきて

$$P^{\rm r}_{(\rm L)} = \frac{(k-\bar{k})^2}{(k+\bar{k})^2}\ , \quad P^{\rm t}_{(\rm L)} = \frac{4k\bar{k}}{(k+\bar{k})^2} \tag{3.40}$$

が得られる．確率保存則の成立は明らかである．なお，ポテンシャルが左右同水準でないため，$P^{\rm t}_{(\rm L)} \neq |T_{(\rm L)}|^2$ となった．いまの場合，古典的粒子がポテンシャルではね返されることはないから，$P^{\rm r}_{(\rm L)} \neq 0$ は純粋の量子力学的効果である．これはすでに述べたことだ．

階段ポテンシャルへの右方投入問題($E > V_0 > 0$ の場合)は明らかに

$$\text{I}\ :\quad u_{k(\rm R)}(x) = C'T_{(\rm R)}e^{-ikx} \tag{3.41}$$

$$\text{II}\ :\quad u_{k(\rm R)}(x) = C'[e^{-i\bar{k}x} + R_{(\rm R)}e^{i\bar{k}x}] \tag{3.42}$$

という解をもち($|C'|^2 = N_0 m/\hbar\bar{k}$)，$x=0$ での連続条件から

$$R_{(\rm R)} = \frac{\bar{k}-k}{\bar{k}+k}\ , \quad T_{(\rm R)} = \frac{2\bar{k}}{\bar{k}+k} \tag{3.43}$$

が得られる．$P^{\rm t}_{(\rm R)} = P^{\rm t}_{(\rm L)}$ ($\equiv P_0$—後で使う)は前節の一般論からも明らかだ．

(b) 箱型ポテンシャル

図 3-2 を箱型ポテンシャルという：

$$V(x) = \mp V_0\Big[\theta(x+\frac{a}{2}) - \theta(x-\frac{a}{2})\Big] \quad (V_0 > 0)\ . \tag{3.44}$$

力の領域は $[-a/2, a/2]$，符号 $-$ のとき引力，$+$ のとき斥力である．引力型の場合だけに，特定のエネルギー $E_\nu(<0)$ をもつ束縛状態がある．散乱状態は両方の場合とも可能であり，正の連続値 E に対して存在する．便宜上，$x < -a/2$ を領域 I，$|x| < a/2$ を領域 II，$x > a/2$ を領域 III と呼ぼう．

(i) **束縛状態**．束縛状態の境界条件に従う解は

$$\text{I}\ :\quad u^{(+)}_\nu(x) = A\exp\Big[\kappa_\nu(x+\frac{a}{2})\Big]\ , \tag{3.45}$$

$$\text{II}\ :\quad u^{(+)}_\nu(x) = B_1\cos(\bar{k}_\nu x) + B_2\sin(\bar{k}_\nu x)\ , \tag{3.46}$$

$$\text{III}\ :\quad u^{(+)}_\nu(x) = D\exp\Big[-\kappa_\nu(x-\frac{a}{2})\Big] \tag{3.47}$$

である．ただし，$\kappa_\nu = \sqrt{2m|E_\nu|/\hbar^2}$，$\bar{k}_\nu = \sqrt{2m(V_0-|E_\nu|)/\hbar^2}$.

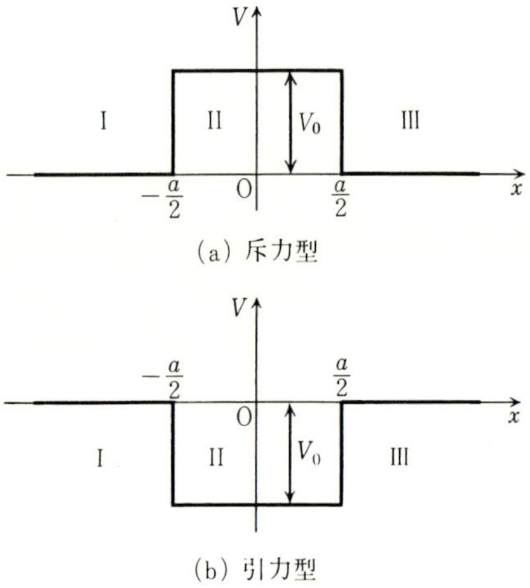

図 3-2 箱型ポテンシャル：(a) 斥力型，(b) 引力型．

このポテンシャルには空間反転対称性 $V(-x)=V(x)$ があり，固有関数は一定のパリティをもつ：

パリティ ＋ の場合，固有関数 $u_\nu^{(+)}(x)$ は偶関数だから $A=D$，$B_2=0$ であり，$x=\pm(a/2)$ の連続条件は連立方程式 $A-\beta B_1=0$，$\kappa_\nu A-\bar{k}_\nu\gamma B_1=0$ を与える（ただし，$\beta=\cos(\bar{k}_\nu a/2)$，$\gamma=\sin(\bar{k}_\nu a/2)$）．これが $A=B_1=0$ 以外の解をもつための条件は

$$\bar{k}_\nu\gamma-\kappa_\nu\beta=0 \quad \text{書き換えて} \quad \tan\xi=\xi^{-1}\sqrt{w^2-\xi^2} \tag{3.48}$$

であり，エネルギー E_ν を決定する超越方程式となる．ただし，$\xi=(\bar{k}_\nu a/2)=\sqrt{ma^2(V_0-|E_\nu|)/2\hbar^2}$，$w=\sqrt{ma^2V_0/2\hbar^2}$，$(\kappa_\nu a/2)=\sqrt{ma^2|E_\nu|/2\hbar^2}$．この超越方程式の解からエネルギー固有値を決定する経過の詳細は省略しよう．

こうして，パリティ ＋ の固有関数が次のように得られる：

$$\text{I}:\quad u_\nu(x)=\sqrt{\frac{2}{a}}\sqrt{\frac{\kappa_\nu a}{\kappa_\nu a+2}}\cos\left(\frac{\bar{k}_\nu a}{2}\right)\exp\left[\kappa_\nu(x+\frac{a}{2})\right], \tag{3.49}$$

$$\text{II}:\quad u_\nu(x)=\sqrt{\frac{2}{a}}\sqrt{\frac{\kappa_\nu a}{\kappa_\nu a+2}}\cos(\bar{k}_\nu x), \tag{3.50}$$

$$\text{III}\ :\quad u_\nu(x)=\sqrt{\frac{2}{a}}\sqrt{\frac{\kappa_\nu a}{\kappa_\nu a+2}}\cos\left(\frac{\bar{k}_\nu a}{2}\right)\exp\left[-\kappa_\nu\left(x-\frac{a}{2}\right)\right]\ . \tag{3.51}$$

係数は規格化条件 $(u_\nu^{(+)}, u_{\nu'}^{(+)})=\delta_{\nu\nu'}$ を満足するように決めた．

パリティ − の場合，固有関数 $u_\nu^{(-)}(x)$ は奇関数だから $D=-A$，$B_1=0$ であり，エネルギー決定の超越方程式は

$$\bar{k}_\nu\beta+\kappa_\nu\gamma=0 \quad \text{書き換えて} \quad -\cot\xi=\xi^{-1}\sqrt{w^2-\xi^2} \tag{3.52}$$

となる．パリティ ＋ の場合（V_0 がどんなに小さくても，束縛状態は少なくとも 1 個はあったこと）との著しい違いは，$w<(\pi/2)$ に対しては束縛状態がないことである．固有関数 $u_\nu^{(-)}(x)$ は，(3.49)，(3.50)，(3.51) において，すべての余弦関数を正弦関数に取り替え，さらに (3.49) の符号を − にすれば得られる．

固有関数 $u_\nu^{(-)}(x)$ はすべて原点で消えるので，原点に剛体壁をもつ図 3-3 のようなポテンシャルの束縛状態を表わす．3 次元箱型ポテンシャルによる（角運動量ゼロの）束縛状態問題はこの 1 次元問題に等価であり，やはり $w<(\pi/2)$ の場合束縛状態はない（4-4 節でもう一度強調する）．

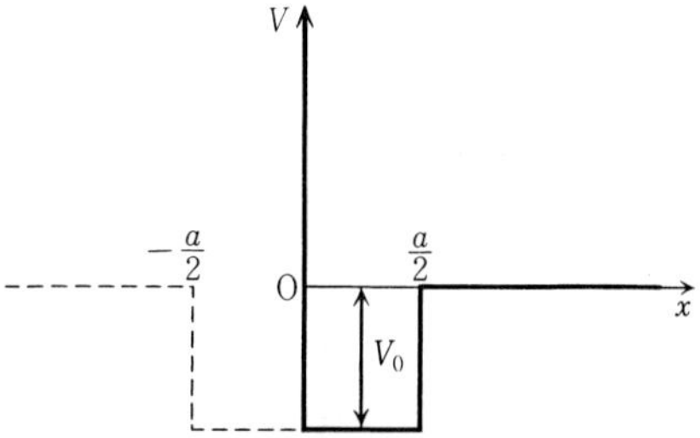

図 3-3　原点に剛体壁をもつポテンシャル

(ii) **散乱状態**．まず，斥力型（図 3-2(a)）に対する $E<V_0$ の場合を考えよう．左方投入の散乱状態境界条件に従う解は

$$\text{I}\ :\quad u_k(x)=C\left(\exp[ik(x+\frac{a}{2})]+R\exp[-ik(x+\frac{a}{2})]\right)\ , \tag{3.53}$$

$$\text{II}\ :\quad u_k(x)=C(B_1\cosh(\bar{\kappa}x)+B_2\sinh(\bar{\kappa}x))\ , \tag{3.54}$$

$$\text{III}\ :\quad u_k(x) = CT\exp[ik(x-\frac{a}{2})] \tag{3.55}$$

となる[*2]．ただし，$\overline{\kappa}=\sqrt{2m(V_0-E)/\hbar^2}$．左右対称なので添字 (L),(R) は省略した(以下同様)．規格化定数になる共通因子 C 以外の定数は $x=\pm a/2$ における連続条件から決められて

$$R=\frac{-\beta'\gamma'(\overline{\kappa}^2+k^2)}{(\overline{\kappa}\gamma'-ik\beta')(\overline{\kappa}\beta'-ik\gamma')},\quad T=\frac{-ik\overline{\kappa}(\beta'^2-\gamma'^2)}{(\overline{\kappa}\gamma'-ik\beta')(\overline{\kappa}\beta'-ik\gamma')}, \tag{3.56}$$

$$B_1=-ik(\overline{\kappa}\gamma'-ik\beta')^{-1}\ ,\quad B_2=ik(\overline{\kappa}\beta'-ik\gamma')^{-1} \tag{3.57}$$

となる．ただし，$\beta'=\cosh(\overline{\kappa}a/2)$，$\gamma'=\sinh(\overline{\kappa}a/2)$．これから反射確率 $P^{\mathrm{r}}=|R|^2$ と透過確率 $P^{\mathrm{t}}=|T|^2$ が得られ，

$$P^{\mathrm{r}}=\left[1+\frac{4E(V_0-E)}{V_0^2\sinh^2(\overline{\kappa}a)}\right]^{-1}\ ,\quad P^{\mathrm{t}}=\left[1+\frac{V_0^2\sinh^2(\overline{\kappa}a)}{4E(V_0-E)}\right]^{-1} \tag{3.58}$$

と書くことができる．確率保存則 $P^{\mathrm{r}}+P^{\mathrm{t}}=1$ の成立は明らかだろう．ポテンシャルの壁が十分高く，厚さも大きいときは，$(E/V_0)\ll 1$ または $\overline{\kappa}a\gg 1$ だから，透過確率は極めて小さくなって

$$P^{\mathrm{t}}\simeq 16\Big(\frac{E}{V_0}\Big)\exp(-2\overline{\kappa}a) \tag{3.59}$$

と近似することができる．$P^{\mathrm{t}}\neq 0$ の存在が量子力学的トンネル効果であった．

斥力型に対する $E>V_0$ と引力型に対する $E>0$ の場合を同時に考えよう．解は明らかに

$$\text{I}\ :\quad u_k(x)=C\Big(\exp[ik(x+\frac{a}{2})]+R\exp[-ik(x+\frac{a}{2})]\Big), \tag{3.60}$$

$$\text{II}\ :\quad u_k(x)=C\big(B_1\cos(\overline{k}x)+B_2\sin(\overline{k}x)\big), \tag{3.61}$$

$$\text{III}\ :\quad u_k(x)=CT\exp[ik(x-\frac{a}{2})] \tag{3.62}$$

である．ただし，$\overline{k}=\sqrt{2m(E\pm V_0)/\hbar^2}$ ($+$ は引力型，$-$ は斥力型)．$x=\pm(a/2)$ での連続条件から次式が得られる：

---

*2　前節の反射透過係数の定義とは $\exp(\pm ika/2)$ だけ違う．これは不定な位相因子の選択に関わる問題であり，反射確率や透過確率には影響しない．(3.60), (3.61), (3.62) の場合も同様である．

$$R = \frac{-\beta\gamma(\bar{k}^2 - k^2)}{(\bar{k}\gamma + ik\beta)(\bar{k}\beta - ik\gamma)}, \quad T = \frac{ik\bar{k}(\beta^2+\gamma^2)}{(\bar{k}\gamma + ik\beta)(\bar{k}\beta - ik\gamma)}, \tag{3.63}$$

$$B_1 = ik(\bar{k}\gamma + ik\beta)^{-1}, \quad B_2 = ik(\bar{k}\beta - ik\gamma)^{-1} \tag{3.64}$$

となる．ただし，$\beta = \cos(\bar{k}a/2)$，$\gamma = \sin(\bar{k}a/2)$．$R$ と T を階段ポテンシャルの（両側からの）透過確率 $P_0 = 4k\bar{k}/(k+\bar{k})^2$ によって書き直すと面白い：

$$R = \frac{\pm 2i\sqrt{1-P_0}}{P_0}\sin(\bar{k}a)T, \quad T = \frac{P_0 \exp(i\bar{k}a)}{1-(1-P_0)\exp(2i\bar{k}a)}. \tag{3.65}$$

図 3-2 から明らかなように，箱型ポテンシャルは階段ポテンシャルの組み合わせだから，ここに P_0 が登場しても不思議はあるまい．この種の問題は 3-4 節でもう一度議論する．

反射確率 $P^{\mathrm{r}} = |R|^2$ と透過確率 $P^{\mathrm{t}} = |T|^2$ は

$$P^{\mathrm{r}} = \frac{4(1-P_0)}{P_0^2}\sin^2(\bar{k}a)|T|^2 = \left[1 + \frac{4E(E\pm V_0)}{V_0^2\sin^2(\bar{k}a)}\right]^{-1}, \tag{3.66}$$

$$P^{\mathrm{t}} = \left[1 + \frac{4(1-P_0)}{P_0^2}\sin^2(\bar{k}a)\right]^{-1} = \left[1 + \frac{V_0^2\sin^2(\bar{k}a)}{4E(E\pm V_0)}\right]^{-1} \tag{3.67}$$

となる．確率保存則 $P^{\mathrm{r}} + P^{\mathrm{t}} = 1$ は明らかだ．

この場合，古典論ではあり得ない $P^{\mathrm{r}} \neq 0$ という事実が量子力学的効果を表わしている．この効果は $(1-P_0) \neq 0$ であることに由来しており，本質的な波動現象として理解すべきものだ．さらに，反射確率 P^{r} は (V_0/E) が大きくなるにつれて増大するが，これも波動現象としては当然の性質である．ところが，$\sin(\bar{k}a) = 0$ を与えるエネルギーに対しては $P^{\mathrm{r}} = 0$ および $P^{\mathrm{t}} = 1$ が成立し，完全透過が実現する．これは一種の共鳴散乱である．この現象は，$x = \pm(a/2)$ に存在する 2 個の壁によって反射を繰り返す右向きの波と左向きの波の位相関係がうまく調整されて，透過波を強め合い反射波を弱め合うとき起きる．これも波動現象の一つの特徴である．3-4 節でもう一度議論しよう．

(iii) 散乱状態から束縛状態への解析接続． 引力ポテンシャルは一般に束縛状態と散乱状態の両方をもつので，両者の間に関係があることが期待される．散乱問題のエネルギー E は正実数であるが，束縛状態のエネルギーは特定の負実

数値 E_ν をとる．そこで，E を任意の正実数値から負実数値 E_ν まで連続的に移動させていったとき，引力型の散乱状態固有関数 (3.60)，(3.61)，(3.62) が，解析接続によって，パリティ $+$ の束縛状態固有関数 (3.49)，(3.50)，(3.51) または同様なパリティ $-$ の束縛状態固有関数に移行するかどうかを調べたい．散乱状態波動関数は波数 $k=\sqrt{2mE/\hbar^2}$ の関数であるから，E の正実数値から負実数値への移動は分岐点 $E=0$ に出会う．解析接続は，E の複素平面上でこの分岐点を迂回し $k=\pm i\kappa$ ($\kappa=\sqrt{2m|E|/\hbar^2}$) のいずれかの分岐に進入することで実現する．散乱状態固有関数の関数形を見れば分かるように，解析接続によって束縛状態固有関数に移行するためには，束縛状態境界条件を満足する分岐 $k=i\kappa$ を選ぶ必要がある．しかし，境界条件を満たさない入射波部分があるので，さらに，$k=i\kappa$ の点を R と T の共通分母をゼロのするところに選び，全体の係数 C をその共通分母に比例するようにとればよい．そうすれば，入射波が消滅して，$u(x)=CR\exp(\kappa x)$ $(x<a/2)$ と $u(x)=CT\exp(-\kappa x)$ $(x>a/2)$ となり，束縛状態固有関数の姿が現われる．R と T の共通分母をゼロにする値 E_ν は

$$[\bar{k}\gamma+i(i\kappa)\beta][\bar{k}\beta-i(i\kappa)\gamma]\big|_{E=E_\nu}=0 \tag{3.68}$$

によって与えられるが，これは束縛状態エネルギーを決める超越方程式 (3.48) と (3.52) の統合に他ならない．

W. Heisenberg はこの関係に注目し，物理的に必要なすべての知識が散乱問題の解の中に含まれていると考えて，**S 行列理論**を提唱した．1943 年のことである．この理論は，Schrödinger 方程式に頼ることなく，散乱現象の解析に必要なすべての物理量(たとえば，R と T の E 依存性)を求めようと意図するものであった．当時，場の量子論は発散の困難に悩まされていたが，彼はその原因が微視的な運動法則にあると推測し，理論体系から Schrödinger 方程式を取り除こうと考えたのである．その目論見は，自然界には未発見の**普遍的長さ** (universal length) が存在し，その程度以下の小さな時空領域では，力学法則が現在知られている Schrödinger 方程式とは本質的に違っているはずだとする見通しに立っていた．Heisenberg の提案は一時多くの物理学者をS行列理論の研究に駆り立てたが，本来の目的はまだ実現されていない．しかし，これらの研

究は散乱振幅の解析的性質の解明や分散理論の構成など，理論物理学の発展に多くの貢献をした．

(c)　デルタ関数ポテンシャル

$V_0 a = \Lambda$ を一定に保ちながら，極限 $V_0 \to \infty$，$a \to 0$ をとれば，箱型ポテンシャルはデルタ関数ポテンシャル

$$V(x) = \pm \Lambda \delta(x) \quad (\Lambda > 0) \tag{3.69}$$

に移行する．

束縛状態は引力型（符号 $-$）の場合にのみ存在するが，$w = \sqrt{a}\sqrt{m\Lambda/2\hbar^2} \to 0\ (<\pi/2)$ であるから，パリティ $+$ 状態にただ1個あるだけだ．束縛状態エネルギーと固有関数は箱型の場合からの極限移行で直ちに得られる：

$$E_0 = -\frac{m\Lambda^2}{2\hbar^2}\ , \tag{3.70}$$

$$u_0(x) = \sqrt{\kappa_0}\exp(-\kappa_0|x|) \quad (\kappa_0 = m\Lambda/\hbar^2)\ . \tag{3.71}$$

散乱状態についても，箱型解から同じ極限移行で求められる：

$$R = -i\Omega(1+i\Omega)^{-1}\ , \quad T = (1+i\Omega)^{-1}\ , \tag{3.72}$$

$$P^{\mathrm{r}} = \frac{\Omega^2}{1+\Omega^2}\ , \quad P^{\mathrm{t}} = \frac{1}{1+\Omega^2}\ . \tag{3.73}$$

ただし，$\Omega \equiv (\pm m\Lambda/k\hbar^2)$．散乱状態固有関数は省略した（章末問題）．その関数は $x=0$ で連続であるが，1階導関数は不連続になる．しかし，確率流密度はこの場合も連続なのである．

3-3　伝達マトリックス

(a)　定義と性質

いま，領域 $[b, b']$ 内でのみ値をもち，その外ではゼロ（または一定）であるポテンシャル*3と質量 m，エネルギー E の粒子との衝突問題を取り上げよう．ポ

*3　条件(3.9)に従うポテンシャルであれば，領域 $[b, b']$ 外でゼロという制限は直ちに取り除くことができる．そのとき，領域 I を左遠方 $(x \to -\infty)$，領域 II を右遠方 $(x \to \infty)$ とすればよい．ただし，この場合，(3.74)と(3.75)における端点 b, b' とそれらを含む位相因子は意味を失う．その場合でも適当な位相因子を設定できるが，簡単のためには1とおけばよい．

テンシャルレベルは領域 I $(-\infty, b]$ では V_1，領域 II $[b', \infty)$ では V_2 としよう．$E > V_i (i=1,2)$ とすれば，衝突問題は左右方投入に対して成立する．この場合，対応する波数は $k_i = \sqrt{2m(E-V_i)/\hbar^2}\,(i=1,2)$ に等しい．なお，$a = b' - b$ がポテンシャル領域の長さである．

左方投入と右方投入を同時に扱えば，領域 I，II の波動関数は

$$\mathrm{I}\ :\quad u_{\mathrm{I}}(x) = Ae^{ik_1(x-b)} + Be^{-ik_1(x-b)}\ , \tag{3.74}$$

$$\mathrm{II}\ :\quad u_{\mathrm{II}}(x) = Ce^{ik_2(x-b')} + De^{-ik_2(x-b')} \tag{3.75}$$

である．Schrödinger 方程式の線形性によって，振幅係数 (C, D) は (A, B) の線形変換として与えられる：

$$Y = ZX \quad : \quad X = \begin{pmatrix} A \\ B \end{pmatrix}, \ Y = \begin{pmatrix} C \\ D \end{pmatrix}. \tag{3.76}$$

この2行2列の行列 Z を**伝達マトリックス** (transfer matrix) と呼ぶ．

確率保存則は領域 I，II の確率流を等置した式

$$k_2(|C|^2 - |D|^2) = k_1(|A|^2 - |B|^2) \tag{3.77}$$

で与えられる．これを行列 Z で書けば

$$Z^\dagger \tau_3 Z = \xi \tau_3\ , \quad \xi \equiv \frac{k_1}{k_2} \tag{3.78}$$

となる．$Z^\dagger$ は Z の Hermite 共役行列，τ_3 は Pauli のスピン行列第3成分である：

$$\tau_1 = \begin{pmatrix} 0 & 1 \\ 1 & 0 \end{pmatrix}, \quad \tau_2 = \begin{pmatrix} 0 & -i \\ i & 0 \end{pmatrix}, \quad \tau_3 = \begin{pmatrix} 1 & 0 \\ 0 & -1 \end{pmatrix}. \tag{3.79}$$

(3.78) を成分で書けば，

$$|Z_{11}|^2 - |Z_{21}|^2 = \xi\ , \quad |Z_{12}|^2 - |Z_{22}|^2 = -\xi\ , \tag{3.80}$$

$$Z_{11}^* Z_{12} - Z_{21}^* Z_{22} = 0\ , \quad Z_{12}^* Z_{11} - Z_{22}^* Z_{21} = 0 \tag{3.81}$$

である．

当然のことながら，Z から左方投入解の反射透過係数 $R_{(\mathrm{L})}$，$T_{(\mathrm{L})}$ と右方投入解の同係数 $R_{(\mathrm{R})}$，$T_{(\mathrm{R})}$ を求めることができる．すなわち，

$$\begin{pmatrix} T_{(\mathrm{L})} \\ 0 \end{pmatrix} = Z \begin{pmatrix} 1 \\ R_{(\mathrm{L})} \end{pmatrix}, \quad \begin{pmatrix} R_{(\mathrm{R})} \\ 1 \end{pmatrix} = Z \begin{pmatrix} 0 \\ T_{(\mathrm{R})} \end{pmatrix} \tag{3.82}$$

が成立し，これから次式が得られる：

$$R_{(\mathrm{L})} = -\frac{Z_{21}}{Z_{22}}, \quad T_{(L)} = Z_{11} - \frac{1}{Z_{22}} Z_{21} Z_{12}, \tag{3.83}$$

$$R_{(\mathrm{R})} = \frac{Z_{12}}{Z_{22}}, \quad T_{(R)} = \frac{1}{Z_{22}}. \tag{3.84}$$

逆に Z の行列要素を反射透過係数で書くこともできる：

$$Z_{11} = \frac{1}{T_{(\mathrm{R})}} (T_{(\mathrm{L})} T_{(\mathrm{R})} - R_{(\mathrm{L})} R_{(\mathrm{R})}), \quad Z_{12} = \frac{R_{(\mathrm{R})}}{T_{(\mathrm{R})}}, \tag{3.85}$$

$$Z_{21} = -\frac{R_{(\mathrm{L})}}{T_{(\mathrm{R})}}, \quad Z_{22} = \frac{1}{T_{(\mathrm{R})}}, \tag{3.86}$$

$$\text{または} \quad Z = \frac{1}{T_{(\mathrm{R})}} \begin{pmatrix} T_{(\mathrm{L})} T_{(\mathrm{R})} - R_{(\mathrm{L})} R_{(\mathrm{R})} & R_{(\mathrm{R})} \\ -R_{(\mathrm{L})} & 1 \end{pmatrix}. \tag{3.87}$$

相反関係 ((3.22)) $k_2 T_{(\mathrm{L})} = k_1 T_{(\mathrm{R})}$ を Z の行列要素で書けば

$$Z_{11} Z_{22} - Z_{12} Z_{21} = \xi \quad \text{または} \quad \det Z = \xi \tag{3.88}$$

となる．すなわち，伝達マトリックス Z には，(3.78) および (3.88) という制限がある．なお，相反関係 (3.88) を使えば，直ちに

$$T_{(\mathrm{L})} = \frac{\xi}{Z_{22}} \tag{3.89}$$

を知る．

左右同レベル ($k_1 = k_2$) の場合は，上式で

$$\xi = 1 \tag{3.90}$$

とおけばよい．さらにこの場合，ポテンシャルの形が左右対称であれば，$R_{(\mathrm{L})} = R_{(\mathrm{R})}$ だったから，

$$Z_{12} = -Z_{21} \tag{3.91}$$

が成立する．このとき，$R_{(\mathrm{L})}=R_{(\mathrm{R})}(\equiv R)$ と $T_{(\mathrm{L})}=T_{(\mathrm{R})}(\equiv T)$ によって，伝達マトリックスは

$$Z=\frac{1}{T}\begin{pmatrix} T^2-R^2 & R \\ -R & 1 \end{pmatrix} \tag{3.92}$$

となる．

簡単な場合の伝達マトリックスを与えておこう．ポテンシャル一定$(\pm V_0)$で長さ d の領域を自由進行する場合(波数 $\bar{k}=\sqrt{2m(E\mp V_0)/\hbar^2}:E>V_0$)は，明らかに

$$Z_0=\exp(i\bar{k}\tau_3 d)=\begin{pmatrix} \exp(i\bar{k}d) & 0 \\ 0 & \exp(-i\bar{k}d) \end{pmatrix} \tag{3.93}$$

である．また，左右同レベルであるデルタ関数ポテンシャル(3-2節(c)を見よ)に対する伝達マトリックスは次式で与えられる：

$$Z=\begin{pmatrix} 1-i\Omega & -i\Omega \\ i\Omega & 1+i\Omega \end{pmatrix},\quad Z^{-1}=\begin{pmatrix} 1+i\Omega & i\Omega \\ -i\Omega & 1-i\Omega \end{pmatrix}. \tag{3.94}$$

(b)　複合ポテンシャルの接続問題

以上の考察から明らかであるが，1次元ポテンシャルが2個またはそれ以上(自由進行領域を含めて)直線上に並んでいるような複合ポテンシャルによる1次元衝突・散乱問題に対する伝達マトリックスは，各ポテンシャル(と自由進行領域)の伝達マトリックスを配列順に掛け合わせた積となる．これが伝達マトリックス導入の利点であり，複合ポテンシャル全体による衝突・散乱を各ポテンシャルの(左右方投入)反射・透過係数で表わすことができる．一般論を展開してもよいが，面倒なだけでそれほどの興味はあるまい．ここではまず2山ポテンシャルの場合を扱って接続問題の処理方法を学び，次小節で簡単化したポテンシャル列による散乱を取り上げる．

2山ポテンシャル問題は次節の議論(共鳴散乱のポテンシャル模型)に現われるが，ここではもう少し一般的な形で問題設定をしておこう．図3-4のように

2個のポテンシャルの山 V_A と V_B が自由進行領域を挟んでおかれている複合ポテンシャルの場合の衝突・散乱問題を V_A だけおよび V_B だけの場合の反射透過係数で書き表わそうというのである．自由進行領域(領域 II)の波数は $\bar{k}=\sqrt{2m(E\pm V_0)/\hbar^2}$ ($E>|V_0|$ であれば，V_0 の正負は問わない)，長さは $d=b_B-b'_A$ であり，V_A の左側($x<b_A$：領域 I)と V_B の右側($x>b'_B$：領域 III)のレベルは同じでゼロ，したがって，波数は $k=\sqrt{2mE/\hbar^2}$ であるとしておこう*4.

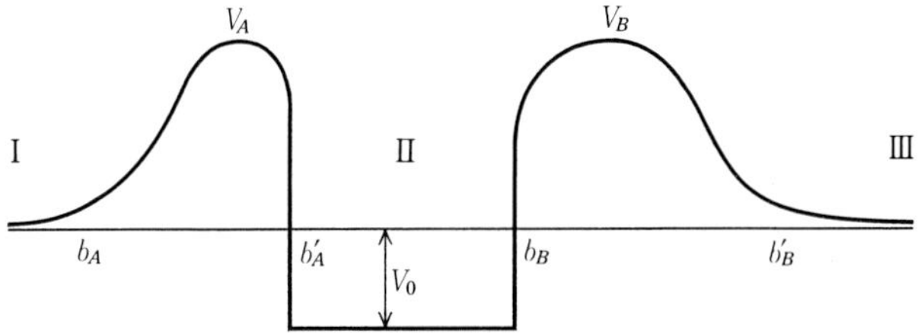

図 3-4　2山ポテンシャルとの衝突問題

このような複合ポテンシャル全体の伝達マトリックスは，明らかに

$$Z = Z^B Z_0 Z^A \tag{3.95}$$

で与えられる．ただし，Z^A (または Z^B)はポテンシャルが V_A (または V_B)だけであって，左側の波数が k(右側の波数が k)，右側の波数が $\bar{k}$(左の波数が $\bar{k}$)である場合の伝達マトリックスであり，Z_0 は波数が $\bar{k}$ の場合の自由進行伝達マトリックスである．いずれもすでに知られているとしよう．もちろん，Z^A と Z^B に対しては(左右が同レベルでない場合に対応する 3-3 節(a)の諸公式)(3.85)，(3.86)，(3.87) などを，Z_0 に対しては (3.93) を利用することができる．さて，(3.95) を成分で書けば，

$$Z_{11} = Z^B_{11} e^{i\bar{k}d} Z^A_{11} + Z^B_{12} e^{-i\bar{k}d} Z^A_{21}\,, \tag{3.96}$$

$$Z_{12} = Z^B_{11} e^{i\bar{k}d} Z^A_{12} + Z^B_{12} e^{-i\bar{k}d} Z^A_{22}\,, \tag{3.97}$$

$$Z_{21} = Z^B_{21} e^{i\bar{k}d} Z^A_{11} + Z^B_{22} e^{-i\bar{k}d} Z^A_{21}\,, \tag{3.98}$$

*4　なお，領域 I と領域 III のポテンシャルは必ずしもゼロである必要はなく，3-3 節冒頭の脚注のような場合も許される．

$$Z_{22} = Z_{21}^{B} e^{i\bar{k}d} Z_{12}^{A} + Z_{22}^{B} e^{-i\bar{k}d} Z_{22}^{A} \tag{3.99}$$

である．

簡単のために左方投入問題だけを扱う．(3.83) によって

$$T_{(\mathrm{L})} = \frac{1}{Z_{22}}\,, \quad R_{(\mathrm{L})} = -\frac{Z_{21}}{Z_{22}} \tag{3.100}$$

が成立するので ($\det Z = 1$ に注意)，(3.98) と (3.99) および 3-3 節(a)の公式を使って整理すれば，最終的な公式

$$T_{(\mathrm{L})} = \frac{T_{(\mathrm{R})}^{B} T_{(\mathrm{R})}^{A} e^{i\bar{k}d}}{1 - R_{(\mathrm{L})}^{B} R_{(\mathrm{R})}^{A} e^{2i\bar{k}d}}\,, \tag{3.101}$$

$$R_{(\mathrm{L})} = \frac{R_{(\mathrm{L})}^{A} + R_{(\mathrm{L})}^{B} (T_{(\mathrm{L})}^{A} T_{(\mathrm{R})}^{A} - R_{(\mathrm{L})}^{A} R_{(\mathrm{R})}^{A}) e^{2i\bar{k}d}}{1 - R_{(\mathrm{L})}^{B} R_{(\mathrm{R})}^{A} e^{2i\bar{k}d}} \tag{3.102}$$

が得られる．同様に右方投入問題も解けるが，具体的な扱いは読者自ら試みていただきたい(章末問題)．

最後に，この複合ポテンシャルが左右対称の場合の結果を与えておこう．

$$R_1 \equiv R_{(\mathrm{L})}^{A}\,,\ T_1 \equiv T_{(\mathrm{L})}^{A}\,,\ R_2 \equiv R_{(\mathrm{R})}^{A}\,,\ T_2 \equiv T_{(\mathrm{R})}^{A} \tag{3.103}$$

とおけば，対称性のために

$$R_{(\mathrm{L})}^{A} = R_{(\mathrm{R})}^{B} = R_1\,, \quad R_{(\mathrm{R})}^{A} = R_{(\mathrm{L})}^{B} = R_2\,, \tag{3.104}$$

$$T_{(\mathrm{L})}^{A} = T_{(\mathrm{R})}^{B} = T_1\,, \quad T_{(\mathrm{R})}^{A} = T_{(\mathrm{L})}^{B} = T_2\,, \tag{3.105}$$

が成立し，(3.101) と (3.102) から次の結果が得られる：

$$R = \frac{R_1 + R_2 (T_1 T_2 - R_1 R_2) e^{2i\bar{k}d}}{1 - R_2^2 e^{2i\bar{k}d}}\,, \tag{3.106}$$

$$T = \frac{T_1 T_2 e^{i\bar{k}d}}{1 - R_2^2 e^{2i\bar{k}d}}\,. \tag{3.107}$$

試みに箱型ポテンシャル図 3-2($E > 0$, $E > V_0$) の場合に適用してみよう．その場合，V_A は階段ポテンシャル図 3-1 なので，$P_0 = T_1 T_2 = 4k\bar{k}/(k+\bar{k})^2$，$R_2 = -R_1 = \sqrt{1-P_0}$ となり，(3.106) と (3.107) は直ちに (3.65) を与える．

(c)　ポテンシャル列による散乱♯

図3-5のように，両側には自由進行区間(簡単のため，そこでのポテンシャルはゼロとする)をもつ N 個のポテンシャル V_ℓ $(\ell=1,2,\cdots,N)$ の列がある．当分の間ポテンシャルの関数形は問わない．ℓ 番目ポテンシャルの左端，右端をそれぞれ b_ℓ，b'_ℓ とすれば，ポテンシャルの厚さは $a_\ell=b'_\ell-b_\ell$，ℓ 番目と $\ell+1$ 番目ポテンシャルとの間隔は $d_\ell=b_{\ell+1}-b'_\ell$ である．このポテンシャル列に左方から質量 m，運動量 p (したがって，波数 $k=(p/\hbar)$，エネルギー $E=\hbar^2k^2/2m(>0)$) の粒子を投入した場合の散乱問題を取り上げる．

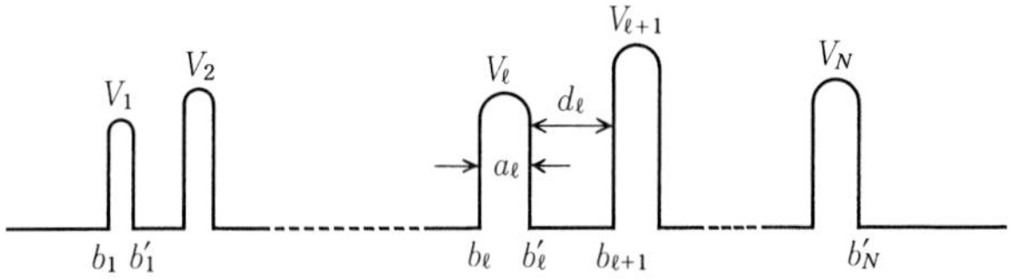

図3-5　ポテンシャル列

ℓ 番目ポテンシャルの左側における右向き，左向き進行波の振幅をそれぞれ A_ℓ，B_ℓ とし，右側における右向き，左向き進行波の振幅をそれぞれ C_ℓ，D_ℓ とすれば，全体の波動関数は一般に次のように書くことができる：

$$
u_k(x)=\begin{cases}
A_1e^{ik(x-b_1)}+B_1e^{-ik(x-b_1)} & (x<b_1),\\
\cdots\cdots\cdots & \\
A_{\ell+1}e^{ik(x-b_{\ell+1})}+B_{\ell+1}e^{-ik(x-b_{\ell+1})} & \\
\quad =C_\ell e^{ik(x-b'_\ell)}+D_\ell e^{-ik(x-b'_\ell)} & (b'_\ell<x<b_{\ell+1}),\\
\cdots\cdots\cdots & \\
C_Ne^{ik(x-b'_N)}+D_Ne^{-ik(x-b'_N)} & (b'_N<x).
\end{cases}
\tag{3.108}
$$

各端点における波動関数が振幅係数だけになるように位相を調整した．領域 $b'_\ell<x<b_{\ell+1}$ の等号は ℓ 番目ポテンシャルの右側の波が $\ell+1$ 番目ポテンシャルの左側の波に等しいという要求を表わす．第1ポテンシャルの左端を $x=0$ とし(すなわち，$b_1=0$)，ポテンシャル列全体に関する左方投入問題を

$$u_k \overset{x\to-\infty}{\longrightarrow} e^{ikx}+Re^{-ikx}\ , \quad \overset{x\to+\infty}{\longrightarrow} Te^{ikx} \tag{3.109}$$

と定式化すれば(規格化定数を省略した)，両端の振幅係数と境界条件は

$$A_1=1,\ B_1=R,\ D_N=0,\ C_N=Te^{ikb'_N} \tag{3.110}$$

によって与えられる．全体の反射係数が R，透過係数が T である．

さて，ℓ 番目ポテンシャルの左方投入解の反射係数 $\mathcal{R}_{\ell(\mathrm{L})}$，透過係数 $\mathcal{T}_{\ell(\mathrm{L})}$ と右方投入解の $\mathcal{R}_{\ell(\mathrm{R})}, \mathcal{T}_{\ell(\mathrm{R})}$ を与えて，ℓ 番目ポテンシャルの伝達マトリックスを書けば

$$\mathcal{Z}_\ell = \frac{1}{\mathcal{T}_{\ell(\mathrm{R})}}\begin{pmatrix} \mathcal{T}_{\ell(\mathrm{L})}\mathcal{T}_{\ell(\mathrm{R})}-\mathcal{R}_{\ell(\mathrm{L})}\mathcal{R}_{\ell(\mathrm{R})} & \mathcal{R}_{\ell(\mathrm{R})} \\ -\mathcal{R}_{\ell(\mathrm{L})} & 1 \end{pmatrix} \tag{3.111}$$

が得られる．これはすでに **3-1** 節や **3-3** 節(a)で理解したところである．ポテンシャル全体の伝達マトリックス Z は

$$Z = e^{-ikb'_N}\mathcal{Z}_N \prod_{\ell=1}^{N-1} e^{ikd_\ell\tau_3}\mathcal{Z}_\ell \tag{3.112}$$

によって与えられる．Z が求められれば，全体の反射係数，透過係数は (3.83) から計算することができる．

行列 $\mathcal{Z}_\ell$ および Z は線形回路理論における 4 端子網や伝送線路問題に登場するものと同種の量である．よく調べられてはいるが，$\mathcal{Z}_\ell$ を与えて Z の一般形を知ること，および (3.82) を解いて R と T を求めることはあまり簡単ではない．ここでは「Dirac の櫛」の場合に，この問題を解くことを試みよう．

同一強度 Λ のデルタ関数ポテンシャルを N 個等間隔 d で並べた $V_{\mathrm{D}}(x)$ を**櫛形デルタポテンシャル**または単に **Dirac の櫛** (Dirac's comb) という：

$$V_{\mathrm{D}}(x) = \sum_{\ell=1}^{N} \Lambda\delta(x-b_\ell) \quad (b_\ell = 0+(\ell-1)d)\ . \tag{3.113}$$

なお，$b_N = b'_N = (N-1)d$．1 個のデルタ関数ポテンシャルに対しては，すでに解けており，解は (3.72)，(3.73)，(3.94) によって与えられている．記号整理上，その反射透過係数を $T_{(\mathrm{L})}=T_{(\mathrm{R})}\equiv t$，$R_{(\mathrm{L})}=R_{(\mathrm{R})}\equiv r$ と書くことにしよう．

「Dirac の櫛」の場合は解析的に解けることが分かっている*5．ここでは漸化式による方法を採用し，あらすじと結果だけを示そう．

まず，このポテンシャル列の伝達マトリックス，反射透過係数に上添字 N を付けて中に含まれているデルタ関数ポテンシャルの数を明示しよう．次に，この複合ポテンシャルを左側の 1 個からなるブロック A と，右側の $N-1$ 個のデルタ関数からなるブロック B とに分けて，3-3 節(b)の結果を使えば，直ちに

$$T_{(\mathrm{L})}^{N} = \frac{tT_{(\mathrm{L})}^{N-1}e^{ikd}}{1-rR_{(\mathrm{L})}^{N-1}e^{2ikd}}\,, \tag{3.114}$$

$$R_{(\mathrm{L})}^{N} = \frac{r+(t^2-r^2)R_{(\mathrm{L})}^{N-1}e^{2ikd}}{1-rR_{(\mathrm{L})}^{N-1}e^{2ikd}} \tag{3.115}$$

が得られる(ただし，$T_{(\mathrm{L})}^{N-1}=T_{(\mathrm{R})}^{N-1}$ は明らか)．第 2 式が反射係数だけで閉じていることに注目して，$\xi_N \equiv e^{2ikd}R_{(\mathrm{L})}^{N}$ とおけば

$$\xi_N = \frac{e^{2ikd}(r+(t^2-r^2)\xi_{N-1})}{1-r\xi_{N-1}} \tag{3.116}$$

となる．

ここで，2 次代数方程式

$$r\xi^2-[1-(t^2-r^2)e^{2ikd}]\xi+re^{2ikd}=0 \tag{3.117}$$

の根 α, β を使う．簡単のため，$\alpha \neq \beta$ としておく(等根の場合の取り扱いも容易)．このとき，

$$\xi_N-\alpha = \frac{\alpha-re^{2ikd}}{\alpha}\frac{\xi_{N-1}-\alpha}{1-r\xi_{N-1}}\,, \quad \xi_N-\beta = \frac{\beta-re^{2ikd}}{\beta}\frac{\xi_{N-1}-\beta}{1-r\xi_{N-1}}$$

が得られるので，直ちに漸近式

$$\begin{aligned}\frac{\xi_N-\alpha}{\xi_N-\beta} &= \left(\frac{\beta(\alpha-re^{2ikd})}{\alpha(\beta-re^{2ikd})}\right)\frac{\xi_{N-1}-\alpha}{\xi_{N-1}-\beta}\\ &= \left(\frac{\beta(\alpha-re^{2ikd})}{\alpha(\beta-re^{2ikd})}\right)^{N-1}\frac{\xi_1-\alpha}{\xi_1-\beta}\end{aligned} \tag{3.118}$$

*5 次の文献を見るとよい：D. Kiang, Am. J. Phys. **42** (1974) 785.

を導くことができる．ただし，$\xi_1 \equiv re^{2ikd}$．これで ξ_N が分かった．これから $R^N_{(\mathrm{L})}$ を経て $T^N_{(\mathrm{L})}$ を求め，最終結果

$$T^N_{(\mathrm{L})} = t^N \frac{\beta-\alpha}{\beta(1-r\alpha)^N-\alpha(1-r\beta)^N} e^{ik(N-1)d} \tag{3.119}$$

に到達する．$\Omega \ll 1$ に対しては

$$t \simeq e^{-\frac{1}{2}\Omega^2} e^{-i\Omega}, \quad r \simeq -i\Omega \tag{3.120}$$

であり，(3.119) の分母には r の1次項はないので

$$T_N \simeq t^N \simeq e^{-\frac{N}{2}\Omega^2 - iN\Omega} \tag{3.121}$$

という近似が許される．ただし，この T_N は境界条件 (3.10) によって定義したものであり，上の $T^N_{(\mathrm{L})}$ とは因子 $e^{ik(N-1)d}$ だけ違う．

ポテンシャル列による散乱の場合，後で議論するような共鳴散乱がいくつかの波長(エネルギー)で起きることがある．読者自ら2本歯または3本歯の「Dirac の櫛」の場合に確かめるとよい(章末問題)．

3-4　準安定状態と共鳴散乱

(a)　箱型ポテンシャルの場合

もう一度，透過確率 (3.67) のエネルギー依存性に注目しよう．すでに3-2節(b)で指摘したように，エネルギー E が $\sin(\overline{k}a)=0$ を満足する特別な値

$$E_n = \frac{\hbar^2\overline{k}_n^2}{2m} \mp V_0 \text{：ただし } \overline{k}_n = \frac{\pi}{a}n \ \ (n\text{：正整数}) \tag{3.122}$$

をとるときは完全透過 ($P^{\mathrm{t}}=1$, $P^{\mathrm{r}}=0$) が実現する．これは一種の**共鳴散乱** (resonance scattering) であり，E_n を**共鳴準位** (resonance level) という．E を横軸にとって P^{t} のグラフを描くと，共鳴準位のところで極大値1のピークが規則正しく現われる．ピークの様相は，引力型で $V_0 \gg E$ の場合にとくに著しく，極めて鋭い山を形成し，共鳴点を離れると急速に落ち込んでしまう．特定の共鳴点 E_n 付近に限定すれば，近似式 $\overline{k} \simeq \overline{k}_n + (d\overline{k}/dE)_n(E-E_n)$ が成

立する(添字 n は $E=E_n$ を表わす). 群速度 $\overline{v}=\hbar^{-1}(d\overline{k}/dE)^{-1}$ でポテンシャル領域を往復する時間 $\tau=(2a/\overline{v})$ を代入すれば, この近似式は $\overline{k}a\simeq\overline{k}_n a+(\overline{\tau}_n/2\hbar)(E-E_n)$ となる. これを (3.67) に入れて P_0 と $(E-E_n)$ の高次項を無視すれば, 次式が得られる:

$$P^{\mathrm{t}}\simeq\left[1+\left(\frac{E-E_n}{\Delta E_n}\right)^2\right]^{-1}, \tag{3.123}$$

$$\Delta E_n=\frac{\hbar P_0}{\overline{\tau}_n}. \tag{3.124}$$

(3.123) は典型的な共鳴公式であり, $2(\Delta E_n)$ を共鳴準位 E_n の**半値幅** (half width) という. $V_0\gg E$ に対しては $P_0\simeq 4(E/V_0)^{1/2}\ll 1$ だから, ΔE_n はたしかに小さい.

共鳴散乱は**準安定状態** (metastable state) または**仮想状態** (virtual state) を経由して起こると考えられている. 波動としての粒子は, 共鳴点に近いエネルギーをもつ場合, 箱型ポテンシャル特有の鋭い両端の壁で多数回の反射を繰り返し, ある程度長い時間ポテンシャルに束縛されるという状況が生まれるだろう. このような一種の束縛状態を準安定状態または仮想状態という. しかし, これは本来の束縛状態と違って, 永久に存続するわけではなく, 粒子がポテンシャル領域に滞在する時間, すなわち, 準安定状態の**寿命** (life time) τ_n は有限である. 2-3 節(a)で議論した時間・エネルギーの不確定性関係の立場から見れば, 有限の寿命 Δt をもつ状態のエネルギーは $\Delta E\sim(\hbar/\Delta t)$ の程度だけ不確定になっていることが予想される. 透過確率のエネルギー依存性として観測される共鳴ピークの幅 ΔE_n は, この意味でのエネルギー不確定性を与えるものだ. したがって, 準安定状態の寿命は (3.124) に対応して

$$(\Delta t)_n \sim (\hbar/\Delta E_n) \sim (\overline{\tau}_n/P_0) \tag{3.125}$$

の程度なのである.

この事情は次のような定性的議論によって理解することもできる:階段ポテンシャルの壁を越えて進む確率が P_0 だから, 平均 $1/P_0$ 回衝突してはじめて透過できる. また, ポテンシャル領域を往復する時間 $\overline{\tau}_n$ ごとに 1 回衝突するわけだから, 透過に要する時間(つまり, 寿命)は $\overline{\tau}_n/P_0$ の程度になるはずだ.

これはちょうど(3.125)に等しい．

しかしながら，現在の問題は，無限に長い時間続くエネルギー確定の波による定常状態としての散乱現象であり，決して準安定状態の時間的崩壊過程を直接扱っているわけではない．時間的過程として準安定状態の崩壊を扱い，有限寿命の存在を確認するためには，ある程度短い波束による観測が必要であろう．その場合でも，波束の通過時間に比べて寿命が十分長いときだけ，崩壊過程が直接見られるのである．逆の場合はそうはゆかない．ただ，透過確率のエネルギー依存性の共鳴ピークを通して準安定状態の存在を知るだけである．波束の散乱については第6章で詳しく説明する．

(b)　共鳴散乱を与えるポテンシャル模型

いま議論した準安定状態の存在は決して机上の産物ではなく，本質においてよく似た現象が現実に観測されているのである．たとえば，電子と原子の低エネルギー散乱において，電子がほとんど散乱されずに透過してしまう現象—Ramsauer-Townsend 効果があるが，これは共鳴散乱の一種である．また，中性子と陽子の1重項散乱には有名な仮想状態が現われる．この種の現象を簡単化して模型的に表現したのが箱型ポテンシャルの共鳴散乱である．しかし，箱型ポテンシャルでは，ふつう，あまり長い寿命は得られない．その場合，準安定状態というよりは仮想状態という用語の方が適切かも知れない．準安定状態という用語は，原子，原子核，素粒子などの衝突現象において豊富に観測されている鋭いピークをもつ共鳴準位にふさわしい．

この種の共鳴散乱が生じる機構を模型的に1次元ポテンシャルで表わそうとすれば，図3-6のようなものだろう．簡単のため，$V(-x)=V(x)$ としてある．両側にそびえる山の高さと中央の谷の深さは入射粒子のエネルギー E に比べて十分大きいとしておく．山の形は特定しない．中央の谷を平底(箱型)にしてあるが，話を簡単にするためであって他意はない．左方から投入された粒子はトンネル効果によって2個の山を抜けて右方に進出できるわけであるが，一般に，山の高さや谷の幅が大きくなるほど透過確率は小さくなってゆく．それにもかかわらず，箱型ポテンシャルの場合に見られたような位相の整合が実現して，完全透過(共鳴散乱)が起きるだろうか？　それを調べるのがこの小節の目

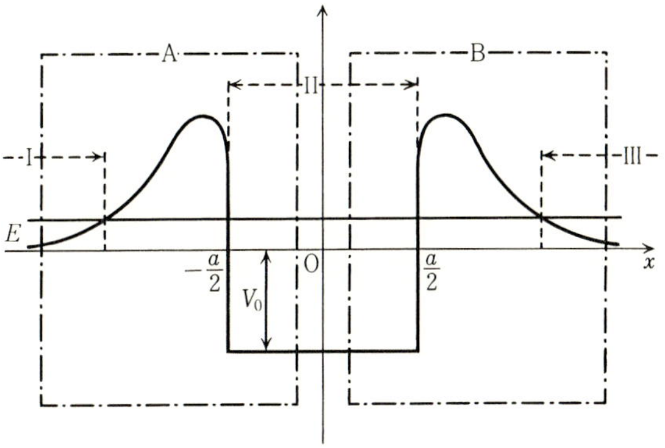

図 3-6　共鳴散乱のポテンシャル模型

的である．

図 3-6 のようなポテンシャルに対する解はすでに (3.106) と (3.107) によって与えられている．ここでポテンシャル V_A の透過確率を P_A と書けば，(3.25) によって $P_A^2 = |T_1|^2|T_2|^2$ および $|R_2|^2 = 1-P_A$ が成立するので，全体の透過確率 $P^{(t)} = |T|^2$ は

$$P^{(t)} = \left[1+\frac{4(1-P_A)}{P_A^2}\sin^2(\bar{k}a+\arg R_2)\right]^{-1} \tag{3.126}$$

と書くことができる．$\arg R_2$ は複素数 R_2 の偏角である．したがって，エネルギー E が

$$\sin(\bar{k}a+\arg R_2) = 0 \tag{3.127}$$

を満足する値 E_n 付近にあれば，たしかに完全透過が実現する．

ポテンシャルの山が十分高ければ，V_A への右方投入は剛体壁との衝突に似てくるので，R_2 は -1 に近づき ((3.35) を見よ) $\arg R_2$ を無視できるようになるだろう．そのとき，共鳴条件 (3.127) は箱型の場合の条件式 $\sin\bar{k}a = 0$ に接近し，(3.122) に近い共鳴エネルギー E_n の近くでは $P^{(t)}$ は共鳴公式 (3.123) によって表わされる(ただし，P_0 は P_A によって置き換えておく必要がある)．山が高ければ P_A は極めて小さく，非常に鋭いピークが現われる．これはエネルギー E_n をもつ準安定状態が長い寿命をもつことを意味している．古典的には，領域 II の粒子が外に出てくるはずはない．すなわち，古典的には無限大のはずの滞在時間を量子力学的トンネル効果が有限値に引き下げたのである．一方，箱型ポテンシャル図 3-2(b) の場合は，古典的には極めて短い滞在時間（単なる通過時間）を量子力学的反射効果が長く引き延ばしたわけであった．見掛け上同じに見える共鳴現象も内容的にはこのように違う．

ここでは準安定状態を共鳴散乱の中間過程として説明した．しかし，寿命が十分長ければ，束縛状態に近い単独のエネルギー固有値問題（固有値 E_n，固有関数 u_n）として定式化できるはずである．その場合，準安定状態の境界条件は

$$u_n(x) \xrightarrow{|x|\to\infty} (\text{定数}) \exp[ik_n|x|] \tag{3.128}$$

でなければならない．不安定状態の崩壊によって生じた粒子は左右無限遠へ飛び去るが，右辺がその状況を代弁しているのである．この境界条件下では，ハミルトニアン演算子は自己共役性を失い，下で見るように固有値は複素数となることが分かる．この状況は入射波の存在が無視できるとき，言い換えれば，(3.106) と (3.107) の共通分母がゼロの場合に実現する．すなわち，

$$R_2^2 \exp(2i\bar{k}a) = 1 \tag{3.129}$$

の場合であり，これが固有値 E_n を決める方程式となる．ポテンシャルの山が十分大きく $\arg R_2$ を無視できるとき，この方程式は近似解

$$E_n \simeq \frac{\hbar^2\pi^2(n+1)^2}{2ma^2} - V_0 - i\frac{\hbar P_A}{\bar{\tau}_n} \tag{3.130}$$

をもつ．ただし，$\bar{\tau}_n = (2a/\bar{v}_n) = [2ma^2/\hbar\pi(n+1)]$，$n$ は正整数．なお，E_n には $\arg R_2$ に比例する小さな実部が付加されて，共鳴準位のずれを与えるが無視した．(3.130) をエネルギー固有状態の時間因子 $\exp(-iE_nt/\hbar)$ に代入すれば，絶対値は $|\exp(-iE_nt/\hbar)| = \exp[-(P_A/\bar{\tau}_n)t]$ となるので，この状態が $\bar{\tau}_n/P_A$ 程度の時間しか存続できないことを知る．今までくり返し議論してきた話である．

この小節では，話を簡単にするために領域 II を平底にした．もっと一般的な形にしても，左向きと右向きの波が区別でき反射・透過係数が定義できるならば，話の筋道は変わらない．とくに谷の部分のポテンシャル関数がゆっくり変化し，しかもそこに数多くの波数が含まれているときは，古典近似（WKB

法)が適用できるので，議論は平底の場合とほとんど同じ形で進行する．具体的にいえば，平底の場合の $2\bar{k}a$ を $\oint\sqrt{2m(E-V(x))/\hbar^2}\,dx$ でおきかえ，共鳴準位を決める式として古典量子論の量子条件を使えばよい．古典近似(WKB 法)については次節で説明する．

共鳴散乱では，特定の共鳴準位に等しいエネルギーをもった粒子に対してだけ完全透過，すなわち，無反射が実現した．1 層媒質の場合，パラメーターを上手に選べば，いつも一つの波長に対しては反射をなくすことができる．2 層媒質に対しては，二つの波長に対して反射をゼロにできる．とすれば，無限に多くの媒質をうまく組み合わせれば，すべての波長に対して反射をなくすことができるわけだ．すべての波数またはエネルギーに対して常に反射係数がゼロになるようなポテンシャルを求める問題がある．これを「無反射問題」という．軍事的には，レーダーに反応しない航空機の設計ということで話題になった．これは，R と T の波数(エネルギー)依存性を与えてポテンシャルを決めるという**逆散乱問題** (inverse scattering problem) の特別な場合である．1 次元逆散乱問題はかなり詳しく解明されている．とくに，1 次元 Schrödinger 方程式の無反射問題の解であるポテンシャル関数は非線形な Korteweg-de Vries 方程式のソリトン(弧立波)解になっていることが分かっている．浅い水路の波を記述する Korteweg-de Vries 方程式は歴史上有名である．逆散乱問題と非線形波動の関係は最近になって解明された事実であり，各種の非線形波動に関連して多様なソリトンが見つかっている．大そう興味深いテーマであるが，残念ながらここで詳しく取り上げている余裕はない．巻末文献 [16] を見ていただきたい．

3-5　古典近似(WKB 法)

2-6 節では量子力学の古典表示と古典論への接近を見た．ここではそれを基にして量子力学の古典近似を定式化し，散乱問題を扱う．一般にWKB法(Wentzel- Kramers-Brillouin の方法)と呼ばれているものである．

定常状態を扱うので，基礎方程式は (2.173) と (2.174) である．1 個の 1 次元粒子に対しては，この方程式は

$$|u_k|^2\mathcal{S}' = 定数, \quad \frac{1}{2m}(\mathcal{S}')^2+V-E = \frac{\hbar^2}{2m}\frac{|u_k|''}{|u_k|} \tag{3.131}$$

となる．ただし，$'$ は空間変数 x についての微分を表わす．古典論に近い場合を問題にするので，$\hbar$ について

$$|u_k| = |u_{k0}|+\hbar u_{k1}+\hbar^2 u_{k2}+\cdots, \tag{3.132}$$

$$\mathcal{S} = \mathcal{S}_0+\hbar\mathcal{S}_1+\hbar^2\mathcal{S}_2+\cdots \tag{3.133}$$

と展開して最低次項をとる．すなわち，

$$|u_{k0}|^2\mathcal{S}_0' = 定数, \quad \frac{1}{2m}(\mathcal{S}_0')^2+V-E = 0 . \tag{3.134}$$

これは直ちに解けて

$$\mathcal{S}_0' = \pm\sqrt{2m(E-V)}\ , \quad |u_{k0}|^2 = \frac{定数}{\sqrt{2m(E-V)}} \tag{3.135}$$

が得られる．したがって，古典近似の波動関数は

$$u_k = \frac{定数}{\sqrt[4]{2m(E-V(x))}}\exp\left[\pm\frac{i}{\hbar}\int^x\sqrt{2m(E-V(x))}\,dx\right] \tag{3.136}$$

の形になることが分かる．$E>V$ ならば振動型，$E<V$ ならば指数型になっていて予想通りである．しかし，古典的転回点($V(x)=E$ の点)において，この関数は発散すると同時に分岐性をもつので，このままでは使えない．転回点を通っての(振動型解と指数型解の)接続を正確に定式化しておく必要がある．まず，そのあらましを述べよう*6.

基礎方程式(3.8)から出発する．古典的転回点を x_0 ($V(x_0)=E$) とし，そのまわりで $k^2(x)$ が

$$k^2(x)\simeq C(x-x_0) \quad \left(C\equiv -\frac{2m}{\hbar^2}V'(x_0)\right) \tag{3.137}$$

のように展開できるとしよう．V は x_0 で $C>0$ ならば右下がり，$C<0$ ならば左下がりである．このとき，次の接続公式が知られている．

*6　詳しくは次の文献を見るとよい：H.A. Kramers, Zeits. f. Physik, **39** (1926) 828; R.E. Langer, Phys. Rev. **51** (1937) 669.

i) $C>0$ の場合：領域 $x>x_0$ の振動解

$$u_1(x)=\frac{1}{\sqrt{k(x)}}\cos\left[\int_{x_0}^{x}k(x)dx+\frac{\pi}{4}\right], \tag{3.138}$$

$$u_2(x)=\frac{1}{\sqrt{k(x)}}\cos\left[\int_{x_0}^{x}k(x)dx-\frac{\pi}{4}\right] \tag{3.139}$$

はそれぞれ領域 $x<x_0$ の指数型解

$$u_1(x)=\frac{1}{\sqrt{\kappa(x)}}\exp\left[\int_{x}^{x_0}\kappa(x)dx\right], \tag{3.140}$$

$$u_2(x)=\frac{1}{2\sqrt{\kappa(x)}}\exp\left[-\int_{x}^{x_0}\kappa(x)dx\right] \tag{3.141}$$

に接続する．ただし，$\kappa(x)=\sqrt{\dfrac{2m}{\hbar^2}(V(x)-E)}$．

ii) $C<0$ の場合：領域 $x<x_0$ の振動解

$$u_1(x)=\frac{1}{\sqrt{k(x)}}\cos\left[\int_{x}^{x_0}k(x)dx+\frac{\pi}{4}\right], \tag{3.142}$$

$$u_2(x)=\frac{1}{\sqrt{k(x)}}\cos\left[\int_{x}^{x_0}k(x)dx-\frac{\pi}{4}\right] \tag{3.143}$$

はそれぞれ領域 $x>x_0$ の指数型解

$$u_1(x)=\frac{1}{\sqrt{\kappa(x)}}\exp\left[\int_{x_0}^{x}\kappa(x)dx\right], \tag{3.144}$$

$$u_2(x)=\frac{1}{2\sqrt{\kappa(x)}}\exp\left[-\int_{x_0}^{x}\kappa(x)dx\right] \tag{3.145}$$

に接続する．

この接続公式を束縛状態問題と散乱状態問題に適用してみよう．

束縛状態．図 3-7 のような引力ポテンシャルでは，$E<0$ に対して束縛状態が存在する．左右の古典的転回点をそれぞれ a，b とすれば，$|x|\to\infty$ の領域で急速に減衰するはずの束縛状態固有関数は

$$x<a \text{ では } u(x)=\frac{N}{\sqrt{\kappa(x)}}\exp\left[-\int_{x}^{a}\kappa(x)dx\right], \tag{3.146}$$

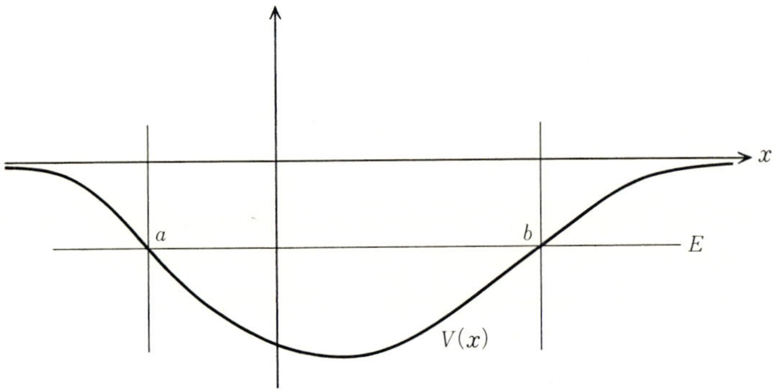

図 3-7　束縛状態問題

$$x > b \text{ では } u(x) = \frac{N'}{\sqrt{\kappa(x)}} \exp\left[-\int_b^x \kappa(x)dx\right] \tag{3.147}$$

でなければならない．ただし，N，N' は絶対値の等しい定数である．これを領域 $a<x<b$ に接続する．$x<a$ からは $C>0$ の場合の u_2 に対する接続公式によって

$$\frac{2N}{\sqrt{k(x)}} \cos\left[\int_a^x k(x)dx - \frac{\pi}{4}\right]$$

が得られ，$x>b$ からは $C<0$ の場合の u_2 に対する接続公式によって

$$\frac{2N'}{\sqrt{k(x)}} \cos\left[\int_x^b k(x)dx - \frac{\pi}{4}\right]$$

が得られる．両者は同じ領域の波動関数だから，符号を除いてまったく同じ関数でなければならない．これは $\displaystyle\int_a^b k(x)dx = (n+\frac{1}{2})\pi$ の場合に実現する．したがって，

$$\oint p(x, E_n)dx = (n+\frac{1}{2})h\,, \quad p(x, E) = \sqrt{2m(E-V(x))} \tag{3.148}$$

が成立し，これから束縛準位が求められる．(3.148) は前期量子論における Bohr-Sommerfeld-Wilson の量子条件に他ならない．

散乱状態．図 3-8 のような斥力ポテンシャルでは，$E>0$ に対して散乱状態が存在する．左方投入問題だけを扱おう．ただし，E はポテンシャルの山の高

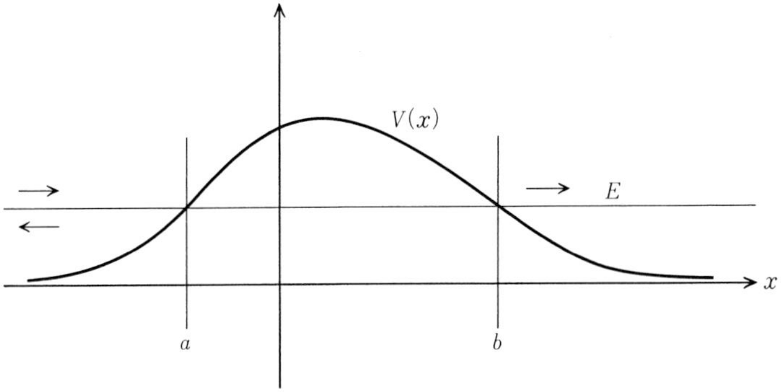

図 3-8　散乱状態問題

さに比べて十分小さいとして話を進める．左右の古典的転回点をそれぞれ a，b とした．接続公式が使いやすく，かつ散乱状態の境界条件にふさわしい散乱状態関数として

$$x<a \text{ では } u(x)=\frac{1}{\sqrt{k(x)}}\exp\left[-i\int_x^a k(x)dx+i\frac{\pi}{4}\right]$$
$$+\frac{R}{\sqrt{k(x)}}\exp\left[i\int_x^a k(x)dx-i\frac{\pi}{4}\right], \quad (3.149)$$
$$x>b \text{ では } u(x)=\frac{T}{\sqrt{k(x)}}\exp\left[i\int_b^x k(x)dx-i\frac{\pi}{4}\right] \quad (3.150)$$

を使う．R が反射係数，T が透過係数である．これを中間の領域 $a<x<b$ に接続したい．領域 $x<a$ の関数 (3.149) は

$$\frac{1+R}{\sqrt{k(x)}}\cos\left(\int_x^a k(x)dx-\frac{\pi}{4}\right)-i\frac{-1+R}{\sqrt{k(x)}}\cos\left(\int_x^a k(x)dx+\frac{\pi}{4}\right)$$

に等しく ($\sin(\xi-\pi/4)=-\cos(\xi+\pi/4)$)，$C<0$ の場合の公式によって

$$\frac{1+R}{2\sqrt{\kappa(x)}}\exp\left[-\int_a^x \kappa(x)dx\right]-i\frac{-1+R}{\sqrt{\kappa(x)}}\exp\left[\int_a^x \kappa(x)dx\right]$$

に接続される．領域 $x>b$ の関数 (3.150) は

$$\frac{T}{\sqrt{k(x)}}\left[\cos\left(\int_b^x k(x)dx-\frac{\pi}{4}\right)-i\cos\left(\int_b^x k(x)dx+\frac{\pi}{4}\right)\right]$$

に等しく，$C>0$ の場合の公式によって

$$\frac{T}{2\sqrt{\kappa(x)}}\exp\left[-\int_x^b \kappa(x)dx\right]-i\frac{T}{\sqrt{\kappa(x)}}\exp\left[\int_x^b \kappa(x)dx\right]$$

に接続される．両者が同じ領域の関数として等しくなるためには，次式が成立しなければならない：

$$\Delta(1+R)=-2iT\ ,\quad 2(-1+R)=i\Delta T\ , \tag{3.151}$$

$$\text{ただし,}\ \Delta=\exp\left[-\int_a^b \kappa(x)dx\right]\ . \tag{3.152}$$

こうして反射係数，透過係数，反射確率，透過確率が得られる：

$$R=\frac{1-(\Delta/2)^2}{1+(\Delta/2)^2}\ ,\quad T=\frac{i\Delta}{1+(\Delta/2)^2}\ , \tag{3.153}$$

$$P^{(\mathrm{r})}=\frac{(1-(\Delta/2)^2)^2}{(1+(\Delta/2)^2)^2}\ ,\quad P^{(\mathrm{t})}=\frac{\Delta^2}{(1+(\Delta/2)^2)^2}\ . \tag{3.154}$$

確率保存則の成立は明らかだろう．

ポテンシャルの山が高く，領域も長いときは $\Delta\ll 1$ であるから，

$$R\simeq 1-\frac{1}{2}\Delta^2\ ,\quad T\simeq i\Delta\ , \tag{3.155}$$

$$P^{(\mathrm{t})}\simeq\Delta^2=\exp\left[-\frac{2}{\hbar}\int_a^b\sqrt{2m(V(x)-E)}\,dx\right] \tag{3.156}$$

と近似することができる．(3.156) はトンネル効果を与える近似式として広く使われている．

演習問題

3-1　簡単な場合を取り上げて，束縛状態問題の復習をしておこう．両端に剛体壁をもつポテンシャルゼロの１次元領域 $|x|<L/2$ に閉じ込められた質量 m の粒子について次の問いに答えよ．

（i）　エネルギー固有値と固有関数，各状態のパリティを求めよ．

（ii）　基底状態における運動量の測定値，運動量期待値，その２乗偏差を求め，

物理的意味を説明せよ．

（iii） 前問において不確定性関係とゼロ点エネルギーの関係を議論せよ．

3-2 (3.10) は入射波 e^{ikx} とポテンシャルからの外向き波 $e^{ik|x|}$ の重ね合わせであるが，その重ね合わせが演算子 $\hat{H}=[-(\hbar^2/2m)d^2/dx^2+V]$ の自己共役性と定常的な流れを生み出した．ただし，V は実数ポテンシャルである．この入射波を取り除けば，これはポテンシャルからの粒子流出を表わす境界条件となり，自己共役性が失われる状況 $(u_k, \hat{H}u_{k'})-(\hat{H}u_k, u_{k'})\neq 0$ を直接の計算によって示せ．

3-3 (3.106) と (3.107) に対して反射確率が

$$P^{\mathrm{r}} = \frac{4(1-P_A)}{P_A^2}\sin(\bar{k}a+\arg R_2)P^{\mathrm{t}}$$

となることを示し，確率保存則 $|R|^2+|T|^2=1$ を確認せよ．

3-4 左右が同レベルでない場合の 2 山ポテンシャルの問題において，(3.101) と (3.102) に相当する右方投入問題の解 $T_{(\mathrm{R})}$ と $R_{(\mathrm{R})}$ を求めよ．

3-5 図 3-9 のように中央に高さ V_0 (>0) 幅 a の箱型ポテンシャルがある．ただし，左側の水準は V_1，右側の水準は V_2 であり，$V_0>V_2>V_1$ としよう．このポテンシャルに質量 m，波数 k の粒子が左方から投入される場合の反射確率と透過確率を求めよ．ただし，粒子のエネルギー $E=\hbar^2k^2/2m$ に対して次の場合を想定せよ：

（i） $V_2>E>V_1$,

（ii） $V_0>E>V_2$,

（iii） $E>V_0$.

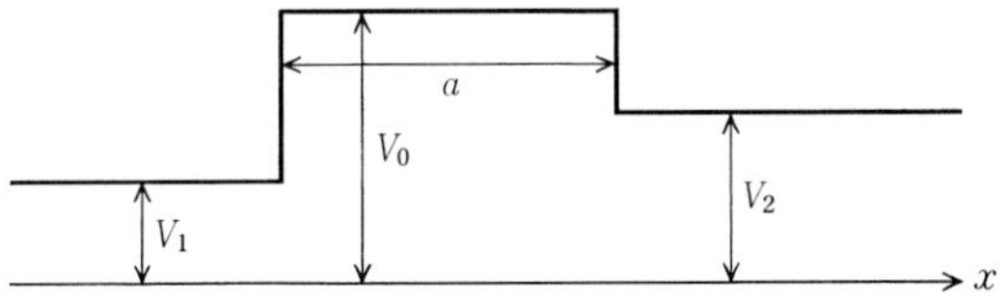

図 3-9 ポテンシャル壁との衝突

3-6 一定の強度 Λ と間隔 d をもつ 2 本歯および 3 本歯の「Dirac の櫛」に質量 m，波数 k の粒子が投入される場合，反射係数と透過係数を求め，さらに完全透過が実現する条件を吟味せよ．

4 定常状態問題としての衝突・散乱現象 II ——3 次元の場合

3 次元空間における衝突・散乱現象を定常状態問題として扱う．この章で述べる知識と技術は散乱の量子力学の中核である．当分の間，1 個の粒子の固定ポテンシャルによる散乱を扱うが，第 1 章と第 2 章で見たように，この定式化は 2 個の粒子の衝突における相対座標の運動に相当する．また，理論形式自体はもっと一般の場合にも流用可能なものである．しかしながら，定常的取り扱いについては，2-3 節で波束散乱の「重ね焼き」というもっともらしい説明はしたものの，若干の疑問が残る．すなわち，衝突・散乱現象に対応する定常状態の波は全空間を覆い無限の過去から永劫の未来にわたって絶え間なく振動するものだが，物理的には，これは必ずしも自明ではない数学的理想化ではないかという疑問である．この問題は第 6 章で取り上げる予定であり，定常的方法が波束散乱の「重ね焼き」を再現することを示す．ここでは，その疑問を棚上げにしたまま話を進める．

4-1 Schrödinger 方程式と境界条件 — 衝突・散乱問題の構成

3 次元的な衝突・散乱現象の定常的取り扱いに必要な基礎方程式と境界条件を設定し，衝突・散乱問題の一般的な性質と理論的定式化について説明する．

質量 m の量子力学的粒子が実数固定ポテンシャル $V(\boldsymbol{r})$ の中を運動する場合，エネルギー固有値 E に属する定常状態波動関数 $u_{\boldsymbol{k}}(\boldsymbol{r})$ は，方程式

$$\nabla^2 u_{\boldsymbol{k}} + k^2 u_{\boldsymbol{k}} = U u_{\boldsymbol{k}}\ ,\ \text{または}\ \ \nabla^2 u_{\boldsymbol{k}} + k^2(\boldsymbol{r}) u_{\boldsymbol{k}} = 0 \tag{4.1}$$

を満足する．ただし，$\nabla^2 = \dfrac{\partial^2}{\partial x^2} + \dfrac{\partial^2}{\partial y^2} + \dfrac{\partial^2}{\partial z^2}$ はラプラシアン演算子であり，さらに

$$k^2(\boldsymbol{r}) \equiv k^2 - U(\boldsymbol{r})\ , \tag{4.2}$$

$$U(\boldsymbol{r}) \equiv \frac{2m}{\hbar^2} V(\boldsymbol{r})\ , \quad k^2 \equiv \frac{2mE}{\hbar^2} \tag{4.3}$$

とおいた．ハミルトニアンが

$$H = -\frac{\hbar^2}{2m}[\nabla^2 - U] \tag{4.4}$$

であることはいうまでもない．当分の間 $V = (\hbar^2/2m)U$ は実数であるとするが，複素関数になる場合（複素ポテンシャルの場合）は後で考える．

ポテンシャルは原点 ($\boldsymbol{r}=0$) 付近に分布していると想定して話を進める．十分遠方では (3.9) と同様な理由によって，

$$\lim_{|\boldsymbol{r}|\to\infty} |\boldsymbol{r} U(\boldsymbol{r})| = 0 \tag{4.5}$$

が成立する場合を扱う（Coulomb 型ポテンシャルを除外したわけだが，その問題は 4-5 節で詳しく議論する予定である）．したがって，関数 $u_{\boldsymbol{k}}$ は十分遠方で自由粒子方程式

$$\nabla^2 u_{\boldsymbol{k}}^{(0)} + k^2 u_{\boldsymbol{k}}^{(0)} = 0 \tag{4.6}$$

の解 $u_{\boldsymbol{k}}^{(0)}(\boldsymbol{r})$ に近づくはずだ．これが定常状態時間因子 $\exp(-iEt/\hbar)$ との組み合わせで，$\boldsymbol{k}$ 方向への進行波を表わすためには，

$$u_{\boldsymbol{k}}^{(0)}(\boldsymbol{r}) = \frac{1}{\sqrt{(2\pi)^3}} e^{i\boldsymbol{k}\cdot\boldsymbol{r}} \tag{4.7}$$

であり，かつ波数 $k = |\boldsymbol{k}|$ は実数でなければならない．もちろん，運動量 $\boldsymbol{p} = \hbar\boldsymbol{k}$ は実数ベクトルであり，エネルギー $E = \hbar^2 k^2/2m$ は区間 $[0, \infty)$ の正実数値をとる．$u_{\boldsymbol{k}}$ の添字は十分遠方で波数 $\boldsymbol{k}$ をもつ平面波に近づくという意味でつけたものである．なお，(4.7) の数値係数はデルタ関数規格化によって選んだ：

$$(u_{\boldsymbol{k}}^{(0)}, u_{\boldsymbol{k}'}^{(0)}) = \delta^3(\boldsymbol{k} - \boldsymbol{k}')\ ,\ \int d^3\boldsymbol{k}\, u_{\boldsymbol{k}}^{(0)}(\boldsymbol{r}) u_{\boldsymbol{k}}^{(0)*}(\boldsymbol{r}') = \delta^3(\boldsymbol{r} - \boldsymbol{r}')\ . \tag{4.8}$$

1次元の場合と同じように，まず自由粒子ハミルトニアン $\hat{H}_0 = -(\hbar^2/2m)\nabla^2$ の関数列 $\{u_{\boldsymbol{k}}^{(0)}\}$ に対する自己共役性を調べよう．領域 D 内とその境界面 S 上で1階導関数とともに有限1価連続(微分可能)な関数 ψ，ϕ に対して成立する Green の定理

$$\int_{\mathrm{D}} \{\psi \nabla^2 \phi - \phi \nabla^2 \psi\} d^3\boldsymbol{r} = \oint_{\mathrm{S}} \{\psi \frac{\partial \phi}{\partial n} - \phi \frac{\partial \psi}{\partial n}\} d^2 f \tag{4.9}$$

において，$\psi = u_{\boldsymbol{k}}^{(0)*}$，$\phi = u_{\boldsymbol{k}'}^{(0)}$ とおけば

$$(u_{\boldsymbol{k}}^{(0)}, \nabla^2 u_{\boldsymbol{k}'}^{(0)}) - (\nabla^2 u_{\boldsymbol{k}}^{(0)}, u_{\boldsymbol{k}'}^{(0)}) = \lim_{r\to\infty} \oint_{\mathrm{S}} \{u_{\boldsymbol{k}}^{(0)*} \frac{\partial u_{\boldsymbol{k}'}^{(0)}}{\partial n} - \frac{\partial u_{\boldsymbol{k}}^{(0)*}}{\partial n} u_{\boldsymbol{k}'}^{(0)}\} r^2 d\omega \tag{4.10}$$

となる．S としては十分大きな半径 r をもつ原点中心の球面を選んだ($d^2 f = r^2 d\omega$．$d\omega$ は球面上の微小面素が中心に対して張る立体角)．右辺の括弧内は $i(2\pi)^{-3} r^{-1} (\boldsymbol{k}+\boldsymbol{k}')\cdot\boldsymbol{r} \exp[-i(\boldsymbol{k}-\boldsymbol{k}')\cdot\boldsymbol{r}]$ となるので，$\boldsymbol{k}-\boldsymbol{k}'$ の方向を極軸とする極座標 $\boldsymbol{r} = r(\sin\theta\cos\varphi, \sin\theta\sin\varphi, \cos\theta)$ を使うと便利だ．そのとき，指数部には変数 φ はないので，$(\boldsymbol{k}+\boldsymbol{k}')\cdot\boldsymbol{r}$ 内の x と y に比例する項は $\int_0^{2\pi} \cos\varphi d\varphi = \int_0^{2\pi} \sin\varphi d\varphi = 0$ となって消えてしまう．したがって，

$$\begin{aligned}
&(u_{\boldsymbol{k}}^{(0)}, \nabla^2 u_{\boldsymbol{k}'}^{(0)}) - (\nabla^2 u_{\boldsymbol{k}}^{(0)}, u_{\boldsymbol{k}'}^{(0)}) \\
&= \lim_{r\to\infty} \frac{ir^2(\boldsymbol{k}+\boldsymbol{k}')\cdot(\boldsymbol{k}-\boldsymbol{k}')}{(2\pi)^3 |\boldsymbol{k}-\boldsymbol{k}'|} 2\pi \int_{-1}^{1} \xi e^{-i|\boldsymbol{k}-\boldsymbol{k}'|r\xi} d\xi \\
&= (k^2 - k'^2) \lim_{r\to\infty} \frac{1}{2\pi^2 |\boldsymbol{k}-\boldsymbol{k}'|^3} [\sin|\boldsymbol{k}-\boldsymbol{k}'|r - |\boldsymbol{k}-\boldsymbol{k}'|r\cos|\boldsymbol{k}-\boldsymbol{k}'|r] \\
&= (k^2 - k'^2) \delta^3(\boldsymbol{k}-\boldsymbol{k}')
\end{aligned} \tag{4.11}$$

が成立する．最後の段階では3次元デルタ関数の球座標表示 (A.6) を用いた．こうして，自由粒子ハミルトニアン($\propto \nabla^2$)の自己共役性が分かった．

ついでに運動量演算子 $\hat{\boldsymbol{p}} = (\hbar/i)(\partial/\partial\boldsymbol{r})$ の関数列 $\{u_{\boldsymbol{k}}^{(0)}\}$ に対する自己共役性を見ておこう：

$$(u_{\boldsymbol{k}}^{(0)}, \hat{\boldsymbol{p}} u_{\boldsymbol{k}'}^{(0)}) - (\hat{\boldsymbol{p}} u_{\boldsymbol{k}}^{(0)}, u_{\boldsymbol{k}'}^{(0)}) = \lim_{r\to\infty} \frac{\hbar}{i} \oint_{\mathrm{S}} u_{\boldsymbol{k}}^{(0)*} u_{\boldsymbol{k}'}^{(0)} d^2\boldsymbol{f} = 0\,. \tag{4.12}$$

この式が平面波 (4.7) に対して成立することは容易に証明できる．

一般の定常状態方程式 (4.1) に戻ろう．まず境界条件を設定しなければならない．束縛状態($E<0$)の場合，この方程式は境界条件

$$u_\nu(\boldsymbol{r}) \overset{|\boldsymbol{r}|\to\infty}{\longrightarrow} C\exp(-\kappa_\nu|\boldsymbol{r}|) \quad \left(\kappa_\nu \equiv \sqrt{\frac{2m|E_\nu|}{\hbar^2}}\right) \tag{4.13}$$

に従い，エネルギー固有値 E_ν は飛び飛びの特定値をとることが知られている．しかし，私たちの問題は束縛状態ではなく散乱問題である．いうまでもなく，条件 (4.5) を満足するポテンシャルに対しては，関数 $u_{\boldsymbol{k}}$ は遠方で自由粒子方程式 (4.6) の解に近づく．だが，1 次元問題との大きな違いは，この方程式の解が平面波だけではないことだ．衝突・散乱現象に適した境界条件を設定するには，1-2 節の図 1-1 や図 1-2 で見たような概況を想い起こす必要がある．すなわち，散乱状態固有関数 $u_{\boldsymbol{k}}$ は，十分遠方では，入射平面波 $u_{\boldsymbol{k}}^{(0)}$ と(散乱の効果を表わす)外向き球面波 $u_k^{(\mathrm{sc})}$ の重ね合わせでなければならない．その球面波 $u_k^{(\mathrm{sc})}$ も自由粒子方程式 (4.6) を満足する．ラプラシアン演算子 ∇^2 を球座標 (r,θ,φ) で書けば，よく知られているように

$$\nabla^2 = \frac{1}{r}\frac{\partial^2}{\partial r^2}r + \frac{1}{r^2\sin\theta}\frac{\partial}{\partial\theta}\sin\theta\frac{\partial}{\partial\theta} + \frac{1}{r^2\sin^2\theta}\frac{\partial^2}{\partial\varphi^2} \tag{4.14}$$

となり，r と (θ,φ) について変数分離型である．したがって，特解 $u_k^{(\mathrm{sc})} = \phi_k(r)F(\theta,\varphi)$ をもつ．十分遠方では r^{-2} の項は無視してよいので，

$$\frac{d^2}{dr^2}(r\phi_k) + k^2(r\phi_k) = 0$$

が成立し，これを解けば $\phi_k^{(\pm)} = r^{-1}\exp(\pm ikr)$ が得られる．$\phi_k^{(+)}$ は外向き球面波，$\phi_k^{(-)}$ は内向き球面波を表わす．

したがって，衝突・散乱問題の境界条件としては

$$u_{\boldsymbol{k}}^{(+)}(\boldsymbol{r}) \overset{r\to\infty}{\longrightarrow} \frac{1}{\sqrt{(2\pi)^3}}\left[e^{i\boldsymbol{k}\cdot\boldsymbol{r}} + \frac{1}{r}e^{ikr}F(\theta,\varphi)\right] \tag{4.15}$$

を採用しなければならない．球面波の波数が入射平面波の波数に等しいこと($k=|\boldsymbol{k}|$)は弾性散乱しか起こらないことを意味している．実数固定ポテンシャ

ルの特徴である．いまの場合，$\boldsymbol{k}$ を極軸に選ぶと便利だ．θ はそのときの $\boldsymbol{r}$ の極角，φ はその方位角である．(4.15) を**「入射波＋外向き球面波」境界条件**という．固有関数には外向き球面波条件にしたがうという意味で記号 (+) をつけた．$F(\theta,\varphi)$ を**散乱振幅** (scattering amplitude) という．問題を解いてはじめて分かる量である．散乱問題では，私たちは方程式 (4.1) をこの境界条件の下で解かなければならない．この問題に解があるかどうかはポテンシャルの性質によるが，もちろん，解があるとして話を進める．

(4.15) に対して，外向き球面波を内向き球面波で置き換えた**「入射波＋内向き球面波」境界条件**

$$u_{\boldsymbol{k}}^{(-)}(\boldsymbol{r}) \overset{r\to\infty}{\longrightarrow} \frac{1}{\sqrt{(2\pi)^3}}\left[e^{i\boldsymbol{k}\cdot\boldsymbol{r}}+\frac{1}{r}e^{-ikr}F(\theta,\varphi)\right] \tag{4.16}$$

を設定することもできる．解 $u_{\boldsymbol{k}}^{(-)}$ は現実の散乱状況には直接対応しないが，数学的には，$u_{\boldsymbol{k}}^{(+)}$ とまったく同等であり，便利な道具として散乱理論の中で利用されている．両方の境界条件に対して，$\boldsymbol{k}$ は実数ベクトルであり，E または $k^2=|\boldsymbol{k}|^2$ は区間 $[0,\infty)$ の実数値を連続的にとる．

1 次元の場合と同様に，境界条件 (4.15) に従う固有関数系 $\left\{u_{\boldsymbol{k}}^{(+)}\right\}$ に対してハミルトニアン演算子 $\hat{H}=(\hbar^2/2m)(-\nabla^2+U)$ が自己共役であることを見ておこう．U が実数だから，

$$(\hat{H}u_{\boldsymbol{k}}^{(+)},u_{\boldsymbol{k}'}^{(+)})-(u_{\boldsymbol{k}}^{(+)},\hat{H}u_{\boldsymbol{k}'}^{(+)}) = \frac{\hbar^2}{2m}\left[(u_{\boldsymbol{k}}^{(+)},\nabla^2 u_{\boldsymbol{k}'}^{(+)})-(\nabla^2 u_{\boldsymbol{k}}^{(+)},u_{\boldsymbol{k}'}^{(+)})\right] \tag{4.17}$$

が成立し，右辺は (4.10) と同形の球面積分に帰着する．球の半径は十分大きいので，(4.15) を使うことができ，さらにその第 2 項を無視することができる．したがって，計算はまったく (4.11) と同じように進行し，$\hat{H}$ の自己共役性が証明される．なお，(4.17) や (4.12) の右辺が束縛状態固有関数と同じ境界条件に従う関数に対してゼロとなって，ハミルトニアンの自己共役性を保証することはいうまでもなかろう．

さらに，$u_{\boldsymbol{k}}^{(+)*}$ の方程式に $u_{\boldsymbol{k}'}^{(+)}$ を掛け，$u_{\boldsymbol{k}'}^{(+)}$ の方程式に $u_{\boldsymbol{k}}^{(+)*}$ を掛けて辺々引き算し，原点を中心とする十分大きな球面 S 内の領域で体積積分した後 Green

の定理 (4.9) を適用すれば

$$(u_{\boldsymbol{k}}^{(+)}, u_{\boldsymbol{k}'}^{(+)}) = \lim_{r\to\infty} \frac{1}{k^2 - k'^2} \oint_{\mathrm{S}} \left\{ u_{\boldsymbol{k}}^{(+)*} \frac{\partial u_{\boldsymbol{k}'}^{(+)}}{\partial r} - \frac{\partial u_{\boldsymbol{k}}^{(+)*}}{\partial r} u_{\boldsymbol{k}'}^{(+)} \right\} r^2 d\omega \quad (4.18)$$

が成立する．右辺の球面積分の計算は自己共役性を証明した場合とまったく同様に進行し，(4.8) 第1式に対応する次式が得られる（$u_{\boldsymbol{k}}^{(-)}$ に対しても同様）：

$$(u_{\boldsymbol{k}}^{(\pm)}, u_{\boldsymbol{k}'}^{(\pm)}) = \delta^3(\boldsymbol{k} - \boldsymbol{k}') \; . \quad (4.19)$$

これは直交性と同時に，平面波 $u_{\boldsymbol{k}}^{(0)}$ と同じ係数 $1/\sqrt{(2\pi)^3}$ が $u_{\boldsymbol{k}}^{(\pm)}$ のデルタ関数規格化を与えることを示している．なお，完全性条件 (4.8) 第2式に対応する式は，一般には，基礎方程式 (4.1) が束縛状態 $u_\nu(\boldsymbol{r})$ をもつため（ν は番号，$E_\nu = -\hbar^2\kappa_\nu^2/2m < 0$ に注意），$\{u_{\boldsymbol{k}}^{(\pm)}\}$ に対しては成立しない．完全性条件は次式で与えられる：

$$\sum_\nu u_\nu(\boldsymbol{r}) u_\nu^*(\boldsymbol{r}') + \int d^3\boldsymbol{k}\, u_{\boldsymbol{k}}^{(\pm)}(\boldsymbol{r}) u_{\boldsymbol{k}}^{(\pm)*}(\boldsymbol{r}') = \delta^3(\boldsymbol{r} - \boldsymbol{r}') \; . \quad (4.20)$$

さて，境界条件 (4.15) に現われた入射波と散乱波を

$$u_{\boldsymbol{k}}^{(\mathrm{in})} = Ce^{i\boldsymbol{k}\cdot\boldsymbol{r}} \; , \quad u_{\boldsymbol{k}}^{(\mathrm{sc})} = CF(\theta,\varphi)\frac{1}{r}e^{ikr} \quad (4.21)$$

と書こう（C は規格化定数）．それぞれに対応する確率流密度は (2.90) によって

$$\boldsymbol{J}^{(\mathrm{in})} = |C|^2 \frac{\hbar\boldsymbol{k}}{m} \; , \quad \boldsymbol{J}^{(\mathrm{sc})} = |C|^2|F(\theta,\varphi)|^2 \frac{\hbar\boldsymbol{k}'}{m}\frac{1}{r^2} \quad (4.22)$$

となる．ただし，$\boldsymbol{k}' \equiv k\boldsymbol{r}/r$ は大きさ k をもち方向 (θ,φ)（散乱方向）を向くベクトルである．なお，第2式では $r\to\infty$ に対して r^{-2} より速く減少する項を無視した．第1式の絶対値を入射粒子の粒子流強度 N_0 に等しいとおく規格化 $|C| = \sqrt{N_0 m/\hbar k}$ を採用しよう（粒子流強度規格化）．そのとき，$|\boldsymbol{J}^{(\mathrm{in})}| = N_0$ であり，$r^2 \Delta\omega |\boldsymbol{J}^{(\mathrm{sc})}| = \Delta\omega N_0 |F(\theta,\varphi)|^2$ は単位時間毎に (θ,φ) 方向の立体角 $\Delta\omega$ 内に散乱されてゆく粒子数を表わす．したがって，この場合，第1章で定義した散乱の微分断面積は

$$\sigma(\theta,\varphi) = |F(\theta,\varphi)|^2 \quad (4.23)$$

によって与えられる((1.5)を見よ．簡単のため散乱体の個数は1個であるとした)．これが境界条件に現れた $F(\theta,\varphi)$ を散乱振幅と呼ぶ理由である．すなわち，方程式(4.1)を境界条件(4.15)の下で解いて，外向き球面波の振幅 $F(\theta,\varphi)$ を求めてその絶対値2乗を作れば，散乱の微分断面積が得られる．これが実験結果(1.5)と照合すべき量子力学の理論的予言なのである．

4-2　散乱状態固有関数と散乱振幅

散乱状態に対応する固有値問題は境界条件(4.15)の下で固有値方程式(4.1)を解くことであった．散乱振幅 $F(\theta,\varphi)$ は解 $u_{\boldsymbol{k}}^{(+)}$ の知識なしに求めることはできない．この節の最初の仕事は散乱振幅 $F(\theta,\varphi)$ と固有関数 $u_{\boldsymbol{k}}^{(+)}$ の関係を定式化することである．

(a)　散乱状態固有関数の積分方程式

まず，基礎方程式((4.1)第1式)左辺の演算子 (∇^2+k^2) の Green 関数 $G_k^{(\pm)}(\boldsymbol{r}|\boldsymbol{r}')$ を求めておこう．この Green 関数は，方程式

$$(\nabla^2+k^2)G_k^{(\pm)}(\boldsymbol{r}|\boldsymbol{r}') = -\delta^3(\boldsymbol{r}-\boldsymbol{r}') \tag{4.24}$$

を満足し，外向き球面波((+)の場合)または内向き球面波((−)の場合)を表わすものである．この方程式を解くには，ポテンシャル論でよく知られた公式

$$\nabla^2\frac{1}{4\pi|\boldsymbol{r}-\boldsymbol{r}'|} = -\delta^3(\boldsymbol{r}-\boldsymbol{r}') \tag{4.25}$$

を援用するとよい．これは点 $\boldsymbol{r}'$ においた単位電荷が点 $\boldsymbol{r}$ に作るポテンシャル $(4\pi|\boldsymbol{r}-\boldsymbol{r}'|)^{-1}$ に対する Poisson の方程式に他ならない．これを使えば，(4.24)は直ちに解けて

$$G_k^{(\pm)}(\boldsymbol{r}|\boldsymbol{r}') = \frac{1}{4\pi|\boldsymbol{r}-\boldsymbol{r}'|}\exp[\pm ik|\boldsymbol{r}-\boldsymbol{r}'|] \tag{4.26}$$

となる．

Green 関数を利用すれば，方程式(4.1)を満足し境界条件(4.15)に従う散乱状態固有関数 $u_{\boldsymbol{k}}^{(+)}$ は，積分方程式

$$u_{\boldsymbol{k}}^{(+)}(\boldsymbol{r}) = u_{\boldsymbol{k}}^{(0)}(\boldsymbol{r}) - \int d^3\boldsymbol{r}' G_k^{(+)}(\boldsymbol{r}|\boldsymbol{r}')U(\boldsymbol{r}')u_{\boldsymbol{k}}^{(+)}(\boldsymbol{r}') \qquad (4.27)$$

の解であることが分かる．$u_{\boldsymbol{k}}^{(+)}$ を $u_{\boldsymbol{k}}^{(-)}$ で，$G_k^{(+)}$ を $G_k^{(-)}$ で置き換えれば，境界条件 (4.16) に従う散乱状態固有関数 $u_{\boldsymbol{k}}^{(-)}$ が満足する積分方程式が得られる．微分方程式型の基礎法則との違いは，積分方程式には境界条件が織り込んであるという点にある．たとえば，(4.27) において，$r \to \infty$ の場合の近似式 $|\boldsymbol{r}-\boldsymbol{r}'| = \sqrt{r^2-2rr'\cos\theta+r'^2} \simeq r-r'\cos\theta$（$\theta$ は $\boldsymbol{r}$ と $\boldsymbol{r}'$ との間の角）を使えば，この積分方程式は

$$u_{\boldsymbol{k}}^{(+)}(\boldsymbol{r}) \xrightarrow{r\to\infty} \frac{1}{\sqrt{(2\pi)^3}}\left[e^{i\boldsymbol{k}\cdot\boldsymbol{r}} - \sqrt{(2\pi)^3}\,\frac{e^{ikr}}{4\pi r}\int d^3\boldsymbol{r}' e^{-i\boldsymbol{k}'\cdot\boldsymbol{r}'}U(\boldsymbol{r}')u_{\boldsymbol{k}}^{(+)}(\boldsymbol{r}')\right] \qquad (4.28)$$

となり，たしかに境界条件 (4.15) に従っていることが分かる．ただし，$\boldsymbol{k}' = kr^{-1}\boldsymbol{r}$．(4.28) と (4.15) を比較すれば，望みの結果

$$F(\boldsymbol{k}',\boldsymbol{k}) = -2\pi^2(u_{\boldsymbol{k}'}^{(0)}, Uu_{\boldsymbol{k}}^{(+)})_{E_k=E_{k'}} \qquad (4.29)$$

が得られる．これが**散乱振幅**である．ここでは $F(\theta,\varphi)$ を $F(\boldsymbol{k}',\boldsymbol{k})$ と書いておいた．$\boldsymbol{k}'$ の方向が (θ,φ) に他ならない．

さて，(4.29) を使えば，微分断面積 (4.23) を

$$\sigma(\theta,\varphi) = \frac{1}{v}\frac{2\pi}{\hbar}|(2\pi)^3(u_{\boldsymbol{k}'}^{(0)}, Vu_{\boldsymbol{k}}^{(+)})|^2_{E_k=E_{k'}}\rho(E_p) \qquad (4.30)$$

と書くことができる．ただし，$v=p/m$ は粒子の速さ，$\rho(E_p)$ は状態密度 (2.106) である．この式で $1/v$ を除いた式は，運動量 $\boldsymbol{p}$（波数 $\boldsymbol{k}$）の初期状態から運動量 $\boldsymbol{p}'$（波数 $\boldsymbol{k}'$）の終期状態への遷移確率の時間的割合に等しいことが後で分かる（第 6 章）．因子 $1/v$ は断面積を与えるための（デルタ関数規格化から単位流規格化への）規格化の変更にすぎない．

積分方程式 (4.27) を解くもっとも直接的な方法は逐次代入法である．この方程式の右辺をそのまま第 2 項積分内の固有関数に代入し，それを繰り返してゆく方法である．こうして，$u_{\boldsymbol{k}}^{(+)}$ に対する（ポテンシャル U についての）摂動級数が得られる：

$$u_{\boldsymbol{k}}^{(+)}(\boldsymbol{r}) = u_{\boldsymbol{k}}^{(0)}(\boldsymbol{r}) - \int d^3\boldsymbol{r}' G_k^{(+)}(\boldsymbol{r}|\boldsymbol{r}')U(\boldsymbol{r}')u_{\boldsymbol{k}}^{(0)}(\boldsymbol{r}')$$
$$+ \int d^3\boldsymbol{r}' \int d^3\boldsymbol{r}'' G_k^{(+)}(\boldsymbol{r}|\boldsymbol{r}')U(\boldsymbol{r}')G_k^{(+)}(\boldsymbol{r}'|\boldsymbol{r}'')U(\boldsymbol{r}'')u_{\boldsymbol{k}}^{(0)}(\boldsymbol{r}'') + \cdots . \tag{4.31}$$

右辺の級数を第2項で打ち切ったものを第1 Born 近似または単にBorn 近似といい，第3項以下を第2 Born 近似，第3 Born 近似 ... などという．Born 近似の妥当性については第5章で吟味する．

摂動級数 (4.31) は抽象表示 2-5 節の摂動展開 (2.165) に相当するものである．そこでは全ハミルトニアンを (2.154) のように非摂動ハミルトニアン $\hat{H}_0$ と 相互作用ハミルトニアン $\hat{H}'$ の和に分けて，後者についてのベキ級数展開をしたのであった．いまの場合，全ハミルトニアンは (4.4)，相互作用ハミルトニアンは $H' = V$ であり，(4.31) は $V = (\hbar^2/2m)U$ についての展開である．

(b)　Green 関数の導出と境界条件

外向き球面波境界条件に従う Green 関数はすでに (4.26) によって与えてしまったわけだが，ここでは方程式 (4.24) を Fourier 変換によって解きながら，境界条件の考慮と表記の仕方を学びたい．後で述べる散乱理論の理論的展開に備えるためでもある．

無限に広い一様な空間を想定すれば，その中の波動の伝搬を記述する Green 関数 $G_k^{(\pm)}(\boldsymbol{r}|\boldsymbol{r}')$ は変数 $\boldsymbol{r}-\boldsymbol{r}'$ だけに依存するはずだ．したがって，

$$G_k^{(\pm)}(\boldsymbol{r}|\boldsymbol{r}') = \frac{1}{(2\pi)^3} \int \tilde{G}_k^{(\pm)}(\boldsymbol{k}') e^{i\boldsymbol{k}'\cdot(\boldsymbol{r}-\boldsymbol{r}')} d^3\boldsymbol{k}' \tag{4.32}$$

とおいてよい．これを Green 関数の方程式 (4.24) に代入し，デルタ関数の積分表示 (A.5) を使えば，直ちに

$$(k'^2 - k^2)\tilde{G}_k^{(\pm)}(\boldsymbol{k}') = 1 \tag{4.33}$$

が得られる．1 を因子 $(k'^2 - k^2)$ で割れば $\tilde{G}_k^{(\pm)}(\boldsymbol{k}')$ が求められるわけだが，この因子は積分の中でゼロとなるため注意を要する．そのような場合の取り扱いは (A.12) によって明らかだ．すなわち，

$$\tilde{G}_k^{(\pm)}(\boldsymbol{k}') = \left(\frac{1}{2} + \frac{i}{2\pi}C\right)\left(\frac{1}{k'^2 - k^2}\right)_+ + \left(\frac{1}{2} - \frac{i}{2\pi}C\right)\left(\frac{1}{k'^2 - k^2}\right)_- \tag{4.34}$$

であり，任意定数 C は $G_k^{(\pm)}(\boldsymbol{r}|\boldsymbol{r})$ が $\pm$ の符号に応じて(外向き，内向き)の球面波を表わすように決めればよい．計算は次のように進行する：

$$\begin{aligned}
&\frac{1}{(2\pi)^3}\int_{-\infty}^{\infty}\left(\frac{1}{k'^2 - k^2}\right)_{\mp} e^{i\boldsymbol{k}'\cdot(\boldsymbol{r}-\boldsymbol{r}')} d^3\boldsymbol{k}' \\
&= \lim_{\epsilon\to 0}\frac{1}{(2\pi)^3}\int_0^{\infty} k'^2 dk' \int_0^{\pi}\sin\theta d\theta \int_0^{2\pi} d\varphi \frac{1}{k'^2 - k^2 \mp i\epsilon} e^{ik'|\boldsymbol{r}-\boldsymbol{r}'|\cos\theta} \\
&= \lim_{\epsilon\to 0}\frac{1}{4\pi^2 i|\boldsymbol{r}-\boldsymbol{r}'|}\int_{-\infty}^{\infty}\frac{1}{k'^2 - k^2 \mp i\epsilon} e^{ik'|\boldsymbol{r}-\boldsymbol{r}'|} k' dk' \\
&= \frac{1}{4\pi|\boldsymbol{r}-\boldsymbol{r}'|} e^{\pm ik|\boldsymbol{r}-\boldsymbol{r}'|}\ .
\end{aligned}$$

積分の実行にあたっては，非積分関数の極 $k' = \pm k \pm i\epsilon'$ $(\epsilon' \simeq \epsilon/2k)$ が複素 k' 平面上図 4-1 の位置に現われること，$|e^{ik'|\boldsymbol{r}-\boldsymbol{r}'|}| = e^{-|k'||\boldsymbol{r}-\boldsymbol{r}'|\sin(\arg k')}$ が複素 k' 平面上方でゼロに近づくことを使えばよい．後は初歩的な留数定理の応用で計算できる．したがって，任意定数の選択 $C = \pm i\pi$ が(外向き，内向き)球面波境界条件に対応して，$G_k^{(\pm)}$ を与える．最終結果はたしかに (4.26) と一致している．なお，元の式 (4.32) は

$$G_k^{(+)}(\boldsymbol{r}|\boldsymbol{r}') = 2\pi i\int d^3\boldsymbol{k}'\delta_+(k^2 - k'^2)u_{\boldsymbol{k}'}^{(0)}(\boldsymbol{r})u_{\boldsymbol{k}'}^{(0)*}(\boldsymbol{r}') \tag{4.35}$$

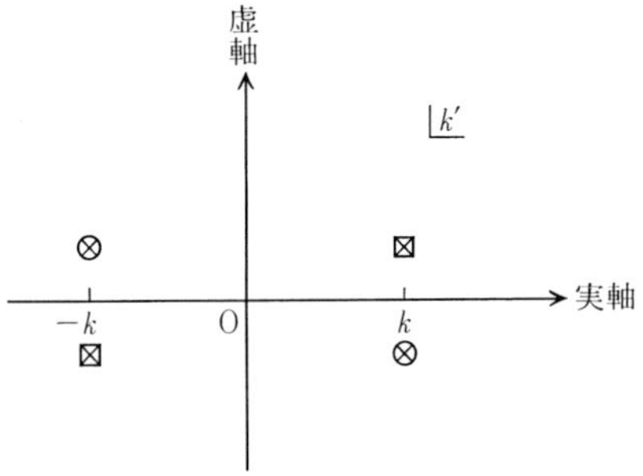

図 4-1　$\tilde{G}_k^{\pm}$ の極

と書くこともできる (関係式 $(1/x)_- = 2\pi i\delta_+(-x)$ を用いた．付録参照)．

4-3　波動行列と S 行列

原点付近に分布するポテンシャルが十分遠方でゼロになるという条件 (4.5) に従う場合，全ハミルトニアン (4.4) の固有値は束縛状態に対応する負の点スペクトルと散乱状態に対応する正の連続スペクトルからなる(図 4-2)．この場合を想定して話を進める．

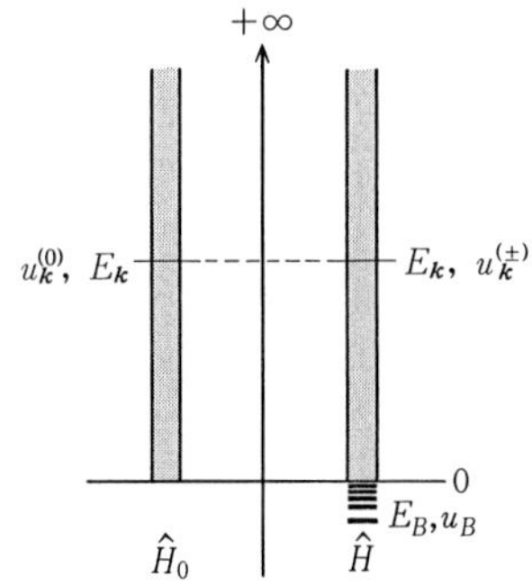

図 4-2　$\hat{H}$ と $\hat{H}_0$ のスペクトル

(a)　波動行列

さらに，固有値 E_k に属する散乱状態固有関数 $u_{\boldsymbol{k}}(\boldsymbol{r})$ は同じ固有値の自由状態固有関数(入射平面波)$u_{\boldsymbol{k}}^{(0)}(\boldsymbol{r})$ と 1 対 1 に対応している(図 4-2)．すでによく知っている知識だが，式の上でもはっきり示しておこう．(4.35) を (4.27) に代入して整理すれば，

$$u_{\boldsymbol{k}}^{(+)}(\boldsymbol{r}) = \int d^3\boldsymbol{k}' u_{\boldsymbol{k}'}^{(0)}(\boldsymbol{r})\langle u_{\boldsymbol{k}'}^{(0)}|\hat{W}^{(+)}|u_{\boldsymbol{k}}^{(0)}\rangle\ , \tag{4.36}$$

$$\langle u_{\boldsymbol{k}'}^{(0)}|\hat{W}^{(+)}|u_{\boldsymbol{k}}^{(0)}\rangle \equiv \delta^3(\boldsymbol{k}-\boldsymbol{k}') - 2\pi i\delta_+(k^2-k'^2)(u_{\boldsymbol{k}'}^{(0)}, Uu_{\boldsymbol{k}}^{(+)}) \tag{4.37}$$

が得られる．これは平面波 $u_{\boldsymbol{k}}^{(0)}$ から 1 対 1 対応の積分変換で $u_{\boldsymbol{k}}^{(+)}$ を与える式である．関数列 $\{u_{\boldsymbol{k}}^{(0)}\}$ 上の行列要素 (4.37) によって定義される演算子 $\hat{W}^{(+)}$ を，境界条件「入射平面波＋外向き球面波」に従う**波動行列** (wave matrix) と

いう．(4.37) の $\delta_+(k^2-k'^2)$ を $\delta_-(k^2-k'^2)$ に置き換えれば，「入射平面波＋内向き球面波」に従う**波動行列** $\hat{W}^{(-)}$ が定義される．ただし，その行列要素と (4.36) 型の積分変換で $u_{\boldsymbol{k}}^{(0)}$ から得られるものは $u_{\boldsymbol{k}}^{(+)}$ ではなく $u_{\boldsymbol{k}}^{(-)}$ であることに注意して欲しい．ここで $u_{\boldsymbol{k}}^{(\pm)}(\boldsymbol{r})=\langle\boldsymbol{r}|u_{\boldsymbol{k}}^{(\pm)}\rangle$，$u_{\boldsymbol{k}}^{(0)}(\boldsymbol{r})=\langle\boldsymbol{r}|u_{\boldsymbol{k}}^{(0)}\rangle$ とおいて，抽象表示 $|u_{\boldsymbol{k}}^{(\pm)}\rangle$，$|u_{\boldsymbol{k}}^{(0)}\rangle$ を導入しよう (2-2 節(c)参照)*1．(4.36) と「入射平面波＋内向き球面波」条件に対応する式 (および完全性条件 (2.62) など) から直ちに

$$|u_{\boldsymbol{k}}^{(\pm)}\rangle=\hat{W}^{(\pm)}|u_{\boldsymbol{k}}^{(0)}\rangle \tag{4.38}$$

が得られる．したがって，次式が成立することは明らかだ：

$$\hat{W}^{(\pm)}=\int|u_{\boldsymbol{k}}^{(\pm)}\rangle d^3\boldsymbol{k}\langle u_{\boldsymbol{k}}^{(0)}|\,, \tag{4.39}$$

$$\hat{H}\hat{W}^{(\pm)}=\hat{W}^{(\pm)}\hat{H}_0\,. \tag{4.40}$$

この式は，たしかに，散乱状態と自由状態との1対1対応を保証している．なお，完全性条件 (4.20) を抽象表示で書けば次の通り：

$$\sum_{\nu}|u_\nu\rangle\langle u_\nu|+\int d^3\boldsymbol{k}|u_{\boldsymbol{k}}^{(\pm)}\rangle\langle u_{\boldsymbol{k}}^{(\pm)}|=1\,. \tag{4.41}$$

$\hat{W}^{(\pm)}$ を使って，(4.19)，(4.20) を書き直せば

$$\hat{W}^{(\pm)\dagger}\hat{W}^{(\pm)}=1\,,\quad \hat{W}^{(\pm)}\hat{W}^{(\pm)\dagger}=1-\hat{P}_{\mathrm{B}} \tag{4.42}$$

となる ((4.8) に注意)．ただし，$\hat{P}_{\mathrm{B}}\equiv\sum_{\nu}|u_\nu\rangle\langle u_\nu|$，$\hat{P}_{\mathrm{sc}}=1-\hat{P}_{\mathrm{B}}$ はそれぞれ束縛状態，散乱状態への射影演算子である．束縛状態があるときは，$\hat{W}^{(\pm)}$ はユニタリーではない．なお，散乱状態と束縛状態は直交するので，次式が成立する：

$$\hat{P}_{\mathrm{B}}\hat{W}^{(\pm)}=\hat{W}^{(\pm)}\hat{P}_{\mathrm{B}}=0\,,\quad \hat{P}_{\mathrm{B}}\hat{W}^{(\pm)\dagger}=\hat{W}^{(\pm)\dagger}\hat{P}_{\mathrm{B}}=0\,. \tag{4.43}$$

(4.35) とそれに対応する内向き球面波条件の式を (A.9) または (A.10) によって書き直せば

$$G_k^{(\pm)}(\boldsymbol{r}|\boldsymbol{r}')=-\frac{\hbar^2}{2m}\langle\boldsymbol{r}|\frac{1}{E_k-\hat{H}_0\pm i\epsilon}|\boldsymbol{r}'\rangle \tag{4.44}$$

となる．ただし，$E_k=\hbar^2k^2/2m$．したがって，$|u_{\boldsymbol{k}}^{(\pm)}\rangle$ に対する方程式

---

*1　以後，$|u_{\boldsymbol{k}}^{(0)}\rangle$ を単に $|\boldsymbol{k}\rangle$ と書くことがある．

$$|u_{\boldsymbol{k}}^{(\pm)}\rangle = |u_{\boldsymbol{k}}^{(0)}\rangle + \frac{1}{E_k - \hat{H}_0 \pm i\epsilon}\hat{V}|u_{\boldsymbol{k}}^{(\pm)}\rangle \tag{4.45}$$

が求められる．これを**Lippmann-Schwinger の方程式**という．いうまでもなく，全体系のハミルトニアンが $\hat{H}=\hat{H}_0+\hat{V}$ のように，非摂動ハミルトニアン $\hat{H}_0$ と相互作用ハミルトニアン $\hat{V}$ に分解されるとした．演算子 $(E_k-\hat{H}_0\pm i\epsilon)^{-1}$ の複号 $(\pm)$ は，それぞれ，境界条件(外向き波，内向き波)に対応する．

今までは1粒子の固定ポテンシャルによる散乱を扱ったが，以上の形式はもっと一般の衝突・散乱に対しても流用できるものだ(具体的注意は第7章で与える)．これからは一般の場合を念頭において話を進める．

さて，恒等式 $1-(E_k-\hat{H}_0\pm i\epsilon)^{-1}\hat{V}=(E_k-\hat{H}_0\pm i\epsilon)^{-1}(E_k-\hat{H}\pm i\epsilon)$ を使えば，(4.45) から

$$|u_{\boldsymbol{k}}^{(\pm)}\rangle = \frac{\pm i\epsilon}{E_k - \hat{H} \pm i\epsilon}|u_{\boldsymbol{k}}^{(0)}\rangle \tag{4.46}$$

が得られる．これは $|u_{\boldsymbol{k}}^{(0)}\rangle$ から一遍に $|u_{\boldsymbol{k}}^{(\pm)}\rangle$ を与える式だ．したがって，散乱問題を解くには演算子 $(E_k-\hat{H}\pm i\epsilon)^{-1}$ を求めればよい．しかし，それは Lippmann-Schwinger の方程式を解くことと同等の労力を必要とする．その意味では (4.46) は単なる形式解に過ぎない．とはいっても，一般的な理論展開のためには有用である．その意味では次式も重要だ(証明は容易)：

$$|u_{\boldsymbol{k}}^{(\pm)}\rangle = |u_{\boldsymbol{k}}^{(0)}\rangle + \frac{1}{E_k - \hat{H} \pm i\epsilon}\hat{V}|u_{\boldsymbol{k}}^{(0)}\rangle\ , \tag{4.47}$$

$$|u_{\boldsymbol{k}}^{(\pm)}\rangle = |u_{\boldsymbol{k}}^{(\mp)}\rangle \mp 2\pi i\delta(E_k - \hat{H})\hat{V}|u_{\boldsymbol{k}}^{(0)}\rangle\ . \tag{4.48}$$

束縛状態の場合，エネルギー E_ν は $\hat{H}_0$ のスペクトルの外にあるので，逆演算子 $(E_\nu-\hat{H}_0)^{-1}$ が存在し，積分方程式

$$|u_\nu\rangle = \frac{1}{E_\nu - \hat{H}_0}\hat{V}|u_\nu\rangle \tag{4.49}$$

が成立する．(4.45) と比べると非斉次項がないのが特徴である．

(b) T 行列と S 行列

さて，運動量表示で Lippmann-Schwinger 方程式 (4.45) を書けば

$$\langle u_{\boldsymbol{k}'}^{(0)}|u_{\boldsymbol{k}}^{(+)}\rangle = \delta^3(\boldsymbol{k}'-\boldsymbol{k}) - 2\pi i\delta_+(E_k - E_{k'})\langle u_{\boldsymbol{k}'}^{(0)}|\hat{V}|u_{\boldsymbol{k}}^{(+)}\rangle \tag{4.50}$$

である．ここで(4.29)または(4.30)を思い出そう．条件 $E_k = E_{k'}$ は漸近式(4.28)における $r \to \infty$ から出てきたエネルギー保存則だった．これに対応してエネルギー殻上*2での演算子 $\hat{T}$ を行列要素

$$\langle u_{\boldsymbol{k}'}^{(0)} | \hat{T} | u_{\boldsymbol{k}}^{(0)} \rangle = -\pi\delta(E_k - E_{k'}) \langle u_{\boldsymbol{k}'}^{(0)} | \hat{V} | u_{\boldsymbol{k}}^{(+)} \rangle \tag{4.51}$$

$$= -\pi\delta(E_k - E_{k'}) \langle u_{\boldsymbol{k}'}^{(0)} | \hat{V} \hat{W}^{(+)} | u_{\boldsymbol{k}}^{(0)} \rangle \tag{4.52}$$

によって定義しよう．これを **T 行列** (T-matrix) という．さらに

$$\hat{S} \equiv 1 + 2i\hat{T}\ , \tag{4.53}$$

または，基底 $\{|u_{\boldsymbol{k}}^{(0)}\rangle\}$ 上の行列要素

$$\langle u_{\boldsymbol{k}'}^{(0)} | \hat{S} | u_{\boldsymbol{k}}^{(0)} \rangle \equiv \delta^3(\boldsymbol{k} - \boldsymbol{k}') - 2\pi i \delta(E_k - E_{k'}) \langle u_{\boldsymbol{k}'}^{(0)} | \hat{V} | u_{\boldsymbol{k}}^{(+)} \rangle \tag{4.54}$$

によって **S 行列** (S-matrix) を定義する．これを**散乱行列** (scattering matrix) ともいう*3．(4.48)を使えば，重要な公式

$$\hat{S} = \hat{W}^{(-)\dagger} \hat{W}^{(+)}\ , \quad \text{または} \quad \langle u_{\boldsymbol{k}'}^{(0)} | \hat{S} | u_{\boldsymbol{k}}^{(0)} \rangle = \langle u_{\boldsymbol{k}'}^{(-)} | u_{\boldsymbol{k}}^{(+)} \rangle \tag{4.55}$$

が得られる．それによってS行列のユニタリー性

$$\hat{S}^\dagger \hat{S} = \hat{S} \hat{S}^\dagger = 1 \tag{4.56}$$

が証明される．S行列を使う利点がそこにある．波動行列はユニタリーではなかったことを思い出して欲しい．波動行列やS行列の物理的意味は第6章で再考しよう．

$\hat{T}$ の行列要素(4.51)または(4.52)からデルタ関数を除いた式が散乱振幅(4.29)なので，T行列またはS行列が求められれば散乱問題は解決する．しかし，T行列またはS行列だけで閉じる方程式はない．すなわち，T行列またはS行列を直接求めることはできず，どうしてもエネルギー殻外の知識を使う必要がある．そこで，行列要素

$$\langle u_{\boldsymbol{k}'}^{(0)} | \hat{T}(E_k) | u_{\boldsymbol{k}}^{(0)} \rangle = \langle u_{\boldsymbol{k}'}^{(0)} | \hat{V} \hat{W}^{(+)} | u_{\boldsymbol{k}}^{(0)} \rangle_{E_k \neq E_{k'}} \tag{4.57}$$

によってエネルギー殻外のT行列を導入しよう．方程式は(4.45)から直ちに得

---

*2　エネルギー保存則を満足する状況をこのようにいう．

*3　この式で $\hat{V} = \hat{H} - \hat{H}_0$ とおき，固有値方程式を用いると $\langle u_{\boldsymbol{k}'}^{(0)} | \hat{V} | u_{\boldsymbol{k}}^{(+)} \rangle = (E_k - E_{k'}) \langle u_{\boldsymbol{k}'}^{(0)} | u_{\boldsymbol{k}}^{(+)} \rangle$ となる．この $(E_k - E_{k'})$ と $\delta(E_k - E_{k'})$ の積を作れば，デルタ関数の性質 $x\delta(x) = 0$ のため0となり，第2項が消えてしまう．すなわち，ポテンシャルの如何にかかわらず $\hat{S} = 1$ となって散乱が起こらない．こんなバカなことはない．どこか間違っている！　これをパズルとして読者に提供しよう．

られる：

$$\langle u_{\boldsymbol{k}'}^{(0)}|\hat{T}(E_k)|u_{\boldsymbol{k}}^{(0)}\rangle = \langle u_{\boldsymbol{k}'}^{(0)}|\hat{V}|u_{\boldsymbol{k}}^{(0)}\rangle + \int \frac{\langle u_{\boldsymbol{k}'}^{(0)}|\hat{V}|u_{\boldsymbol{k}''}^{(0)}\rangle\langle u_{\boldsymbol{k}''}^{(0)}|\hat{T}(E_k)|u_{\boldsymbol{k}}^{(0)}\rangle}{E_k - E_{k''} + i\epsilon} d^3\boldsymbol{k}'' \ . \tag{4.58}$$

演算子形式で書けば，

$$\hat{T}(E_k) = \hat{V} + \hat{V}\hat{G}_k^{(+)}\hat{T}(E_k) \ , \tag{4.59}$$

ただし

$$\hat{G}_k^{(\pm)} = \frac{1}{E_k - \hat{H}_0 \pm i\epsilon} \ . \tag{4.60}$$

(4.59) の形式解は次式である：

$$\hat{T}(E_k) = \hat{V} + \hat{V}\hat{\mathcal{G}}_k^{(+)}\hat{V} \ , \tag{4.61}$$

$$\hat{\mathcal{G}}_k^{(+)} \equiv \frac{1}{E_k - \hat{H} \pm i\epsilon} \ . \tag{4.62}$$

こうして，散乱問題はふたたび演算子 $\hat{\mathcal{G}}_k^{(\pm)}$ を求める作業に行き着いた ((4.46) を見てほしい).

完全性条件 (4.41) または (4.20) を使えば，

$$\hat{\mathcal{G}}_k^{(\pm)} = \sum_\nu \frac{|\nu\rangle\langle\nu|}{E_k - E_\nu} + \int \frac{|u_{\boldsymbol{k}'}^{(\pm)}\rangle d^3\boldsymbol{k}' \langle u_{\boldsymbol{k}'}^{(\pm)}|}{E_k - E_{k'}} \ , \tag{4.63}$$

または

$$\mathcal{G}_k^{(\pm)}(\boldsymbol{r}, \boldsymbol{r}') = \langle\boldsymbol{r}|\frac{1}{E_k - \hat{H} \pm i\epsilon}|\boldsymbol{r}'\rangle \tag{4.64}$$

$$= \sum_\nu \frac{u_\nu(\boldsymbol{r})u_\nu^*(\boldsymbol{r}')}{E_k - E_\nu} + \int \frac{u_{\boldsymbol{k}'}^{(\pm)}(\boldsymbol{r}) d^3\boldsymbol{k}' u_{\boldsymbol{k}'}^{(\pm)*}(\boldsymbol{r}')}{E_k - E_{k'}} \tag{4.65}$$

が得られるが，これで分かるように，演算子 $\hat{\mathcal{G}}_k^{(\pm)}$ を求めることはハミルトニアン演算子 $\hat{H}$ の全固有値問題($\hat{H}|u\rangle = E|u\rangle$)を求めることと同等である.

このように $\hat{\mathcal{G}}_k^{(\pm)}$ の計算は大そう難しいので，しばしば摂動展開が用いられる．演算子恒等式

$$\hat{A}^{-1} - \hat{B}^{-1} = \hat{B}^{-1}\hat{B}\hat{A}^{-1} - \hat{B}^{-1}\hat{A}\hat{A}^{-1} = \hat{B}^{-1}(\hat{B} - \hat{A})\hat{A}^{-1} \tag{4.66}$$

において，$\hat{A} = E_k - \hat{H} \pm i\epsilon$，$\hat{B} = E_k - \hat{H}_0 \pm i\epsilon$ とおけば，$\hat{\mathcal{G}}_k^{(\pm)}$ に対する方程式

$$\hat{\mathcal{G}}_k^{(\pm)} = G_k^{(\pm)} + G_k^{(\pm)}\hat{V}\hat{\mathcal{G}}_k^{(\pm)} \tag{4.67}$$

が得られる．これから摂動級数

$$\hat{\mathcal{G}}_k^{(\pm)} = G_k^{(\pm)} + G_k^{(\pm)}\hat{V}G_k^{(\pm)} + G_k^{(\pm)}\hat{V}G_k^{(\pm)}G_k^{(\pm)}\hat{V}G_k^{(\pm)} + \cdots \tag{4.68}$$

または

$$\hat{\mathcal{G}}_k^{(+)} = \frac{1}{E_k - \hat{H}_0 + i\epsilon} + \frac{1}{E_k - \hat{H}_0 + i\epsilon}\hat{V}\frac{1}{E_k - \hat{H}_0 + i\epsilon} + \frac{1}{E_k - \hat{H}_0 + i\epsilon}\hat{V}\frac{1}{E_k - \hat{H}_0 + i\epsilon}\hat{V}\frac{1}{E_k - \hat{H}_0 + i\epsilon} + \cdots \tag{4.69}$$

を作ることはやさしい．しかし，この級数が確定するには，$\hat{V}$ は，$(E_k - \hat{H}_0 + i\epsilon)^{-1}$ の特異点付近において，穏やかに変動しなければならない．この条件は方程式 (4.58) が解をもつためにも必要である．すなわち，ポテンシャルの行列要素

$$\langle u_{\boldsymbol{k}'}^{(0)}|\hat{V}|u_{\boldsymbol{k}''}^{(0)}\rangle = \frac{1}{(2\pi)^3}\int V(\boldsymbol{r})\exp[-i(\boldsymbol{k}'-\boldsymbol{k}'')\cdot\boldsymbol{r}]d^3\boldsymbol{r} \tag{4.70}$$

は関数 $(E_k - E_{k''} \pm i\epsilon)^{-1}$ の特異点付近で $\boldsymbol{k}$ または $\boldsymbol{k}''$ の関数として有限1価確定でなければならない．そのため，たとえば，$\hat{V}$ には $\hat{H}_0$ と可換な部分があってはいけない．もしあるとすると，その部分は $\delta^3(\boldsymbol{k}-\boldsymbol{k}'')$ に比例する対角要素をもち，この特異点で発散するからだ．その部分は $\hat{V}$ から取り除き，$\hat{H}_0$ に繰り込んでおく必要がある．もちろん，繰り込まれた $\hat{H}_0$ と元の $\hat{H}_0$ のスペクトルはずれている．場の量子論の場合でいえば，質量の繰り込みに相当する手続きである(第7章)．

$\hat{V}$ にはそれ以上の制限が必要である．簡単のため中心力場 $V(r)$ だけを考える．(4.70) は

$$\langle u_{\boldsymbol{k}'}^{(0)}|\hat{V}|u_{\boldsymbol{k}''}^{(0)}\rangle = \frac{1}{2\pi^2|\boldsymbol{k}'-\boldsymbol{k}''|}\int_0^\infty V(r)\sin(|\boldsymbol{k}'-\boldsymbol{k}''|r)rdr \tag{4.71}$$

となるので，これを有限確定させるため，少々強すぎる条件

$$\lim_{r\to 0}|r^2V(r)|=0\ ,\quad \lim_{r\to\infty}|rV(r)|=0 \tag{4.72}$$

を設定しておこう．$r=0, \infty$ 以外の点でも上記の積分を発散させるような $V(r)$ の特異点はないものとする．第2条件は通常取り扱う(Coulomb 場以外の)ほとんどすべてのポテンシャルに対して成立しているが，$r\to\infty$ に対して r^{-1} よりも速く0に近づくポテンシャルを想定しているのである．Coulomb 場は別に扱う(4-5節)．

(c) リアクタンス行列

今までは，外向き波または内向き波条件に従う散乱状態固有関数 $u_{\boldsymbol{k}}^{(\pm)}$ だけを扱ってきた．それらは Green 関数 (4.26) をもつ (4.27) 型の積分方程式を満足していた．これに対して定在波型の境界条件に従う Green 関数

$$G_k^{(\mathrm{st})}(\boldsymbol{r}|\boldsymbol{r}')=\frac{1}{4\pi|\boldsymbol{r}-\boldsymbol{r}'|}\cos[k|\boldsymbol{r}-\boldsymbol{r}'|] \tag{4.73}$$

をもつ積分方程式

$$u_{\boldsymbol{k}}^{(\mathrm{st})}(\boldsymbol{r})=u_{\boldsymbol{k}}^{(0)}(\boldsymbol{r})-\int d^3\boldsymbol{r}'G_k^{(\mathrm{st})}(\boldsymbol{r}|\boldsymbol{r}')U(\boldsymbol{r}')u_{\boldsymbol{k}}^{(\mathrm{st})}(\boldsymbol{r}') \tag{4.74}$$

の解を取り上げよう．抽象表示では

$$|u_{\boldsymbol{k}}^{(\mathrm{st})}\rangle=|u_{\boldsymbol{k}}^{(0)}\rangle+\mathrm{P}\left(\frac{1}{E_k-\hat{H}_0}\right)\hat{V}|u_{\boldsymbol{k}}^{(\mathrm{st})}\rangle \tag{4.75}$$

である．記号Pは主値を表わすものである(定義および他の特異関数との関係については付録を見よ)．$u_{\boldsymbol{k}}^{(\mathrm{st})}$ そのものを直接使うことはできないが，定在波条件解にはこれから説明するような利用法がある．

前小節のエネルギー殻外のT行列に対応して，方程式 (4.75) と等価の演算子方程式

$$\hat{\mathcal{R}}(E_k)=\hat{V}+\hat{V}\mathrm{P}\left(\frac{1}{E_k-\hat{H}_0}\right)\hat{\mathcal{R}}(E_k) \tag{4.76}$$

によって**リアクタンス行列** (reactance matrix) $\hat{\mathcal{R}}(E_k)$ を定義しよう．エネルギー殻外のR行列ともいう．

エネルギー殻外のT行列とR行列の関係を求めるため，(4.76) から (4.59) を

引き算し，

$$\hat{G}_k^{(+)}(E_k) = \mathrm{P}\left(\frac{1}{E_k - \hat{H}_0}\right) - \pi i \delta(E_k - \hat{H}_0)$$

を用いると

$$\hat{\mathcal{R}} - \hat{\mathcal{T}} = \hat{V}\mathrm{P}\left(\frac{1}{E_k - \hat{H}_0}\right)(\hat{\mathcal{R}} - \hat{\mathcal{T}}) + \pi i \hat{V}\delta(E_k - \hat{H}_0)\hat{\mathcal{T}}$$

となる．右辺第2項の $\hat{V}$ を (4.76) と (4.59) によって $\hat{\mathcal{R}}$ と $\hat{\mathcal{T}}$ で表わせば，

$$\left[1 - \hat{V}\mathrm{P}\left(\frac{1}{E_k - \hat{H}_0}\right)\right][\hat{\mathcal{R}} - \hat{\mathcal{T}} - \pi i \hat{\mathcal{R}}\delta(E_k - \hat{H}_0)\hat{\mathcal{T}}] = 0\ , \qquad (4.77)$$

が得られる．$[1 - \hat{V}\mathrm{P}(E_k - \hat{H}_0)^{-1}]$ はゼロ演算子ではないので，直ちに

$$\hat{\mathcal{R}} - \hat{\mathcal{T}} - \pi i \hat{\mathcal{R}}\delta(E_k - \hat{H}_0)\hat{\mathcal{T}} = 0\ , \qquad (4.78)$$

の成立を知る．これがエネルギー殻外のTとRの関係である．

エネルギー殻上の問題に対しては，

$$\langle u_{\boldsymbol{k}'}^{(0)}|\hat{R}|u_{\boldsymbol{k}}^{(0)}\rangle = -\pi\langle u_{\boldsymbol{k}'}^{(0)}|\hat{\mathcal{R}}|u_{\boldsymbol{k}}^{(0)}\rangle\delta(E_{k'} - E_k)\ , \qquad (4.79)$$

$$\langle u_{\boldsymbol{k}'}^{(0)}|\hat{T}|u_{\boldsymbol{k}}^{(0)}\rangle = -\pi\langle u_{\boldsymbol{k}'}^{(0)}|\hat{\mathcal{T}}|u_{\boldsymbol{k}}^{(0)}\rangle\delta(E_{k'} - E_k) \qquad (4.80)$$

によって与えられる R と T を用いなければならない．両者の関係は (4.78) から直ちに出てくる：

$$\hat{R} - \hat{T} + i\hat{R}\hat{T} = 0\ . \qquad (4.81)$$

(4.53) を使ってS行列で書き直せば，この式は

$$\hat{S} = \frac{1 + i\hat{R}}{1 - i\hat{R}}\ , \quad \text{または} \quad \hat{R} = \frac{1}{i}\,\frac{\hat{S} - 1}{\hat{S} + 1} \qquad (4.82)$$

となる．数学的には，$\hat{R}$ と $\hat{S}$ との関係は Cayley 変換である．$\hat{\mathcal{R}}$ は自己共役演算子ではないが，エネルギー殻上の $\hat{R}$ は自己共役演算子である．リアクタンス行列という命名もその事情を汲んだものだ．

この方式の利用法としては，まず (4.76) を摂動展開で解いて $\hat{R}$ を求め，それを (4.82) または (4.81) に入れて $\hat{S}$ または $\hat{T}$ を計算する方法がある．第2段の手続きを行なう際，摂動論に頼らないように工夫するのが重要である．通常，摂動論を直接 $\hat{S}$ または $\hat{T}$ に適用すると，近似解は必ずしもユニタリー条

件を満たさない．しかし，上記のように計算すれば，$\hat{R}$ に対して摂動近似を使っても，$\hat{S}$ や $\hat{T}$ のユニタリー性を損なうことはない．この方法は(部分的ではあるが)高次項を自動的に取り入れている．このような利点があるので，実際の散乱問題の計算において利用されてきた．

4-4　部分波解析

部分波展開は短い到達距離をもつ中心力場による散乱を取り扱うのに便利な方法である．1-3 節や 2-4 節で議論したように，中心力場は，相対距離だけに依存するポテンシャルをもつ力の働いている，2 粒子系の相対運動などに登場した．一般に，部分波展開は相互作用が回転対称である場合の散乱問題で威力を発揮する．

回転対称性がある場合，軌道角運動量が保存されるので，散乱状態固有関数を軌道角運動量固有関数で展開する方法が役にたつ．この展開は対応論的な意味で衝突パラメーターによる波動関数の分解と見ることができるから，短距離力が影響を与える範囲の予測が可能となる．

(a)　部分波展開と位相のずれ

簡単のために，スピンをもたない非相対論的粒子を取り扱う(スピンをもつ粒子の散乱は 7-2 節で扱う)．角運動量は軌道角運動量 $\boldsymbol{L}=\boldsymbol{r}\times\boldsymbol{p}$ だけになる．z 軸を極軸とする球座標 $\boldsymbol{r}=(r,\theta,\varphi)$ を使って具体的に書けば，z 成分と大きさの 2 乗(各成分の 2 乗の和)に相当する (互いに交換可能な)演算子

$$\hat{L}_z=\frac{\hbar}{i}\frac{\partial}{\partial\varphi}\ ,\quad \hat{L}^2=-\hbar^2\left[\frac{1}{\sin\theta}\frac{\partial}{\partial\theta}\sin\theta\frac{\partial}{\partial\theta}+\frac{1}{\sin^2\theta}\frac{\partial^2}{\partial\varphi^2}\right] \tag{4.83}$$

は同時的固有値問題をもつ：

$$\hat{L}_zY_{\ell m}=\hbar mY_{\ell m}\ ,\quad \hat{L}^2Y_{\ell m}=\hbar^2\ell(\ell+1)Y_{\ell m}\ . \tag{4.84}$$

同時的固有関数 $Y_{\ell m}$ は球面調和関数になる：

$$Y_{\ell m}(\theta,\varphi)=(-1)^m\sqrt{\frac{(2\ell+1)(\ell-m)!}{4\pi(\ell+m)!}}\,P_\ell^m(\cos\theta)e^{im\varphi}\ . \tag{4.85}$$

$$(\ell=0,1,2,\cdots:m=-\ell,-\ell+1,\cdots,-1,0,1,\cdots,\ell-1,\ell)$$

ただし，P_ℓ^m に対しては定義 (A. 20) を用いた．習慣通り ℓ を方位量子数，m を磁気量子数と呼ぶ．磁気量子数と区別するため，これからは質量を m ではなく(2粒子系の換算質量と同じ記号で)μ と書くことにしよう．P_ℓ^m は Legendre の陪多項式，その $m=0$ は Legendre の多項式と呼ばれている．陪多項式に対して定義 (A. 20) を使えば，$|m|=m$ とおいてよい．球面調和関数や Legendre 多項式の詳細については付録を見ていただきたい．(4. 85) の係数は直交規格化条件

$$\int_0^\pi \sin\theta d\theta \int_0^{2\pi} d\varphi Y_{\ell m}^*(\theta,\varphi) Y_{\ell' m'}(\theta,\varphi) = \delta_{\ell\ell'}\delta_{mm'} \tag{4.86}$$

を満足するように定めた．なお，$\hat{L}^2$ の固有値が $\hbar^2\ell(\ell+1)$ であるから，対応論的な意味で，角運動量を $L\sim\hbar\ell$，衝突パラメーターを $b_\ell\sim L/p\sim\ell/k$ と考えることができる($p=\hbar k$ は粒子の運動量)．後でもう一度考える．

$\{Y_{\ell m}\}$ は完全系を作るので，平面波と散乱状態固有関数を $Y_{\ell m}$ の級数に展開することができる：

$$u_{\boldsymbol{k}}^{(0)}(\boldsymbol{r}) = \sum_{\ell=0}^{\infty}\sum_{m=-\ell}^{\ell} A_{\ell m}(r) Y_{\ell m}(\theta,\varphi) \quad (A_{\ell m}(r) \equiv (Y_{\ell m}, u_{\boldsymbol{k}}^{(0)})), \tag{4.87}$$

$$u_{\boldsymbol{k}}^{(+)}(\boldsymbol{r}) = \sum_{\ell=0}^{\infty}\sum_{m=-\ell}^{\ell} B_{\ell m}(r) Y_{\ell m}(\theta,\varphi) \quad (B_{\ell m}(r) \equiv (Y_{\ell m}, u_{\boldsymbol{k}}^{(+)})). \tag{4.88}$$

入射方向 $\boldsymbol{k}$ を極軸に選べば，平面波 $u_{\boldsymbol{k}}^{(0)}=(2\pi)^{-3/2}\exp(ikr\cos\theta)$ は変数 φ に依存しないので，係数 $A_{\ell m}$ は $m\neq 0$ に対して 0 となり，(4. 87) には $Y_{\ell 0}$ しか出てこない．これは平面波が進行方向に関して軸対称であるという性質による．したがって，球 Bessel 関数を与える公式

$$j_\ell(kr) = \frac{i^{-\ell}}{2}\int_0^\pi \exp(ikr\cos\theta) P_\ell(\cos\theta)\sin\theta d\theta \tag{4.89}$$

を用いれば

$$A_{\ell m} = \delta_{m0}\frac{1}{\sqrt{(2\pi)^3}}\sqrt{4\pi(\ell+1)}\, i^\ell j_\ell(kr) \tag{4.90}$$

となり，次の展開式が出てくる；

$$u_{\boldsymbol{k}}^{(0)}(\boldsymbol{r}) = \frac{1}{\sqrt{(2\pi)^3}} \sum_{\ell=0}^{\infty} \sqrt{4\pi(2\ell+1)}\, i^\ell j_\ell(kr) Y_{\ell 0}(\theta, \varphi) \qquad (4.91)$$

$$= \frac{1}{\sqrt{(2\pi)^3}} \sum_{\ell=0}^{\infty} (2\ell+1) i^\ell j_\ell(kr) P_\ell(\cos\theta)\ . \qquad (4.92)$$

因子 $1/(2\pi)^{3/2}$ を除いた (4.92) は，物理数学史上（量子力学以前から）有名な平面波 $e^{ikr\cos\theta}$ の展開を与える Rayleigh の公式である．なお，球 Bessel 関数についても付録を見ていただきたい．

中心力場による散乱の場合，$u_{\boldsymbol{k}}^{(+)}(\boldsymbol{r})$ も $\boldsymbol{k}$ 方向のまわりに軸対称であるから，同じように

$$u_{\boldsymbol{k}}^{(+)}(\boldsymbol{r}) = \frac{1}{\sqrt{(2\pi)^3}} \sum_{\ell=0}^{\infty} \sqrt{4\pi(2\ell+1)}\, i^\ell c_\ell \chi_\ell(kr) Y_{\ell 0}(\theta, \varphi) \qquad (4.93)$$

$$= \frac{1}{\sqrt{(2\pi)^3}} \sum_{\ell=0}^{\infty} (2\ell+1) i^\ell c_\ell \chi_\ell(kr) P_\ell(\cos\theta)\ . \qquad (4.94)$$

と展開できる．ただし，

$$c_\ell \chi_\ell(kr) = \frac{i^{-\ell}}{2} \int_0^\pi \sqrt{(2\pi)^3}\, u_{\boldsymbol{k}}^{(+)}(\boldsymbol{r}) P_\ell(\cos\theta) \sin\theta d\theta \qquad (4.95)$$

とおいた．係数 c_ℓ は $\chi_\ell(kr)$ に繰り込んでもよいが，後の便宜のためにわざと別にしておいた．

このような角運動量固有関数による級数展開を**部分波展開** (partial wave expansion) といい，各項を**部分波** (partial wave)，この方式による散乱問題の研究を**部分波解析** (partial wave analysis) と呼ぶ．習慣上 $\ell = 0, 1, 2, 3, 4, 5, \cdots$ の部分波を，それぞれ，S波，P波，D波，F波，G波，H波，… という．分光学からきた記号である．

さて，平面波の展開式 (4.92) において，各部分波の r 依存性を表わす $j_\ell(kr)$ は $r_{\max} \sim \ell/k$ 付近で第1極大をもつ（図 4-3 参照）．これは先に述べた対応論的関係

$$b_\ell \simeq \frac{L}{p} \simeq \frac{\ell}{k} \qquad (4.96)$$

の与える衝突パラメーター b_ℓ である．一般に量子力学では，不確定性関係のた

めに位置と運動量を同時に確定できず，古典力学のような意味のはっきりした衝突パラメーターを定義することはできない．しかし，この数学的事実は，大雑把な意味で，角運動量 $L \sim \hbar\ell$ をもつ部分波が衝突パラメーター $b_\ell \sim \ell/k$ 付近に分布していることを示している．対応論的な関係の具体的内容はこのようなものであった．したがって，到達距離 a をもつ力による散乱の場合，影響を受ける部分波は

$$b_\ell \sim \frac{\ell}{k} < a \quad \text{または} \quad \ell < \ell_m \equiv ka \tag{4.97}$$

を満足するものだけである．これで見れば，$ka \ll 1$ である低エネルギー散乱では $\ell = 0$ の波（S波）しか散乱を受けない．すなわち，部分波展開は第1項だけで近似することができる．これが短距離力による低エネルギー散乱の場合に部分波展開が有効となる理由である．

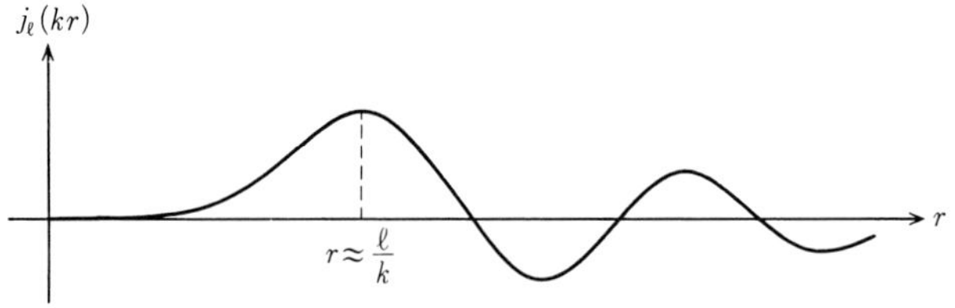

図 4-3　球 Bessel 関数の第1極大

関数 $\chi_\ell(kr)$ の方程式は，Schrödinger 方程式 (4.1) に (4.94) を代入し直交条件 (4.86) を使えば，直ちに得られる：

$$-\frac{\hbar^2}{2\mu}\frac{d^2}{dr^2}(r\chi_\ell) + \left[V(r) + \frac{\hbar^2 \ell(\ell+1)}{2\mu r^2}\right](r\chi_\ell) = E_k(r\chi_\ell)\ , \tag{4.98}$$

$$\text{または} \quad -\frac{d^2}{d\xi^2}(\xi\chi_\ell) + \left[\overline{U}(\xi) + \frac{\ell(\ell+1)}{\xi^2}\right](\xi\chi_\ell) = (\xi\chi_\ell)\ . \tag{4.99}$$

ただし，$\xi = kr, E_k = p^2/2\mu = \hbar^2 k^2/2\mu$，$\overline{U} = k^{-2}U(r) = k^{-2}(2\mu V(r)/\hbar^2)$．$V(r)$ が中心力場のポテンシャルである．ポテンシャルが r だけの関数であるため，角運動量が混じり合うことなく，一つの部分波だけの方程式が出てきた．$V(r) = 0$ とおけば $\chi_\ell = j_\ell$ となるはずだから，ポテンシャルの効果は j_ℓ を $c_\ell \chi_\ell$

に変えるところにある．その χ_ℓ は方程式 (4.98)(または (4.99)) の解であるが，その方程式を解くには $r=0$ と $r\to\infty$ に対する境界条件を設定しなければならない．それ以外のところでは，もちろん，連続条件(2-3 節(a))を満足している必要がある．

まず，$r=0$ のまわりの χ_ℓ の行動を考えよう．波動関数は確率振幅なので，$\int_0^R |\chi_\ell|^2 r^2 dr$ は $R\to 0$ のとき小球の体積($\propto R^3$)程度以下の速さで 0 になる必要がある．したがって，

$$|\chi_\ell(0)| < +\infty\ ,\quad \text{または}\quad \lim_{r\to 0}|r\chi_\ell(r)| = 0 \tag{4.100}$$

であればよい．多くの場合，条件 (4.72) に従うポテンシャルを扱うので，$r=0$ 近くの χ_ℓ の行動は遠心力ポテンシャル $\hbar^2\ell(\ell+1)/2\mu r^2$ だけで決まる．すなわち，(4.99) において $U(\xi)$ と右辺は無視できるので，近似的に

$$-\frac{d^2}{d\xi^2}(\xi\chi_\ell)+\frac{\ell(\ell+1)}{\xi^2}(\xi\chi_\ell) = 0$$

が成立する．解は ξ^ℓ または $\xi^{-\ell-1}$ に比例するが，後者は (4.100) を満足しないので捨てる．条件 (4.72) にしたがうポテンシャルに対しては，一般に

$$\chi_\ell(kr) \propto (kr)^\ell \quad (kr\simeq 0\ \text{の場合}) \tag{4.101}$$

が成立する．変数が $\xi=(kr)$ という形にまとまったのは，ポテンシャル (U) を無視できる場合 (ポテンシャルが条件 (4.72) を満足するときは，$r\simeq 0$ と $r\to\infty$ の場合)，無次元量 χ_ℓ に対する方程式 (4.99) の無次元化がこの変数の採用によって実現したからである．ポテンシャルが無視できない場合，そのようにはならないが，記法を揃えるため (4.94) などでは χ_ℓ も kr の関数として書いた．

$r\to\infty$ に対する部分波の行動を考えよう．まず，球 Bessel 関数の漸近式

$$j_\ell(kr) \xrightarrow{r\to\infty} \frac{1}{kr}\sin\left(kr-\frac{\ell\pi}{2}\right) \tag{4.102}$$

を用いると(付録参照)，平面波の部分波展開 (4.92) は，漸近形

$$u^{(0)}_{k}(\boldsymbol{r}) \overset{r\to\infty}{\longrightarrow} \frac{1}{\sqrt{(2\pi)^3}}\frac{1}{2ikr}\sum_{\ell=0}^{\infty}(2\ell+1)i^{\ell}[e^{i(kr-\frac{\ell\pi}{2})}-e^{-i(kr-\frac{\ell\pi}{2})}]P_{\ell}(\cos\theta) \tag{4.103}$$

をもつことが分かる．これは外向き球面波 $r^{-1}e^{ikr}$ と内向き球面波 $r^{-1}e^{-ikr}$ の重ね合わせで平面波を表わした式である．これにポテンシャルが作用したとすれば，$u^{(+)}_{k}$ の場合，その効果は外向き球面波だけに現われるはずだ．すなわち，

$$u^{(+)}_{k}(\boldsymbol{r}) \overset{r\to\infty}{\longrightarrow} \frac{1}{\sqrt{(2\pi)^3}}\frac{1}{2ikr}\sum_{\ell=0}^{\infty}(2\ell+1)i^{\ell}[S_{\ell}(k)e^{i(kr-\frac{\ell\pi}{2})}-e^{-i(kr-\frac{\ell\pi}{2})}]P_{\ell}(\cos\theta) \tag{4.104}$$

である．(これに対して，$u^{(-)}_{\boldsymbol{k}}(\boldsymbol{r})$ の場合，内向き球面波の係数だけが変わる．) P_{ℓ} による展開が保たれたのは，散乱を引き起こすポテンシャルが中心力だったためである．前節の言葉でいえば，$S_{\ell}(k)$ はS行列の対角要素である．回転対称性のため，非対角要素はない：

$$\langle Y_{\ell m}|\hat{S}|Y_{\ell' m'}\rangle = S_{\ell}(k)\delta_{\ell\ell'}\delta_{mm'}\ . \tag{4.105}$$

さらに，実数ポテンシャルによる散乱の場合，確率保存則が成立するので，内向き球面波によって中心に向かって送り込まれる部分波確率流(強度を 1 とおく)と，外向き球面波によって中心から送り出される部分波確率流($|S_{\ell}(k)|^2$)は等しい．すなわち，

$$|S_{\ell}(k)|^2 = 1\ . \tag{4.106}$$

これはこの場合のユニタリー条件 (4.56) に他ならない．したがって，$\delta_{\ell}(k)$ を実数として，次のようにおくことができる：

$$S_{\ell}(k) = e^{2i\delta_{\ell}(k)}\ . \tag{4.107}$$

衝突によって弾性散乱ばかりでなく，非弾性散乱も起きるときは (4.106) の代わりに

$$|S_{\ell}(k)|^2 \leqq 1 \tag{4.108}$$

でなければならない．このとき，(4.107) の $\delta_{\ell}(k)$ は実数ではなく複素数(虚部は正)となる．当分の間，このような場合は考えない．

さて，(4.107) を (4.104) に代入すれば，

$$u_{k}^{(+)}(\boldsymbol{r}) \overset{r\to\infty}{\longrightarrow} \frac{1}{\sqrt{(2\pi)^3}}\frac{1}{kr}\sum_{\ell=0}^{\infty}(2\ell+1)i^{\ell}e^{i\delta_\ell(k)}\sin\left(kr-\frac{\ell\pi}{2}+\delta_\ell\right)P_\ell(\cos\theta) \tag{4.109}$$

となる．これが (4.94) の漸近形になるはずのものだから，まず，$c_\ell = e^{i\delta_\ell}$ であり，そして

$$\chi_\ell(kr) \overset{r\to\infty}{\longrightarrow} \frac{1}{kr}\sin\left(kr-\frac{\ell\pi}{2}+\delta_\ell\right), \tag{4.110}$$

でなければならない．これが χ_ℓ に課せられる $r\to\infty$ における境界条件である．いうまでもなく，(4.15) と同内容の境界条件だ．なお，(4.94) における $c_\ell = e^{i\delta_\ell}$ の分離は，χ_ℓ を実数関数にするための準備であった．

結局，方程式 (4.99) を境界条件 (4.100)，(4.110) の下で解いて，$\delta_\ell(k)$ または $S_\ell(k)$ を求めれば，散乱問題はすべて解決する．その確認は後にまわして，まず δ_ℓ の物理的意味を考えよう．いま，

$$v_\ell^{(0)}(kr) \equiv (kr)j_\ell(kr)\ , \quad v_\ell(kr) \equiv (kr)\chi_\ell(kr) \tag{4.111}$$

とおけば，境界条件 (4.100)，(4.110) は

$$v_\ell^{(0)}(kr) \ \propto \ (kr)^{\ell+1}, \quad v_\ell(kr) \propto (kr)^{\ell+1} \quad (kr \simeq 0 \text{ の場合}), \tag{4.112}$$

$$v_\ell^{(0)}(kr) \overset{r\to\infty}{\longrightarrow} \sin\left(kr-\frac{\ell\pi}{2}\right), \tag{4.113}$$

$$v_\ell(kr) \overset{r\to\infty}{\longrightarrow} \sin\left(kr-\frac{\ell\pi}{2}+\delta_\ell\right) \tag{4.114}$$

となる．この事情を図示したものが図 4-4 である．この図では到達距離 a をもつ斥力ポテンシャルによる散乱の場合を例示した．斥力のため，v_ℓ は力の範囲 $r<a$ では $v_\ell^{(0)}$ に比べて外へ押し出されているが，力の範囲を十分はなれたところ $r\gg a$ では $v_\ell^{(0)}$ と同じ正弦関数に近づく．しかし，両者は完全に一致するわけではなく，**位相のずれ** (phase shift) δ_ℓ が存在する．すなわち，十分遠方ではポテンシャルの効果は位相のずれだけに現われる．この図のように斥力 $(V>0)$ の場合は波が押し出されるので，位相のずれは負 $(\delta_\ell<0)$ となる．引力の場合 $(V<0)$ は波が引き込まれて位相のずれは正 $(\delta_\ell>0)$ となる．なお，$v_\ell^{(0)}$ と v_ℓ が共通にもつ位相 $-\ell\pi/2$ は遠心力による位相のずれである．

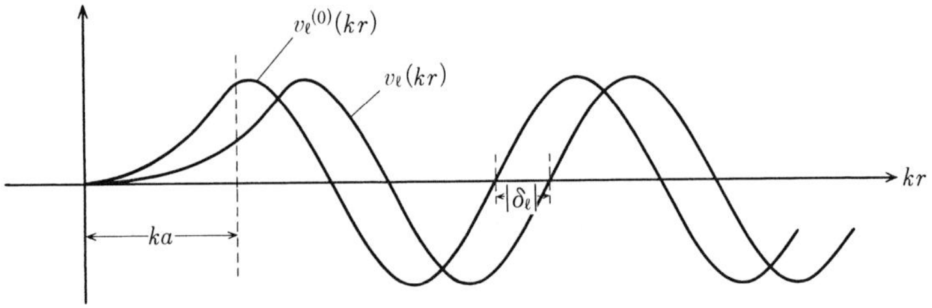

図 4-4　斥力の場合の位相のずれ

v_ℓ に対する方程式は Schrödinger 方程式 (4.98) から直ちに得られて

$$-\frac{\hbar^2}{2\mu}\frac{d^2v_\ell}{dr^2}+\left(V+\frac{\hbar^2\ell(\ell+1)}{2\mu r^2}\right)v_\ell = E_k v_\ell \tag{4.115}$$

となる．この方程式はポテンシャル $V+(\hbar^2\ell(\ell+1)/2\mu r^2)$ をもつ 1 次元問題の定常状態波動関数が満足するものと同形であるが（ポテンシャル第 2 項は遠心力を表わす），変数 r の変域が $[0,\infty)$ であることと，(4.112) のため原点に剛体壁がある点が違う．いずれも，すでに古典力学の場合に見た状況と同様である（1-3 節）．

さて，(4.104) と (4.103) から

$$u_{\boldsymbol{k}}^{(+)}(\boldsymbol{r})-u_{\boldsymbol{k}}^{(0)} \overset{r\to\infty}{\longrightarrow} \frac{1}{\sqrt{(2\pi)^3}}\frac{e^{ikr}}{2ikr}\sum_{\ell=0}^{\infty}(2\ell+1)[S_\ell(k)-1]P_\ell(\cos\theta) \tag{4.116}$$

が導けるが，ここで

$$S_\ell(k) = 1+2iT_\ell(k) \tag{4.117}$$

または

$$T_\ell(k) = \frac{1}{2i}[S_\ell(k)-1] = e^{i\delta_\ell}\sin\delta_\ell \tag{4.118}$$

とおこう．$T_\ell(k)$ は前節の T 行列の球座標表示である．(4.116) と (4.15) を比べれば，直ちに散乱振幅が得られる：

$$F(\theta) = \frac{1}{k}\sum_{\ell=0}^{\infty}(2\ell+1)T_\ell P_\ell(\cos\theta) \tag{4.119}$$

$$= \frac{1}{k}\sum_{\ell=0}^{\infty}(2\ell+1)e^{i\delta_\ell}\sin\delta_\ell P_\ell(\cos\theta) \ . \qquad (4.120)$$

F は極角(散乱角—1-2 節参照)θ だけにしか依存しない．なぜならば，中心力による散乱の場合，入射方向を極軸に取れば散乱振幅は方位角 φ に依存しないからである．微分断面積は

$$\sigma(\theta) = |F(\theta)|^2 = \frac{1}{k^2}\sum_{\ell=0}^{\infty}\sum_{\ell'=0}^{\infty}(2\ell+1)(2\ell'+1)T_\ell^* T_{\ell'} P_\ell(\cos\theta)P_{\ell'}(\cos\theta) \qquad (4.121)$$

であり，弾性散乱の全断面積は微分断面積の全立体角積分として得られる：

$$\sigma_{\rm el} = \int_0^\pi \sin\theta d\theta \int_0^{2\pi} d\varphi |F(\theta)|^2 \qquad (4.122)$$

$$= \frac{4\pi}{k^2}\sum_{\ell=0}^{\infty}(2\ell+1)|T_\ell(k)|^2 = \frac{4\pi}{k^2}\sum_{\ell=0}^{\infty}(2\ell+1)\sin^2\delta_\ell \ . \qquad (4.123)$$

積分に際して $m=0$ の場合の直交条件 (4.86) を用いた：

$$\int_0^\pi P_\ell(\cos\theta)P_{\ell'}(\cos\theta)\sin\theta d\theta = \frac{2}{2\ell+1}\delta_{\ell\ell'} \ . \qquad (4.124)$$

こうして，散乱についてのすべての知識は，位相のずれを知れば得られることが分かった．なお，部分波解析では，前節で導入したリアクタンス行列はやはり対角行列となり，

$$R_\ell = \frac{1}{i}\frac{e^{2i\delta_\ell}-1}{e^{2i\delta_\ell}+1} = \tan\delta_\ell \ , \quad T_\ell = \frac{R_\ell}{1-iR_\ell} \qquad (4.125)$$

と書くことができる．

対応論的関係 (4.96) に戻ろう．大雑把な意味で ℓ 番目の部分波は半径 $b_\ell \sim \ell/k$，$b_{\ell+1} \sim (\ell+1)/k$ の円に挟まれるリングを通るとしてよい．そのリングの面積はおおよそ $4\pi(b_{\ell+1}^2 - b_\ell^2) = (4\pi/k^2)(2\ell+1)$ である．うるさくいえば，因子 4 だけ違っているが，そもそもこの幾何学的面積には対応論的な意味しかない．(4.123) はその幾何学的面積に散乱の起きる確率 $|T_\ell|^2$ を掛けたものが部分波の全断面積

$$\sigma_\ell = \frac{4\pi}{k^2}(2\ell+1)|T_\ell|^2 \tag{4.126}$$

に等しいことを示している．断面積の対応論的解釈である．

散乱振幅または位相のずれを V, j_ℓ, χ_ℓ で表わす公式を作ろう．散乱振幅の式 (4.29) に

$$u_{\boldsymbol{k}'}^{(0)*}(\boldsymbol{r}) = \frac{1}{\sqrt{(2\pi)^3}} \sum_{\ell=0}^{\infty}(2\ell+1)(-i)^\ell j_\ell(kr) P_\ell(\cos\alpha')\ , \tag{4.127}$$

$$u_{\boldsymbol{k}}^{(+)}(\boldsymbol{r}) = \frac{1}{\sqrt{(2\pi)^3}} \sum_{\ell'=0}^{\infty}(2\ell'+1) i^{\ell'} e^{i\delta_\ell} \chi_{\ell'}(kr) P_{\ell'}(\cos\alpha) \tag{4.128}$$

を代入し，$\boldsymbol{r}$ について積分すればよい．ただし，$\boldsymbol{k}$ を極軸としたときの $\boldsymbol{r}$ の方向を極角 α，方位角 β で表わし，$\boldsymbol{k}'$ を極軸としたときの $\boldsymbol{r}$ の方向を極角 α'，方位角 β' で表わしてある．図4-5に $\boldsymbol{k}, \boldsymbol{k}', \boldsymbol{r}$ の方向関係を描いておいた．$\boldsymbol{k}$ を極軸としたときの $\boldsymbol{k}'$ の極角を θ，方位角を φ とすれば，$\cos\alpha' = \cos\alpha\cos\theta + \sin\alpha\sin\theta\cos(\beta-\varphi)$ であり，このような「3角関係」に対して次の加法定理が成立する：

$$\begin{aligned} P_\ell(\cos\alpha') &= P_\ell(\cos\alpha)P_\ell(\cos\theta) \\ &\quad + 2\sum_{m=1}^{\ell} \frac{(\ell-m)!}{(\ell+m)!} P_\ell^m(\cos\alpha) P_\ell^m(\cos\theta)\cos m(\beta-\varphi)\ . \end{aligned} \tag{4.129}$$

加法定理 (4.129) を使えば，(4.29) の積分は容易に実行できて，$m \neq 0$ の項は0となり，$\ell = \ell'$ の項しか残らない．最終的には

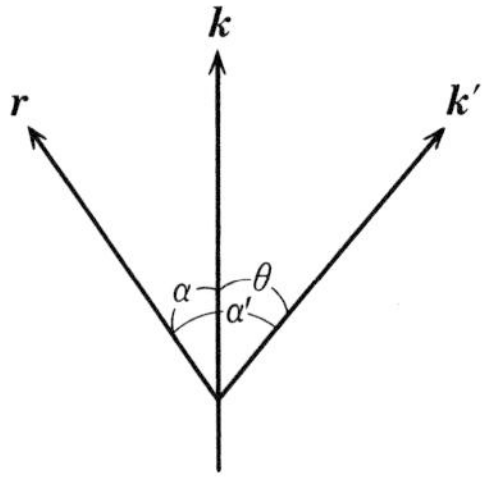

図4-5　3角関係

$$F(\theta) = -\sum_{\ell=0}^{\infty}(2\ell+1)e^{i\delta_\ell}\left[\int_0^\infty U(r)j_\ell(kr)\chi_\ell(kr)r^2dr\right]P_\ell(\cos\theta) \quad (4.130)$$

が出てくる．これと (4.120) を見比べれば，求める公式

$$\sin\delta_\ell = -k\int_0^\infty U(r)j_\ell(kr)\chi_\ell(kr)r^2dr \quad (4.131)$$

が得られる．この式から $k\to 0$ に対する位相のずれの性質

$$\sin\delta_\ell \propto k^{2\ell+1} \quad (4.132)$$

を見ることはやさしい((4.112) 参照)．また，ポテンシャルの効果が弱い場合は，(4.131) の積分内で $\chi_\ell = j_\ell$ とおくことができて，位相のずれに対する摂動公式(第1 Born 近似)

$$\sin\delta_\ell \simeq -k\int_0^\infty U(r)[j_\ell(kr)]^2 r^2dr \quad (4.133)$$

が現われる．この場合，位相のずれは小さいから，さらに $\sin\delta_\ell \simeq \delta_\ell$ と近似してよい．したがって，この近似式は，ポテンシャルの正(負)が位相のずれの負(正)に反映するという(図 4-4 付近で定性的に説明した)関係をはっきりと示しているわけである．

部分波固有関数 $\chi_\ell(kr)$ に対する摂動論をさらに進めるためには，$u_{\boldsymbol{k}}^{(+)}(\boldsymbol{r})$ の場合の (4.31) と同様に，積分方程式による方法がもっともよい．この場合の自由粒子関数 $\chi_\ell^{(0)} = j_\ell$ または n_ℓ *4 と Green 関数 $\mathcal{G}_\ell(r, r'; k)$ の方程式は

$$\frac{1}{r}\frac{d^2}{dr^2}(r\chi_\ell^{(0)}) + \left(k^2 - \frac{\ell(\ell+1)}{r^2}\right)\chi_\ell^{(0)} = 0\ , \quad (4.134)$$

$$\frac{1}{r}\frac{d^2}{dr^2}(r\mathcal{G}_\ell) + \left(k^2 - \frac{\ell(\ell+1)}{r^2}\right)\mathcal{G}_\ell = \frac{1}{r^2}\delta(r-r') \quad (4.135)$$

である．その解を使って χ_ℓ の積分方程式

$$\chi_\ell(kr) = \cos\delta_\ell j_\ell(kr) + \int_0^\infty \mathcal{G}_\ell(r, r'; k)U(r')\chi_\ell(kr')r'^2dr' \quad (4.136)$$

を作ろう．まず，(4.136) を満足する $\chi_\ell(kr)$ が方程式 (4.99) の解であること

---

*4　n_ℓ は球 Neumann 関数であり，j_ℓ とは独立な (4.134) の解である．漸近形については付録参照．

は(4.134)と(4.135)によって保証される．ただし，Green 関数としては

$$\mathcal{G}_\ell(r,r';k)=k\begin{cases} j_\ell(kr)n_\ell(kr') & (r<r')\text{ のとき} \\ n_\ell(kr)j_\ell(kr') & (r>r')\text{ のとき}\end{cases} \tag{4.137}$$

を選んだ．これが(4.135)の解であることは直ちに分かるが，j_ℓ と n_ℓ の組み合わせは，(4.136)の漸近形が(4.131)のために正しい形(4.110)を与えるからである．

いま導出した積分方程式は右辺第1項に係数があるので，摂動展開の基礎とするには少々わずらわしい．そこで両辺を $\cos\delta_\ell$ で割れば，$\overline{\chi}_\ell=\chi_\ell/\cos\delta_\ell$ に対する積分方程式

$$\overline{\chi}_\ell(kr)=j_\ell(kr)+\int_0^\infty \mathcal{G}_\ell(r,r';k)U(r')\overline{\chi}_\ell(kr')r'^2dr' \tag{4.138}$$

を得る．$\overline{\chi}_\ell$ が満足する境界条件は

$$\overline{\chi}_\ell(kr)\overset{r\to\infty}{\Longrightarrow}\frac{1}{kr\cos\delta_\ell}\sin\left(kr-\frac{\ell\pi}{2}+\delta_\ell\right) \tag{4.139}$$

$$=\frac{1}{kr}\left[\sin\left(kr-\frac{\ell\pi}{2}\right)+\tan\delta_\ell\cos\left(kr-\frac{\ell\pi}{2}\right)\right] \tag{4.140}$$

となるので，この場合，位相のずれに対する公式は

$$\tan\delta_\ell=-k\int_0^\infty U(r)j_\ell(kr)\overline{\chi}_\ell(kr)r^2dr \tag{4.141}$$

で与えられる．(4.138)を逐次代入法で解けば，摂動級数解が得られる：

$$\overline{\chi}_\ell(kr)=j_\ell(kr)+\int_0^\infty r'^2dr'\mathcal{G}_\ell(r,r';k)U(r')j_\ell(kr')+\int_0^\infty r'^2dr'\mathcal{G}_\ell(r,r';k)$$
$$\cdot U(r')\int_0^\infty r''^2dr''\mathcal{G}_\ell(r',r'';k)U(r'')j_\ell(kr'')+\cdots. \tag{4.142}$$

この展開を第1項で切り，それを(4.141)に代入すれば Born 近似の式(4.133)が得られる（$\tan\delta_\ell\simeq\sin\delta_\ell\simeq\delta_\ell$ に注意）．

(b)　光学定理，複素ポテンシャル，共鳴散乱

ユニタリー条件の式(4.106)を(4.117)によって T_ℓ で書き直せば

$$\mathrm{Im}\,T_\ell=|T_\ell|^2 \tag{4.143}$$

となるが，これに $(2\ell+1)/k$ をかけて ℓ について加え，(4.119) と (4.123) を用いると

$$\mathrm{Im}\ F(0)=\frac{k}{4\pi}\sigma_{\mathrm{el}} \tag{4.144}$$

が得られる．これを歴史的には**光学定理** (optical theorem) という．物理的内容は以下の通りだが，媒質中の光波の伝搬問題に結びついていた．

この定理は確率保存則 (2.91) と散乱問題の境界条件 (4.15) から直接導くこともできる．(2.91) 第 2 式の S を，原点（力の中心）を中心とする十分大きな半径 r の球に取り（散乱問題だから添字 ν は $\boldsymbol{k}$），漸近境界条件 (4.15) を代入すれば，

$$\oint (J_r^{(\mathrm{in})}+J_r^{(\mathrm{sc})}+J_r^{(\mathrm{int})})r^2 d\omega=0 \tag{4.145}$$

が得られる．下添字は r 方向成分（S の法線方向成分），上添字はそれぞれ入射確率流，散乱確率流，入射平面波と散乱波の干渉確率流を表わす．$d\omega$ は面素が中心に対して張る立体角である．$\boldsymbol{k}$ 方向を極軸とする球座標を使えば，(4.22) と単位流規格化定数 $|C|^2=\mu/\hbar k$ とによって，$J_r^{(\mathrm{in})}=\cos\theta$，$J_r^{(\mathrm{sc})}=r^{-2}|F|^2$，$d\omega=\sin\theta d\theta d\varphi$ となるので，直ちに $\oint J_r^{(\mathrm{in})}r^2 d\omega=0$，$\oint J_r^{(\mathrm{sc})}r^2 d\omega=\sigma_{\mathrm{el}}$ となるが，干渉確率流の計算は少々複雑である．まず，十分遠方で

$$J_r^{(\mathrm{int})}=\frac{\hbar}{2i\mu}\left(u_{\boldsymbol{k}}^{(\mathrm{sc})*}\frac{du_{\boldsymbol{k}}^{(0)}}{dr}-\frac{du_{\boldsymbol{k}}^{(\mathrm{sc})*}}{dr}u_{\boldsymbol{k}}^{(0)}+u_{\boldsymbol{k}}^{(0)*}\frac{du_{\boldsymbol{k}}^{(\mathrm{sc})}}{dr}-\frac{du_{\boldsymbol{k}}^{(0)*}}{dr}u_{\boldsymbol{k}}^{(\mathrm{sc})}\right) \tag{4.146}$$

を求める必要がある．各項は (4.21) によって計算すればよい．その際，単位流規格化 $|C|^2=\mu/\hbar k$ を用いると便利だ．また，$z=r\cos\theta$ に注意し，$r\to\infty$ のとき r^{-1} 以上に速く 0 になる項を無視する．各項は因子 $e^{\pm ikr(1-\cos\theta)}$ をもつが，これは $\cos\theta\simeq 1$ 以外では激しく振動するので，それ以外のゆっくり変わる因子内の θ は 0 とおいてよい．すなわち，

$$J_r^{(\mathrm{int})}=\frac{1}{r}\left[F^*(0)e^{-ikr(1-\cos\theta)}+F(0)e^{ikr(1-\cos\theta)}\right]$$

となる．これを積分し激しく振動する項を無視すれば，直ちに

$$\oint_{\mathrm{S}} J_r^{(\mathrm{int})} r^2 d\omega = -\frac{4\pi}{k} \mathrm{Im}\ F(0) \tag{4.147}$$

が得られる．これを (4.145) に代入すれば，光学定理 (4.144) が出てくる．証明の経過で分かるように，光学定理は中心力場でなくとも成立するものだ．

さて，(4.106) すなわち (4.143) は吸収（非弾性散乱）のない場合の式だから，(4.144) は衝突によって起きる反応が弾性散乱ばかりのときに限って成立する．非弾性散乱があるとき，(4.143) は

$$|T_\ell|^2 = \mathrm{Im}\, T_\ell - \frac{1}{4}(1-|S_\ell|^2) \tag{4.148}$$

となる．弾性散乱全断面積の対応論的解釈 (4.126) では，$|T_\ell|^2$ に ℓ 番目部分波が弾性散乱を起こす確率という意味をつけた．この解釈と同等の意味で，(4.148) の右辺第2項は ℓ 番目部分波が吸収される確率を表わす．したがって，

$$\sigma_{\mathrm{inel}} = \frac{\pi}{k^2} \sum_{\ell=0}^{\infty} (2\ell+1)(1-|S_\ell|^2) \tag{4.149}$$

は**吸収断面積** (absorption cross section) を表わし，光学定理は

$$\mathrm{Im}\ F(0) = \frac{k}{4\pi}\sigma_{\mathrm{tot}} \quad (\sigma_{\mathrm{tot}} = \sigma_{\mathrm{el}} + \sigma_{\mathrm{inel}}) \tag{4.150}$$

となることが分かる．右辺の σ_{tot} は吸収（非弾性散乱）がある場合の全断面積である．すなわち，吸収（非弾性散乱）がある場合でも，右辺にこの全断面積を使えば，光学定理は依然として同じ形で成り立つ．

その状況を複素ポテンシャルを使う現象論的取り扱いで見ておこう．非弾性散乱がある場合，弾性散乱チャンネルの波動関数は減衰し，その吸収効果を（虚部が負の）複素ポテンシャルによって現象論的に表わすことができるからである．(4.1) ～ (4.3) のポテンシャル $V=(\hbar^2/2\mu)U$ を複素関数とすればよい（$\mathrm{Im}\ V<0$）．そのとき，(2.91) 第1式は

$$\nabla \cdot \boldsymbol{J} = \frac{2}{\hbar}(\mathrm{Im}\ V)|u_{\boldsymbol{k}}|^2 \tag{4.151}$$

となり，それに対応して (4.145) の右辺は0ではなく，この式の体積積分が現

われる．$\int d^3\boldsymbol{r}\nabla\cdot\boldsymbol{J}$ は単位時間・単位体積毎に吸収される確率流密度だから，単位流規格化された波動関数に対しては非弾性散乱（すなわち，吸収）の全断面積は

$$\sigma_{\rm inel} = -\int d^3\boldsymbol{r}\,\frac{2}{\hbar}(\mathrm{Im}\ V)|u_{\boldsymbol{k}}|^2 \tag{4.152}$$

に等しい．これから一般化された光学定理 (4.150) が得られる．なお，光学定理から一般に次式の成立を知る：

$$\mathrm{Im}\ F(0) \geqq 0\ . \tag{4.153}$$

吸収などの非弾性散乱効果がある場合は，背景に複雑な多体問題がある．複素ポテンシャルによる扱いは，ある意味でそれを平均化して 1 体問題とした近似である．光の進行における媒質の効果を屈折率で表わす近似に似ているので，光学模型ということもある．その場合複素ポテンシャルを光学ポテンシャルという．中性子の原子核による散乱などで広く用いられている．粒子の発生などを含む一般の場合の話は第 7 章で説明する．

ふたたび (4.106) が成立する場合に戻る．このとき，(4.118) の δ_ℓ は実数だから，

$$|T_\ell| = |\sin\delta_\ell| \leqq 1 \tag{4.154}$$

でなければならない．したがって，ℓ 番目部分波の全断面積には上限値が存在する：

$$\sigma_\ell \leqq \sigma_{\ell,\max} \equiv \frac{4\pi}{k^2}(2\ell+1)\ . \tag{4.155}$$

これを**運動学的限界値** (kinematical limit) という．限界値（$|T_\ell|=1$ または $\sigma_{\ell,\max}$）は $\delta_\ell=\pi/2$（またはその奇数倍）になったときに実現する．いま，$\delta_\ell(k_{0\ell})=\pi/2$ となる波数を $k_{0\ell}$，エネルギーを $E_{0\ell}$ とし，$E\simeq E_{0\ell}$ のまわりで $\delta_\ell(k)$ を展開しよう：

$$\delta_\ell(k) = \frac{\pi}{2}+\frac{2}{\varGamma_\ell}(E-E_{0\ell}) \quad \left(\frac{2}{\varGamma_\ell}\equiv\left(\frac{d\delta_\ell}{dE}\right)_{E=E_{0\ell}}\right)\ . \tag{4.156}$$

ただし，$(E-E_{0\ell})^2$ 以上の高次項を無視した．この展開は

$$R_\ell = \tan\delta_\ell \simeq -\frac{\Gamma_\ell}{2}\frac{1}{E-E_{0\ell}}, \quad T_\ell \simeq \frac{\Gamma_\ell}{2}\frac{-1}{(E-E_{0\ell})+i\Gamma_\ell/2} \tag{4.157}$$

を与えるので，ℓ 番目部分波の全断面積は $E \simeq E_{0\ell}$ のまわりで

$$\sigma_\ell(E) \simeq \frac{\pi}{k^2}(2\ell+1)\frac{\Gamma_\ell^2}{(E-E_{0\ell})^2+\Gamma_\ell^2/4} \tag{4.158}$$

となる．これは**共鳴散乱**公式に他ならない．$\sigma_\ell(E)$ は $E=E_{0\ell}$ のところで限界値 $\sigma_{\ell,\max}$ に到達する．$E_{0\ell}$ を**共鳴エネルギー準位**，Γ_ℓ をその**半値幅**という．図4-6を見ていただきたい．共鳴散乱については，すでに1次元問題の場合に詳しく説明しておいた(3-4節)．第7章でも取り上げる予定である．

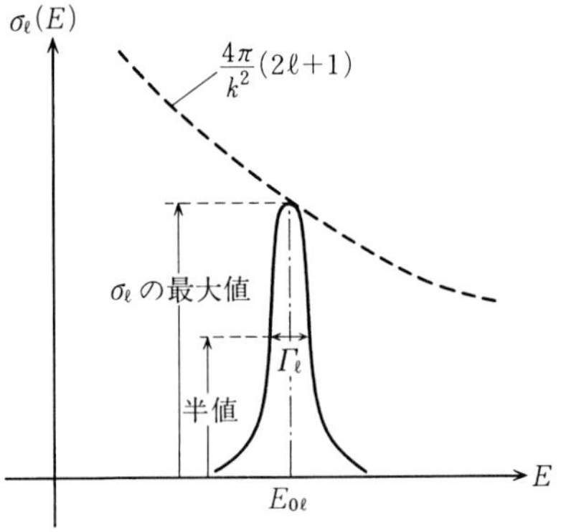

図4-6　共鳴散乱断面積のエネルギー依存性

なお，部分波散乱振幅のエネルギー依存性を図示するため，エネルギーの変動に応じて散乱振幅自身が複素平面上に描く軌跡を使うことがある．これを **Argand 図**[*5](Argand diagram) という．$|T_\ell| = |\sin\delta_\ell|$ であるから，この軌跡は $|T_\ell| \leqq 1$ の範囲に制限される．とくに (4.156) が成立する共鳴散乱の場合は，(4.157) によって $(\mathrm{Re}\,T_\ell)^2+(\mathrm{Im}\,T_\ell-1/2)^2=1/4$ となるので，(0,1/2) を中心と

*5　Argand 図はフランスの数学者 Jean Robert Argand (1768-1822) の名を取ったものである．彼は C.F. Gauss と独立に複素数平面を導入した．電気回路理論ではインピーダンスの周波数特性を図示するために，古くからベクトル図 (vector diagram) と称するものを利用してきたが，これは Argand 図に他ならない．

する半径 1/2 の円周上を動く軌跡が得られる．この事実は共鳴状態検出の手段として広く用いられている．しかし，非弾性散乱が起こるときは，軌跡はこの円の内部に進入するので判定が難しくなる場合もある．

エネルギー E または波数 k の増大に対応する位相のずれの変動が，低エネルギーの場合 (4.132) であり，共鳴準位付近では (4.156) となることはすでに知った．位相のずれがさらに増加してゆけば

$$\delta_\ell = \pi\ , \quad \text{または} \quad \sin\delta_\ell = 0 \tag{4.159}$$

となり，部分波全断面積が消えるところがある．低エネルギー散乱ではS波散乱しか起きないから，一般に $\delta_0 = n\pi\ (n=0,\pm1,\pm2,\cdots)$ であれば，無散乱衝突が実現することになる(後で一つの具体例を引力箱型ポテンシャルの場合に示す)．これを Ramsauer-Townsend 効果といい，実際，原子による低エネルギー電子の散乱の場合に観察されている．

位相のずれがさらに増加してゆけばどうなるか？　この問題への一般的解答が **Levinson の定理**

$$\delta_\ell(0) - \delta_\ell(\infty) = n_\ell \pi \tag{4.160}$$

である．ただし，n_ℓ は ℓ 番目チャンネルに存在する束縛状態の数を表わす．証明は第8章で考える．

4-5 3次元箱型ポテンシャルと Coulomb 場による散乱

短距離力の典型的な例として3次元箱型ポテンシャルを考え，反対に長距離力の代表として Coulomb 力を取り上げて，それらの力による散乱の特徴を議論しよう．いずれも中心力場である．関連するいくつかの問題も議論したい．

(a) 3次元箱型ポテンシャルとその周辺

3次元箱型ポテンシャル $V(r)$ は次式で与えられる：

$$V(r) = \mp V_0\theta(a-r)\ , \quad \text{または} \quad U(r) = \mp U_0\theta(a-r)\ . \tag{4.161}$$

ただし，$U_0 = (2\mu/\hbar^2)V_0\ (>0)$ は強さ，a は到達距離を表わす正定数，$\theta(a-r) = 1\ (r<a)$, $=0\ (r>a)$ は階段関数である．いうまでもなく，符号 $-$ は引力，$+$ は斥力を表わす．短距離力の簡単なモデルとしては，他に指数型($\propto$

$e^{-r/a}$)，Gauss 型($\propto e^{-r^2/2a}$)，湯川型($\propto r^{-1}e^{-r/a}$)などがあるが，代表的な短距離力はやはり3次元箱型ポテンシャルであり，広く使われている．

3次元箱型ポテンシャルの前に，まず一定距離の外($r>a$)で0となるポテンシャル

$$V(r)=0 \quad (r>a) \tag{4.162}$$

を取り上げよう．$r<a$ では一定でなくてもよいが，$r\to 0$ では条件(4.72)を満足しているものとする．領域 $r>a$ での方程式は(4.134)と同形だから，解は

$$\chi_\ell(kr)=\cos\delta_\ell j_\ell(kr)-\sin\delta_\ell n_\ell(kr) \quad (r>a) \tag{4.163}$$

である．ただし，係数は $r\to\infty$ で境界条件(4.110)の形になるように選んだ．係数 $\cos\delta_\ell$，$\sin\delta_\ell$ は $r=a$ での接続条件

$$\frac{1}{k}\left(\frac{d\chi_\ell}{dr}/\chi_\ell\right)_{r=a+0}=\frac{1}{k}\left(\frac{d\chi_\ell}{dr}/\chi_\ell\right)_{r=a-0}\equiv\epsilon_\ell \tag{4.164}$$

によって決まる．したがって，$r<a$ での方程式(4.99)を解いて $\chi_\ell(kr)$ を求め，(4.164)の最後の式に代入すれば ϵ_ℓ が分かり，第1辺と ϵ_ℓ の等置から位相のずれが得られる：

$$\tan\delta_\ell=\frac{j'_\ell(ka)-\epsilon_\ell j_\ell(ka)}{n'_\ell(ka)-\epsilon_\ell n_\ell(ka)} \ . \tag{4.165}$$

(4.125)によれば，これはリアクタンス行列対角成分そのものであり，直ちに T_ℓ が求められる．

球 Bessel 関数 $j_\ell(\xi), n_\ell(\xi)$ の $\xi\to 0$ に対する近似式(A.33)を使えば，容易に

$$\tan\delta_\ell\simeq\delta_\ell\propto(ka)^{2\ell+1} \tag{4.166}$$

であることが分かる．予想通り，低エネルギー極限ではS波散乱だけを考えればよろしい．

箱型ポテンシャル(4.161)の場合に戻ろう．方程式(4.99)は，k を下記(4.167)の $\bar{k}$ に置き換えれば，自由粒子方程式(4.134)と同形だから，直ちに解

$$\chi_\ell(kr)=C_\ell j_\ell(\bar{k}r) \quad (\bar{k}=\sqrt{k^2\pm U_0}) \tag{4.167}$$

が得られる(C_ℓ は定数)．ただし，$E>V_0$ とした．こうして

$$\epsilon_\ell = \frac{\bar{k}}{k}\frac{j'_\ell(\bar{k}a)}{j_\ell(\bar{k}a)} \tag{4.168}$$

と (4.165) から位相のずれが分かる．この場合も低エネルギー極限では，位相のずれは $\delta_\ell \propto (ka)^{2\ell+1}$ であり，S波散乱が優勢となる．

引力((4.161) において $-V_0$ の場合) による低エネルギーS波散乱だけを考えよう．簡単な計算で (4.168) から

$$\epsilon_0 \simeq \frac{1}{ka}[(\bar{k}_0a)\cot(\bar{k}_0a)-1] \tag{4.169}$$

が得られる．ただし，$\bar{k}_0=\sqrt{U_0}$．$\epsilon_0 \neq 0$ として (4.165) によって位相のずれを求めれば，

$$\tan\delta_0 \simeq \sin\delta_0 \simeq -ka[(\bar{k}_0a)\cot(\bar{k}_0a)-1]\ . \tag{4.170}$$

したがって，$(\bar{k}_0a)\cot(\bar{k}_0a)=1$ ならば，Ramsauer-Townsend 効果が現われる．なお，$\sin\bar{k}_0a\simeq 0$ であれば，ϵ_0 は無限大に近づき，1次元の場合に議論したような共鳴散乱がエネルギー0のまわりで現われる．

斥力($V_0>0$)で $E<V_0$ の場合でも散乱問題を解くことは難しくない(章末問題)．特別な場合として半径 a の**剛体球**($V_0=+\infty$)による散乱を扱う．もちろん，球内の波動関数は到るところ0であり，球外の波動関数は $r=a$ で0から出発する．このとき $\epsilon_\ell=\infty$ のため，位相のずれは

$$\tan\delta_\ell = \frac{j_\ell(ka)}{n_\ell(ka)} \tag{4.171}$$

によって与えられる．$d\chi_\ell/dr$ は $r=a$ で連続にならないが，χ_ℓ と確率流密度は連続である．剛体壁の特徴だ．

低エネルギー散乱($ka\ll 1$)の場合に限ろう．$\xi\to 0$ に対する球 Bessel 関数の近似式 (A.33) を使えば，直ちに

$$\delta_\ell \simeq \sin\delta_\ell \simeq \tan\delta_\ell \simeq -(ka)^{2\ell+1}\frac{2^{2\ell}(\ell!)^2}{(2\ell)!(2\ell+1)!} \tag{4.172}$$

が得られる．一般的な予想通り，S波($\ell=0$)以外の部分波の位相のずれは無視してよい．S波の波動関数は

$$v_\ell(kr) \propto \sin[k(r-a)] \tag{4.173}$$

となり，位相のずれは

$$\delta_0 \simeq -ka \tag{4.174}$$

である．位相のずれが k に比例して $-\infty$ に向かうという結果 (4.174) が剛体球の特徴である（比例係数が剛体半径）．記憶しておいて欲しい結果である．この場合，散乱振幅と全断面積は

$$F(\theta) \simeq -ae^{-ika}\ , \quad \sigma_{\rm el} \simeq 4\pi a^2 \tag{4.175}$$

となる．全断面積が幾何学的断面積 πa^2 の 4 倍になったことに驚く．しかし，この場合，S 波球面波が中心に向かって収束した結果散乱が起きるので，幾何学的断面積よりは全表面積 $4\pi a^2$ が見えるのだろう．低エネルギーにおける波動効果の特徴である．この全断面積の式は短距離力による低エネルギー散乱の規準と見なされている（5-4 節の有効レンジ理論を見よ）．

高エネルギーの場合（$ka \gg 1$）の場合を考えよう．公式 (4.171) に球 Bessel 関数の漸近式 (A.35)，(A.36) を代入すれば，位相のずれとして

$$\tan\delta_\ell = -\frac{\sin(ka-\dfrac{\ell\pi}{2})}{\cos(ka-\dfrac{\ell\pi}{2})} = \tan(-ka+\frac{\ell\pi}{2})\ , \tag{4.176}$$

$$\delta_\ell = -ka+\frac{\ell\pi}{2} \tag{4.177}$$

が得られる．低エネルギーの場合と違って，こんどは高い ℓ の値まで加えなければならず，全断面積の式 (4.123) は

$$\sigma_{\rm el} \simeq \frac{4\pi}{k^2}\sum_{\ell=0}^{\ell_m}(2\ell+1)\sin^2(ka-\frac{\ell\pi}{2}) \tag{4.178}$$

となる．元の式 (4.123) は $\ell=\infty$ までの和であったが，対応論的関係 (4.97) を考慮に入れて $\ell_m = ka$ で打ち切った．和の中で $(2\ell+1)\sin^2(ka-\ell\pi/2) = (\ell+1)\sin^2(ka-\ell\pi/2)+\ell\sin^2(ka-\ell\pi/2)$ と分解し，前者の ℓ 番目の項と後者の $\ell+1$ 番目の項を足し合わせると，$(\ell+1)[\sin^2(ka-\ell\pi/2)+\cos^2(ka-\ell\pi/2)] = \ell+1$ となるので，直ちに

$$\sigma_{\text{el}} \simeq \frac{4\pi}{k^2}\sum_{\ell=1}^{\ell_m}\ell = \frac{4\pi}{k^2}\frac{1}{2}\ell_m(\ell_m+1) \simeq 2\pi a^2 \tag{4.179}$$

が得られる．どの式も $ka \gg 1$ の極限で成立する近似である．この場合の全断面積が幾何学的断面積 πa^2 になるかというナイーブな予想を裏切って，その2倍になってしまった．これは，球の前面からの断面積 πa^2 と，これから説明する球の影散乱による断面積 πa^2 の和なのである．

半径 a の完全吸収球(黒い球)による高エネルギー散乱($ka \gg 1$)を考えよう．完全吸収という条件は $S_\ell = 0$ または $T_\ell = -(2i)^{-1}$ で与えられるので，弾性散乱断面積と吸収断面積はともに

$$\sigma_{\text{el}} = \sigma_{\text{inel}} \simeq \frac{\pi}{k^2}\sum_{\ell=0}^{\ell_m}(2\ell+1) \simeq \pi a^2 \tag{4.180}$$

となることが分かる．(4.179) の場合と同様な計算をした．完全吸収を仮定したのに0でない弾性散乱断面積が出てきたのにはいささか驚くかもしれない．図4-7を見て考えよう．完全吸収球なので，球の後側には入射平面波はない．しかし，波動の特性である回折現象がおきて，波が球の裏側にまわり込む．この効果が弾性散乱を引き起こすのである．これを**影散乱** (shadow scattering) という．影散乱は完全吸収球でなくても，一般に高エネルギー散乱の場合に存在する．(4.179) で弾性散乱全断面積が幾何学的断面積の2倍になったのは影散乱の効果であった．いうまでもなく，影散乱は波動現象なのである．

最後に，**3次元デルタ関数ポテンシャル**による散乱を扱っておく．3次元デ

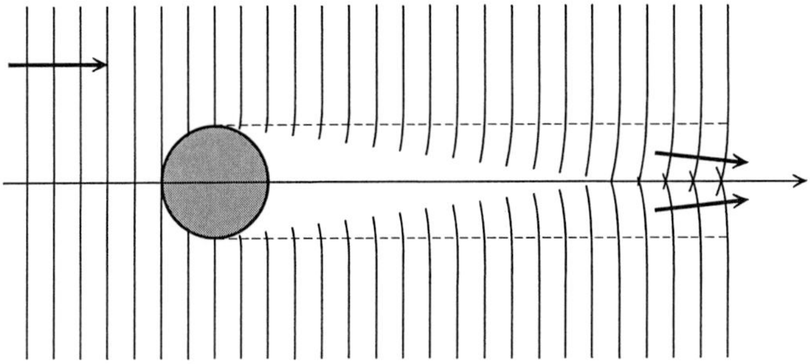

図 4-7　影散乱

ルタ関数ポテンシャルは次式で与えられる：

$$U(r) = g\delta(r-a)\,, \quad \text{または} \quad V(r) = \frac{g\hbar^2}{2\mu}\delta(r-a)\,. \tag{4.181}$$

半径 a の球面上だけにデルタ関数型ポテンシャルが分布しているので，**デルタ殻**ポテンシャルと呼ばれることもある．

積分方程式 (4.138) と位相のずれの式 (4.141) に (4.181) を代入し，Green 関数の式 (4.137) を使えば，直ちに解

$$\overline{\chi}_\ell(ka) = \frac{j_\ell(ka)}{1-kga^2 j_\ell(ka) n_\ell(ka)}\,, \tag{4.182}$$

$$\tan\delta_\ell = \frac{-kga^2[j_\ell(ka)]^2}{1-kga^2 j_\ell(ka) n_\ell(ka)} \tag{4.183}$$

が得られる．ここで極限 $g\to\infty$ を取れば，この式は (4.171) に移行するので，無限に高いデルタ殻ポテンシャルは剛体球と同等であることを知る．当然の結果だ．

低エネルギー散乱($ka \ll 1$)に対しては ((4.165) から見ても) S 波だけが起きるとしてよい．このとき，極限 $a\to 0$ を取ることもできる．したがって，位相のずれの式 (4.165) から

$$\tan\delta_0 \simeq -kga^2\,, \quad \text{または} \quad \sin\delta_0 \simeq -kga^2 \tag{4.184}$$

が得られる．いま，

$$\alpha = ga^2 \tag{4.185}$$

とおいて，$a\to 0$, $g\to\infty$ の極限でこの α が有限になると想定すれば

$$\sigma_0 = \frac{4\pi}{k^2}\sin^2\delta_0 = 4\pi\alpha^2 \tag{4.186}$$

と書くことができる．これはちょうど半径 α の剛体球による散乱の断面積に等しい．後で(第5章)短距離力による低エネルギー散乱が，ポテンシャルの形の如何にかかわらず，この形に書くことができることを示す予定である．α を**散乱長** (scattering length) という(引力であれば散乱長は正，斥力であれば負となる．後で詳しく議論しよう)．要するに，短距離力による低エネルギー散乱は，散乱長が与えられればすべて決まってしまうのである．なお，この事実を

はっきり示すため，短距離力による低エネルギー散乱が有効ポテンシャル

$$V(\boldsymbol{r}) = \frac{2\pi\hbar^2\alpha}{\mu}\delta^{(3)}(\boldsymbol{r}) \tag{4.187}$$

によって引き起こされると考えることができる（$\delta^{(3)}(\boldsymbol{r}) = (4\pi r^2)^{-1}\delta(r)$ に注意）．広く利用されている方式である．

(b)　Coulomb 場による散乱

今までは r^{-1} に比例する Coulomb 型ポテンシャルを一切除外してきた．それは条件 (4.5) を満足せず，力の効果が $r\to\infty$ まで残るからである．まず，その事情から見よう．部分波の r 依存性を決める方程式 (4.98) または (4.99) において，χ_ℓ が十分遠方では

$$\frac{1}{kr}\Phi_\ell(r)e^{\pm ikr} \tag{4.188}$$

の形の関数の組み合わせになり，$\Phi_\ell(r)$ がゆっくり変わる関数であると考えることができる．このとき Φ_ℓ の2階微分が無視できるから，(4.99) は

$$\pm 2ik\frac{d\Phi_\ell}{dr} \simeq \left(U + \frac{\ell(\ell+1)}{r^2}\right)\Phi_\ell \tag{4.189}$$

となり，積分

$$\Phi_\ell(r) \simeq \exp\left[\pm\frac{1}{2ik}\int^r\left(U(r') + \frac{\ell(\ell+1)}{r'^2}\right)dr'\right] \tag{4.190}$$

が得られる．したがって，Coulomb 型ポテンシャル（$\propto r^{-1}$）の場合，十分遠方で $\ln r$ のように変化する位相が現われる．

このことに留意しながら，(4.99) を解いてみよう．$V(r)$ の具体形としては，電荷 Ze，ze をもつ2個の粒子間の静電力ポテンシャルをとる：$V(r) = Zze^2/r$，または $U(r) = 2\mu Zze^2/\hbar^2 r$．いろいろな事情を考慮して，(4.99) を次のように変形しよう：

$$\frac{d^2}{d\xi'^2}(\xi'\chi_\ell) + \left[-\frac{i}{ka\xi'} - \frac{\ell(\ell+1)}{\xi'^2}\right](\xi'\chi_\ell) = \frac{1}{4}(\xi'\chi_\ell)\,, \tag{4.191}$$

ただし，

$$\xi' = -2ikr \ , \quad a = \frac{\hbar^2}{\mu Zze^2} \tag{4.192}$$

とおいた．a は周知の Bohr 半径である．さらに，

$$c_\ell \chi_\ell(kr) = C_\ell e^{-\frac{1}{2}\xi'} \xi'^\ell X_\ell(\xi') \tag{4.193}$$

とおこう．係数 C_ℓ には位相因子 c_ℓ も含めてある．これを (4.191) に代入すれば，$X_\ell(\xi')$ の方程式

$$\xi' \frac{d^2 X_\ell}{d\xi'^2} + (2\ell+2-\xi') \frac{dX_\ell}{d\xi'} - (\ell+1+\frac{i}{ka}) X_\ell = 0 \tag{4.194}$$

が出てくる．これは合流型超幾何微分方程式に他ならない．

数学的準備として合流型超幾何微分方程式

$$\xi \frac{d^2 F}{d\xi^2} + (\beta-\xi) \frac{dF}{d\xi} - \alpha F = 0 \tag{4.195}$$

についての知識を述べておこう．$\xi=0$ のまわりで正則な解には次の級数表示と積分表示がある:

$$F(\alpha,\beta,\xi) = \sum_{\nu=0}^{\infty} \frac{\Gamma(\alpha+\nu)\Gamma(\beta)}{\Gamma(\alpha)\Gamma(\beta+\nu)} \frac{\xi^\nu}{\nu!} \tag{4.196}$$

$$= 1 + \frac{\alpha\xi}{\beta 1!} + \frac{\alpha(\alpha+1)\xi^2}{\beta(\beta+1)2!} + \cdots \tag{4.197}$$

$$= \frac{\Gamma(\beta)}{2\pi i} \oint_{\mathrm{C}} e^t t^{\alpha-\beta} (t-\xi)^{-\alpha} dt \tag{4.198}$$

積分路 C は2個の特異点 $t=0$, ξ を正の方向にまわる閉曲線である．この積分表示は眺めるだけで F の重要な性質を教えてくれる．C を十分大きく取れば $|\xi/t|<1$ が成立するので，$(t-\xi)^{-\alpha}$ は ξ のベキ級数に2項展開することができる．これが (4.196) であり，F は $\xi=0$ で正則であることを知る．この積分路の中央をつまんで左無限遠に引っ張り，左無限遠から $t=0$ をまわって左無限遠に戻る経路 C_1 と，左無限遠から $t=\xi$ をまわって左無限遠に戻る経路 C_2 に分けて，その各々の上の積分で定義された関数を $F^{(\pm)}(\xi)$ とすると，$F(\alpha,\beta,\xi) = F^{(+)}(\alpha,\beta,\xi) + F^{(-)}(\alpha,\beta,\xi)$ が成立する．$F^{(\pm)}$ は方程式 (4.195) の

解だが，$\xi=0$ では正則ではない．なぜならば，各積分内では $|\xi/t|<1$ が成立しないところが必ずあるため，$(t-\xi)^{-\alpha}$ は ξ のベキ級数に2項展開できないからである．しかし，$(t-\xi)^{-\alpha}$ を ξ の逆ベキに展開すれば(発散級数であるが)，$|\xi|\to\infty$ で使える漸近級数が得られる．まとめて書けば，次のとおりである：

$$F^{(+)}(\alpha,\beta,\xi) = \frac{\Gamma(\beta)}{\Gamma(\beta-\alpha)}(-\xi)^{-\alpha}f(\alpha,\alpha-\beta+1,-\xi)\,, \tag{4.199}$$

$$F^{(-)}(\alpha,\beta,\xi) = \frac{\Gamma(\beta)}{\Gamma(\alpha)}e^{\xi}\xi^{\alpha-\beta}f(1-\alpha,\beta-\alpha,\xi)\,, \tag{4.200}$$

$$f(\alpha,\beta,\xi) \overset{|\xi|\to\infty}{\longrightarrow} 1+\frac{\alpha\beta}{\xi 1!}+\frac{\alpha(\alpha+1)\beta(\beta+1)}{\xi^2 2!}+\cdots\,, \tag{4.201}$$

$$F(\alpha,\beta,\xi) \overset{|\xi|\to\infty}{\longrightarrow} \frac{\Gamma(\beta)}{\Gamma(\alpha)}e^{\xi}\xi^{\alpha-\beta}+\frac{\Gamma(\beta)}{\Gamma(\beta-\alpha)}(-\xi)^{-\alpha}\,. \tag{4.202}$$

なお，$G(\alpha,\beta,\xi)=i[F^{(+)}(\alpha,\beta,\xi)-F^{(-)}(\alpha,\beta,\xi)]$ も解であるが，原点で正則ではない．

さて，(4.195) と (4.194) を見比べれば，

$$X_\ell(\xi') = F(\ell+1+\frac{i}{ka}, 2\ell+2, -2ikr) \tag{4.203}$$

を知る($\alpha=\ell+1+\dfrac{i}{ka}, \beta=2\ell+2$)．さらに F の漸近形 (4.202) を使い，

$$\sigma_\ell = \arg\Gamma(\ell+1+\frac{i}{ka}) \tag{4.204}$$

とおいて，係数を

$$c_\ell = e^{i\sigma_\ell}\,,\quad C_\ell = (-i)^{-\ell}e^{i\sigma_\ell}e^{-\pi/2ka}\frac{|\Gamma(\ell+1+\frac{i}{ka})|}{(2\ell+1)!} \tag{4.205}$$

と選べばよい．χ_ℓ に対する漸近式が

$$\chi_\ell(kr) \overset{r\to\infty}{\longrightarrow} \frac{1}{kr}\sin\Bigl(kr-\frac{\ell\pi}{2}-\frac{1}{ka}\ln(2kr)+\sigma_\ell\Bigr) \tag{4.206}$$

となるからである．短距離力の場合の漸近条件 (4.110) と違って，予想通り，

$-\dfrac{1}{ka}\ln(2kr)$ という対数型の位相が余計に現われた．すべての部分波が同じように乱されているが，これは長距離力の特徴である．

したがって，部分波展開(4.94)を最初の数項で近似することはできず，ℓ についての総和を求めなければならない．実際にそれが可能であることを示そう．そのためには超幾何関数の球 Bessel 関数による積分表示を用いるとよい．面倒な計算は省略するが，(4.193)に(4.205)を代入して得た χ_ℓ の式は

$$\chi_\ell(kr) = e^{-3\pi/2ka}e^{-i\sigma_\ell}\Gamma(1+\frac{i}{ka}) \cdot\frac{1}{2\pi i}\oint e^{ikrs}j_\ell(kr(1-s))s^{-(i/ka)-1}(1-s)^{i/ka}ds$$

のように書き直すことができる*6．積分は分岐点 $s=0$，$s=1$ を正方向にまわる閉曲線上で行なう．この式を(4.94)に代入すれば，(4.92)によって和が求められて

$$u_{\boldsymbol{k}}^{(+)}(\boldsymbol{r}) = \frac{1}{\sqrt{(2\pi)^3}}e^{-3\pi/2ka}\Gamma(1+\frac{i}{ka})e^{ikr\cos\theta} \cdot\frac{1}{2\pi i}\oint\exp\left[\left(2ikr\sin^2\frac{\theta}{2}\right)s\right]s^{-(i/ka)-1}(1-s)^{i/ka}ds$$

となる．さらに，積分変数を $t=As(A\equiv 2ikr\sin^2(\theta/2))$ に変更して(そのとき $1-s=e^{-i\pi}A^{-1}(t-A)$)，積分表示(4.198)を使えば，

$$u_{\boldsymbol{k}}^{(+)}(\boldsymbol{r}) = \frac{1}{\sqrt{(2\pi)^3}}e^{-\pi/2ka}\Gamma(1+\frac{i}{ka})e^{ikr\cos\theta}F(-\frac{i}{ka},1,2ikr\sin^2\frac{\theta}{2}) \tag{4.207}$$

が得られる．これが求める式である．

(4.202)を適用すれば，この関数の漸近形は直ちに分かり

$$u_{\boldsymbol{k}}^{(+)}(\boldsymbol{r}) \overset{r\to\infty}{\longrightarrow} \frac{1}{\sqrt{(2\pi)^3}}\left[e^{ikr\cos\theta}e^{iB}-\frac{e^{ikr}}{r}\frac{e^{i(2\sigma_0-B)}}{2k^2a\sin^2(\theta/2)}\right] \tag{4.208}$$

---

*6　いろいろな証明法が考えられるが，級数展開を使うのがもっとも簡単だろう．$c_\ell\chi_\ell(\xi')$ の超幾何級数展開式に $(1-e^{-2\pi\gamma})[\Gamma(-i\gamma)\Gamma(\ell+p+1+i\gamma)/(\ell+p)!]=\oint s^{-i\gamma-1}(1-s)^{\ell+p+i\gamma}ds$ を代入し(ただし，$\gamma=(ka)^{-1}$)，$j_\ell(\xi(1-s))$ の級数展開式を使えば，直ちにこの式が出てくる．

となる．ただし，$B=(ka)^{-1}\ln(2kr\sin^2(\theta/2))$．奇妙な位相 B が存在する歪んだ平面波と球面波であるが，この位相は $r\to\infty$ における確率流 $\boldsymbol{J}^{\mathrm{in}}$ と $\boldsymbol{J}^{\mathrm{sc}}$ には影響を与えない．短距離力の場合のように，散乱粒子流密度の入射粒子流密度に対する比を取れば，散乱断面積に対する Rutherford の公式

$$\sigma(\theta)=\frac{1}{(2k^2a\sin^2(\theta/2))^2}=\left(\frac{Zze^2}{2\mu v^2}\right)^2\frac{1}{\sin^4(\theta/2)} \qquad (4.209)$$

が得られる．面白いことに，この式には Planck 定数は含まれていない．したがって，古典力学の結果 (1.14) に一致するのは当然である．Coulomb 場の重要な特徴だ．

ここでは部分波展開の総和を求めて (4.207) に到達した．この解は直接方程式 (4.1) を解いても出てくる．典型的な方法としては放物線座標 $\zeta=r-z$, $\eta=r+z$, φ を使う解法がある．Coulomb 場に対する Schrödinger 方程式がこの座標変数によって変数分離型になることはよく知られており，比較的容易に解くことができる．

Coulomb 場問題はまことに不思議だ．Coulomb 場による量子力学的散乱の理論的解法はかなり厄介なのに，最後の結果では量子効果は消えてしまった．古典力学と同じ結果が出てくるのであった．また，第5章で説明するように，第1 Born 近似が正確な結果を与えてくれる．

ところで，Coulomb 場の散乱状態波動関数に対数型位相が出てくるのを嫌う人たちもいる．その背景には次のような事情がある．多くの場合，Coulomb 場を与える原子核は電子の雲に囲まれているので，その遮蔽効果のために十分遠方まで Coulomb 場が及んでいないと考えることができる．この事情のモデル化として，(4.162) のように $r>a$ ではゼロとなっているポテンシャルを採用しようというのである．Coulomb 場は $r<a$ だけで働くわけだ．こうすれば，$r\to\infty$ で奇妙な位相が現われることはない．散乱による位相のずれは ϵ を通して (4.164) によって得られる．a を十分大きく取っておけば，ϵ の計算に上記の漸近式を使うことができる．この方法でも同じ結果が出てくる．

演習問題

4-1　座標表示における束縛状態の Green 関数 $\langle \boldsymbol{r}|(E_\nu-\hat{H}_0)^{-1}|\boldsymbol{r}'\rangle$ を求め，積分方程式を具体的に書け．

4-2　座標表示における定在波条件 Green 関数 $\langle \boldsymbol{r}|\mathrm{P}(E_k-\hat{H}_0)^{-1}|\boldsymbol{r}'\rangle$ が (4.73) となることを示せ．

4-3　斥力3次元箱型ポテンシャル (4.161) の場合 ($V_0>0$)，$0<E<V_0$ に対する位相のずれを求めよ．

4-4　運動量表示を用いて Lippmann-Schwinger 方程式を書き表わせ．

4-5　前問において，ポテンシャルの運動量表示が $\langle \boldsymbol{k}|U|\boldsymbol{k}'\rangle=-gv(\boldsymbol{k})v(\boldsymbol{k}')$ と因数分解できる場合を Ymaguchi(山口) 型ポテンシャルという．とくに $v(\boldsymbol{k})=(k^2+\kappa^2)^{-1}$ の場合に対して散乱振幅を求めよ．なお，Yamaguchi(山口) 型ポテンシャルについては巻末文献 [13][15] を見るとよい．

4-6　部分波の r 依存性 $v_\ell(r)$ に対する方程式が1次元散乱問題に等価であることはすでに述べた．ただし，変数 r の変域が違うことや遠心力ポテンシャルが付加される点などに違いがある．この対応をもっとはっきりさせるには，変換 $r=k^{-1}e^x, v_\ell(r)=e^{\frac{1}{2}x}\tilde{v}_\ell(x)$ を用いるとよい．このとき，問題は完全に $k^2(x)\equiv e^{2x}(1-k^{-2}V(k^{-1}e^x))-(\ell+\dfrac{1}{2})^2$ をもつ1次元問題に帰着する．r の変域 $[0,\infty)$ は x の変域 $(-\infty,\infty)$ に変換され，境界条件 $v_\ell(0)=0$ は $\tilde{v}_\ell(-\infty)=0$ となる．この $\tilde{v}_\ell(x)$ に1次元WKB法を適用して，3次元散乱問題に対するWKB近似を求めよ．(なお，この問題については文献 [15] が詳しい.)

4-7　Born 近似の公式 (4.133) を引力箱型ポテンシャル (4.161)(負符号)に適用し，$ka\ll 1$, $U_0a^2\ll 1$ の場合の近似式を求めよ．さらに，その結果を同様な状況の厳密解 (4.170) と比較せよ．

4-8　電荷 ze，質量 μ の粒子が原点におかれた電荷 Ze，質量 M の粒子によって散乱される場合を考えよう．両者の間には Coulomb 場 $V=Zze^2/r$ だけが作用しているものとする．ただし，r は両者の距離である．この場合，相対座標 $\boldsymbol{r}$ についての Schrödinger 方程式は，放物線座標 $\xi=r-x$，$\zeta=r+x$，x 軸のまわりの回転角 φ を使って書くと変数分離型

$$\left[-\frac{4}{\xi+\zeta}\left(\frac{\partial}{\partial\xi}\xi\frac{\partial}{\partial\xi}+\frac{\partial}{\partial\zeta}\zeta\frac{\partial}{\partial\zeta}\right)-\frac{1}{\xi\zeta}\frac{\partial^2}{\partial\varphi^2}+\frac{(Zze^2\mu/k)}{\xi+\zeta}\right]u_k=k^2u_k \tag{4.210}$$

になり，正確に解くことができる(k は波数)．この場合，さらに $u_k=e^{ikx}f(\xi)$ とおくことができる．なぜならば，十分遠方で $f(\xi)\propto e^{ik\xi}=e^{ik(r-x)}$ となる解があることを予想すれば，u_k は遠方で境界条件「平面波+外向き球面波」に従うからである．f の方程式は

$$\xi\frac{d^2f}{d\xi^2}+(1-ik\xi)\frac{df}{d\xi}-(Zze^2\mu)f=0 \tag{4.211}$$

となり，原点での正則解は $F(\alpha,\beta,ik\xi)$ である．ただし，$\alpha=-i(Zze^2\mu/k)$，$\beta=1$．これから Rutherford 散乱公式が得られることを示せ．

5　定常状態問題における近似法

ここでは散乱問題の定常的扱いにおける近似法をまとめて説明する．摂動近似(Born 近似)については，すでにある程度の説明をしておいた．第3章と第4章の関係個所を見ていただきたい．

5-1　摂動論 I　Born 近似

一般に，運動エネルギー(非摂動ハミルトニアン $\hat{H}_0$)の効果が摂動ハミルトニアン(ポテンシャル $\hat{V}$)に勝るときは摂動論(Born 近似)が有効である．摂動論の出発点は，一般的記述では積分方程式 (4.27) とその摂動級数解 (4.31)，部分波解析では積分方程式 (4.138) とその摂動級数解 (4.142) である．とくに後者では，(4.133) によって位相のずれに対する第1 Born 近似の公式を与えておいた．この公式がよい結果を与えることは第4章の章末問題 **4–7** で知っている．ここでは主として一般的記述における摂動論を第1 Born 近似で調べよう．

摂動級数解 (4.31) を第2項

$$u_{\boldsymbol{k}}^{(1)}(\boldsymbol{r}) = -\frac{2\mu}{4\pi\hbar^2}\int\frac{1}{|\boldsymbol{r}-\boldsymbol{r}'|}e^{ik|\boldsymbol{r}-\boldsymbol{r}'|}V(\boldsymbol{r}')u_{\boldsymbol{k}}^{(0)}(\boldsymbol{r}')d^3\boldsymbol{r}' \tag{5.1}$$

で打ち切ったものを第1 Born 近似または単に Born 近似というのであった．この近似では散乱振幅 (4.29) と微分断面積 (4.30) は

$$
\begin{aligned}
F(\boldsymbol{k}', \boldsymbol{k}) &\simeq -2\pi^2 (u_{\boldsymbol{k}'}^{(0)}, U u_{\boldsymbol{k}}^{(0)}) \\
&= \frac{1}{4\pi}\left(\frac{2\mu}{\hbar^2}\right)\int e^{-i\boldsymbol{K}\cdot\boldsymbol{r}} V(\boldsymbol{r}) d^3\boldsymbol{r}
\end{aligned}
\tag{5.2}
$$

$$
\sigma(\boldsymbol{k}', \boldsymbol{k}) \simeq \frac{1}{v}\frac{2\pi}{\hbar}\left|\int e^{-i\boldsymbol{K}\cdot\boldsymbol{r}} V(\boldsymbol{r}) d^3\boldsymbol{r}\right|^2_{E_k = E_{k'}} \rho(E_k) \tag{5.3}
$$

となる．$\rho(E_k)$ は状態密度 (2.106)，$\boldsymbol{K} = \boldsymbol{k}' - \boldsymbol{k}$ は**運動量受渡し量** (momentum transfer) である．中心力場 $V(r)$ に対する散乱振幅の式 (5.2) において，$\boldsymbol{K}$ を極軸とする球座標を使い $\boldsymbol{r} = r(\sin\theta\cos\phi, \sin\theta\sin\phi, \cos\theta)$ と書いて積分を計算すれば，

$$
F(\theta) \simeq \frac{2\mu}{\hbar^2 K}\int_0^\infty V(r)\sin(Kr) r dr \tag{5.4}
$$

が得られる．これは後で検討しよう．なお，$K = \sqrt{(\boldsymbol{k}' - \boldsymbol{k})^2} = 2k\sin(\theta/2)$ で，$\theta = \angle(\boldsymbol{k}, \boldsymbol{k}')$ は散乱角である．

さて，Born 近似は，(5.1) の $u_{\boldsymbol{k}}^{(1)}$ が力のもっとも強い領域(原点付近)で第0近似 $u_{\boldsymbol{k}}^{(0)}$ に比べて十分小さい場合に成立するとみてよい．すなわち，Born 近似成立の条件は

$$
|u_{\boldsymbol{k}}^{(1)}(0)| = \frac{\mu}{2\pi\hbar^2}\left|\int \frac{1}{r'} e^{i(kr' + \boldsymbol{k}\cdot\boldsymbol{r}')} V(\boldsymbol{r}') d^3\boldsymbol{r}'\right| \frac{1}{\sqrt{(2\pi)^3}} \ll |u_{\boldsymbol{k}}^{(0)}(0)| = \frac{1}{\sqrt{(2\pi)^3}} \tag{5.5}
$$

である．話の筋道だけを語るため，ポテンシャルはおおよそ半径 a の球内でほぼ一定の値 V_0 をとり，その外ではゼロであると近似しよう．このとき (5.5) は大体

$$
\frac{\mu |V_0|}{\hbar^2 k}\left|\int_0^a (1 - e^{2ikr'}) dr'\right| \ll 1 \tag{5.6}
$$

となると考えてよい．短距離力に限定して，二つの極端な場合を想定しよう．

(a)　低エネルギー散乱の場合

まず，$ka \ll 1$ を満足する低エネルギー散乱の場合を取り上げる．(5.6) 左辺の積分において $e^{2ikr'} \simeq 1 + 2ikr'$ という近似が許されるから，(5.6) は

$$\frac{\mu|V_0|a^2}{\hbar^2} \ll 1 \tag{5.7}$$

となる．この条件は(ポテンシャルが引力の場合)，面白いことに，粒子を束縛できない条件におおよそ対応している．相手を束縛できないような弱い力では，その進路にも顕著な影響を与えられないというわけだ．何やら人生教訓めいている．

(b) 高エネルギー散乱の場合

逆に高エネルギー散乱の場合 $ka \gg 1$ を考えよう．このとき，(5.6) 左辺の積分において $e^{2ikr'}$ は激しく振動するため無視することができる(Riemann-Lebesgue の定理)．したがって，(5.6) は

$$\frac{\mu|V_0|a}{\hbar^2 k} = \frac{|V_0|a}{\hbar v} \ll 1 \tag{5.8}$$

となる．左辺を書き直せば $\hbar^{-1}|V_0|(a/v)$ であるが，これは，入射粒子がポテンシャル領域を通り抜ける際の位相のずれが小さくなければならないという条件に他ならない．いずれにしても，高エネルギー散乱の場合は速度が十分大きければ，Born 近似は成立する．しかし，一見そのように見えるが，高次 Born 近似を計算してみると分かるように，実は Born 近似はそれほどよくない．Born 近似よりもよい近似法が，後で説明するアイコナル近似である．もっとも，すでに述べたように，部分波展開の場合の Born 近似はよい結果を与えることが分かっている(第 4 章の章末問題 **4–7** を見よ)．

いずれも，始めに予想したとおり，ポテンシャルの効果があまり大きくないときに役立つ近似であった．

(c) 箱型ポテンシャルに対する Born 近似

3 次元箱型ポテンシャル (4.161) の場合の散乱振幅に対する Born 近似式 (5.4) は，簡単な積分計算によって

$$F(\theta) = \frac{2\mu V_0}{\hbar^2} K^{-3}(\sin Ka - Ka\cos Ka) \tag{5.9}$$

となることが分かる．この絶対値 2 乗が弾性散乱微分断面積を与えることはいうまでもない．その全角度積分は弾性散乱全断面積である．いずれも計算は簡

単だ．

(d)　Coulomb 場に対する Born 近似

散乱振幅の Born 近似式 (5.4) をそのまま Coulomb ポテンシャル $V(r)=G_0r^{-1}$ に適用することはできない(Rutherford 散乱の場合は $G_0=Zze^2$)．積分が不定になってしまうからである．そのため，しばしば，収束因子を導入してポテンシャルを $V(r)=G_0r^{-1}e^{-\kappa r}$ と変形しておく便法が採用されている．これは**遮蔽された Coulomb 場**であり，むしろ物理的実態に合っているという考えもある．もちろん，遮蔽半径 $a=\kappa^{-1}$ は十分大きく，κ は十分小さく取らなければならない．こうしておけば，(5.4) は

$$F(\theta)=\frac{2\mu G_0}{\hbar^2}\frac{1}{K^2+\kappa^2} \tag{5.10}$$

となり，$\kappa\to 0$ で確定値をもつ．Rutherford 散乱の場合，この式は弾性散乱微分断面積に対する Rutherford の公式 (4.209) を与える．第1 Born 近似が正確な結果に一致してしまったわけである．

5-2　摂動論 II　歪形波 Born 近似♯

これまでは $\hat{H}_0$ として運動エネルギー演算子をとり，その固有関数である平面波がポテンシャル $\hat{V}$ で散乱される問題を考えた．ここでは $\hat{V}=\hat{V}_0+\hat{V}'$ のように相互作用が2種類ある場合を議論しよう．そのとき，全ハミルトニアンが

$$\hat{H}=\hat{H}_0'+\hat{V}'\ ,\quad \hat{H}_0'=\hat{H}_0+\hat{V}_0 \tag{5.11}$$

のように分解できて，$\hat{H}_0'$ の全固有値問題

$$\hat{H}_0'|\zeta_\lambda\rangle=E_\lambda|\zeta_\lambda\rangle \tag{5.12}$$

が解けているものと想定する．とくに $\hat{H}_0'$ に対する Lippmann-Schwinger の方程式

$$|\zeta_{\boldsymbol{k}}^{(\pm)}\rangle=|u_{\boldsymbol{k}}^{(0)}\rangle+\frac{1}{E_k-\hat{H}_0\pm i\epsilon}\hat{V}_0|\zeta_{\boldsymbol{k}}^{(\pm)}\rangle \tag{5.13}$$

を満足する $\hat{H}_0'$ の散乱状態固有関数 $|\zeta_{\boldsymbol{k}}^{(\pm)}\rangle$ が知られているものとする．この $|\zeta_{\boldsymbol{k}}^{(\pm)}\rangle$ によって，全ハミルトニアン $\hat{H}$ の散乱状態固有関数 $|u_{\boldsymbol{k}}^{(\pm)}\rangle$ を求めよう

というのが歪形波 Born 近似の目的である．なお，以下の諸式が成立する：

$$|\zeta_{\boldsymbol{k}}^{(\pm)}\rangle = \frac{\pm i\epsilon}{E_k - \hat{H}_0' \pm i\epsilon}|u_{\boldsymbol{k}}^{(0)}\rangle \tag{5.14}$$

$$= |u_{\boldsymbol{k}}^{(0)}\rangle + \frac{1}{E_k - \hat{H}_0' \pm i\epsilon}\hat{V}_0|u_{\boldsymbol{k}}^{(0)}\rangle\ , \tag{5.15}$$

$$\langle u_{\boldsymbol{k}'}^{(0)}|\hat{S}_0|u_{\boldsymbol{k}}^{(0)}\rangle = \langle \zeta_{\boldsymbol{k}'}^{(-)}|\zeta_{\boldsymbol{k}}^{(+)}\rangle \tag{5.16}$$

$$= \delta^3(\boldsymbol{k}'-\boldsymbol{k}) - 2\pi i\delta(E_{k'}-E_k)\langle u_{\boldsymbol{k}'}^{(0)}|\hat{V}_0|\zeta_{\boldsymbol{k}}^{(+)}\rangle \tag{5.17}$$

$$= \delta^3(\boldsymbol{k}'-\boldsymbol{k}) - 2\pi i\delta(E_{k'}-E_k)\langle \zeta_{\boldsymbol{k}'}^{(-)}|\hat{V}_0|u_{\boldsymbol{k}}^{(0)}\rangle\ . \tag{5.18}$$

$\hat{S}_0$ は $\hat{H'}_0 = \hat{H}_0 + \hat{V}_0$ だけによる散乱問題の S 行列である．

さて，全ハミルトニアン $\hat{H}$ の散乱状態固有関数の式

$$|u_{\boldsymbol{k}}^{(\pm)}\rangle = \frac{\pm i\epsilon}{E_k - \hat{H'}_0 - \hat{V'} \pm i\epsilon}|u_{\boldsymbol{k}}^{(0)}\rangle \tag{5.19}$$

において，恒等式

$$\frac{1}{E_k - \hat{H'}_0 - \hat{V'} \pm i\epsilon} - \frac{1}{E_k - \hat{H'}_0 \pm i\epsilon} = \frac{1}{E_k - \hat{H'}_0 - \hat{V'} \pm i\epsilon}\hat{V'}\frac{1}{E_k - \hat{H'}_0 \pm i\epsilon}$$

と (5.14) を使えば

$$|u_{\boldsymbol{k}}^{(\pm)}\rangle = |\zeta_{\boldsymbol{k}}^{(\pm)}\rangle + \frac{1}{E_k - \hat{H} \pm i\epsilon}\hat{V'}|\zeta_{\boldsymbol{k}}^{(\pm)}\rangle \tag{5.20}$$

が得られる．この右辺第 2 項に恒等式

$$\frac{1}{E_k - \hat{H} \pm i\epsilon} = \frac{1}{E_k - \hat{H'}_0 \pm i\epsilon} + \frac{1}{E_k - \hat{H'}_0 \pm i\epsilon}\hat{V'}\frac{1}{E_k - \hat{H'} \pm i\epsilon}$$

を代入すれば，

$$\frac{1}{E_k - \hat{H} \pm i\epsilon}\hat{V'}|\zeta_{\boldsymbol{k}}^{(\pm)}\rangle = \frac{1}{E_k - \hat{H'}_0 \pm i\epsilon}\hat{V'}\left[|\zeta_{\boldsymbol{k}}^{(\pm)}\rangle + \frac{1}{E_k - \hat{H} \pm i\epsilon}\hat{V'}|\zeta_{\boldsymbol{k}}^{(\pm)}\rangle\right]$$

となるが，大括弧内は (5.20) 自身によって $|u_{\boldsymbol{k}}^{(\pm)}\rangle$ に等しい．こうして歪形波 Lippmann-Schwinger 方程式

$$|u_{\boldsymbol{k}}^{(\pm)}\rangle = |\zeta_{\boldsymbol{k}}^{(\pm)}\rangle + \frac{1}{E_k - \hat{H'}_0 \pm i\epsilon}\hat{V'}|u_{\boldsymbol{k}}^{(\pm)}\rangle \tag{5.21}$$

が得られる．

この積分方程式を逐次代入法によって解けば，$|\zeta_{\boldsymbol{k}}^{(\pm)}\rangle$ を非摂動項とし，$\hat{V}'$ を摂動相互作用とする摂動級数

$$|u_{\boldsymbol{k}}^{(\pm)}\rangle = |\zeta_{\boldsymbol{k}}^{(\pm)}\rangle + \frac{1}{E_k - \hat{H}'_0 \pm i\epsilon}\hat{V}'|\zeta_{\boldsymbol{k}}^{(\pm)}\rangle + \frac{1}{E_k - \hat{H}'_0 \pm i\epsilon}\hat{V}'\frac{1}{E_k - \hat{H}'_0 \pm i\epsilon}\hat{V}'|\zeta_{\boldsymbol{k}}^{(\pm)}\rangle + \cdots \tag{5.22}$$

が得られる．この第2項が歪形波 Born 近似と呼ばれているものである．非摂動項 $|\zeta_{\boldsymbol{k}}^{(\pm)}\rangle$ が平面波ではなく $\hat{V}_0$ によって歪んでいるので，この名前がつけられた．略称 **DWBA**(distorted wave Born approximation) といわれてよく使われている．

この取り扱いでの S 行列要素の表式を求めておこう．もちろん，(4.54) は $\hat{V} = \hat{V}_0 + \hat{V}'_0$ に対して正しい．すなわち，

$$\langle u_{\boldsymbol{k}'}^{(0)}|\hat{S}|u_{\boldsymbol{k}}^{(0)}\rangle = \delta^3(\boldsymbol{k}' - \boldsymbol{k}) - 2\pi i\delta(E_{k'} - E_k)\langle u_{\boldsymbol{k}'}^{(0)}|\hat{V}_0 + \hat{V}'|u_{\boldsymbol{k}'}^{(+)}\rangle \tag{5.23}$$

であるが，$\langle u_{\boldsymbol{k}'}^{(0)}|\hat{V}'|u_{\boldsymbol{k}'}^{(+)}\rangle$ の $\langle u_{\boldsymbol{k}'}^{(0)}|$ に対して (5.15) を使えば，

$$\langle u_{\boldsymbol{k}'}^{(0)}|\hat{V}'|u_{\boldsymbol{k}}^{(+)}\rangle = \langle \zeta_{\boldsymbol{k}'}^{(-)}|\hat{V}'|u_{\boldsymbol{k}}^{(+)}\rangle - \langle u_{\boldsymbol{k}'}^{(0)}|\hat{V}_0\frac{1}{E_{k'} - \hat{H}'_0 + i\epsilon}\hat{V}'|u_{\boldsymbol{k}}^{(+)}\rangle$$

となる．右辺第2項の $E_{k'}$ は前にある因子 $\delta(E_{k'} - E_k)$ のおかげで E_k とおいてよい．さらに (5.21) を用いて

$$\frac{1}{E_{k'} - \hat{H}'_0 + i\epsilon}\hat{V}'|u_{\boldsymbol{k}}^{(+)}\rangle = |u_{\boldsymbol{k}}^{(+)}\rangle - |\zeta_{\boldsymbol{k}}^{(+)}\rangle$$

とすれば，(5.23) は

$$\begin{aligned}\langle u_{\boldsymbol{k}'}^{(0)}|\hat{S}|u_{\boldsymbol{k}}^{(0)}\rangle &= \delta^3(\boldsymbol{k}' - \boldsymbol{k}) - 2\pi i\delta(E_{k'} - E_k)\Big[\langle u_{\boldsymbol{k}'}^{(0)}|\hat{V}_0|\zeta_{\boldsymbol{k}}^{(+)}\rangle + \langle \zeta_{\boldsymbol{k}'}^{(-)}|\hat{V}'_0|u_{\boldsymbol{k}}^{(+)}\rangle\Big] \\ &= \langle \zeta_{\boldsymbol{k}'}^{(-)}|\zeta_{\boldsymbol{k}}^{(+)}\rangle - 2\pi i\delta(E_{k'} - E_k)\langle \zeta_{\boldsymbol{k}'}^{(-)}|\hat{V}'|u_{\boldsymbol{k}}^{(+)}\rangle\end{aligned} \tag{5.24}$$

となる．この式において，右辺第1項は $\hat{V}' = 0$ の場合の S 行列であり，第2項が $\hat{V}'$ の効果を表わしている．したがって，歪形波 Born 近似の S 行列要素は

$$\langle u_{\boldsymbol{k}'}^{(0)}|\hat{S}|u_{\boldsymbol{k}}^{(0)}\rangle \simeq \langle \zeta_{\boldsymbol{k}'}^{(-)}|\zeta_{\boldsymbol{k}}^{(+)}\rangle - 2\pi i\delta(E_{k'} - E_k)\langle \zeta_{\boldsymbol{k}'}^{(-)}|\hat{V}'|\zeta_{\boldsymbol{k}}^{(+)}\rangle \tag{5.25}$$

となる．(5.24) と (5.25) の左端には，外向き波条件の固有ベクトルではなく，内向き波条件の固有ベクトルが出てくることに注意していただきたい．一見奇妙に見えるかもしれないが，数学的にも物理的にも，これが正しい．

特殊な問題では，$\langle\zeta_{\boldsymbol{k}'}^{(-)}|\zeta_{\boldsymbol{k}}^{(+)}\rangle=0$ となることがある．ポテンシャル散乱だけならば，そのようなことはないが，電子と原子の衝突による光の制動放出の場合にはそうなる．そのとき，$\hat{V}_0$ は電子に作用する原子核の Coulomb 場ポテンシャル，$\hat{V}'$ は電子と電磁場との相互作用ハミルトニアンであり，初期状態 $|u_{\boldsymbol{k}}^{(0)}\rangle$ や $|\zeta_{\boldsymbol{k}}^{(+)}\rangle$ は光子数 0，終期状態 $|u_{\boldsymbol{k}'}^{(0)}\rangle$ や $|\zeta_{\boldsymbol{k}'}^{(-)}\rangle$ は光子数 1 の状態である．したがって $\langle\zeta_{\boldsymbol{k}'}^{(-)}|\zeta_{\boldsymbol{k}}^{(+)}\rangle=0$ となり，S 行列は $\langle\zeta_{\boldsymbol{k}'}^{(-)}|\hat{V}'|u_{\boldsymbol{k}}^{(+)}\rangle$ だけで表わされる．

5-3 変分法♯

摂動論を補完する近似法としては，古くから**変分法** (variational method) がある．これは運動法則に対する変分原理と結びついていた．まず，束縛状態の固有値方程式

$$\hat{H}|u_\nu\rangle = E_\nu|u_\nu\rangle \tag{5.26}$$

に対する変分原理から説明しよう．$\hat{H}$ がハミルトニアン演算子である．この方程式を眺めながら，関数 u の汎関数

$$I[u] = \frac{(u, \hat{H}u)}{(u, u)}\ , \quad \text{または}\quad I[u] = \frac{\langle u|\hat{H}|u\rangle}{\langle u|u\rangle} \tag{5.27}$$

をつくる．$|u\rangle$ または $\langle u|$ は c 数関数 u に相当する抽象（ケット，ブラ）ベクトルである．汎関数 $I[u]$ はベクトル $|u\rangle$ が固有値方程式 (5.26) を満足するときは値 E_ν をもつ．しかも，関数 u の微小変化 $u\to u+\delta u$ による $I[u]$ の (第 1) 変分は

$$\begin{aligned}\delta I[u] &\equiv I[u+\delta u]-I[u]\\ &= \frac{\langle\delta u|\hat{H}|u\rangle+\langle u|\hat{H}|\delta u\rangle}{\langle u|u\rangle}-\frac{\langle u|\hat{H}|u\rangle}{\langle u|u\rangle}\frac{\langle\delta u|u\rangle+\langle u|\delta u\rangle}{\langle u|u\rangle}\\ &= \frac{1}{\langle u|u\rangle}(\langle\delta u|\hat{H}-I[u]|u\rangle+\langle u|\hat{H}-I[u]|\delta u\rangle)\end{aligned} \tag{5.28}$$

であるので，$|u\rangle$ が方程式 (5.26) を満足するとき，この第1変分がゼロとなって $I[u]$ が極値(最小値，または最大値，または停留値)を取ることを知る．いうまでもなく，その極値は固有値 $E_\nu = \langle u_\nu|\hat{H}|u_\nu\rangle$ に等しい．この経過において，第1変分がゼロになるという点が重要である．したがって，$I[u]$ に正確には固有関数 u_ν に等しくない関数 $u = u_\nu + \epsilon v$ を入れたとしても，汎関数 $I[u]$ は固有値の正確な値 E_ν から ϵ^2 程度しか違わない値を出してくれる．汎関数 $I[u]$ に入れる関数を試行関数というが，試行関数が ϵ の程度の誤差をもっているとしても，変分式 $I[u]$ の与える固有値近似式の誤差は自動的に ϵ^2 程度に減っているというわけである．すなわち，汎関数式 $I[u]$ は，近似程度のあまりよくない試行関数を用いても，固有値に対しては改善された近似値を与えてくれる．これが汎関数式 (5.27) を用いる変分法による近似計算であった．ただし，多くの場合，汎関数式は最小値を与えるように作られているので(任意増分 Δu に対して $I[u+\Delta u] \geqq I[u]$ である場合)，この方式の変分法は最低固有値に対する上からの近似を与える．励起状態固有値に対する変分法も考えられているが，ここでは深入りしない．

別の変分法を紹介しておこう．ハミルトニアンが $\hat{H} = \hat{H}_0 + g\hat{V}$ であるときの変分法である．g は相互作用(ポテンシャル)の強さを表わすパラメーターである．この場合の固有値方程式は積分方程式

$$|u_\nu\rangle = g\frac{1}{E_\nu - \hat{H}_0}\hat{V}|u_\nu\rangle \tag{5.29}$$

として書き直すことができる*1．これを眺めながら汎関数式

$$G[u] \equiv \frac{\langle u|\hat{V}|u\rangle}{\langle u|\hat{V}\dfrac{1}{E-\hat{H}_0}\hat{V}|u\rangle} \tag{5.30}$$

について考えよう．試行関数 u が方程式 (5.29) を満足するとき，汎関数 $G[u]$ は極値として g を取る．すなわち，微小変化 $u \to u + \delta u$ に対する $G[u]$ の第1変分は u が (5.29) の解のときゼロになる．一般に，ハミルトニアンを与えれ

---

*1　束縛状態エネルギー E_ν は $\hat{H}_0$ のスペクトルの外にあり，右辺の逆演算子が存在する．

ば固有値 E_ν が決まるが，これはパラメーター g の関数である．g を未知数と見てこの関係を言い直せば，g は固有値 E_ν の関数である．汎関数式 (5.30) は，固有値 E を与えて試行関数 u の変分をとったとき，u が方程式 (5.29) を満足する場合に極値をとり，その値が正しい g の値を与える．したがって，誤差 ϵ を含む試行関数を使って $G[u]$ を計算しても，正確な値 g とは ϵ^2 しか違わない近似値が得られる．任意増分 Δu に対して $G[u+\Delta u] \leqq G[u]$ であれば (そうなっている場合が多い)，(5.30) は g に対する下からの近似を与える．(5.30) の場合，試行関数 u にいつも V が掛けられている点が有利である．そのため，ポテンシャル内だけの狭い領域で波動関数を近似する試行関数を選べばよいからだ．これに対して，(5.27) では全領域で波動関数を近似する試行関数をつくる必要があった．なお，(5.27) および (5.30) はともに試行関数の規格化定数には依存していない．この性質は具体的な近似計算にとって重要である．

このような変分法は散乱問題に対しても工夫されている．束縛状態の場合，エネルギー固有値を標的にして変分汎関数が作られたが，散乱問題では標的は散乱振幅(またはT行列要素) である．いうまでもなく，基礎方程式は散乱状態固有関数に対する Lippmann-Schwinger 方程式 (4.45)，すなわち

$$|u_{\boldsymbol{k}}^{(\pm)}\rangle = |u_{\boldsymbol{k}}^{(0)}\rangle + \frac{1}{E_k - \hat{H}_0 \pm i\epsilon}\hat{V}|u_{\boldsymbol{k}}^{(\pm)}\rangle \tag{5.31}$$

である．標的である散乱振幅を与えるT行列要素は

$$\langle u_{\boldsymbol{k}'}^{(0)}|\hat{T}|u_{\boldsymbol{k}}^{(0)}\rangle = \langle u_{\boldsymbol{k}'}^{(0)}|\hat{V}|u_{\boldsymbol{k}}^{(+)}\rangle = \langle u_{\boldsymbol{k}'}^{(-)}|\hat{V}|u_{\boldsymbol{k}}^{(0)}\rangle \tag{5.32}$$

であるから(ただし，$k'=k$)，変分法の基礎を与える汎関数は

$$I[u] \equiv \frac{\langle u_{\boldsymbol{k}'}^{(-)}|\hat{V}|u_{\boldsymbol{k}}^{(0)}\rangle\langle u_{\boldsymbol{k}'}^{(0)}|\hat{V}|u_{\boldsymbol{k}}^{(+)}\rangle}{\langle u_{\boldsymbol{k}'}^{(-)}|\hat{V} - \hat{V}\dfrac{1}{E - \hat{H}_0 \pm i\epsilon}\hat{V}|u_{\boldsymbol{k}}^{(+)}\rangle} \tag{5.33}$$

によって与えられることが分かる(ただし，$k'=k$)．なぜならば，微小変化 $u_{\boldsymbol{k}}^{(+)} \to u_{\boldsymbol{k}}^{(+)} + \delta u_{\boldsymbol{k}}^{(+)}$ (または $u_{\boldsymbol{k}}^{(-)} \to u_{\boldsymbol{k}}^{(-)} + \delta u_{\boldsymbol{k}}^{(-)}$)対して，この汎関数の第1変分が方程式 (5.31) の解のところでゼロになり，汎関数自身は極値 $I[u] = \langle u_{\boldsymbol{k}'}^{(0)}|\hat{V}|u_{\boldsymbol{k}}^{(+)}\rangle$ を与えるからだ．これが散乱振幅に対する変分原理式なのである．これ以外の変分原理式も可能であり，いろいろ考えられている．

中心力の場合は，散乱の位相のずれを標的にした変分法の方が便利かもしれない．たとえば，ℓ 番目部分波 $\overline{\chi}_\ell$ に対しては，次の汎関数が考えられている：

$$I[\overline{\chi}_\ell] \equiv \frac{J_1[\overline{\chi}_\ell]}{J_2[\overline{\chi}_\ell]} \ . \tag{5.34}$$

ただし，

$$J_1[\overline{\chi}_\ell] \equiv \int_0^\infty \overline{\chi}_\ell(kr)\frac{2\mu}{\hbar^2}V(r)j_\ell(kr)r^2dr \cdot \int_0^\infty j_\ell(kr)\frac{2\mu}{\hbar^2}V(r)\overline{\chi}_\ell(kr)r^2dr \ , \tag{5.35}$$

$$J_2[\overline{\chi}_\ell] \equiv \int_0^\infty \overline{\chi}_\ell(kr)\frac{2\mu}{\hbar^2}V(r)\overline{\chi}_\ell(kr)r^2dr - \int_0^\infty\int_0^\infty \overline{\chi}_\ell(kr)\frac{2\mu}{\hbar^2}V(r)\mathcal{G}_\ell(r,r';k) \cdot\frac{2\mu}{\hbar^2}V(r')\overline{\chi}_\ell(kr')r^2drr'^2dr' \ . \tag{5.36}$$

基礎方程式は (4.138) であり，Green 関数 $\mathcal{G}_\ell(r,r';k)$ の説明もそこにある．その解に対しては汎関数 $I[\overline{\chi}_\ell]$ は極値

$$-\frac{1}{k}\tan\delta_\ell \tag{5.37}$$

を取ることが分かる．(5.34) が位相のずれ$(-k^{-1}\tan\delta_\ell)$に対する変分原理式である．

変分原理にもとづく近似法は一時盛んに研究された．しかし，最近はコンピューターによる計算が発達したためか，一頃の勢いはない．それでもいろいろな意味で重要な研究分野である．詳しくは巻末文献 [10][11] を見ていただきたい．

5-4　低エネルギー散乱の有効レンジ理論

ふたたび，短距離力による低エネルギー散乱を考えよう．原点付近におかれた固定中心力(ポテンシャルは $V(r)$)による波数 k の入射粒子の弾性散乱を扱う．この問題は，すでに何回も指摘したように，同じポテンシャルが2粒子間の力を表わす場合の2粒子弾性散乱(その系の重心系における一方の粒子の弾性散乱)に等価であった．この節では，その散乱がポテンシャルの強さと力の

到達距離に対応する2個のパラメーターだけで完全に記述され，ポテンシャルの形の詳細には依存しないことを示す．言い換えれば，短距離力による低エネルギー散乱の実験からは，粒子間力ポテンシャルの詳しい知識は得られないということだ．戦後間もなくの頃，原子核物理学の興味は原子核を構成している核子(陽子や中性子)間の力(核力)の解明にあった．核力は典型的な短距離力である．核力の研究には，重水素原子核(陽子と中性子の束縛状態)と核子同士の散乱[*2]が用いられたが，その理論的中心がこれから説明する**有効レンジ理論**だったのである．まずは核子同士の低エネルギー散乱を念頭において，この理論を説明しよう．

この場合，S波散乱だけが現われる．$v=v_0$ の基礎方程式は(4.115)において $\ell=0$ とおいたものであるから，境界条件とともにまとめて書けば

$$-\frac{d^2v}{dr^2}+U(r)v=k^2v,\ U=\frac{2\mu}{\hbar^2}V, \tag{5.38}$$

$$r=0 \text{ に対して } v(r)=0\ , \tag{5.39}$$

$$r\to\infty \text{ に対して } \overline{v}^{(0)}(r)=\frac{1}{\sin\delta}\sin(kr+\delta) \tag{5.40}$$

である($E=\hbar^2k^2/2\mu$)．$\overline{v}^{(0)}(r)$ が自由粒子方程式

$$-\frac{d^2\overline{v}^{(0)}}{dr^2}=k^2\overline{v}^{(0)} \tag{5.41}$$

を満足することはいうまでもない．δ はS波の位相のずれであり，関数 $\overline{v}^{(0)}(r)$ は $\overline{v}^{(0)}(0)=1$ となるように規格化しておいた．

ここで $k\to0$ の極限を取ろう．方程式(5.38)と規格化 $\overline{v}^{(0)}(0)=1$ によって，この場合の解は

$$\overline{v}^{(0)}(r)=1-\frac{r}{\alpha} \tag{5.42}$$

である．α は定数．(5.42)は一般的な漸近解(5.40)

$$\overline{v}^{(0)}(r)=\cos kr+\cot\delta\sin(kr) \tag{5.43}$$

---

*2 陽子同士の散乱には核力の他にCoulomb力が現われるので複雑になる．ここでは取り上げない．

の $k \to 0$ に対する極限だから，定数 α と位相のずれとの関係として

$$\lim_{k\to 0} \frac{1}{k} \tan\delta = -\alpha \tag{5.44}$$

が成立する．したがって，低エネルギー極限($k \to 0$)では，散乱の断面積は

$$\sigma(= \frac{4\pi}{k^2} \sin^2\delta) = 4\pi\alpha^2 \tag{5.45}$$

と書くことができる．すなわち，α は(4.186)で導入した**散乱長**(scattering length)に他ならない．引力ならば $\alpha > 0$，斥力ならば $\alpha < 0$．物理的役割もすでにそこで説明しておいた．なお，(5.44)が成立するので，低エネルギー極限でのS波位相のずれは k に比例することが分かるが，これは(4.132)の特別な場合である．

以上は $k=0$ の極限であった．次に，k が小さいがゼロでない場合を考えよう．その場合の解を $v(r)$，$k=0$ に対する解を v_0 とすれば，方程式は

$$-\frac{d^2v}{dr^2} + Uv = k^2 v\ , \quad -\frac{d^2v_0}{dr^2} + Uv_0 = 0$$

となるから($U = (2\mu/\hbar^2)V$)，第1式に v_0，第2式に v をかけて辺々引き算すると次式が得られる：

$$\frac{d}{dr}(v\frac{dv_0}{dr} - \frac{dv}{dr}v_0) = k^2 v v_0\ .$$

同様に

$$\frac{d}{dr}(\overline{v}^{(0)}\frac{d\overline{v}_0^{(0)}}{dr} - \frac{d\overline{v}^{(0)}}{dr}\overline{v}_0^{(0)}) = k^2 \overline{v}^{(0)}\overline{v}_0^{(0)}$$

も得られる．したがって，

$$\frac{d}{dr}[(\overline{v}^{(0)}\frac{d\overline{v}_0^{(0)}}{dr} - \frac{d\overline{v}^{(0)}}{dr}\overline{v}_0^{(0)}) - (v\frac{dv_0}{dr} - \frac{dv}{dr}v_0)] = k^2(\overline{v}^{(0)}\overline{v}_0^{(0)} - vv_0) \tag{5.46}$$

が成立する．この式を $[0,\infty)$ にわたって積分しよう．左辺において，$r \to \infty$ のとき $v \to \overline{v}^{(0)}$ となることを使えば，$r \to \infty$ の項は出てこない．すなわち，

$$-[(\overline{v}^{(0)}\frac{d\overline{v}_0^{(0)}}{dr}-\frac{d\overline{v}^{(0)}}{dr}\overline{v}_0^{(0)})-(v\frac{dv_0}{dr}-\frac{dv}{dr}v_0)]_{r=0}=k^2\int_0^\infty(\overline{v}^{(0)}\overline{v}_0^{(0)}-vv_0)dr \tag{5.47}$$

となるが，ここに $r=0$ の場合の性質

$$v=v_0=0\ ,\quad \overline{v}^{(0)}=\overline{v}_0^{(0)}=1\ ,$$
$$\frac{d\overline{v}^{(0)}}{dr}=k\cot\delta\ ,\quad \frac{d\overline{v}_0^{(0)}}{dr}=-\frac{1}{\alpha}$$

を代入すれば，正確な式

$$k\cot\delta=-\frac{1}{\alpha}+k^2\int_0^\infty(\overline{v}^{(0)}\overline{v}_0^{(0)}-vv_0)dr \tag{5.48}$$

が出てくる．ここまでは近似は一切使っていない．

この式を観察する際，$\sin\delta$ が k の奇関数であることを思い出そう．したがって，$k\cot\delta$ は k の偶関数である．すなわち，k^2 の関数であり，しかも $k^2=0$ で有限確定値 $-1/\alpha$ を取る．したがって，$k\cot\delta$ は k^2 のベキ級数に展開できるのである．このベキ展開の第2項は(5.48)の積分内で $k=0$ とおいて得られる．こうして

$$k\cot\delta=-\frac{1}{\alpha}+\frac{1}{2}r_{\mathrm{e}}k^2+O(k^4) \tag{5.49}$$

が得られる．ただし，

$$r_{\mathrm{e}}\equiv 2\int_0^\infty(\overline{v}_0^{(0)2}-v_0^2)dr \tag{5.50}$$

とおいた．これを(力の) **有効レンジ** (effective range) という．その物理的意味は力が $k=0$ の波動関数に及ぼす効果を見れば分かる．図5-1を見ていただきたい．力の影響が及ばないところでは，$v_0\to\overline{v}_0^{(0)}$ となるから，(5.50)の非積分関数はゼロとなる．したがって，r_{e} は力の有効レンジ(有効到達距離)を表わすものと考えられる．図5-1を見れば明らかなように，普通のポテンシャル散乱では r_{e} は正の量である．

(5.49)を中心とする近似理論を有効レンジ理論という．この近似が妥当であれば，短距離力による低エネルギー散乱は2個のパラメーター(散乱長 α と有

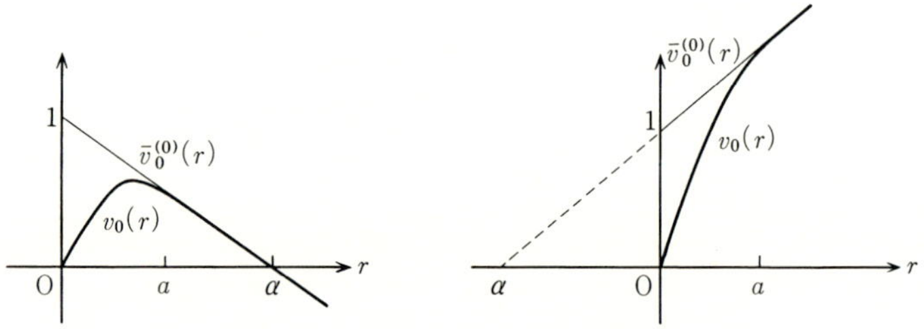

(a) $\alpha>0$ の場合　　(b) $\alpha<0$ の場合

図 5-1　波動関数と散乱長，有効レンジ

効レンジ r_e) で完全に記述される．逆にいえば，実験で決めることができるのは散乱長と有効レンジだけである．同じ散乱長と有効レンジを与えるようなポテンシャルは無数にあることはいうまでもない．したがって，実験によって S 波散乱の位相のずれを知っても，それで分かるのはポテンシャルの強さと到達距離に対応する散乱長と有効レンジだけであり，形の詳細は分からない．その意味で，この理論は**形状独立近似**(shape independent approximation)と呼ばれている．陽子・中性子散乱の場合でいえば，エネルギーが 10 MeV 程度までのところではこの近似は極めてよく，$k\cot\delta$ は k^2 に対してほとんど完全に直線状の変化を与える．直線からのずれを表わす $O(k^4)$ 以上の項を形状依存項という．なお，$k\cot\delta$ によって全断面積を書き直せば

$$\sigma = \frac{4\pi}{k^2+k^2\cot^2\delta} \tag{5.51}$$

である．

5-5　陽子・中性子系の場合

有効レンジ理論は 2 核子系へのアプローチを目標にして工夫されたものだが，もう 1 段階の補足が必要である．それは核子がスピンをもっているからだ．7-2 節で示すようにスピン 1/2 の粒子 2 個からなる系のスピン状態は 1 重項状態 (s-状態) と 3 重項状態(t-状態)がある．したがって，低エネルギー S 波散乱

には，$^1S_0$ 状態と $^3S_1$ 状態があり，その各々について散乱長(α_s，α_t)と有効レンジ($r_{e,s}$，$r_{e,t}$)をもつ有効レンジ理論を作らなければならない．左上の数字 1 と添字 s は 1 重項状態を，左上の数字 3 と添字 t は 3 重項状態を示し，右下の数字 0 と 1 は合成されたスピン角運動量を示す．しかし，陽子・陽子または中性子・中性子低エネルギー散乱には 1 重項状態しか存在しない．2 個の同種フェルミオン系だから明らかであり，説明を要しないと思う．陽子・中性子散乱ではすべてが現われる．

さて，実験によれば，$\alpha_s < 0$，$\alpha_t > 0$ であるから，$^3S_1$ 状態の核力は引力 ($^1S_0$ 状態では斥力) であり，束縛状態の存在が期待される．実際，陽子・中性子系の $^3S_1$ 状態には束縛状態 (重水素原子核) があることが知られている．陽子と中性子の質量差は各自の質量(M)に比べて無視することができるので，換算質量は $\mu = M/2$ である．いま，束縛状態エネルギーを $E_B = -\kappa^2\hbar^2/M$ とすれば，この状態の波動関数の広がりは

$$r_B = \frac{1}{\kappa} = \frac{\hbar}{\sqrt{M|E_B|}} \tag{5.52}$$

の程度と考えてよい．束縛エネルギー $|E_B| \simeq 2$ MeV は極めて小さく，r_B はかなり大きいので，重水素核はルーズな結合状態といえる．一方，3-2 節(b)の議論の延長として，この束縛状態波動関数は S 波波動関数を解析接続 $k \to i\kappa$ によって，S 行列要素 $S(k)$ の極($\cot\delta = i$ のところ．これを $k = i\kappa$ とおけば，$k\cot\delta \simeq -\kappa$)に移行させることによって得られると考えられる．$|E_B|$ が十分小さいときは，有効レンジ近似 (5.49) は束縛状態極の周りでも成立すると見てよい．すなわち，

$$-\frac{1}{r_B} \simeq -\frac{1}{\alpha_t} + \frac{1}{2} r_e \kappa^2 . \tag{5.53}$$

$^1S_0$ 状態ではどうか？　ちょっと考えるとこの核力は斥力だから，何事もないように見える．しかし，散乱長は負ではあるが，異常に大きい．この事実は，この状態の核力がもう少し引力寄りであったならば，束縛状態ができたのではないかと思わせるに十分である．このような状態を**仮想準位**(virtual lebel)の状態という．仮想準位は数学的には負の虚軸上の極として表わされている．す

なわち，(5.53) において，α_{t} や $r_{\mathrm{e,t}}$ を α_{s} や $r_{\mathrm{e,s}}$ で置き換え，さらに $r_{\mathrm{e,s}}^{-1}$ の符号を反転した式が成立する．この場合，仮想準位のエネルギー $E_{\mathrm{B'}}=\hbar^2/Mr_{\mathrm{e,s}}^2$ は予想通り ($r_{\mathrm{e,s}}$ の実験値に対して) かなり小さい．詳しい話は省略する．

5-6　高エネルギー散乱のアイコナル近似

短距離力 (到達距離 $\simeq a$) による高エネルギー散乱($ka\gg 1$)について考えよう．すでに5-1節(b)で議論したように，(第1)Born 近似によってこの問題を扱うことのできる条件は (5.8) である．すなわち，$\dfrac{|V_0|a}{\hbar v}\ll 1$．この条件はポテンシャルの強さ $|V_0|$ が強い場合は必ずしも成立しない．ここでは，高エネルギー小角度散乱に対して Born 近似よりもよい近似を与えるアイコナル近似を導入しよう．

高エネルギー散乱なので，$ka\gg 1$ と $|V_0|/E\ll 1$ は仮定するが，(Born 近似のように)それらの積 $(ka)(|V_0|/E)=2(|V_0|a/\hbar v)$ に対しては何の制限もつけない．しかし，小角度散乱ということで，散乱状態固有関数 $u_{\boldsymbol{k}}$ は平面波 $e^{i\boldsymbol{k}\cdot\boldsymbol{r}}$ に極めて近いと仮定する．すなわち，

$$u_{\boldsymbol{k}}=e^{i\boldsymbol{k}\cdot\boldsymbol{r}}\varphi_{\boldsymbol{k}} \tag{5.54}$$

とおいたとき，$\varphi_{\boldsymbol{k}}$ がポテンシャルの中でもゆっくり変わる関数であると仮定するのである．(5.54) を基礎方程式 (4.1) に代入すれば

$$2i\boldsymbol{k}\cdot\nabla\varphi_{\boldsymbol{k}}+\nabla^2\varphi_{\boldsymbol{k}}=U\varphi_{\boldsymbol{k}} \tag{5.55}$$

となるが，$\varphi_{\boldsymbol{k}}$ がゆっくり変わる関数なので $\nabla^2\varphi_{\boldsymbol{k}}$ の項は無視してよい．いま $\boldsymbol{k}$ の方向 (入射方向) を z 軸の正方向に選べば，この方程式は

$$\frac{\partial\varphi_{\boldsymbol{k}}}{\partial z}=-\frac{i}{\hbar v}V\varphi_{\boldsymbol{k}} \tag{5.56}$$

となる($U=2\mu V/\hbar^2$ に注意)．これを境界条件

$$\varphi_{\boldsymbol{k}}(x,y,z)\xrightarrow{z\to-\infty}1 \tag{5.57}$$

の下で解けば ((5.54) を見ればこの境界条件は当然だろう)

$$\varphi_{\boldsymbol{k}}(x,y,z)=\exp\left[-\frac{i}{\hbar v}\int_{-\infty}^{z}V(x,y,z')dz'\right] \tag{5.58}$$

$$\text{または}\quad u_{\boldsymbol{k}}(x,y,z)=\exp\left[ikz-\frac{i}{\hbar v}\int_{-\infty}^{z}V(x,y,z')dz'\right] \qquad (5.59)$$

が求められる．もちろん，$\boldsymbol{r}=(x,y,z')$ はポテンシャル領域を貫く直線上にあるとする．この解は，(5.54) を積分方程式 (4.27) に代入し，高エネルギー小角度散乱という条件を考慮することによっても出てくる．

この結果を散乱振幅の公式 (4.29) に代入するのであるが，積分の実行に当たって，kz を元の $\boldsymbol{k}\cdot\boldsymbol{r}$ に戻し，変数 $\boldsymbol{r}$ を入射方向変数 z とそれに垂直方向の2次元変数 $\boldsymbol{b}$ とに分ければ ($\boldsymbol{r}=\boldsymbol{b}+z\boldsymbol{e}$．$\boldsymbol{e}$ は入射(z)方向の単位ベクトル)

$$F(\boldsymbol{k}',\boldsymbol{k})=-\frac{2\mu}{4\pi\hbar^2}\int e^{i\boldsymbol{K}\cdot\boldsymbol{r}}V(\boldsymbol{r})\exp\left[-\frac{i}{\hbar v}\int_{-\infty}^{z}V(\boldsymbol{b}+z'\boldsymbol{e})dz'\right]d^2\boldsymbol{b}dz \qquad (5.60)$$

と書くことができる(ただし，$\boldsymbol{K}\equiv\boldsymbol{k}-\boldsymbol{k}'$ は運動量受渡し量)．$\boldsymbol{b}$ は古典力学の衝突係数に対応するものだ．いま考えている近似では，散乱方向 $\boldsymbol{k}'$ はほとんど $\boldsymbol{k}$ に平行であり，$\boldsymbol{K}$ はほとんど $\boldsymbol{e}$ に直交している．したがって，$\boldsymbol{K}\cdot\boldsymbol{r}\simeq\boldsymbol{K}\cdot\boldsymbol{b}$ と近似してよい．このとき (5.60) は

$$F(\boldsymbol{k}',\boldsymbol{k})=-\frac{2\mu}{4\pi\hbar^2}\int d^2\boldsymbol{b}e^{i\boldsymbol{K}\cdot\boldsymbol{b}}\int_{-\infty}^{\infty}V(\boldsymbol{b}+z\boldsymbol{e})\exp\left[-\frac{i}{\hbar v}\int_{-\infty}^{z}V(\boldsymbol{b}+z'\boldsymbol{e})dz'\right] \qquad (5.61)$$

となり，z についての積分は次のように進行する：

$$\begin{aligned}
&\int_{-\infty}^{\infty}dzV(\boldsymbol{b}+z\boldsymbol{e})\exp\left[-\frac{i}{\hbar v}\int_{-\infty}^{z}V(\boldsymbol{b}+z'\boldsymbol{e})dz'\right]\\
&\quad=i\hbar v\int_{-\infty}^{\infty}dz\frac{d}{dz}\left\{\exp\left[-\frac{i}{\hbar v}\int_{-\infty}^{z}V(\boldsymbol{b}+z'\boldsymbol{e})dz'\right]\right\}\\
&\quad=i\hbar v\left[\exp\left(-\frac{i}{\hbar v}\int_{-\infty}^{z}V(\boldsymbol{b}+z'\boldsymbol{e})dz'\right)\right]_{z=-\infty}^{z=\infty}\\
&\quad=i\hbar v\left\{\exp\left[-\frac{i}{\hbar v}\int_{-\infty}^{\infty}V(\boldsymbol{b}+z'\boldsymbol{e})dz'\right]-1\right\}.
\end{aligned}$$

こうして

$$F(\boldsymbol{k}',\boldsymbol{k})=\frac{k}{2\pi i}\int d^2\boldsymbol{b}e^{i\boldsymbol{K}\cdot\boldsymbol{b}}\{e^{i\chi_k(\boldsymbol{b})}-1\} \qquad (5.62)$$

が得られる．ただし，

$$\chi_k(\boldsymbol{b}) \equiv -\frac{1}{\hbar v}\int_{-\infty}^{\infty} V(\boldsymbol{b}+z\boldsymbol{e})dz \ . \tag{5.63}$$

さて，$\boldsymbol{K}$ と $\boldsymbol{b}$ はともに z 軸に垂直な平面上に乗るベクトルであった．そこで z を管軸とする円筒座標を利用すれば(このとき $\phi=\angle(\boldsymbol{K},\boldsymbol{b})$ とすれば)，$\boldsymbol{K}\cdot\boldsymbol{b}=Kb\cos\phi$ だから，中心力の場合，$\chi(\boldsymbol{b})$ は ϕ に依存せず，散乱振幅は

$$F(\theta) = \frac{k}{i}\int_0^{\infty} J_0(Kb)\{e^{i\chi_k(b)}-1\}bdb \tag{5.64}$$

と書くことができる(θ は散乱角)．ただし，Bessel 関数は角度 ϕ についての次の積分から出てきたものである．

$$J_0(\xi) = \frac{1}{2\pi}\int_0^{2\pi} e^{i\xi\cos\phi}d\phi \ . \tag{5.65}$$

(5.62) や (5.64) を散乱振幅に対する**アイコナル近似** (eikonal approximation) という．本来は波動光学から幾何光学を導出するための近似であった．本質的な発想が似ているので同じ名前で呼ばれることになったのである．

Born 近似ではユニタリティは保たれなかったが，アイコナル近似ではユニタリティの直接の結果である光学定理が成立する．まず (5.62) から弾性散乱の全断面積を求めると

$$\begin{aligned}\sigma_{\rm el} &= \int |F(\boldsymbol{k}',\boldsymbol{k})|^2 d\omega_{\boldsymbol{k}'} \\ &= \left(\frac{k}{2\pi}\right)^2 \int d^2\boldsymbol{b}\int d^2\boldsymbol{b}'\int d\omega_{\boldsymbol{k}'}e^{i\boldsymbol{K}\cdot(\boldsymbol{b}-\boldsymbol{b}')} \\ &\quad \cdot\{e^{i\chi_k(\boldsymbol{b})}-1\}\{e^{-i\chi_k^*(\boldsymbol{b}')}-1\}\end{aligned} \tag{5.66}$$

となる．ただし，$d\omega_{\boldsymbol{k}'}$ は $\boldsymbol{k}'$ 方向の微小立体角であるが，高エネルギー小角度散乱では，$\boldsymbol{k}'$ の先端は入射方向に垂直な平面上を動くので，$d\omega_{\boldsymbol{k}'}=k^{-2}d^2\boldsymbol{k}_\perp$ と近似してよい．したがって，$\int e^{i\boldsymbol{K}\cdot(\boldsymbol{b}-\boldsymbol{b}')}d\omega_{\boldsymbol{k}'}=(2\pi/k)^2\delta(\boldsymbol{b}-\boldsymbol{b}')$ とおくことができる．こうして

$$\sigma_{\rm el} = \int |e^{i\chi_k(\boldsymbol{b})}-1|^2 d^2\boldsymbol{b} \tag{5.67}$$

が得られ，さらに

$$\sigma_{\mathrm{el}} = 2\int(1-\mathrm{Re}\,e^{i\chi_k(\boldsymbol{b})})d^2\boldsymbol{b} \tag{5.68}$$

となる．(5.62) によれば，これは $(4\pi/k)\mathrm{Im}\,F(\boldsymbol{k},\boldsymbol{k})$ に等しい．いまの場合，弾性散乱がすべてであるから，$\sigma_{\mathrm{tot}}=\sigma_{\mathrm{el}}$ であり，この等式は光学定理 (4.144) そのものである．吸収のある場合は $\chi_k(\boldsymbol{b})$ は複素数になり，$\sigma_{\mathrm{tot}}=\sigma_{\mathrm{el}}$ は成立しない．しかし，その場合 $(1-|e^{i\chi_k(\boldsymbol{b})}|^2)$ が吸収確率であることを考慮すれば

$$\sigma_{\mathrm{inel}} = \int(1-|e^{i\chi_k(\boldsymbol{b})}|^2)d^2\boldsymbol{b} \tag{5.69}$$

が吸収断面積であることが分かり，一般化された光学定理 (4.150) の成立を知るのである．この場合でも，弾性散乱断面積は (5.67) または (5.68) で与えられる．4-4 節(b)の議論を参考にしていただきたい．

中心力の場合，散乱振幅が (4.120) によって表わされることはすでに学んだ．この式の ℓ についての和では，高エネルギー散乱に対しては，ℓ が大きく θ が小さいところが重要である．そのとき，近似式

$$P_\ell(\cos\theta) \simeq J_0((2\ell+1)\sin\frac{\theta}{2}) \tag{5.70}$$

が成立するので，$2\ell+1=2kb$ とおいて ℓ についての和を連続変数 b についての積分で置き換えれば，ふたたび (5.64) が得られる．ただし，$\delta\ell=1=k\delta b$ および $K=2k\sin(\theta/2)$ を用いた．

アイコナル近似の特徴を半径 a の完全吸収球の場合に見ておこう．完全吸収球ではポテンシャルは $V=-i\infty$ と考えられるので (5.63) から

$$e^{i\chi_k(b)} = \begin{cases} 0 & (b<a) \\ 1 & (b>a) \end{cases} \tag{5.71}$$

である．したがって，(5.64) から

$$F(\theta) = -\frac{k}{i}\int_0^a J_0(2kb\sin\frac{\theta}{2})bdb = ika^2\frac{J_1(2ka\sin(\theta/2))}{2ka\sin(\theta/2)} \tag{5.72}$$

が得られる．散乱の微分断面積は (5.72) の絶対値 2 乗であるから，k が大きい

場合，散乱は前方($\theta<(ka)^{-1}$)に集中し，前方から離れるにつれて規則正しく増減を繰り返す．これは古典的な波動でよく知られている典型的な回折現象である．

完全吸収球(5.71)に対しては，吸収断面積(5.69)は

$$\sigma_{\rm abs}=2\pi\int_0^a bdb=\pi a^2 \tag{5.73}$$

となる．この結果は古典的な素朴描像とも合い，理解しやすい．しかし，全断面積は光学定理(4.150)によって

$$\sigma_{\rm el}=2\pi a^2 \tag{5.74}$$

に等しく，古典的な素朴描像 πa^2 の2倍となってしまう．その半分は吸収断面積だが，残りの半分は弾性散乱断面積

$$\sigma_{\rm el}=\int|e^{i\chi_k(\boldsymbol{b})}-1|^2d^2\boldsymbol{b}=\pi a^2 \tag{5.75}$$

である．完全吸収球にゼロでない弾性散乱断面積があることは不思議だが，すでに4-4節(b)で議論したように，影散乱としての弾性散乱である．

影散乱効果は食現象として現われることがある．例として，高エネルギー粒子が重水素原子核のような複合粒子によって散乱される場合を考えよう．重水素核は陽子と中性子の極めて緩い束縛状態であり，陽子・中性子間距離 r は入射粒子の波長に比べて十分に大きい．このとき，陽子による散乱波と中性子による散乱波の干渉は無視することができ，入射粒子は陽子と中性子によって独立に散乱されると見てもよさそうだ．とすれば，重水素核による散乱の全断面積は $\sigma_{\rm d}\simeq\sigma_{\rm p}+\sigma_{\rm n}$ となるはずである．$\sigma_{\rm p}(\sigma_{\rm n})$は陽子だけ(中性子だけ)による散乱の断面積であるとした．しかし，実際はこれよりも少し小さい値

$$\sigma_{\rm d}\simeq\sigma_{\rm p}+\sigma_{\rm n}-\frac{\sigma_{\rm p}\sigma_{\rm n}}{4\pi}\langle r^{-2}\rangle_{\rm d} \tag{5.76}$$

になってしまう．ただし，$\langle\cdots\rangle_{\rm d}$ は重水素核内部状態波動関数による平均値である．これを**食現象**(eclipse)，または **Glauber 効果**という．

理由は比較的簡単である．いま，中性子が陽子の影に入っているとすると，陽子によって吸収された波は中性子のところにはなく，中性子によって散乱さ

れない．中性子が陽子の影にある確率は $\sigma_{\mathrm{p,abs}}\langle(1/4\pi r^2)\rangle_{\mathrm{d}}$ である．したがって，重水素核中の中性子による吸収断面積は $\sigma_{\mathrm{n,abs}}[1-\sigma_{\mathrm{p,abs}}\langle(1/4\pi r^2)\rangle_{\mathrm{d}}]$ となる．陽子が中性子の影に入る場合をあわせ考えると，

$$\sigma_{\mathrm{d}}=\sigma_{\mathrm{p,abs}}+\sigma_{\mathrm{n,abs}}-2\frac{\sigma_{\mathrm{p,abs}}\sigma_{\mathrm{n,abs}}}{4\pi}\langle r^{-2}\rangle_{\mathrm{d}} \tag{5.77}$$

が成立するはずだ．理想的な場合として上記の完全吸収球モデルを使えば，吸収断面積の 2 倍が全断面積であるから，直ちに (5.76) が得られる．しかし，核子は完全吸収球ではない．アイコナル近似自身はもっと一般的な取り扱いを許すものであって，より広い妥当性をもった食現象の近似も工夫されている．ここではこれ以上立ち入らない．

演習問題

5-1　一般の短距離力に対する Born 近似の成立条件(162 ページ(a) および 163 ページ(b))の見地から，3 次元箱型ポテンシャルの場合の Born 近似式の妥当性を検討してほしい．

5-2　162 ページの(a)と 163 ページの(b)では，短距離力に対する Born 近似の成立条件を考えた．しかし，基本的な発想は遮蔽された Coulomb 場に対しても成立するはずである．その議論を発展させて Coulomb 場に対する Born 近似の妥当性を吟味してほしい．

5-3　演習問題 **1-2** を量子力学的散乱問題と考えて，摂動論(第 1 Born 近似)を適用せよ．

5-4　電子と原子との衝突における制動放射問題において，上記のように $\hat{V}_0$ を電子と原子核の間の Coulomb ポテンシャル，$\hat{V}'$ を電子と電磁場との相互作用ハミルトニアンであるとして，S 行列要素の第 1 歪形波 Born 近似を求めよ．

5-5　基礎方程式 (3.8) の下に 1 次元衝突・散乱問題を考えよう．ただし，$k^2(x)=k_0^2\ (x<0),\ =k_1^2+Aw(x)\ (0<x<a),\ =k_2^2\ (x>a)$．$a$，$k_0$，$k_1$，$k_2$ は与えられた定数，$w(x)$ は与えられた関数である．境界条件は $u=e^{ik_0x}+Re^{-ik_0x}\ (x<0),\ =Te^{ik_2x}\ (x>a)$．このとき，反射係数 R を与えてポテンシャルの強さ A を求める一種の逆問題を，領域 $(0,a)$ に対する境界条件 $(u'/u)=ik_0(1-R/1+R)\ (x=0),\ =$

ik_2 $(x=a)$（u' は1階導関数，以下同様）の下に，変分法によって定式化したい．それには，汎関数 $I\equiv J_1/J_2$（ただし，$J_1\equiv\int_0^a u(u''+k_1^2u)dx$，$J_2\equiv\int_0^a wudx$）を用意し，関数 u が基礎方程式を満足するとき，$u\to u+\delta u$ に対して I が極値を取り，その値が A であることを示せばよい．確認せよ．

5-6　アイコナル近似の与える散乱振幅の式 (5.62) を $\chi_k(\boldsymbol{b})$ について展開すれば，その第1項は第1 Born 近似に一致することを見てほしい．

5-7　完全吸収球による散乱振幅 (5.72) から微分断面積を求め，それを直接角度積分して弾性散乱全断面積を計算し，$ka\gg 1$ の場合，(5.73) となることを確認せよ．

6 非定常問題としての衝突・散乱現象

衝突・散乱現象は本来非定常な過程である．ここでは，その非定常な衝突・散乱過程を，まず有限な時空領域を占有して進行する量子力学的波束がポテンシャルによって乱されてゆく過程として捉えて，その時間的経過を観察する．次に，その過程を量子力学的な遷移現象として定式化して遷移確率を計算し，その観点から散乱の微分断面積を求める．この理論形式はポテンシャル散乱ばかりでなく，一般の衝突・散乱過程にも適用できるものである．いずれの場合も，衝突・散乱問題の非定常な取り扱いが前章までの定常的な理論と同じ結果を与えることを確かめて，散乱理論を再構成する．さらに，量子力学的状態の時空変化を記述する Green 関数を導入して理論的整備を行なう．

6-1 波束散乱

自由粒子波束とその進行については，すでに 2-3 節(c)で説明しておいた．波束状態の波動関数は上に˜をつけて表わそう．すなわち，自由粒子波束 $\tilde{\phi}_{\boldsymbol{p}}(\boldsymbol{r},t)$ がポテンシャルによって乱されて $\tilde{\psi}_{\boldsymbol{p}}(\boldsymbol{r},t)$ となるのである．添字 $\boldsymbol{p}$ は $\tilde{\phi}_{\boldsymbol{p}}(\boldsymbol{r})\equiv\tilde{\phi}_{\boldsymbol{p}}(\boldsymbol{r},0)$ が運動量 $\boldsymbol{p}$ 一定の平面波 $e^{i\boldsymbol{p}\cdot\boldsymbol{r}/\hbar}$ に近い入射波束を表わすという意味でつけた．すなわち，Fourier 積分表示で書けば，

$$\tilde{\phi}_{\boldsymbol{p}}(\boldsymbol{r},t)=\int\tilde{a}_{\boldsymbol{p}}(\boldsymbol{q})u_{\boldsymbol{q}}^{(0)}(\boldsymbol{r})e^{-iE_q t/\hbar}d^3\boldsymbol{q} \tag{6.1}$$

であり，関数 $\tilde{a}_{\boldsymbol{p}}(\boldsymbol{q})$ が $\boldsymbol{p}$ の周りで鋭いピークをもつ関数になっている．これは(2.107) の再録にすぎない．ただし，2-3 節(c)の変数 $\boldsymbol{p}'$ をここでは $\boldsymbol{q}$ と書いた．したがって，(6.1) の非積分関数の指数項 $e^{i(\boldsymbol{q}\cdot\boldsymbol{r}-E_q t)/\hbar}$ において，$\boldsymbol{q}-\boldsymbol{p}$ の2次以上を無視することが無変形近似であった．また，ここで $t=0$ とおいた式が $\tilde{\phi}_{\boldsymbol{p}}(\boldsymbol{r})$ の Fourier 積分表示だが，これまた (2.108) の再録である．すなわち，そこで議論した自由粒子波束の性質はすべてここでも成り立つ．

簡単のために，波束の中心 $\boldsymbol{r}_0$ を座標原点におこう．一方，散乱中心 (ポテンシャル) も原点付近におき，時刻 $t\simeq 0$ 前後で散乱を起こしたい．そのためには，初期時刻を $t'=-L/v$ ($v=p/\mu$ は粒子速度，L は装置の大きさ程度の長さ．2-3 節(c)項最後の議論を参照) に取り，無限遠に遠ざけた波束

$$\tilde{\phi}_{\boldsymbol{p}}(\boldsymbol{r},t')=e^{-i\hat{H}_0 t'/\hbar}\tilde{\phi}_{\boldsymbol{p}}(\boldsymbol{r}) \tag{6.2}$$

を初期状態とすればよい．したがって，初期時刻 t' 以後の時刻 t における波動関数は

$$\tilde{\psi}_{\boldsymbol{p}}(\boldsymbol{r},t)=e^{-i\hat{H}(t-t')/\hbar}\tilde{\phi}_{\boldsymbol{p}}(\boldsymbol{r},t') \tag{6.3}$$

によって表わされる．このようにセットしておけば，波束の中心は $t\simeq 0$ で原点付近に到達し，そこにおかれた散乱体によって散乱されることになる．

さて，t' が十分大きな負の値を取ることを思い出して，(6.3) を次のように書き直そう：

$$\tilde{\psi}_{\boldsymbol{p}}(\boldsymbol{r},t)=e^{-i\hat{H}t/\hbar}\tilde{\psi}_{\boldsymbol{p}}(\boldsymbol{r},0)\ . \tag{6.4}$$

ただし，

$$\begin{aligned}\tilde{\psi}_{\boldsymbol{p}}(\boldsymbol{r},0)&=\lim_{t'\to-\infty}e^{i\hat{H}t'/\hbar}\tilde{\phi}_{\boldsymbol{p}}(\boldsymbol{r},t')\\&=\lim_{t'\to-\infty}U_{\mathrm{I}}(0,t')\tilde{\phi}_{\boldsymbol{p}}(\boldsymbol{r})\ .\end{aligned} \tag{6.5}$$

$U_{\mathrm{I}}(0,t')=e^{i\hat{H}t'/\hbar}e^{-i\hat{H}_0 t'/\hbar}$ は相互作用描像の時間発展演算子 (2.161) である．なお，$-\infty$ と書いたが，物理的には $-L/v$ 程度の時刻を意味している．関数 $\tilde{\psi}_{\boldsymbol{p}}$ の素性を探るため，完全性条件 (4.20) または (4.41) を用いて (6.1) 中の $u_{\boldsymbol{q}}^{(0)}$ を $\hat{H}$ の固有関数 u_ν，$u_{\boldsymbol{q}'}^{(+)}$ で展開すれば

$$u_{\boldsymbol{q}}^{(0)}(\boldsymbol{r}) = \sum_{\nu} u_\nu(\boldsymbol{r})\langle u_\nu | u_{\boldsymbol{q}}^{(0)}\rangle + \int d^3\boldsymbol{q}' u_{\boldsymbol{q}'}^{(+)}(\boldsymbol{r})\langle u_{\boldsymbol{q}'}^{(+)} | u_{\boldsymbol{q}}^{(0)}\rangle \tag{6.6}$$

であり，これを (6.5) に代入すれば

$$\begin{aligned}\tilde{\psi}_{\boldsymbol{p}}(\boldsymbol{r}, 0) = &\lim_{t' \to -\infty} \sum_{\nu} u_\nu(\boldsymbol{r}) \int d^3\boldsymbol{q} e^{-i(E_q - E_\nu)t'/\hbar} \langle u_\nu | u_{\boldsymbol{q}}^{(0)}\rangle \tilde{a}_{\boldsymbol{p}}(\boldsymbol{q}) \\ &+ \lim_{t' \to -\infty} \int d^3\boldsymbol{q}' u_{\boldsymbol{q}'}^{(+)}(\boldsymbol{r}) \int d^3\boldsymbol{q} e^{-i(E_q - E_{q'})t'/\hbar} \langle u_{\boldsymbol{q}'}^{(+)} | u_{\boldsymbol{q}}^{(0)}\rangle \tilde{a}_{\boldsymbol{p}}(\boldsymbol{q})\end{aligned} \tag{6.7}$$

となる．まず，この第 1 項がゼロであることを示そう．$\langle u_\nu | u_{\boldsymbol{q}}^{(0)}\rangle$ は束縛状態波動関数の運動量表示の複素共役だから（それに $\tilde{a}_{\boldsymbol{p}}(\boldsymbol{q})$ を掛けた関数とともに），$\boldsymbol{q}$ または E_q の関数として特異性のない絶対値 2 乗が可積分のよい関数である．また，E_ν は束縛状態エネルギーだから，指数部分における $E_q - E_\nu$ は絶対にゼロにならない．したがって，右辺第 1 項が $t' \to -\infty$ のときゼロとなることは Riemann-Lebesgue の定理によって分かる．ゼロになることの物理的意味も，第 1 項を

$$\lim_{t' \to -\infty} \int u_\nu^*(\boldsymbol{r}, t')\tilde{\phi}_{\boldsymbol{p}}(\boldsymbol{r}, t') d^3\boldsymbol{r} \tag{6.8}$$

と書き直してみれば明らかだ．$u_\nu^*(\boldsymbol{r}, t')$ は束縛状態関数だからいつまでも原点付近に留まっているのに対して，$\tilde{\phi}_{\boldsymbol{p}}(\boldsymbol{r}, t')$ は自由粒子波束だから無限遠に飛び去ってしまい，$t' \to -\infty$ では，両者は重なり合わず内積がゼロとなるからである．

次に，第 2 項をしらべよう．Lippmann-Schwinger 方程式から分かるように，$\langle u_{\boldsymbol{q}'}^{(+)} | u_{\boldsymbol{q}}^{(0)}\rangle$ は $\boldsymbol{q}$ または E_q の関数として特異性をもっているし，指数部分では $E_q - E_{q'} = 0$ となることもある．したがって，第 2 項はゼロにはならない．しかし，その第 2 項に運動量表示の Lippmann-Schwinger 方程式（の複素共役）

$$\langle u_{\boldsymbol{q}'}^{(+)} | u_{\boldsymbol{q}}^{(0)}\rangle = \delta^3(\boldsymbol{q}' - \boldsymbol{q}) + 2\pi i \delta_+(E_q - E_{q'})\langle u_{\boldsymbol{q}'}^{(+)} | \hat{V} | u_{\boldsymbol{q}}^{(0)}\rangle \tag{6.9}$$

を代入し，δ_+ 関数に対する公式 (A.14) の一つを使えば直ちに $\hat{V}$ を含む項の寄与がゼロであることが分かる．(A.14) は超関数としての等式であったが，その

意味はよい関数をかけて積分したとき成立するものであった．(6.7) における δ_+ 関数にかけられている $\langle u_{\boldsymbol{q}'}^{(+)}|\hat{V}|u_{\boldsymbol{q}}^{(0)}\rangle\tilde{a}_{\boldsymbol{p}}(\boldsymbol{q})$ はよい関数であるため，この公式が利用できたのである．そもそも，4-3 節(a)でも注意したように $\langle u_{\boldsymbol{q}'}^{(+)}|\hat{V}|u_{\boldsymbol{q}}^{(0)}\rangle$ に特異性のないことが散乱問題成立の条件だった．このようにして，(6.9) からは第1項しか寄与しないことが分かる．すなわち，

$$\tilde{\psi}_{\boldsymbol{p}}(\boldsymbol{r},0)=\int u_{\boldsymbol{q}}^{(+)}(\boldsymbol{r})\tilde{a}_{\boldsymbol{p}}(\boldsymbol{q})d^3\boldsymbol{q}\equiv\tilde{u}_{\boldsymbol{p}}^{(+)}(\boldsymbol{r}) \tag{6.10}$$

となり，結論

$$\lim_{t'\to-\infty}U_{\mathrm{I}}(0,t')\tilde{\phi}_{\boldsymbol{p}}(\boldsymbol{r})=\tilde{u}_{\boldsymbol{p}}^{(+)}(\boldsymbol{r}) \tag{6.11}$$

が得られる．

結論 (6.11) の内容は極めて重要である．$\tilde{a}_{\boldsymbol{p}}(\boldsymbol{q})$ は $\boldsymbol{p}$ の周りにピークをもつ関数であるから，(規格化定数を除いていえば) $\tilde{\psi}_{\boldsymbol{p}}(\boldsymbol{r},0)\simeq u_{\boldsymbol{p}}^{(+)}(\boldsymbol{r})$ がよい近似で成り立つだろう．しかし，その近似は散乱領域(原点中心の半径 Δx ぐらいの領域)内で成立するだけで，その外では $\tilde{\psi}_{\boldsymbol{p}}(\boldsymbol{r},0)$ は $u_{\boldsymbol{p}}^{(+)}(\boldsymbol{r})$ から離れて急速にゼロとなり，積分 $\int|\tilde{\psi}_{\boldsymbol{p}}(\boldsymbol{r},0)|^2d^3\boldsymbol{r}=1$ を保つようになっているわけである．このような制限はつくが，波束が十分長いとすれば，波束の通過時間の真っ只中では，散乱体周辺にはほとんど定常平面波と見ることのできる入射波が到来し，散乱体によって散乱され，ほとんどが定常球面波と見なせる散乱波が出て行って，全体として定常的な流れができているかのようである．これはまさに第3章，第4章で散乱問題を定常的に取り扱う際に想定した状況に他ならない．この「定常的な流れ」はやがては波束の通過後には消えてしまうわけだが，$t\simeq 0$ を中心とする時間幅 $(-\Delta x/v,\Delta x/v)$ の中では近似的に正しいと考えて差し支えない．この状況は一つの波束の通過に際して実現するが，多数の波束が次々に送り込まれる定常的なビームに対しては，この状況が繰り返されるのである．第1章および第2章で述べたように，このようなビームによる多数回の散乱実験の結果が重ね焼きされて，実験結果を作るのである．

δ_- 関数を含む公式 (A.14) の別の組み合わせを使えば，直ちに

$$\lim_{t'\to\infty} U_I^\dagger(t',0)\tilde{\phi}_{\boldsymbol{p}}(\boldsymbol{r}) = \tilde{u}_{\boldsymbol{p}}^{(-)}(\boldsymbol{r}) \tag{6.12}$$

が得られる．ただし，$U_I^\dagger(t',0)=e^{i\hat{H}t'/\hbar}e^{-i\hat{H}_0t'/\hbar}$．(6.12) は (6.11) と対をなすもので，後で散乱理論の再構成に利用される．ここまでは無変形近似などは一切使っていない．

さて，$t=0$ 以後の波束の行動をしらべよう．出発点は (6.4) であるが，すでに (6.10) が分かっているので，

$$\tilde{\psi}_{\boldsymbol{p}}(\boldsymbol{r},t) = e^{-i\hat{H}t/\hbar}\tilde{u}_{\boldsymbol{p}}^{(+)}(\boldsymbol{r}) \tag{6.13}$$

を使うことができる．散乱領域から遠く離れたところ($r=\sqrt{\boldsymbol{r}^2}\to\infty$)では，

$$u_{\boldsymbol{q}}^{(+)}(\boldsymbol{r}) \overset{r\to\infty}{\longrightarrow} \frac{1}{\sqrt{(2\pi\hbar)^3}}\left[e^{i\boldsymbol{q}\cdot\boldsymbol{r}/\hbar}+F(\boldsymbol{q}',\boldsymbol{q})\frac{1}{r}e^{ipr/\hbar}\right] \tag{6.14}$$

であることを思い出そう．ただし，$\boldsymbol{q}'=q\boldsymbol{r}r^{-1}$．したがって，

$$\tilde{\psi}_{\boldsymbol{p}}(\boldsymbol{r},t) \overset{r\to\infty}{\longrightarrow} \tilde{\phi}_{\boldsymbol{p}}(\boldsymbol{r},t)+\tilde{\psi}_{\boldsymbol{p}\mathrm{sc}}(\boldsymbol{r},t)\ , \tag{6.15}$$

$$\tilde{\psi}_{\boldsymbol{p}\mathrm{sc}}(\boldsymbol{r},t) = \frac{1}{\sqrt{(2\pi\hbar)^3}}\frac{1}{r}\int e^{i(qr-E_qt)/\hbar}F(\boldsymbol{q}',\boldsymbol{q})\tilde{a}_{\boldsymbol{p}}(\boldsymbol{q})d^3\boldsymbol{q} \tag{6.16}$$

が得られる．自由粒子波束についてはよく知っているので，(6.16) の時間的発展の具体的様相をしらべたい．そのために，無変形近似を用い，さらに話を簡単にするため，波束の包絡線関数が($t=0$ で)偶関数であると仮定しておく．したがって，

$$q=\sqrt{\boldsymbol{p}^2+2\boldsymbol{p}\cdot(\boldsymbol{q}-\boldsymbol{p})+(\boldsymbol{q}-\boldsymbol{p})^2}\simeq p+\frac{1}{p}\boldsymbol{p}\cdot(\boldsymbol{q}-\boldsymbol{p})\ ,$$

$$E_q\simeq E_p+\frac{1}{\mu}\boldsymbol{p}\cdot(\boldsymbol{q}-\boldsymbol{p})\ ,\quad F(\boldsymbol{q}',\boldsymbol{q})\simeq F(\boldsymbol{p}',\boldsymbol{p})$$

と近似することができる*1．途中の計算を省略するが，偶関数仮定を使うと

$$\tilde{\psi}_{\boldsymbol{p}\mathrm{sc}}(\boldsymbol{r},t)\simeq\frac{1}{r}e^{i(pr-E_pt)/\hbar}F(\boldsymbol{p}',\boldsymbol{p})\left|\tilde{\phi}_{\boldsymbol{p}}\left(\frac{\boldsymbol{p}}{p}r-\frac{\boldsymbol{p}}{\mu}t\right)\right| \tag{6.17}$$

が得られる．ただし，$\boldsymbol{e}=\boldsymbol{p}/p$，$\boldsymbol{v}=\boldsymbol{p}/\mu=\partial E_p/\partial\boldsymbol{p}$．この式を通して，入射波

*1 最後の式は $F(\boldsymbol{q}',\boldsymbol{q})$ が $\tilde{a}_{\boldsymbol{p}}(\boldsymbol{q})$ よりもゆっくり変化する場合に成立する．散乱振幅の $\boldsymbol{q}$ 依存性については，8-1 節で議論する．

束と散乱波束の行動を眺めよう．そのため，入射方向($\boldsymbol{e}$ 方向)を z 軸に選べば，入射粒子波束と散乱粒子波束の包絡線関数は，それぞれ，$|\tilde{\phi}_{\boldsymbol{p}}(0,0,z-vt)|$ および $|\tilde{\phi}_{\boldsymbol{p}}(0,0,r-vt)|$ と書くことができる*2.

これらの関数の行動を模式的に図示したのが図 6-1 である．入射波束については変数 $z-vt$ が正負の値を取るが，散乱波束は $r>vt+\Delta x/2\geqq 0$ の場合しか現われない．波束の長さが Δx であるから $t\ll-(1/v)\Delta x/2$ の時間には入射波束は散乱体付近には到達しない．したがって，散乱波束も現われない．入射波束の先端が散乱体付近に到着する時刻はおおよそ $t\simeq-(1/v)\Delta x/2$ であり，その頃から散乱波束が出現しはじめる．散乱体からの散乱波束の放出は $t\simeq(1/v)\Delta x/2$ くらいまで続く．$t\gg(1/v)\Delta x/2$ 頃になると，入射波束はまったく散乱体付近を通りすぎてしまい，もはや散乱波束は出ない．このとき，すでに

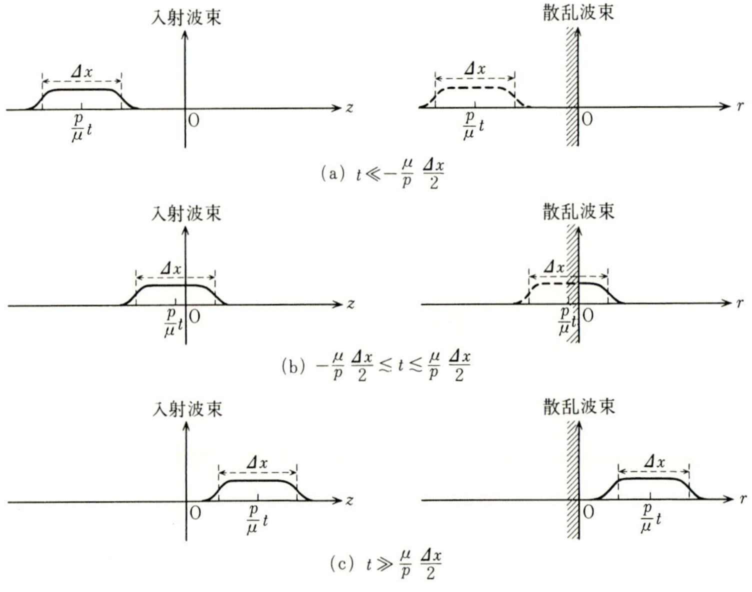

図 6-1　入射波束と散乱波束の時間的行動

*2　この場合，入射波束は z 軸の周りに軸対称分布をもつ．また，(x,y) 平面上ではゆっくり変わる関数なので，$x=y=0$ とおいた．

放出された散乱波束は，内部に空洞をもち十分大きな厚みのある球殻状の波として広がってゆく．これはすでに第1章の冒頭(図1-2)で予想したところであった．共鳴散乱が起きる場合，この経過は変更を受けるが，その内容はすでに第4章などでご承知のことと思う．

次の仕事は定義(1.3)に従って散乱の微分断面積を求めることだ．入射ビームの強度 $N_0(t)$ は入射波束関数 $\tilde{\phi}_{\boldsymbol{p}}(\boldsymbol{r},t)$ に対応する確率流密度 $\boldsymbol{J}^{(\mathrm{in})}$ の z 成分($\boldsymbol{p}$ 方向成分)に比例する．一方，立体角 $\Delta\omega$ の開口部をもつ検出器に単位時間毎に飛び込んでくる散乱粒子の数 $\Delta N(t)$ は，散乱体の数 n と散乱波束関数 $\tilde{\psi}_{\boldsymbol{p}\mathrm{sc}}(\boldsymbol{r},t)$ に対応する確率流密度 $\boldsymbol{J}^{(\mathrm{sc})}$ の r 成分に $r^2\Delta\omega$ を掛けた量に比例するはずだ．両者の比例定数は等しいので，(1.3)を作る際分母分子で相殺されてしまう．簡単のために1とおこう．いま，$\boldsymbol{p}$ を波動関数 $\tilde{\phi}_{\boldsymbol{p}}(\boldsymbol{r},t)$ の与える運動量の量子力学的期待値に等しいとおけば，$\boldsymbol{J}^{(\mathrm{in})}=\boldsymbol{v}|\tilde{\phi}_{\boldsymbol{p}}|^2$ とおくことができる．こうして

$$
\begin{aligned}
\int_{-\infty}^{\infty} N_0(t)dt &= v\int_{-\infty}^{\infty}|\tilde{\phi}_{\boldsymbol{p}}(0,0,z-vt)|^2dt = \int_{-\infty}^{\infty}|\tilde{\phi}_{\boldsymbol{p}}(0,0,z)|^2dz\ ,\\
\int_{-\infty}^{\infty}\Delta N(t)dt &= n\int_{-\infty}^{\infty}J_r^{\mathrm{sc}}(t)r^2\Delta\omega dt\\
&= n\Delta\omega\frac{p}{\mu}|F(\boldsymbol{p}',\boldsymbol{p})|^2\int_{-\infty}^{\infty}|\tilde{\phi}_{\boldsymbol{p}}(0,0,r-vt)|^2dt\\
&= n\Delta\omega|F(\boldsymbol{p}',\boldsymbol{p})|^2\int_{-\infty}^{\infty}|\tilde{\phi}_{\boldsymbol{p}}(0,0,z)|^2dz
\end{aligned}
$$

が出てくる．いずれの式も上記の理由によって z 軸付近で($x=y=0$ とおいて)計算した．これらの式を(1.3)に入れれば，直ちに

$$
\sigma(\theta,\varphi)=|F(\boldsymbol{p}',\boldsymbol{p})|^2 \tag{6.18}
$$

が得られる．ただし，θ，φ は $\boldsymbol{p}$ を極軸に選んだときの散乱粒子運動量 $\boldsymbol{p}'$ の方向を記述する散乱角(極角と方位角)であることはいうまでもない．これは(4.23)そのものである．すなわち，散乱の時間的経過を追跡するという非定常な取り扱いによって，定常的散乱理論と同じ結果を導出することができたのである．これでこの章の目的はひとまず達成された．

定常的理論と非定常理論の同等性をもっと追究し，散乱理論を再構成してお

こう．そのため，状況を簡略に示すために導入した近似，無変形近似と偶関数仮定をやめて一般論に戻る．こんどの出発点は(6.13)であるが，これを時間発展する平面波 $u_{\boldsymbol{q}'}^{(0)}(\boldsymbol{r},t)=e^{-i\hat{H}_0t/\hbar}u_{\boldsymbol{q}'}^{(0)}(\boldsymbol{r})$ で展開すれば，

$$\tilde{\psi}_{\boldsymbol{p}}(\boldsymbol{r},t)=\int d^3\boldsymbol{q}'u_{\boldsymbol{q}'}^{(0)}(\boldsymbol{r},t)\langle u_{\boldsymbol{q}'}|\hat{U}_I(t,0)|\tilde{u}_{\boldsymbol{p}}^{(+)}\rangle \tag{6.19}$$

となる．ただし，$\hat{U}_I(t,0)=e^{i\hat{H}_0t/\hbar}e^{-i\hat{H}t/\hbar}$(2-5節)．さらに

$$\begin{aligned}\langle u_{\boldsymbol{q}'}|\hat{U}_I(t,0)|\tilde{u}_{\boldsymbol{p}}^{(+)}\rangle &= \int d^3\boldsymbol{q}e^{-i(E_q-E_{q'})t/\hbar}\langle u_{\boldsymbol{q}'}^{(0)}|u_{\boldsymbol{q}}^{(+)}\rangle\tilde{a}_{\boldsymbol{p}}(\boldsymbol{q})\\ &= \int d^3\boldsymbol{q}e^{-i(E_q-E_{q'})t/\hbar}\\ &\quad\cdot[\delta^3(\boldsymbol{q}-\boldsymbol{q}')-2\pi i\delta_+(E_q-E_{q'})\langle u_{\boldsymbol{q}'}^{(0)}|\hat{V}|u_{\boldsymbol{q}}^{(+)}\rangle]\tilde{a}_{\boldsymbol{p}}(\boldsymbol{q})\end{aligned}$$

と進む．$\langle u_{\boldsymbol{q}'}^{(0)}|u_{\boldsymbol{q}}^{(+)}\rangle$ に対して運動量表示の Lippmann-Schwinger 方程式(4.50)を用いた．最後の式において δ_+ の係数は変数 $E_q-E_{q'}$ について特異性のない関数であるから，公式(A.14)の一つを使うことができて，

$$\langle u_{\boldsymbol{q}'}|\hat{U}_I(t,0)|\tilde{u}_{\boldsymbol{p}}^{(+)}\rangle\begin{cases}\xrightarrow{t\to-\infty}\tilde{a}_{\boldsymbol{p}}(\boldsymbol{q}')\\ \xrightarrow{t\to+\infty}\int d^3\boldsymbol{q}\langle u_{\boldsymbol{q}'}^{(0)}|\hat{S}|u_{\boldsymbol{q}}^{(0)}\rangle\tilde{a}_{\boldsymbol{p}}(\boldsymbol{q})\end{cases} \tag{6.20}$$

が得られる．ただし，

$$\langle u_{\boldsymbol{q}'}^{(0)}|\hat{S}|u_{\boldsymbol{q}}^{(0)}\rangle=\delta^3(\boldsymbol{q}-\boldsymbol{q}')-2\pi i\delta(E_q-E_{q'})\langle u_{\boldsymbol{q}'}^{(0)}|\hat{V}|u_{\boldsymbol{q}}^{(+)}\rangle\ . \tag{6.21}$$

これは定常的な方法ですでに定義されていたS行列要素(4.54)をもつ演算子に他ならない．漸近式(6.20)を(6.19)に適用すれば

$$\hat{\psi}_{\boldsymbol{p}}(\boldsymbol{r},t)\begin{cases}\xrightarrow{t\to-\infty}\ \tilde{\phi}_{\boldsymbol{p}}(\boldsymbol{r},t)=e^{-iH_0^{\pi}t/\hbar}\langle\boldsymbol{r}|\tilde{\phi}_{\boldsymbol{p}}\rangle\\ \\ \xrightarrow{t\to+\infty}\ \int d^3\boldsymbol{q}'e^{-iE_{q'}t/\hbar}u_{\boldsymbol{q}'}^{(0)}(\boldsymbol{r})\langle u_{\boldsymbol{q}'}^{(0)}|\hat{S}|\tilde{\phi}_{\boldsymbol{p}}\rangle=e^{-iH_0^{\pi}t/\hbar}\langle\boldsymbol{r}|\hat{S}|\tilde{\phi}_{\boldsymbol{p}}\rangle\end{cases} \tag{6.22}$$

となる．$\tilde{\phi}_{\boldsymbol{p}}(\boldsymbol{r})=\langle\boldsymbol{r}|\tilde{\phi}_{\boldsymbol{p}}\rangle$ であることはいうまでもない．

(6.22)のすべてに共通の演算子 $e^{-i\hat{H}_0t/\hbar}$ が掛かっているので，相互作用描像

$$|\tilde{\psi}_{\boldsymbol{p}I}\rangle_t \equiv e^{i\hat{H}_0 t/\hbar}|\tilde{\psi}_{\boldsymbol{p}}\rangle_t \tag{6.23}$$

を使う方が便利だ．ただし，$|\tilde{\psi}_{\boldsymbol{p}}\rangle_t$ は Schrödinger 描像の状態ベクトルである．この記法では，(6.22) はまとめて

$$\lim_{t\to-\infty}|\tilde{\psi}_{\boldsymbol{p}I}\rangle_t = |\tilde{\phi}_{\boldsymbol{p}}\rangle\ , \tag{6.24}$$

$$\lim_{t\to\infty}|\tilde{\psi}_{\boldsymbol{p}I}\rangle_t = \hat{S}|\tilde{\phi}_{\boldsymbol{p}}\rangle \tag{6.25}$$

と書くことができる．すなわち，はじめ $|\tilde{\phi}_{\boldsymbol{p}}\rangle$ であった波束が散乱体と相互作用した後では $\hat{S}|\tilde{\phi}_{\boldsymbol{p}}\rangle$ という波束になる．これが非定常散乱理論から見たS行列の物理的意味なのである．

(6.11) と (6.12) を抽象表示で表わせば，

$$|\tilde{u}_{\boldsymbol{p}}^{(+)}\rangle = \lim_{t'\to-\infty}\hat{U}_I(0,t')|\tilde{\phi}_{\boldsymbol{p}}\rangle\ ,\ \langle\tilde{u}_{\boldsymbol{p}}^{(-)}| = \lim_{t'\to\infty}\langle\tilde{\phi}_{\boldsymbol{p}}|\hat{U}_I(t',0) \tag{6.26}$$

である．$|\tilde{\phi}_{\boldsymbol{p}}\rangle$ が平面波状態 $|u_{\boldsymbol{p}}^{(0)}\rangle$ に極めて近い波束状態であること，および定常的取り扱いにおける波動行列の定義 (4.36) または (4.38) を思い出せば，

$$\hat{W}^{(+)} = \hat{U}_I(0,-\infty)\ , \tag{6.27}$$

$$\hat{W}^{(-)\dagger} = \hat{U}_I(+\infty,0) \tag{6.28}$$

とおくことが許されよう．ただし，極限操作 $t'\to\pm\infty$ は波束状態に対してのみ意味をもつと了解しておく必要がある．この等式が散乱現象の定常的取り扱いと非定常理論を結び付ける接点である．この知識を使えば，相互作用描像における状態ベクトルは

$$\begin{aligned}|\tilde{\psi}_{\boldsymbol{p}I}\rangle_t &= \hat{U}_I(t,0)|\tilde{u}_{\boldsymbol{p}}^{(+)}\rangle = \hat{U}_I(t,0)\hat{U}_I(0,-\infty)|\tilde{\phi}_{\boldsymbol{p}}\rangle \\ &= \hat{U}_I(t,-\infty)|\tilde{\phi}_{\boldsymbol{p}}\rangle \end{aligned}\tag{6.29}$$

となり，(6.25) によって

$$\hat{S} = \hat{U}_I(+\infty,-\infty) \tag{6.30}$$

$$= \hat{U}_I(+\infty,0)\hat{U}_I(0,-\infty) \tag{6.31}$$

が得られる．これが非定常散乱理論の与えるS行列の定義である．定常的取り

扱いとの接点(6.27)と(6.28)で見れば，このS行列は定常的理論の結果に等しいことは明らかである．このようにして，散乱理論は非定常な過程としても再構築することができたのである．

なお，非定常な方法でS行列を求める近似法もいろいろ考えられている．広く使われている方法はやはり摂動論であろう．それはすでに2-5節で与えておいた．S行列は摂動級数(2.165)において，$t\to\infty$，$t'\to-\infty$ とおけばよいのである(ただし，$\hat{V}=\hat{H}'$)．変分法も工夫されているが，ここでは立ち入らない．巻末文献[10][11]を見ていただきたい．

6-2　遷移確率と微分断面積

散乱振幅 $F(\boldsymbol{p}',\boldsymbol{p})$ を与える散乱過程は，運動量 $\boldsymbol{p}$ をもつ状態 $u_{\boldsymbol{p}}^{(0)}$ から運動量 $\boldsymbol{p}'$ をもつ状態 $u_{\boldsymbol{p}'}^{(0)}$ への量子力学的遷移現象としてとらえることもできる[*3]．ただし，物理的に実現できる初期状態は平面波状態は $u_{\boldsymbol{p}}^{(0)}$ ではなく波束状態 $\tilde{\phi}_{\boldsymbol{p}}$ であり，前節の議論を援用すれば，私たちが議論すべき遷移確率は $|\langle u_{\boldsymbol{p}'}^{(0)}|e^{-i\hat{H}t/\hbar}|\tilde{u}_{\boldsymbol{p}}^{(+)}\rangle|^2$ である．さらに，物理的測定では，連続的な運動量固有値の一つを正確に指定することは不可能であり，(十分狭いけれど)有限の幅をもって指定するしかない．したがって，私たちが実際の測定で照合すべきものは，終期状態運動量が $\boldsymbol{p}'$ を中心とする十分狭い領域 $\Delta\boldsymbol{p}'$ 内で見出される過程に対応する遷移確率

$$P(\Delta\boldsymbol{p}',t)=\int_{\Delta\boldsymbol{p}'}d^3\boldsymbol{q}|\langle u_{\boldsymbol{q}}^{(0)}|e^{-i\hat{H}t/\hbar}|\tilde{u}_{\boldsymbol{p}}^{(+)}\rangle|^2 \tag{6.32}$$

$$=\int d^3\boldsymbol{q}I(\boldsymbol{q};\Delta\boldsymbol{p}')|\langle u_{\boldsymbol{q}}^{(0)}|e^{-i\hat{H}t/\hbar}|\tilde{u}_{\boldsymbol{p}}^{(+)}\rangle|^2 \tag{6.33}$$

である．ただし，$I(\boldsymbol{q};\Delta\boldsymbol{p}')$ は領域 $\Delta\boldsymbol{p}'$ の中では1，外では0となる「踏み台関数」である．なお，領域 $\Delta\boldsymbol{p}'$ は(検出器などの)実験装置によって決まるものだ．そこで

*3　遷移現象および遷移確率については，(2.39)前後の説明および演習問題 **2–9** を見るとよい．

$$\hat{I}(\hat{\boldsymbol{p}};\Delta\boldsymbol{p}') = \int d^3\boldsymbol{q}|u_{\boldsymbol{q}}^{(0)}\rangle I(\boldsymbol{q};\Delta\boldsymbol{p}')\langle u_{\boldsymbol{q}}^{(0)}| \tag{6.34}$$

によって定義される演算子を導入すれば，上記の遷移確率は

$$\begin{aligned} P(\Delta\boldsymbol{p}',t) &= \langle\tilde{u}_{\boldsymbol{p}}^{(+)}|e^{i\hat{H}t/\hbar}\hat{I}(\hat{\boldsymbol{p}};\Delta\boldsymbol{p}')e^{-i\hat{H}t/\hbar}|\tilde{u}_{\boldsymbol{p}}^{(+)}\rangle \\ &= \langle\tilde{u}_{\boldsymbol{p}}^{(+)}|\hat{I}_t(\hat{\boldsymbol{p}};\Delta\boldsymbol{p}')|\tilde{u}_{\boldsymbol{p}}^{(+)}\rangle \end{aligned} \tag{6.35}$$

と書き直すことができる．ただし，

$$\hat{I}_t(\hat{\boldsymbol{p}};\Delta\boldsymbol{p}') = e^{i\hat{H}t/\hbar}\hat{I}(\hat{\boldsymbol{p}};\Delta\boldsymbol{p}')e^{-i\hat{H}t/\hbar} \tag{6.36}$$

は Heisenberg 描像における「踏み台演算子」である．

この遷移確率は，$\hat{V}\neq 0$ ならば $[\hat{\boldsymbol{p}},\hat{H}]=[\hat{\boldsymbol{p}},\hat{V}]\neq 0$ であるから，当然のことながら時間とともに変化する．前節で述べた波束の散乱の概況を念頭において，その様子をしらべよう．初期時刻の頃，すなわち，$t\simeq -(\mu/p)L \ll -(\mu/p)\Delta x/2$ に対しては，波束はまだ散乱領域に到着していないので，散乱は起きるはずがない．この事実は数式上でも見ることができる．(6.22) 第 1 式によれば，$\lim_{t\to-\infty} e^{-i\hat{H}t/\hbar}|\tilde{u}_{\boldsymbol{p}}^{(+)}\rangle = e^{-i\hat{H}_0t/\hbar}|\tilde{\phi}_{\boldsymbol{p}}\rangle$ のため，直ちに

$$\lim_{t\to-\infty} P(\Delta\boldsymbol{p}',t) = \langle\tilde{\phi}_{\boldsymbol{p}}|\hat{I}(\hat{\boldsymbol{p}};\Delta\boldsymbol{p}')|\tilde{\phi}_{\boldsymbol{p}}\rangle = \int_{\Delta\boldsymbol{p}'} d^3\boldsymbol{q}|\langle u_{\boldsymbol{p}}^{(0)}|\tilde{\phi}_{\boldsymbol{p}}\rangle|^2 \tag{6.37}$$

となるからである．$\Delta\boldsymbol{p}'$ が $\boldsymbol{p}$ を含んでいなければ，たしかに $P(\Delta\boldsymbol{p}',t)=0$ となる．波束が散乱体を通過している時間帯（$-(\mu/p)\Delta x/2<t<(\mu/p)\Delta x/2$）では，(6.22) 第 1 式は成立しないので $\boldsymbol{p}\to\boldsymbol{p}'\neq\boldsymbol{p}$ という遷移が起こり，$P(\Delta\boldsymbol{p}',t)$ は時間とともに増加してゆく．波束が装置を通り抜けた頃の時間 ($t\simeq(\mu/p)L\gg(\mu/p)\Delta x/2$) では，(6.22) 第 2 式 $\lim_{t\to\infty} e^{-i\hat{H}t/\hbar}|\tilde{u}_{\boldsymbol{p}}\rangle = e^{-i\hat{H}_0t/\hbar}\hat{S}|\tilde{\phi}_{\boldsymbol{p}}\rangle$ が成立するため，

$$\lim_{t\to\infty} P(\Delta\boldsymbol{p}',t) = \langle\tilde{\phi}_{\boldsymbol{p}}|\hat{S}^\dagger\hat{I}(\hat{\boldsymbol{p}};\Delta\boldsymbol{p}')\hat{S}|\tilde{\phi}_{\boldsymbol{p}}\rangle = \int_{\Delta\boldsymbol{p}'} d^3\boldsymbol{q}|\langle u_{\boldsymbol{q}}^{(0)}|\hat{S}|\tilde{\phi}_{\boldsymbol{p}}\rangle|^2 \tag{6.38}$$

となり，ふたたび時間的に一定となるが，$\boldsymbol{p}\to\boldsymbol{p}'\neq\boldsymbol{p}$ という遷移確率はゼロではない．ただし，遷移確率が最後に到達したこの値は全過程で起こった遷移現象の総和に対応するものである．

しかしながら，私たちが検出器で直接追跡するものは遷移現象の総和に対応

する $P(\Delta\boldsymbol{p}',t)$ そのものの時間的変化ではない．普通はある時間間隔 $(t,t+T)$ 内で起きる遷移現象を観測する．この間に観測される散乱粒子の数は

$$P(\Delta\boldsymbol{p}',t+T)-P(\Delta\boldsymbol{p}',t)=\int_t^{t+T}\frac{d}{dt'}P(\Delta\boldsymbol{p}',t')dt' \qquad (6.39)$$

に比例するだろう．$[\hat{I},\hat{H}]=[\hat{I},\hat{V}]$ に注意すれば，被積分関数の時間微分は次のように進行する：

$$\begin{aligned}\frac{d}{dt'}P(\Delta\boldsymbol{p}',t')dt' &= -\frac{i}{\hbar}\langle\tilde{u}_{\boldsymbol{p}}^{(+)}|e^{i\hat{H}t'/\hbar}[\hat{I},\hat{H}]e^{i\hat{H}t'/\hbar}|\tilde{u}_{\boldsymbol{p}}^{(+)}\rangle \\ &= \mathrm{Im}\,\frac{2}{\hbar}\langle\tilde{u}_{\boldsymbol{p}}^{(+)}|e^{i\hat{H}t'/\hbar}\hat{I}\hat{V}e^{i\hat{H}t'/\hbar}|\tilde{u}_{\boldsymbol{p}}^{(+)}\rangle \qquad (6.40)\\ &= \mathrm{Im}\,\frac{2}{\hbar}\int d^3\boldsymbol{q}\int d^3\boldsymbol{q}'e^{-i(E_q-E_{q'})t'/\hbar}\tilde{a}_{\boldsymbol{p}}^*(\boldsymbol{q}') \\ &\quad\cdot\langle u_{\boldsymbol{q}'}^{(+)}|\hat{I}\hat{V}|u_{\boldsymbol{q}}^{(+)}\rangle\tilde{a}_{\boldsymbol{p}}(\boldsymbol{q})\,. \qquad (6.41)\end{aligned}$$

最後の段階では，$|\tilde{u}_{\boldsymbol{p}}^{(+)}\rangle=\int d^3\boldsymbol{q}|u_{\boldsymbol{p}}^{(+)}\rangle\tilde{a}_{\boldsymbol{p}}(\boldsymbol{q})$，$e^{-i\hat{H}t'/\hbar}|u_{\boldsymbol{q}}^{(+)}\rangle=e^{-iE_qt'/\hbar}|u_{\boldsymbol{q}}^{(+)}\rangle$ を用いた．時刻 t' に対しては，散乱現象の主要部分，すなわち，波束の中心部が散乱領域を進行中という条件 $|t'|\ll(\mu/p)\Delta x/2$ を適用することができよう[*4]．一方，$\boldsymbol{q}$ と $\boldsymbol{q}'$ はともに狭い幅 $\Delta\boldsymbol{p}$ の中に制限されているので，$E_q-E_{q'}\simeq(p/\mu)\Delta p$ であり，$|(E_q-E_{q'})t'/\hbar|\ll(p\Delta p/\hbar\mu)(\mu\Delta x/2p)\simeq1$ が成立する．この結果，上記の積分内では，よい近似で $|e^{-i(E_q-E_{q'})t'/\hbar}|=1$ とおくことが許される．すなわち，この時間帯では，$dP(\Delta\boldsymbol{p}',t')/dt'$ は定数となり，$P(\Delta\boldsymbol{p}',t+T)-P(\Delta\boldsymbol{p}',t)$ は時間間隔 T に比例して増大することが分かったのである．したがって，時間間隔 T についての遷移確率の(平均的)時間的割合は

$$\tilde{w}_{\boldsymbol{p}}(\Delta\boldsymbol{p}')=\mathrm{Im}\,\frac{2}{\hbar}\langle\tilde{u}_{\boldsymbol{p}}^{(+)}|\hat{I}(\hat{\boldsymbol{p}};\Delta\boldsymbol{p}')\hat{V}|\tilde{u}_{\boldsymbol{p}}^{(+)}\rangle \qquad (6.42)$$

となる．

時間間隔 $|t'|\ll(\mu/p)\Delta x/2$ に対して $\tilde{w}$ が時間的に一定となることはこのようにして分かったが，もっと直接的には (6.40) から理解できる．なぜならば，

---

*4　過渡的な時間帯 $|t'|\simeq(\mu/p)\Delta x/2$ からの遷移確率への寄与は無視できる．

この時間帯に対しては

$$e^{-i\hat{H}t'/\hbar}|\tilde{u}_{\boldsymbol{p}}^{(+)}\rangle \propto e^{-iE_pt'/\hbar}|u_{\boldsymbol{p}}^{(+)}\rangle$$

とおくことができるからである．この事情を考慮すれば，(6.42) において波束状態 $|\tilde{u}_{\boldsymbol{p}}^{(+)}\rangle$ を散乱状態固有ベクトル $|u_{\boldsymbol{p}}^{(+)}\rangle$ で置き換えても差し支えない．もちろん，規格化条件は違うが，(6.42) がポテンシャル $\hat{V}$ の行列要素であるため行列要素積分は確定し，その置き換えによる新たな困難や混乱が起こらないからである．規格化定数の違いは後で断面積を作る際に調節する．したがって，(6.42) の代わりに

$$w_{\boldsymbol{p}}(\varDelta\boldsymbol{p}') = \mathrm{Im}\,\frac{2}{\hbar}\langle u_{\boldsymbol{p}}^{(+)}|\hat{I}(\hat{\boldsymbol{p}};\varDelta\boldsymbol{p}')\hat{V}|u_{\boldsymbol{p}}^{(+)}\rangle \tag{6.43}$$

を使うことができる．右辺に $\langle u_{\boldsymbol{p}}^{(+)}|$ の方程式

$$\langle u_{\boldsymbol{p}}^{(+)}| = \langle u_{\boldsymbol{p}}^{(0)}| + 2\pi i\langle u_{\boldsymbol{p}}^{(+)}|\hat{V}\delta_-(E_p - \hat{H}_0)$$

を代入すれば ((4.45) と (A.10) 参照)，

$$\begin{aligned} w_{\boldsymbol{p}}(\varDelta\boldsymbol{p}') = {}& \mathrm{Im}\,\frac{2}{\hbar}\langle u_{\boldsymbol{p}}^{(0)}|\hat{I}(\hat{\boldsymbol{p}};\varDelta\boldsymbol{p}')\hat{V}|\tilde{u}_{\boldsymbol{p}}^{(+)}\rangle \\ & +\mathrm{Im}\,\frac{4\pi i}{\hbar}\langle u_{\boldsymbol{p}}^{(+)}|\hat{V}\delta_-(E_p - \hat{H}_0)\hat{I}(\hat{\boldsymbol{p}};\varDelta\boldsymbol{p}')\hat{V}|u_{\boldsymbol{p}}^{(+)}\rangle \end{aligned}$$

となるが，公式 (A.10)) ($\delta_-(\xi) = -(i/2\pi)\mathrm{P}(1/\xi) + (1/2)\delta(\xi)$) によって，第 2 項は

$$\frac{2}{\hbar}\langle u_{\boldsymbol{p}}^{(+)}|\hat{V}\mathrm{P}\frac{1}{E_p - \hat{H}_0}\hat{I}(\hat{\boldsymbol{p}};\varDelta\boldsymbol{p}')\hat{V}|u_{\boldsymbol{p}}^{(+)}\rangle\,,$$

$$\frac{2\pi i}{\hbar}\langle u_{\boldsymbol{p}}^{(+)}|\hat{V}\delta(E_p - \hat{H}_0)\hat{I}(\hat{\boldsymbol{p}};\varDelta\boldsymbol{p}')\hat{V}|u_{\boldsymbol{p}}^{(+)}\rangle$$

の 2 項に分かれる．$\hat{\boldsymbol{p}}$ と $\hat{H}_0$ は可換だから，主値の項は実数，デルタ関数の項は虚数となるので，次式が得られる：

$$\begin{aligned} w_{\boldsymbol{p}}(\varDelta\boldsymbol{p}') = {}& \mathrm{Im}\,\frac{2}{\hbar}\langle u_{\boldsymbol{p}}^{(0)}|\hat{I}(\hat{\boldsymbol{p}};\varDelta\boldsymbol{p}')\hat{V}|\tilde{u}_{\boldsymbol{p}}^{(+)}\rangle \\ & +\frac{2\pi}{\hbar}\langle u_{\boldsymbol{p}}^{(+)}|\hat{V}\delta(E_p - \hat{H}_0)\hat{I}(\hat{\boldsymbol{p}};\varDelta\boldsymbol{p}')\hat{V}|u_{\boldsymbol{p}}^{(+)}\rangle \end{aligned}$$

$$= \mathrm{Im}\,\frac{2}{\hbar}\int_{\Delta \boldsymbol{p}'} d^3\boldsymbol{q}\,\delta^3(\boldsymbol{q}-\boldsymbol{p})\langle u_{\boldsymbol{q}}^{(0)}|\hat{V}|u_{\boldsymbol{p}}^{(+)}\rangle$$
$$+\frac{2\pi}{\hbar}\int_{\Delta \boldsymbol{p}'} d^3\boldsymbol{q}\,\delta(E_p-E_q)|\langle u_{\boldsymbol{q}}^{(0)}|\hat{V}|u_{\boldsymbol{p}}^{(+)}\rangle|^2 \,. \qquad (6.44)$$

第1項は $\boldsymbol{p}'\simeq\boldsymbol{p}$ 以外ではゼロとなるので，$\boldsymbol{p}\to\boldsymbol{p}'\neq\boldsymbol{p}$ という遷移に対しては第2項だけが残り，

$$w_{\boldsymbol{p}}(\Delta \boldsymbol{p}') = \frac{2\pi}{\hbar}|\langle u_{\boldsymbol{p}'}^{(0)}|\hat{V}|u_{\boldsymbol{p}}^{(+)}\rangle|^2_{|\boldsymbol{p}'|=|\boldsymbol{p}|}p^2\left(\frac{dE_p}{dp}\right)^{-1}\Delta\omega \qquad (6.45)$$

が得られる．$\Delta\omega$ は $\Delta \boldsymbol{p}'$ が $\boldsymbol{p}'$ のまわりに作る立体角である．

いま求めた遷移確率の時間的割合 $w_{\boldsymbol{p}}(\Delta \boldsymbol{p}')$ は，この散乱によって $\boldsymbol{p}'$ 方向の立体角 $\Delta\omega$ 内に単位時間毎に飛び込んでくる粒子数に比例しているはずだ．しかし，ここで用いた関数 $u_{\boldsymbol{p}'}^{(0)}$ と $u_{\boldsymbol{p}}^{(+)}$ はデルタ関数規格化をしたものだから，この遷移確率 $w_{\boldsymbol{p}}(\Delta \boldsymbol{p}')$ から散乱の微分断面積 $\sigma(\theta,\varphi)\Delta\omega$ を求めるためには，規格化方式を単位流規格化に変更する必要がある（$(\theta,\ \varphi)$ は散乱角—第1章と第4章を参照）．それには (6.45) に $(2\pi\hbar)^3/v$ を掛けなければならない（ただし $v=p/\mu$）．すなわち，

$$\sigma(\theta,\varphi) = \frac{1}{v}\frac{2\pi}{\hbar}|(2\pi\hbar)^3\langle u_{\boldsymbol{p}'}^{(0)}|\hat{V}|u_{\boldsymbol{p}}^{(+)}\rangle|^2_{|\boldsymbol{p}'|=|\boldsymbol{p}|}\rho(E_p) \qquad (6.46)$$

が得られる．ただし，

$$\rho(E_p) = \frac{p^2}{(2\pi\hbar)^3}\left(\frac{dE_p}{dp}\right)^{-1}\ \left(=\frac{\mu p}{(2\pi\hbar)^3}\right) \qquad (6.47)$$

は (2.106) で定義した状態密度である（括弧内は非相対論的粒子の場合）．これは定常的方法で求めた微分断面積 (4.30) そのものである．ここでも，定常的方法で求めた結果が時間的過程の追跡によって基礎付けられた．

終期状態運動量を特定の値に指定しない場合は，$\Delta \boldsymbol{p}'$ を運動量空間全体に広げることに相当するので $I(\boldsymbol{q};\infty)=1$ であるから，$P(\infty,t)=1$ および $w_{\boldsymbol{p}}(\infty)=0$ となる．これは確率保存則であり，全遷移確率の値1は規格化条件と考えることができる．(6.44) によれば，全遷移確率の時間的割合の値0は次式の成立を意味する：

$$\frac{2}{\hbar}\mathrm{Im}\,\langle u_{\boldsymbol{p}}^{(0)}|\hat{V}|u_{\boldsymbol{p}}^{(+)}\rangle+\frac{2\pi}{\hbar}\int d^3\boldsymbol{q}\delta(E_p-E_q)|\langle u_{\boldsymbol{p}}^{(0)}|\hat{V}|u_{\boldsymbol{p}}^{(+)}\rangle|^2=0\ . \qquad (6.48)$$

この式に (4.29) と (6.46) を入れれば，直ちに

$$\sigma_{\mathrm{tot}}=\frac{4\pi\hbar}{p}\mathrm{Im}\,F(\boldsymbol{p},\boldsymbol{p})\quad \left(\sigma_{\mathrm{tot}}=\int\sigma(\theta,\varphi)d\omega\right) \qquad (6.49)$$

が得られる．これはすでに第 4 章で定式化した光学定理に他ならない．ここでは弾性散乱しか考えなかったので，σ_{tot} は弾性散乱の全断面積であった．非弾性散乱が現われる一般の場合の光学定理はすでに 4-4 節(b)のところで与えてあるが，第 7 章でもう一度議論する．

6-3 Green 関数

散乱問題の数学的取り扱いにおいて各種の Green 関数が中心的な役割を果たしているが，この事実はすでに定常的理論(第 3,4,5 章)で見てきたところである．この節では，散乱現象の時間的発展を記述する Green 関数の性質をしらべ，S 行列との関係を明らかにする．

(a) Green 関数と S 行列

まず，量子力学系の時間発展演算子として

$$\hat{U}^{(+)}(t,t')=\theta(t-t')e^{-i\hat{H}(t-t')/\hbar}\ , \qquad (6.50)$$

$$\hat{U}^{(-)}(t,t')=-\theta(t'-t)e^{-i\hat{H}(t-t')/\hbar} \qquad (6.51)$$

を導入しよう．$\hat{H}$ はこの系のハミルトニアンである．$\theta(\xi)$ はこれまでも使ってきた Heaviside の階段関数であり，$\theta(\xi)=1(\xi>0)$，$=0(\xi<0)$．したがって，$\hat{U}^{(+)}(t,t')$ は $t<t'$ のとき 0，$t>t'$ のとき $e^{-i\hat{H}(t-t')/\hbar}$ となる演算子であり，時間に順行して現象を見るのに適している．他方，$\hat{U}^{(-)}(t,t')$ は $t>t'$ のとき 0，$t<t'$ のとき $e^{-i\hat{H}(t-t')/\hbar}$ となるので，時間に逆行して現象を見るのに便利だ．両者とも方程式

$$\left(i\hbar\frac{d}{dt}-\hat{H}\right)\hat{U}^{(\pm)}(t,t')=i\hbar\delta(t-t') \qquad (6.52)$$

を満足する．すなわち，$t \neq t'$ に対しては普通の Schrödinger 方程式を満足し，初期条件 $\hat{U}^{(\pm)}(t' \pm 0, t') = \pm 1$ に従う．

次に，(6.50) と (6.51) を

$$\hat{U}^{(\pm)}(t,t') = \frac{i}{2\pi}\int_{-\infty}^{\infty}\frac{1}{\lambda - \hat{H} \pm i\epsilon}e^{-i\lambda(t-t')/\hbar}d\lambda \tag{6.53}$$

と書き直すことができることを示そう．ϵ は小さな正の実数である．被積分関数内の演算子 $(\lambda - \hat{H} \pm i\epsilon)^{-1}$ は定常的取り扱いの際 ((4.46) や (4.62) などで) しばしば登場した演算子 $\hat{\mathcal{G}}_k^{(\pm)}$ に他ならない (ただし，$\lambda = E_k$)．これを改めて $\hat{\mathcal{G}}_\lambda^{(\pm)}$ と書けば

$$\hat{\mathcal{G}}_\lambda^{(\pm)} = \frac{1}{\lambda - \hat{H} \pm i\epsilon} \tag{6.54}$$

$$= \sum_\nu |u_\nu\rangle\frac{1}{\lambda - E_\nu \pm i\epsilon}\langle u_\nu| + \int d^3\boldsymbol{q}|u_{\boldsymbol{q}}^{(\pm)}\rangle\frac{1}{\lambda - E_{\boldsymbol{q}} \pm i\epsilon}\langle u_{\boldsymbol{q}}^{(\pm)}| \tag{6.55}$$

となるので，(6.53) の積分は演算子 $\mathcal{G}_\lambda^{(\pm)}$ を c 数関数 $(\lambda - E \pm i\epsilon)^{-1}$ で置き換えたものに帰着する．E は $\hat{H}$ の固有値だから実数であり，被積分関数の複素 λ 平面における特異点は図 6-2 のように分布している．したがって，分母の複号が $+$ であれば，$t > t'$ のとき $e^{-iE(t-t')/\hbar}$，$t < t'$ のとき 0 となり，分母の複号が $-$ であれば，$t > t'$ のとき 0，$t < t'$ のとき $e^{-iE(t-t')/\hbar}$ となる．この結果を演算子式 (6.53)，すなわち

$$\hat{U}^{(\pm)}(t,t') = \frac{i}{2\pi}\int_{-\infty}^{\infty}\hat{\mathcal{G}}_\lambda^{(\pm)}e^{-i\lambda(t-t')/\hbar}d\lambda \tag{6.56}$$

に代入すれば，(6.50) と (6.51) が再現される．(6.56) の意味で時間発展演算

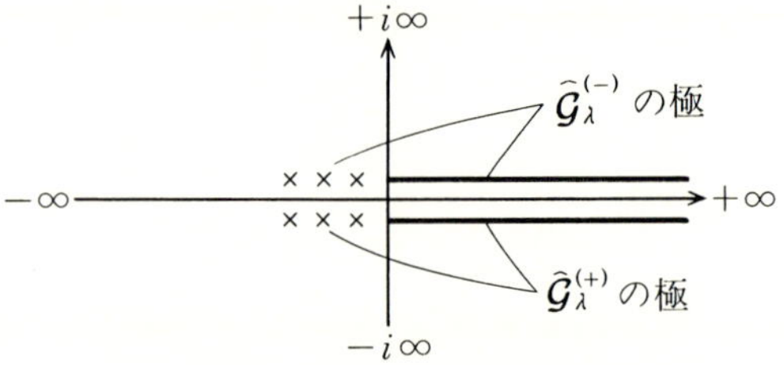

図 6-2　Green 関数の極の所在

子 $\hat{U}^{(\pm)}(t,t')$ は定常問題の抽象表示 Green 関数 $\mathcal{G}_\lambda^{(\pm)}$ の Fourier 変換であるということができる．自由粒子の場合（$\hat{V}=0$，すなわち，$\hat{H}=\hat{H}_0$）の式も与えておこう:

$$\hat{U}_0^{(\pm)}(t,t') = \frac{i}{2\pi}\int_{-\infty}^{\infty}\hat{G}_\lambda^{(\pm)}e^{-i\lambda(t-t')/\hbar}d\lambda \,. \tag{6.57}$$

ただし，

$$\hat{G}_\lambda^{(\pm)} = \frac{1}{\lambda-\hat{H}_0\pm i\epsilon} \,. \tag{6.58}$$

$\hat{G}_\lambda^{(\pm)}$ は第 4 章の (4.60) で与えた $\hat{G}_k^{(\pm)}$ に他ならない．

なお，Green 関数の極全体の所在が，図 6-2 のように，実軸に関して上下対称になっている場合は，この力学系が時間逆転不変性をもつことを意味する．時間逆転不変性については 7-5 節（d）を見ていただきたい[*5]．

さて，時間発展演算子 $\hat{U}^{(\pm)}(t,t')$ をもとにして時空表示の Green 関数を定義しよう：

$$\mathcal{G}^{(\pm)}(\boldsymbol{r},t;\boldsymbol{r}',t') \equiv \frac{1}{i\hbar}\langle\boldsymbol{r}|\hat{U}^{(\pm)}(t,t')|\boldsymbol{r}'\rangle \tag{6.59}$$

$$= \pm\theta(\pm(t-t'))\frac{1}{i\hbar}\langle\boldsymbol{r}|e^{-i\hat{H}(t-t')/\hbar}|\boldsymbol{r}'\rangle \,, \tag{6.60}$$

または

$$\mathcal{G}^{(\pm)}(\boldsymbol{r},t;\boldsymbol{r}',t') = \frac{1}{2\pi\hbar}\int_{-\infty}^{\infty}\mathcal{G}_\lambda^{(\pm)}(\boldsymbol{r},\boldsymbol{r}')e^{-i\lambda(t-t')/\hbar}d\lambda \,, \tag{6.61}$$

$$\mathcal{G}_\lambda^{(\pm)}(\boldsymbol{r},\boldsymbol{r}') = \langle\boldsymbol{r}|\hat{\mathcal{G}}_\lambda^{(\pm)}|\boldsymbol{r}'\rangle \tag{6.62}$$

であるが，これは定常状態の Green 関数 (4.64) に他ならない．時空表示の Green 関数の定義式 (6.60) をよく見れば，$\mathcal{G}^{(+)}(\boldsymbol{r},t;\boldsymbol{r}',t')$ は「時刻 t' のとき空間点 $\boldsymbol{r}'$ にいた粒子が時刻 t のとき空間点 $\boldsymbol{r}$ で見出されること」の確率振幅である．これが時空表示の Green 関数の物理的意味であった．なお，定義か

＊5 Green 関数の時間変化とその Fourier 変換の特異性との関係，とくに崩壊現象が現れる場合の数学的および物理的説明については，次の論文が参考になる：H.Nakazato, M.Namiki and S.Pascazio, International J. of Mod. Phys. B **10** (1996) 247.

ら直ちに次の性質を証明することができる：

$$\left(\mathcal{G}^{(+)}(\boldsymbol{r},t;\boldsymbol{r}',t')\right)^* = \mathcal{G}^{(-)}(\boldsymbol{r}',t';\boldsymbol{r},t)\ , \tag{6.63}$$

$$\mathcal{G}^{(\pm)}(\boldsymbol{r},t;\boldsymbol{r}',t') \xrightarrow{t\to t'\pm 0} \pm\frac{1}{i\hbar}\delta^3(\boldsymbol{r}-\boldsymbol{r}')\ . \tag{6.64}$$

Green 関数 $\mathcal{G}^{(\pm)}(\boldsymbol{r},t;\boldsymbol{r}',t')$ は演算子 $\hat{U}^{(\pm)}(t,t')$ の性質を反映して，$t=t'$ で不連続となる．$\mathcal{G}^{(+)}$ は $t<t'$ のとき0であり，$t>t'$ に対してだけ0でない．これに対して，$\mathcal{G}^{(-)}$ は $t>t'$ のとき0であり，$t<t'$ に対してだけ0でない．この意味で $\mathcal{G}^{(+)}$ を**遅延 Green 関数** (retarded Green's function)，$\mathcal{G}^{(-)}$ を**先行 Green 関数** (advanced Green's function) という．定常状態との対応でいえば，外向き波条件に従う Green 関数が時間に順行して記述する遅延 Green 関数に対応し，内向き波条件に従う Green 関数が時間に逆行して記述する先行 Green 関数に対応しているわけだ．この事実は6-1節で確かめた波束散乱の時間的経過を見れば理解できよう．

つぎに，Green 関数が満足する方程式を作ろう．公式 $\pm(\partial/\partial t)\theta(\pm(t-t'))=\delta(t-t')$，$\langle\boldsymbol{r}|\boldsymbol{r}'\rangle=\delta^3(\boldsymbol{r}-\boldsymbol{r}')$ および $\langle\boldsymbol{r}|\hat{H}|\boldsymbol{r}'\rangle=H^x\delta^3(\boldsymbol{r}-\boldsymbol{r}')$ を用いれば(ただし，$H^x=H(x,(\hbar/i)(\partial/\partial x))$ は x の関数に作用するハミルトニアン演算子)，直ちに方程式

$$i\hbar\frac{\partial}{\partial t}\mathcal{G}^{(\pm)}(\boldsymbol{r},t;\boldsymbol{r}',t') = H^x\mathcal{G}^{(\pm)}(\boldsymbol{r},t;\boldsymbol{r}',t')+\delta^3(\boldsymbol{r}-\boldsymbol{r}')\delta(t-t') \tag{6.65}$$

が得られる．これに対して，自由粒子の Green 関数は

$$G^{(\pm)}(\boldsymbol{r},t;\boldsymbol{r}',t') = \frac{1}{i\hbar}\langle\boldsymbol{r}|\hat{U}_0^{(\pm)}(t,t')|\boldsymbol{r}'\rangle \tag{6.66}$$

$$= \frac{1}{2\pi\hbar}\int_{-\infty}^{\infty}G_\lambda^{(\pm)}(\boldsymbol{r},\boldsymbol{r}')e^{-i\lambda(t-t')/\hbar}d\lambda\ , \tag{6.67}$$

$$G_\lambda^{(\pm)}(\boldsymbol{r},\boldsymbol{r}') = \langle\boldsymbol{r}|\hat{G}_\lambda^{(\pm)}|\boldsymbol{r}'\rangle \tag{6.68}$$

で定義され，方程式

$$i\hbar\frac{\partial}{\partial t}G^{(\pm)}(\boldsymbol{r},t;\boldsymbol{r}',t') = H_0^xG^{(\pm)}(\boldsymbol{r},t;\boldsymbol{r}',t')+\delta^3(\boldsymbol{r}-\boldsymbol{r}')\delta(t-t') \tag{6.69}$$

を満足する．$\hat{H}_0=\boldsymbol{p}^2/2\mu$ であるから，自由粒子の Green 関数の具体形は直ち

に求められ,

$$G^{(\pm)}(\boldsymbol{r},t;\boldsymbol{r}',t') = \pm\theta(\pm(t-t'))\frac{1}{i\hbar}\sqrt{\left(\frac{-i\mu}{2\pi\hbar(t-t')}\right)^3}\exp\left[\frac{i}{\hbar}\frac{\mu(\boldsymbol{r}-\boldsymbol{r}')^2}{2(t-t')}\right] \tag{6.70}$$

となることが分かる.

時空表示の Green 関数を導入することの効用は Schrödinger 方程式の初期条件問題または終期条件問題の定式化にある. (6.65) で見れば, $t \neq t'$ の場合, $t>t'$ に対する $\mathcal{G}^{(+)}$, $t<t'$ に対する $\mathcal{G}^{(-)}$ は普通の Schrödinger 方程式を満足する. したがって, 時刻 $t=t_0$ において初期条件または終期条件

$$\psi(\boldsymbol{r},t_0) = \phi_0(\boldsymbol{r}) \tag{6.71}$$

に従う解は

$$\psi(\boldsymbol{r},t) = i\hbar\int\mathcal{G}^{(+)}(\boldsymbol{r},t;\boldsymbol{r}',t_0)\phi_0(\boldsymbol{r}')d^3\boldsymbol{r}' - i\hbar\int\mathcal{G}^{(-)}(\boldsymbol{r},t;\boldsymbol{r}',t_0)\phi_0(\boldsymbol{r}')d^3\boldsymbol{r}' \tag{6.72}$$

によって与えられる. $t>t'$ に対しては第1項だけが生き残り, $t<t'$ に対しては第2項だけが生き残る. そこで

$$\Delta(\boldsymbol{r},t;\boldsymbol{r}',t') = i\hbar\left[\mathcal{G}^{(+)}(\boldsymbol{r},t;\boldsymbol{r}',t') - \mathcal{G}^{(-)}(\boldsymbol{r},t;\boldsymbol{r}',t')\right], \tag{6.73}$$

または

$$\mathcal{G}^{(\pm)}(\boldsymbol{r},t;\boldsymbol{r}',t') = \pm\theta(\pm(t-t'))\frac{1}{i\hbar}\Delta(\boldsymbol{r},t;\boldsymbol{r}',t') \tag{6.74}$$

によって関数 $\Delta(\boldsymbol{r},t;\boldsymbol{r}',t')$ を導入すれば, 任意の t, t_0 に対して

$$\psi(\boldsymbol{r},t) = \int\Delta(\boldsymbol{r},t;\boldsymbol{r}',t_0)\phi(\boldsymbol{r}')d^3\boldsymbol{r}' \tag{6.75}$$

と書くことができる. なお, $\Delta(\boldsymbol{r},t;\boldsymbol{r}',t')$ に対しては

$$i\hbar\frac{\partial}{\partial t}\Delta(\boldsymbol{r},t;\boldsymbol{r}',t') = H^x\Delta(\boldsymbol{r},t;\boldsymbol{r}',t'), \tag{6.76}$$

$$\Delta(\boldsymbol{r},t'\pm 0;\boldsymbol{r}',t') = \delta^3(\boldsymbol{r}-\boldsymbol{r}') \tag{6.77}$$

が成立する. 自由粒子($\hat{V}=0$)の場合の式をまとめておこう:

$$\Delta_0(\boldsymbol{r},t;\boldsymbol{r}',t') = i\hbar\big[G^{(+)}(\boldsymbol{r},t;\boldsymbol{r}',t') - G^{(-)}(\boldsymbol{r},t;\boldsymbol{r}',t')\big] \tag{6.78}$$

$$= \sqrt{\left(\frac{-i\mu}{2\pi\hbar(t-t')}\right)^3} \exp\left[\frac{i}{\hbar}\frac{\mu(\boldsymbol{r}-\boldsymbol{r}')^2}{2(t-t')}\right], \tag{6.79}$$

$$G^{(\pm)}(\boldsymbol{r},t;\boldsymbol{r}',t') = \pm\theta(\pm(t-t'))\frac{1}{i\hbar}\Delta_0(\boldsymbol{r},t;\boldsymbol{r}',t') . \tag{6.80}$$

さて，一般の場合に恒等式 $\int |\boldsymbol{r}_1\rangle d^3\boldsymbol{r}_1\langle \boldsymbol{r}_1| = 1$ を用いると

$$\langle \boldsymbol{r}|e^{-i\hat{H}(t-t')/\hbar}|\boldsymbol{r}'\rangle = \langle \boldsymbol{r}|e^{-i\hat{H}(t-t_1)/\hbar}e^{-i\hat{H}(t_1-t')/\hbar}|\boldsymbol{r}'\rangle$$
$$= \int\langle \boldsymbol{r}|e^{-i\hat{H}(t-t_1)/\hbar}|\boldsymbol{r}'{}_1\rangle d^3\boldsymbol{r}_1\langle \boldsymbol{r}_1|e^{-i\hat{H}(t_1-t')/\hbar}|\boldsymbol{r}'\rangle$$

となるが，これは分割公式

$$\mathcal{G}^{(+)}(\boldsymbol{r},t;\boldsymbol{r}',t') = i\hbar\int \mathcal{G}^{(+)}(\boldsymbol{r},t;\boldsymbol{r}_1,t_1)d^3\boldsymbol{r}_1\mathcal{G}^{(+)}(\boldsymbol{r}_1,t_1;\boldsymbol{r}',t') \quad (t>t_1>t') \tag{6.81}$$

を与える．$\mathcal{G}^{(-)}$ についても同様な分割公式が成立する．時刻の選び方は任意であるから，t と t_1 の間に別の時刻 (たとえば，t_2) を選んで $\mathcal{G}^{(+)}(\boldsymbol{r},t;\boldsymbol{r}_1,t_1)$ を (6.81) の方式で分割することができる．$\mathcal{G}^{(+)}(\boldsymbol{r}_1,t_1;\boldsymbol{r}',t')$ に対しても同様の分割が可能である．時間間隔 (t,t') 中に N 個の時間点 $t_1,t_2,\cdots,t_N$ を未来から過去に向かう順序 ($t>t_1>t_2>\cdots>t_N>t'$) で選び，この操作を繰り返せば一般的な分割公式

$$\mathcal{G}^{(+)}(\boldsymbol{r},t;\boldsymbol{r}',t') = (i\hbar)^N\int d^3\boldsymbol{r}_1\int d^3\boldsymbol{r}_2\cdots\int d^3\boldsymbol{r}_N$$
$$\cdot\mathcal{G}^{(+)}(\boldsymbol{r},t;\boldsymbol{r}_1,t_1)\mathcal{G}^{(+)}(\boldsymbol{r}_1,t_1;\boldsymbol{r}_2,t_2)\cdots\mathcal{G}^{(+)}(\boldsymbol{r}_N,t_N;\boldsymbol{r}',t') \tag{6.82}$$

が導かれる．この公式は $\int|\boldsymbol{r}\rangle d^3\boldsymbol{r}\langle\boldsymbol{r}| = 1$ から出発しているので，粒子の生成・消滅がない場合に対してのみ正しい(粒子の発生・消滅があるときは後で触れる)．分割点の個数 N はまったく任意であるから，いくらでも大きく取ることができる．その個数が大きい極限では，非常に小さくなった各時間間隔に対応する Green 関数に対して近似式を利用することができて(さらに補足的な数学的操作を使って)，Feynman の**経路積分表示** (path-integral representation)

$$\mathcal{G}^{(+)}(\boldsymbol{r},t;\boldsymbol{r}',t') = C\sum_{\text{path}}\exp\left[\frac{i}{\hbar}\int_{t'}^{t}L(\xi,\dot{\xi})dt''\right] \tag{6.83}$$

が得られる．L はこの力学系のラグランジアンであり，和は 2 つの時空端点 $(\boldsymbol{r}',t')$, $(\boldsymbol{r},t)$ を結ぶすべての経路（その上の位置変数を $\xi(t'')$ とした）についてとられる．C は適当な規格化定数．経路積分は現代場の量子論には欠かせない理論的道具となっているし，散乱理論への応用もいろいろ工夫されている．量子力学にとって重要な概念と方法を提供してくれるものだが，残念ながら詳しく説明している余裕がない．巻末文献 [21] を見ていただきたい．

さて，散乱問題は運動量変化の過程 $\boldsymbol{p}\to\boldsymbol{p}'$ に対する S 行列要素が求まれば解決する．すでに説明したように，運動量一定の状態は物理的には平面波に近い波束状態と考えるべきものである．したがって，上記の S 行列要素は，(6.30) を考慮すれば，

$$\langle\tilde{\phi}_{\boldsymbol{p}'}|\hat{S}|\tilde{\phi}_{\boldsymbol{p}}\rangle = \lim_{t\to\infty}\lim_{t'\to-\infty}\iint d^3\boldsymbol{r}d^3\boldsymbol{r}'\tilde{\phi}^*_{\boldsymbol{p}'}(\boldsymbol{r})\langle\boldsymbol{r}|\hat{U}_I(t,t')|\boldsymbol{r}'\rangle\tilde{\phi}_{\boldsymbol{p}}(\boldsymbol{r}') \tag{6.84}$$

である．ところで，相互作用描像での時間発展演算子の定義 (2.161) によれば

$$\langle\boldsymbol{r}|\hat{U}_I(t,t')|\boldsymbol{r}'\rangle = \iint d^3\boldsymbol{r}''d^3\boldsymbol{r}'''\langle\boldsymbol{r}|e^{i\hat{H}_0t/\hbar}|\boldsymbol{r}''\rangle$$
$$\cdot\langle\boldsymbol{r}''|e^{-i\hat{H}(t-t')/\hbar}|\boldsymbol{r}'''\rangle\langle\boldsymbol{r}'''|e^{-i\hat{H}_0t'/\hbar}|\boldsymbol{r}'\rangle$$

となる．$t>0>t'$ を考慮すれば，右辺の積分内の 3 因子は $-i\hbar G^{(+)*}(\boldsymbol{r}'',t;\boldsymbol{r},0)$, $i\hbar\mathcal{G}^{(+)}(\boldsymbol{r}'',t;\boldsymbol{r}''',t')$, $-i\hbar G^{(-)}(\boldsymbol{r}''',t';\boldsymbol{r}',0)$ と書くことができる．さらに，

$$\tilde{\phi}_{\boldsymbol{p}'}(\boldsymbol{r}'',t) = -i\hbar\int d^3\boldsymbol{r}\tilde{\phi}^*_{\boldsymbol{p}'}(\boldsymbol{r})G^{(+)*}(\boldsymbol{r}'',t;\boldsymbol{r},0)\ , \tag{6.85}$$

$$\tilde{\phi}_{\boldsymbol{p}}(\boldsymbol{r}''',t') = -i\hbar\int d^3\boldsymbol{r}'G^{(-)}(\boldsymbol{r}''',t';\boldsymbol{r}',0)\tilde{\phi}_{\boldsymbol{p}}(\boldsymbol{r}') \tag{6.86}$$

とおけば，S 行列要素 (6.84) は

$$\langle\tilde{\phi}_{\boldsymbol{p}'}|\hat{S}|\tilde{\phi}_{\boldsymbol{p}}\rangle = \lim_{t\to\infty}\lim_{t'\to-\infty}i\hbar\iint\tilde{\phi}^*_{\boldsymbol{p}'}(\boldsymbol{r},t)\mathcal{G}^{(+)}(\boldsymbol{r},t;\boldsymbol{r}',t')\tilde{\phi}_{\boldsymbol{p}}(\boldsymbol{r}',t')d^3\boldsymbol{r}d^3\boldsymbol{r}' \tag{6.87}$$

となる．これが求める式である．(6.85) と (6.86) は自由粒子波束の運動を表わしているが，具体的な様子はすでに 6-1 節で詳しく見ておいたものだ．とく

に，(6.86) は $t=0$ で原点付近にあった波束を逆向きに走らせて十分遠方にもって行って，初期波束を用意した操作に対応している．

Green 関数と S 行列要素の関係を別の方法で表わそう．いま，状態ベクトル

$$|\boldsymbol{p}, f^{(+)}\rangle = \int_{-\infty}^{\infty} \hat{U}_I(0,t')|u_{\boldsymbol{p}}^{(0)}\rangle f^{(+)}(t')dt'$$

$$= \int_{-\infty}^{\infty} e^{i\hat{H}t'/\hbar}|u_{\boldsymbol{p}}^{(0)}\rangle e^{-iE_pt/\hbar} f^{(+)}(t')dt' \,, \tag{6.88}$$

$$|\boldsymbol{p}', f^{(-)}\rangle = \int_{-\infty}^{\infty} \hat{U}_I^\dagger(t,0)|u_{\boldsymbol{p}'}^{(0)}\rangle f^{(-)}(t)dt$$

$$= \int_{-\infty}^{\infty} e^{i\hat{H}t/\hbar}|u_{\boldsymbol{p}'}^{(0)}\rangle e^{-iE_{p'}t/\hbar} f^{(-)}(t)dt \tag{6.89}$$

を導入する．いうまでもなく，$\hat{U}_I(t,t')$ は相互作用描像の時間発展演算子 (2.161) である（$\hat{U}_I^\dagger(t,0)=\hat{U}_I(0,t)$ に注意）．$|u_{\boldsymbol{p}}^{(0)}\rangle$ などは平面波状態だが，正確には波束状態を使うべきだろう．しかし，平面波にしたことのトラブルは表面には出てこない．波束状態を使っても話の筋道は変わらない．

さて，(6.88)，(6.89) を使うことの物理的意味は次の通りである．初期時刻 t' のとき $|u_{\boldsymbol{p}}^{(0)}\rangle$ であった系の (相互作用描像における) 状態ベクトルは時刻 $t=0$ で $\hat{U}_I(0,t')|u_{\boldsymbol{p}}^{(0)}\rangle$ となるので，初期時刻 t' をずらせて出発した状態ベクトルを重率 $f^{(+)}(t')$ で重ね合わせれば (6.88) が得られる．便宜上 $\int_{-\infty}^{\infty} f^{(+)}(t')dt'=1$ としておく．$|\boldsymbol{p}, f^{(+)}\rangle$ には時間に順行するものだけを収めることにすれば，$f^{(+)}(t')=0$ $(t'>0)$ としなければならない．(6.89) についても同様であるが，そこでは，時刻 t を終期時刻と見なし，時間に逆行する波だけを集めるとすれば，$f^{(-)}(t)=0$ $(t<0)$ でなければならない．簡単のため，

$$f^{(+)}(t') = \theta(-t')\epsilon e^{\epsilon t'} \,,\quad f^{(-)}(t) = \theta(t)\epsilon e^{-\epsilon t} \tag{6.90}$$

と選んでおこう．θ は階段関数，ϵ は十分小さな正の実数である．このとき

$$|\boldsymbol{p}, f^{(+)}\rangle = \epsilon\int_{-\infty}^{0} e^{i(\hat{H}-E_p-i\epsilon')t'/\hbar}dt'|u_{\boldsymbol{p}}^{(0)}\rangle = \frac{i\epsilon'}{E_p-\hat{H}+i\epsilon'}|u_{\boldsymbol{p}}^{(0)}\rangle, \tag{6.91}$$

$$|\boldsymbol{p}', f^{(-)}\rangle = \epsilon\int_{0}^{\infty} e^{i(\hat{H}-E_{p'}+i\epsilon')t/\hbar}dt|u_{\boldsymbol{p}'}^{(0)}\rangle = \frac{-i\epsilon'}{E_p-\hat{H}-i\epsilon'}|u_{\boldsymbol{p}'}^{(0)}\rangle \tag{6.92}$$

が得られる．ただし，$\epsilon'=\hbar\epsilon$．これらの式は (4.46) そのものであり，散乱状態固有状態を表わしている．こうして，関数 $f^{(\pm)}(t)$ がその複号に応じて過去ま

たは未来だけで値をもつ定数に極めて近い関数という了解の下では，

$$|\boldsymbol{p}, f^{(\pm)}\rangle = |u_{\boldsymbol{p}}^{(\pm)}\rangle \tag{6.93}$$

とおいてよいことが分かった．すなわち，

$$|u_{\boldsymbol{p}}^{(\pm)}\rangle = \int e^{i\hat{H}t/\hbar}|u_{\boldsymbol{p}}^{(0)}\rangle e^{-iE_p i/\hbar} f^{(\pm)}(t)dt \tag{6.94}$$

が成立すると考えてよい．なお，(6.91) と (6.92) から直接

$$\hat{H}|\boldsymbol{p}, f^{(\pm)}\rangle = E_p|\boldsymbol{p}, f^{(\pm)}\rangle + O(\epsilon) \tag{6.95}$$

を証明することができる．

(6.94) を使えば，直ちに

$$\begin{aligned}
&\langle u_{\boldsymbol{p}'}^{(0)}|\hat{S}|u_{\boldsymbol{p}}^{(0)}\rangle \\
&\quad = \langle u_{\boldsymbol{p}'}^{(-)}|u_{\boldsymbol{p}}^{(+)}\rangle \\
&\quad = \iint f^{(-)*}(t)e^{iE_{p'}t/\hbar}\langle u_{\boldsymbol{p}'}^{(0)}|e^{-i\hat{H}(t-t')/\hbar}|u_{\mathbf{p}}^{(0)}\rangle f^{(+)}(t')e^{-iE_p t'/\hbar}dtdt'
\end{aligned}$$

が得られる．この式の $f^{(\pm)}(t)$ の時間領域は，(6.90) のように複号に応じて，過去と未来に分かれていなければならない．しかし，その制限は，演算子 $e^{-i\hat{H}(t-t')/\hbar}$ を (6.50) で与えた $\hat{U}^{(+)}(t,t')$ によって置き換えれば，ある程度取り除くことができる．なぜならば，$f^{(+)}(t')$ と $f^{(-)}(t)$ の時間領域が重なり合っていたとしても，その重畳は (6.50) の $\theta(t-t')$ によって消えるからである．すなわち，$t>t'$ という選択は $f^{(\pm)}$ ではなく $\hat{U}^{(+)}(t,t')$ が引き受けてくれるのである．さらに，

$$\chi_{\boldsymbol{p}}^{(+)}(\boldsymbol{r}',t') \equiv u_{\boldsymbol{p}}^{(0)}(\boldsymbol{r}',t')f^{(+)}(t')\ , \tag{6.96}$$

$$\chi_{\boldsymbol{p}'}^{(-)}(\boldsymbol{r},t) \equiv u_{\boldsymbol{p}'}^{(0)}(\boldsymbol{r},t)f^{(-)}(t) \tag{6.97}$$

と時空領域の Green 関数 $\mathcal{G}^{(+)}$ を用いれば，上記の S 行列要素は

$$\langle u_{\boldsymbol{p}'}^{(0)}|\hat{S}|u_{\boldsymbol{p}}^{(0)}\rangle = i\hbar\iint \chi_{\boldsymbol{p}'}^{(-)*}(\boldsymbol{r},t)\mathcal{G}^{(+)}(\boldsymbol{r},t;\boldsymbol{r}',t')\chi_{\boldsymbol{p}}^{(+)}(\boldsymbol{r}',t')d^4xd^4x' \tag{6.98}$$

となる．ただし，$d^4x \equiv d^3\boldsymbol{r}dt,\ d^4x' \equiv d^3\boldsymbol{r}'dt'$ であり，積分は時空 4 次元領域全体にわたって行なわれる．関数 $f^{(\pm)}$ の存在は時間領域における波束関数を意味している．先ほども注意したように，空間依存性についても平面波 $u_{\boldsymbol{p}}^{(0)}$ で

はなく波束関数 $\tilde{\phi}_{\boldsymbol{p}}$ を使うべきであった．そこで，関数 $\chi_{\boldsymbol{p}}^{(+)}, \chi_{\boldsymbol{p}'}^{(-)}$ の代わりに，時空領域における4次元波束関数 $\tilde{\chi}_{\boldsymbol{p}}^{(+)}(x'), \tilde{\chi}_{\boldsymbol{p}'}^{(-)}(x)$ を使えば，波束状態間のS行列要素

$$\langle\tilde{\phi}_{\boldsymbol{p}'}|\hat{S}|\tilde{\phi}_{\boldsymbol{p}}\rangle = i\hbar\int\!\!\int \tilde{\chi}_{\boldsymbol{p}'}^{(-)*}(x')\mathcal{G}^{(+)}(x;x')\tilde{\chi}_{\boldsymbol{p}}^{(+)}(x)d^4xd^4x' \qquad (6.99)$$

が得られる．時空座標を一括して $x=(\boldsymbol{r},t)$ のように書いておいた．(6.99) もGreen 関数とS行列要素の関係を与える公式である．ただし，波束関数 $\tilde{\chi}_{\boldsymbol{p}}^{(+)}(x')$ は遠い過去から散乱領域に進入してくる波束であり，$\tilde{\chi}_{\boldsymbol{p}'}^{(-)}(x)$ は散乱領域から遠い未来に去ってゆく波束でなければならない．

ここで行列記法を導入しよう．Green 関数 $\mathcal{G}^{(\pm)}(x,x')$，$G^{(\pm)}(x,x')$ が行列 $\overline{\mathcal{G}}^{(\pm)}$，$\overline{G}^{(\pm)}$ の (x,x') 要素であると考える．すなわち，

$$(x|\overline{\mathcal{G}}^{(\pm)}|x') \equiv \mathcal{G}^{(\pm)}(x,x')\ ,\quad (x|\overline{G}^{(\pm)}|x') \equiv G^{(\pm)}(x,x')\ . \qquad (6.100)$$

ただし，行列積 $\overline{A}\ \overline{B}$ の行列要素は

$$(x|\overline{A}\ \overline{B}|x') = \int (x|\overline{A}|x'')d^4x''(x''|\overline{B}|x') \qquad (6.101)$$

としておく．なお，この記法では

$$(x|\overline{V}|x') \equiv V(x)\delta^4(x-x')\ ,\quad (x|\overline{1}|x') \equiv \delta^4(x-x') \qquad (6.102)$$

である．波束状態間のS行列要素 (6.99) を与える公式は行列積

$$\langle\tilde{\phi}_{\boldsymbol{p}'}|\hat{S}|\tilde{\phi}_{\boldsymbol{p}}\rangle = \overline{\tilde{\phi}}_{\boldsymbol{p}'}^{\dagger}\overline{\mathcal{G}}^{(+)}\overline{\tilde{\phi}}_{\boldsymbol{p}} = (\overline{\tilde{\phi}}_{\boldsymbol{p}'}, \overline{\mathcal{G}}^{(+)}\overline{\tilde{\phi}}_{\boldsymbol{p}}) \qquad (6.103)$$

によって与えられる．$\overline{\tilde{\phi}}_{\boldsymbol{p}}$ は波束状態を表わす列ベクトル，$\overline{\tilde{\phi}}_{\boldsymbol{p}'}^{\dagger}$ は行ベクトルである．また，この記法では Green 関数の方程式 (6.65) と (6.69) は

$$\overline{\mathcal{G}}^{-1}\overline{\mathcal{G}}^{(\pm)} = \overline{1}\ ,\quad \overline{G}^{-1}\overline{G}^{(\pm)} = \overline{1} \qquad (6.104)$$

と書き直すことができる．ただし，$\overline{\mathcal{G}}^{-1}, \overline{G}^{-1}$ はそれぞれ $\overline{\mathcal{G}}^{(\pm)}, \overline{G}^{(\pm)}$ の左逆行列であり，

$$(x|\overline{\mathcal{G}}^{-1}|x') \equiv (i\hbar\frac{\partial}{\partial t} - H^x)\delta^4(x-x')\ , \qquad (6.105)$$

$$(x|\overline{G}^{-1}|x') \equiv (i\hbar\frac{\partial}{\partial t} - H_0^x)\delta^4(x-x')\ , \qquad (6.106)$$

によって定義されたものである．なお，

$$\overline{\mathcal{G}}^{-1}=\overline{G}^{-1}-\overline{V}\ . \tag{6.107}$$

一方，Green 関数 $\mathcal{G}^{(\pm)}(x,x')$ の x' についての変化を与える方程式は，定義 (6.60) から (6.65) を得たのと同様の方法で求められて

$$-i\hbar\frac{\partial}{\partial t'}\mathcal{G}^{(\pm)}(\boldsymbol{r},t;\boldsymbol{r}',t')=H^{x'}\mathcal{G}^{(\pm)}(\boldsymbol{r},t;\boldsymbol{r}',t')+\delta^3(\boldsymbol{r}-\boldsymbol{r}')\delta(t-t') \tag{6.108}$$

となることが分かる．これから右逆行列が

$$(x|(\overline{\mathcal{G}}^{-1})^{\dagger}|x')\equiv(-i\hbar\frac{\partial}{\partial t'}-H^{x'})\delta^4(x-x') \tag{6.109}$$

であることを知る．自由粒子の Green 関数についても同様．左逆行列と右逆行列の違いは1階時間微分の符号を反転させたところだけだ．その違いに共役記号 † を用いたが，それには次のような理由がある．いま，

$$(x|\overline{\partial}_{\mu}|x')\equiv\frac{\partial}{\partial x_{\mu}}\delta^4(x-x')$$

を定義すれば，時空の遠方でゼロとなる4次元波束関数 $\tilde{\chi}_a(x),\tilde{\chi}_b(x)$ に対して

$$\int\tilde{\chi}_a^*(x)\frac{\partial}{\partial x_{\mu}}\tilde{\chi}_b(x)d^4x=-\int\left(\frac{\partial}{\partial x_{\mu}}\tilde{\chi}_a^*(x)\right)\tilde{\chi}_b(x)d^4x$$

となり，1階微分の符号反転が通常の意味での共役演算子を与えるからである．しかし，この性質はあくまでも，無限遠の時空領域でゼロになるという波束状態に対して成立することを忘れてはいけない．Green 関数自身についていえば，空間領域に対してはよいが，時間領域については (たとえば，自由粒子 Green 関数の具体形を見れば分かるように) 必ずしもこの性質をもっていない．利用の仕方によっては，1階微分の符号反転に際して時間的境界条件が現われる場合がある．

さて，(6.107) から行列記法における Green 関数の方程式と摂動展開

$$\overline{\mathcal{G}}^{(\pm)}=\overline{G}^{(\pm)}+\overline{G}^{(\pm)}\overline{V}\ \overline{\mathcal{G}}^{(\pm)} \tag{6.110}$$

$$=\overline{\mathcal{G}}^{(\pm)}+\overline{G}^{(\pm)}\overline{V}\ \overline{G}^{(\pm)}+\overline{G}^{(\pm)}\overline{V}\ \overline{G}^{(\pm)}\overline{V}\ \overline{G}^{(\pm)}+\cdots \tag{6.111}$$

が直ちに得られる．通常の記法では，いうまでもなく

$$\mathcal{G}^{(\pm)}(x,x') = G^{(\pm)}(x,x')+\int G^{(\pm)}(x,x'')V(x'')\mathcal{G}^{(\pm)}(x'',x')d^4x'' \tag{6.112}$$

$$= G^{(\pm)}(x,x')+\int G^{(\pm)}(x,x_1)V(x_1)G^{(\pm)}(x_1,x')d^4x_1 + \int\int G^{(\pm)}(x,x_1)V(x_1)G^{(\pm)}(x_1,x_2)V(x_2)G^{(\pm)}(x_2,x')d^4x_1d^4x_2+\cdots \tag{6.113}$$

である. この展開式を(6.99)または(6.103)に入れれば, S行列要素の摂動級数が得られる. 展開式(6.111)または(6.113)は定常問題の摂動級数(4.68)または(4.31)に対応するものである. なお, 歪形波 Born 近似(DWBA, 5-2節)に対しても同様の展開が考えられる.

摂動級数(6.113)を視覚的に捉えるため, 図6-3のような図を利用することが多い. 図の描き方は, Green 関数 $G^{(\pm)}(x_1,x_2)$ で表わされる散乱なしの自由飛行を時空点 x_2,x_1 を結ぶ線分で, ポテンシャル $V(x_2)$ による散乱を黒点 x_2 で表わすのである. こうすると, 散乱全体が古典的粒子の軌跡のように見えて理解しやすい. 黒点の数が摂動の次数を示すことになる. 時空表示の代わりに, Green 関数を Fourier 変換して運動量表示で書けば, 各線分にはその Green 関数が運ぶ運動量を書き込むことができ, 散乱によって運動量の値が変わる状況を表現できるので便利である. このような図を Feynman 図(Feynman diagram または Feynman graph)という.

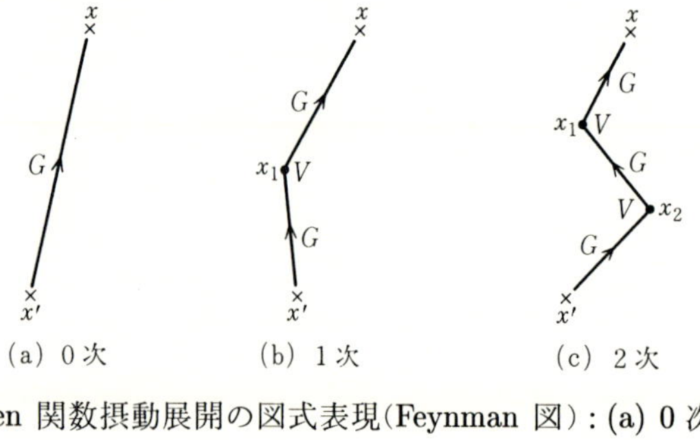

図6-3　Green 関数摂動展開の図式表現(Feynman 図) : (a) 0次. (b) 1次. (c) 3次.

(b) 第2量子化法と Green 関数

最後に，第2量子化法を用いて Green 関数と S 行列を定式化しよう．第2量子化法は素粒子論や物性理論で広く利用されている便利な数学的道具である．固定ポテンシャルによる散乱問題だけに限れば，とくにこの方法を持ち込む必要はないが，もっと一般の場合に備える準備をしておこうというのである．

いま，$\{u_i(\boldsymbol{r})\}$ という完全正規直交系を考える．もちろん，

$$(u_i, u_j) = \delta_{ij} \ , \quad \sum_i u_i(\boldsymbol{r})u_i^*(\boldsymbol{r}') = \delta^3(\boldsymbol{r}-\boldsymbol{r}') \tag{6.114}$$

であるとする．$(u,v) \equiv \int u^*(\boldsymbol{r})v(\boldsymbol{r})d^3\boldsymbol{r}$ は関数内積を表わす．ここで，関数 $u_i(\boldsymbol{r})$ で表わされる状態にある粒子を作る生成演算子を $\hat{a}_i{}^\dagger$，その状態にある粒子を消す消滅演算子を $\hat{a}_i$ とすれば，交換関係

$$[\hat{a}_i, \hat{a}_j^\dagger]_\pm = \delta_{ij} \ , \quad [\hat{a}_i, \hat{a}_j]_\pm = [\hat{a}_i^\dagger, \hat{a}_j^\dagger]_\pm = 0 \tag{6.115}$$

が成立する．ただし，$[\hat{a}, \hat{b}]_\pm \equiv \hat{a}\hat{b} \pm \hat{b}\hat{a}$ であるが，半整数スピン(半奇数スピン)をもつ Fermi 粒子に対しては + をとり，整数スピンをもつ Bose 粒子に対しては − をとる．生成演算子 $\hat{a}_i{}^\dagger$ と消滅演算子 $\hat{a}_i$ は互いに (Hermite) 共役の関係にある．共役記号 † を用いた理由もそこにあった．

ここで Schrödinger 描像の演算子

$$\hat{\psi}(\boldsymbol{r}) = \sum_i \hat{a}_i u_i(\boldsymbol{r}) \ , \quad \hat{\psi}^\dagger(\boldsymbol{r}) = \sum_i \hat{a}_i^\dagger u_i^*(\boldsymbol{r}) \tag{6.116}$$

を導入しよう．これを第2量子化された**場の演算子** (field operator) または**場の量** (field quantity) という．(6.114) 第1式によれば

$$\hat{a}_i = (u_i, \hat{\psi}) \ , \quad \hat{a}_i^\dagger = (\hat{\psi}, u_i) \tag{6.117}$$

である．場の演算子の交換関係は (6.115)，(6.116)，(6.114) から求めることができて

$$[\hat{\psi}(\boldsymbol{r}), \hat{\psi}^\dagger(\boldsymbol{r}')]_\pm = \delta^3(\boldsymbol{r}-\boldsymbol{r}') \ , \quad [\hat{\psi}(\boldsymbol{r}), \hat{\psi}(\boldsymbol{r}')]_\pm = [\hat{\psi}^\dagger(\boldsymbol{r}), \hat{\psi}^\dagger(\boldsymbol{r}')]_\pm = 0 \tag{6.118}$$

となる．今後抽象演算子記号 ˆ は第2量子化された演算子を表わすためだけに用いることにしよう．混乱は起こらないと思うが，固定ポテンシャル(V)によ

る散乱問題を記述するハミルトニアン演算子は

$$\hat{H}_0 = \int \hat{\psi}^\dagger(\boldsymbol{r}) H_0^x \hat{\psi}(\boldsymbol{r}) d^3\boldsymbol{r} \ , \quad H_0^x = -\frac{\hbar^2}{2\mu}\nabla_x^2 \ , \tag{6.119}$$

$$\hat{V} = \int \hat{\psi}^\dagger(\boldsymbol{r}) V(\boldsymbol{r}) \hat{\psi}(\boldsymbol{r}) d^3\boldsymbol{r} \ , \tag{6.120}$$

$$\hat{H} = \hat{H}_0 + \hat{V} = \int \hat{\psi}^\dagger(\boldsymbol{r}) H^x \hat{\psi}(\boldsymbol{r}) d^3\boldsymbol{r} \ , \quad H^x = H_0^x + V(\boldsymbol{r}) \tag{6.121}$$

であることに注意してほしい．固定ポテンシャルによる散乱の場合，ハミルトニアン演算子はこれだけであるが，ポテンシャル $V(\boldsymbol{r}, \boldsymbol{r}')$ をもつ2体力で相互作用している多体系に対するハミルトニアンは，(6.120) の代わりに，演算子

$$\hat{V} = \frac{1}{2}\iint \hat{\psi}^\dagger(\boldsymbol{r})\hat{\psi}^\dagger(\boldsymbol{r}') V(\boldsymbol{r}, \boldsymbol{r}') \hat{\psi}(\boldsymbol{r}) \hat{\psi}(\boldsymbol{r}') d^3\boldsymbol{r} d^3\boldsymbol{r}' \tag{6.122}$$

を採用しなければならない．相互作用が量子化された場で媒介されるような場合，とくに相対論的粒子の相互作用エネルギーを表わす演算子はさらに面倒な形をとるが，ここでは立ち入らない．一部は第7章で触れるが，詳しくは場の量子論の教科書を見ていただきたい．当面の間，固定ポテンシャルによる散乱の場合に話を限る．なお，粒子の個数を表わす演算子は

$$\hat{N} = \int \hat{\psi}^\dagger(\boldsymbol{r}) \hat{\psi}(\boldsymbol{r}) d^3\boldsymbol{r} = \sum_i \hat{a}_i^\dagger \hat{a}_i \tag{6.123}$$

である．$\hat{a}_i^\dagger \hat{a}_i$ は状態 u_i にある粒子の個数を表わし，

$$\hat{N}(\boldsymbol{r}) = \hat{\psi}^\dagger(\boldsymbol{r}) \hat{\psi}(\boldsymbol{r}) \tag{6.124}$$

は粒子数密度分布を表わす演算子である．

さて，$\hat{H}_0$ が正値演算子でなければならないことは物理的観点から見て明らかである．その最低固有状態を**真空状態** (vacuum state) という．話を簡単にするため，ハミルトニアンが (6.120) または (6.122) である非相対論的な場合を考えよう．このとき，ベクトル $|0\rangle$ を

$$\hat{a}_i|0\rangle = \hat{\psi}(\boldsymbol{r})|0\rangle = 0 \ , \quad \langle 0|\hat{a}_i^\dagger = \langle 0|\hat{\psi}^\dagger(\boldsymbol{r}) = 0 \tag{6.125}$$

によって定義すれば，これが粒子数0とエネルギー0に相当する真空状態を表

わす[*6]．すなわち，

$$\hat{N}|0\rangle = 0\ ,\quad \hat{H}|0\rangle = \hat{H}_0|0\rangle = 0\ ,\quad \langle 0|\hat{H} = \langle 0|\hat{H}_0 = 0\ . \tag{6.126}$$

真空状態の規格化は

$$\langle 0|0\rangle = 1 \tag{6.127}$$

であるとしておく．1 個の粒子が空間点 $\boldsymbol{r}$ に存在するという状態は

$$|\boldsymbol{r}\rangle = \hat{\psi}^\dagger(\boldsymbol{r})|0\rangle \tag{6.128}$$

であり，2 個の粒子が空間点 $\boldsymbol{r}_1, \boldsymbol{r}_2$ に存在する状態は

$$|\boldsymbol{r}_1, \boldsymbol{r}_2\rangle = \frac{1}{\sqrt{2}}\hat{\psi}^\dagger(\boldsymbol{r}_1)\hat{\psi}^\dagger(\boldsymbol{r}_2)|0\rangle \tag{6.129}$$

であるが，これらの事実は粒子数密度演算子 (6.124) の期待値を求めて見れば直ちに分かる．運動量状態についても同様であり，

$$|\boldsymbol{p}\rangle = (\hat{\psi}, u^{(0)}_{\boldsymbol{p}})|0\rangle\ ,\quad |\boldsymbol{p}_1, \boldsymbol{p}_2\rangle = \frac{1}{\sqrt{2}}(\hat{\psi}, u^{(0)}_{\boldsymbol{p}_1})(\hat{\psi}, u^{(0)}_{\boldsymbol{p}_2})|0\rangle \tag{6.130}$$

と書くことができる．この事実は，やはり，運動量分布演算子 $(\hat{\psi}, u^{(0)}_{\boldsymbol{p}})(u^{(0)}_{\boldsymbol{p}}, \hat{\psi})$ の期待値を作れば分かることだ．この場合，$u^{(0)}_{\boldsymbol{p}}$ にはデルタ関数規格化を採用しよう．したがって，直ちに

$$\langle \boldsymbol{r}|\boldsymbol{r}'\rangle = \delta^3(\boldsymbol{r}-\boldsymbol{r}')\ ,\quad \langle \boldsymbol{p}|\boldsymbol{p}'\rangle = \delta^3(\boldsymbol{p}-\boldsymbol{p}') \tag{6.131}$$

の成立が証明できる．この方法を一般化して，粒子が 3 個，4 個，... とある状態のベクトルを作ることができる．このようなベクトルを基底として構成された多粒子系の状態空間を **Fock 空間** (Fock space) という．

この記法を使えば，いままで $|\boldsymbol{r}\rangle$ とか $|u^{(0)}_{\boldsymbol{p}}\rangle$ と書いてきた状態はすべて $\hat{\psi}^\dagger(\boldsymbol{r})|0\rangle$ と $(\hat{\psi}, u^{(0)}_{\boldsymbol{p}})|0\rangle$ で置き換えてよいことが分かる．この置き換えによって，前節までに展開した散乱理論はすべて成立し，第 2 量子化された演算子や状態ベクトルを用いても，そのまま正しいのである．

次に，Heisenberg 描像の場の演算子を

$$\hat{\psi}(\boldsymbol{r}, t) = e^{i\hat{H}t/\hbar}\hat{\psi}(\boldsymbol{r})e^{-i\hat{H}t/\hbar}\ ,\quad \hat{\psi}^\dagger(\boldsymbol{r}, t) = e^{i\hat{H}t/\hbar}\hat{\psi}^\dagger(\boldsymbol{r})e^{-i\hat{H}t/\hbar} \tag{6.132}$$

によって定義しよう．この定義と (6.118) から

---

*6 粒子数演算子 $\hat{N}$ とハミルトニアン演算子 $\hat{H}_0$，$\hat{H}$ とは交換可能であり，同時的固有ベクトルをもつことに注意．

$$[\hat{\psi}(\boldsymbol{r},t),\hat{\psi}^\dagger(\boldsymbol{r}',t)]_\pm = \delta^3(\boldsymbol{r}-\boldsymbol{r}')\ , \tag{6.133}$$

$$[\hat{\psi}(\boldsymbol{r},t),\hat{\psi}(\boldsymbol{r}',t)]_\pm = [\hat{\psi}^\dagger(\boldsymbol{r},t),\hat{\psi}^\dagger(\boldsymbol{r},t)]_\pm = 0 \tag{6.134}$$

が出てくる．すなわち，同時刻交換関係は時間が経っても変わらない．一方，ハミルトニアン演算子は時間的に一定なので，t の如何にかかわらず

$$\hat{H} = \int \hat{\psi}^\dagger(\boldsymbol{r},t)H^x\hat{\psi}(\boldsymbol{r},t)d^3\boldsymbol{r} \tag{6.135}$$

と書くことができる．(6.132) を時間変数 t で微分すると，直ちに Heisenberg の運動方程式

$$i\hbar\frac{\partial}{\partial t}\hat{\psi}(\boldsymbol{r},t) = [\hat{\psi}(\boldsymbol{r},t),\hat{H}]_- \tag{6.136}$$

が得られるが，これは2-5節の議論からも明らかだろう．ただし，場の演算子の方程式は (6.135)，(6.133)，(6.134)，(6.136) から容易に求められて，

$$i\hbar\frac{\partial}{\partial t}\hat{\psi}(\boldsymbol{r},t) = H^x\hat{\psi}(\boldsymbol{r},t) \tag{6.137}$$

であることが分かる (章末問題)．これは1粒子の確率振幅である Schrödinger 方程式とまったく同じ形をしている．第2量子化は本来多体問題の簡明な記述のために工夫されたものであるが，それは波動関数自身を演算子とすることによって達成されたのであった．第2量子化という命名もその理由で与えられた．しかし，相互作用が (6.120) ではない場合 (たとえば，(6.122) の場合やもっと一般の場合) は，場の方程式は (6.137) のように簡単な形は取らず，もっと複雑になる．

　これだけ準備をすれば，Green 関数を第2量子化された場の演算子で書くことができる．Green 関数の定義式 (6.60) を (6.128) と (6.132) によって書き直せば

$$\mathcal{G}^{(\pm)}(\boldsymbol{r},t;\boldsymbol{r}',t') = \frac{1}{i\hbar}\langle 0|(\hat{\psi}(\boldsymbol{r},t)\hat{\psi}^\dagger(\boldsymbol{r}',t'))_\pm|0\rangle \tag{6.138}$$

となる．ただし，

$$(\hat{\psi}(\boldsymbol{r},t)\hat{\psi}^\dagger(\boldsymbol{r}',t'))_\pm \equiv \pm\theta(\pm(t-t'))\hat{\psi}(\boldsymbol{r},t)\hat{\psi}^\dagger(\boldsymbol{r}',t')\ . \tag{6.139}$$

なお，(6.60) から (6.138) への変形に際して次式を用いた：

$$e^{-i\hat{H}t/\hbar}|0\rangle = |0\rangle\ , \quad \langle 0|e^{i\hat{H}t/\hbar} = \langle 0|\ . \tag{6.140}$$

(6.126) とそこの脚注を見ていただきたい.

時空表示の Green 関数に関連して**因果律** (causality) の話をしておこう．過去にある事象が原因として与えられれば，それによって未来の事象が決まってしまうという法則が因果律の漠然とした表現である．c 数の Schrödinger 波動関数の時間的発展は (6.75) の関数 $\varDelta$ で与えられている．$\varDelta$ の中の $\mathcal{G}^{(+)}$ は過去の原因として初期波動 ψ_0 を与えれば，それ以後の時刻の波動関数が決定されるという形で因果律を表わしていたのであった．その意味で，遅延 Green 関数 $\mathcal{G}^{(+)}$ は古典的 Schrödinger 波に対する因果律を表現していた($\mathcal{G}^{(-)}$ は逆因果律を表わしている)．ここでは，(6.138) の形から別の意味の因果律を読み取ろう．$\mathcal{G}^{(+)}$ は $t>t'$ のときだけ値をもち，$(i\hbar)^{-1}\langle 0|\hat{\psi}(\boldsymbol{r},t)\hat{\psi}^\dagger(\boldsymbol{r}',t')|0\rangle$ に等しい．これはある時刻 t' のとき空間点 $\boldsymbol{r}'$ で生まれた粒子がその後の時刻 t のとき空間点 $\boldsymbol{r}$ で消えたと読むことができる．この意味でも $\mathcal{G}^{(+)}$ は因果律($\mathcal{G}^{(-)}$ は逆因果律)を表わしている．これを場の量子論的因果律という．したがって，$\mathcal{G}^{(+)}$ は古典的波動の意味でも，場の量子論の意味でも，因果律を表わしている．しかし，両方の意味での因果律が一致するのは反粒子がない場合だけである．

ここで**反粒子** (anti-particle) の存在とその効果について注意しておこう．相対論的な場の量子論の場合，ハミルトニアン演算子を正値に，電荷演算子を正負に保つためには，通常の粒子と等しい質量と符号反対の電荷をもつ反粒子を導入する必要がある．分かりやすい例としては，Dirac の**孔理論** (hole theory) がある．自由 Dirac 方程式の平面波解は正負のエネルギーをもつが，その負エネルギー状態が満杯の状態を真空状態と再定義すれば，負状態の孔は正のエネルギーをもつ粒子として観測される．これが反粒子といわれるもので，実験的にも確認されている．ハミルトニアン (6.120) や (6.122) をもつ非相対論的な Fermi 粒子の集団でも，一定エネルギー(Fermi 準位)以下の状態が満杯である場合には，その状態を相対論的な場の量子論の真空に対応させ，その状態の孔を反粒子のように扱うことができる (ただし，この扱いが有効であるのは粒子数が十分大きい場合に限る)．いずれの場合も，(6.116) で書いた場の量の成

分 $\hat{a}_i$ は i が孔の位置に相当する状態のとき，消滅演算子ではなく反粒子の生成演算子を表わすのである．したがって，$\hat{a}_i|0\rangle=0$, $\langle 0|\hat{a}_i{}^\dagger=0$ または $\hat{\psi}|0\rangle=0$, $\langle 0|\hat{\psi}^\dagger=0$ は成立しない．しかし，この節ではこのような場合は除外する．詳しくは場の量子論や多体問題の教科書を見ていただきたい．

くりかえしていえば，反粒子があるときは，$\hat{\psi}$ は反粒子の生成演算子を含むし，$\hat{\psi}^\dagger$ は反粒子の消滅演算子を含むので，$\langle 0|\hat{\psi}^\dagger(\boldsymbol{r},t)\hat{\psi}(\boldsymbol{r}',t')|0\rangle$ はゼロにならない．したがって，$t>t'$ に対する Green 関数を，時刻 t' のとき空間点 $\boldsymbol{r}'$ で生まれた反粒子が後の時刻 t のとき空間点 $\boldsymbol{r}$ で消えたと読むことができる．いうまでもなく，これも場の量子論の意味での因果律を満足している．この可能性を取り入れるためには，(6.138) の $(\cdots)_\pm$ を

$$\begin{aligned}\mathrm{T}_\pm(\hat{\psi}(\boldsymbol{r},t)\hat{\psi}^\dagger(\boldsymbol{r}',t')) \equiv &\pm\theta(\pm(t-t'))\hat{\psi}(\boldsymbol{r},t)\hat{\psi}^\dagger(\boldsymbol{r}',t')\\ &\pm\eta\theta(\pm(t'-t))\hat{\psi}^\dagger(\boldsymbol{r}',t')\hat{\psi}(\boldsymbol{r},t)\end{aligned} \tag{6.141}$$

で置き換えておけばよい．ただし，η は Fermi 粒子に対しては -1，Bose 粒子に対しては $+1$ を取るものとする．

このようにして，新しい Green 関数

$$\mathcal{G}_c^{(\pm)}(\boldsymbol{r},t;\boldsymbol{r}',t') \equiv \frac{1}{i\hbar}\langle 0|\mathrm{T}_\pm(\hat{\psi}(\boldsymbol{r},t)\hat{\psi}^\dagger(\boldsymbol{r}',t'))|0\rangle \tag{6.142}$$

を定義すれば，$\mathcal{G}_c^{(+)}$ は場の量子論的な意味での因果律($\mathcal{G}_c^{(-)}$ は逆因果律) を表現する Green 関数ということができる．その意味を強調して，(6.142) で定義された関数を**因果的 Green 関数** (causal Green's function) という．その場合でも，Schrödinger 波動の因果性はむしろ元の $\mathcal{G}^{(\pm)}$ が従う境界条件によって表現される．$\mathcal{G}_c^{(\pm)}$ は $\mathcal{G}^{(\pm)}$ と同じ微分方程式を満足するが，境界条件が違うので互いに等しくはならない．ただし，反粒子がないときは，$\hat{\psi}|0\rangle=0$ および $\langle 0|\hat{\psi}^\dagger=0$ が成立するので，$\mathcal{G}_c^{(\pm)}=\mathcal{G}^{(\pm)}$ となってしまう．この節で議論しているのはそのような場合である．

さて，時刻 t' のときの場の演算子 $\hat{\psi}(\boldsymbol{r}',t')$ を与えて時刻 t のときの演算子 $\hat{\psi}(\boldsymbol{r},t)$ を求める問題を考えよう．ハミルトニアンが (6.121) の場合，演算子 $\hat{\psi}(\boldsymbol{r},t)$ の方程式は c 数の Schrödinger 波動関数と同じだから，その問題の解は

(6.75) である．すなわち，

$$\hat{\psi}(\boldsymbol{r},t)=\int\varDelta(\boldsymbol{r},t;\boldsymbol{r}',t')\hat{\psi}(\boldsymbol{r}',t')d^3\boldsymbol{r}' \ . \tag{6.143}$$

これと (6.133)，(6.134) とを組み合わせれば，異なった時刻の場の演算子に対する交換関係

$$[\hat{\psi}(\boldsymbol{r},t),\hat{\psi}(\boldsymbol{r}',t')]_{\pm}=\varDelta(\boldsymbol{r},t;\boldsymbol{r}',t') \tag{6.144}$$

が得られる．もちろん，関数 $\varDelta$ は (6.73) で与えられたものだ．

自由場の演算子 $\hat{\psi}_0$ の場合，時間発展公式は

$$\hat{\psi}_0(\boldsymbol{r},t)=\int\varDelta_0(\boldsymbol{r},t;\boldsymbol{r}',t')\hat{\psi}_0(\boldsymbol{r}',t')d^3\boldsymbol{r}' \tag{6.145}$$

である．$\varDelta_0$ はすでに (6.78) または (6.79) で与えておいた．いうまでもなく，自由場の演算子と Schrödinger 描像の演算子の関係は

$$\hat{\psi}_0(\boldsymbol{r},t)=e^{i\hat{H}_0t/\hbar}\hat{\psi}(\boldsymbol{r})e^{-i\hat{H}_0t/\hbar} \tag{6.146}$$

である．これらはいずれもすでに知っている事実である．ここで注意しておきたい点は，Heisenberg 演算子，Schrödinger 演算子，自由場演算子が $t=0$ で一致するように選ばれていたという事実である．しかし，一致の時刻$(t=0)$の選び方はまったく勝手である．

そこで，新しい場の演算子

$$\hat{\chi}(\boldsymbol{r},t;t_0)\equiv\hat{U}_I(0,t_0)\hat{\psi}_0(\boldsymbol{r},t)\hat{U}_I^{\dagger}(0,t_0) \tag{6.147}$$

を導入しよう．ただし，

$$\hat{U}_I(0,t_0)=e^{i\hat{H}t_0/\hbar}e^{-i\hat{H}_0t_0/\hbar} \ . \tag{6.148}$$

演算子 $\hat{\chi}(\boldsymbol{r},t;t_0)$ は $t\neq t_0$ に対しては自由場の方程式を満足し，$t=t_0$ とおくと Heisenberg 演算子 $\hat{\psi}(\boldsymbol{r},t)$ に一致するような量である．すなわち，$t\neq t_0$ に対して $\hat{\chi}$ は自由場の方程式と交換関係を満足する．また，$\hat{\psi}(\boldsymbol{r},t_0)$ を $t=t_0$ における $\hat{\chi}$ の初期条件と見なすことができるのである．したがって，

$$\hat{\chi}(\boldsymbol{r},t;t_0)=\int\varDelta_0(\boldsymbol{r},t;\boldsymbol{r}',t_0)\hat{\psi}(\boldsymbol{r}',t_0)d^3\boldsymbol{r}' \tag{6.149}$$

と書くことができる．いま，($t'=t_0$ に対する)(6.143) と (6.149) を辺々引き算し，$\varDelta-\varDelta_0=i\hbar[(\mathcal{G}^{(+)}-G^{(+)})-(\mathcal{G}^{(-)}-G^{(-)})]$ と書き直し，$\mathcal{G}^{(\pm)}$ に対して

(6.112) を使用すれば，

$$
\begin{aligned}
\hat{\psi}(\boldsymbol{r},t) = &\ \hat{\chi}(\boldsymbol{r},t;t_0) \\
&+\iint G^{(+)}(\boldsymbol{r},t;\boldsymbol{r}_1,t_1)V(\boldsymbol{r}_1)\theta(t_1-t_0) \\
&\cdot\Delta(\boldsymbol{r}_1,t_1;\boldsymbol{r}',t_0)\hat{\psi}(\boldsymbol{r}',t_0)d^4x_1d^3\boldsymbol{r}' \\
&+\iint G^{(-)}(\boldsymbol{r},t;\boldsymbol{r}_1,t_1)V(\boldsymbol{r}_1)\theta(t_0-t_1) \\
&\cdot\Delta(\boldsymbol{r}_1,t_1;\boldsymbol{r}',t_0)\hat{\psi}(\boldsymbol{r}',t_0)d^4x_1d^3\boldsymbol{r}' \qquad (6.150)
\end{aligned}
$$

が得られる．これは $\hat{\chi}$ を非斉次項とする $\hat{\psi}$ に対する積分方程式である．右辺第2項は $t>t_1>t_0$ に対してだけ0でなく，右辺第3項は $t<t_1<t_0$ のときだけ0でない．

(6.150) において，$t_0\to-\infty$，および $t_0\to\infty$ をとり，演算子

$$\hat{\psi}'_{\text{in}}(\boldsymbol{r},t) \equiv \lim_{t_0\to-\infty}\hat{\chi}(\boldsymbol{r},t;t_0) = \hat{W}^{(+)}\psi_0(\boldsymbol{r},t)\hat{W}^{(+)\dagger} \qquad (6.151)$$

$$\hat{\psi}'_{\text{out}}(\boldsymbol{r},t) \equiv \lim_{t_0\to+\infty}\hat{\chi}(\boldsymbol{r},t;t_0) = \hat{W}^{(-)}\psi_0(\boldsymbol{r},t)\hat{W}^{(-)\dagger} \qquad (6.152)$$

を定義しよう．ただし，最後の辺への移行に際しては (6.147) と (6.27)，(6.28) を用いた．$\hat{\psi}_{\text{in}}, \hat{\psi}_{\text{out}}$ は両方とも自由粒子の方程式を満足するが，交換関係は

$$[\hat{\psi}'_{\text{in}}(\boldsymbol{r},t), \hat{\psi}'^{\dagger}_{\text{in}}(\boldsymbol{r}',t')]_{\pm} = \Delta_0(\boldsymbol{r},t;\boldsymbol{r}',t')\hat{P}_{\text{sc}} \qquad (6.153)$$

である．ここで，$\hat{P}_{\text{sc}}$ は散乱状態への射影演算子であり，この分だけ自由粒子の交換関係とは違う．したがって，散乱状態が完全に分かっていなければ，積分方程式 (6.150) を解くことはできない．この問題は後で再考する．

一方，その積分方程式において $t_0\to\mp\infty$ とおけば，

$$\hat{\psi}(\boldsymbol{r},t) = \hat{\psi}'_{\text{in}}(\boldsymbol{r},t) + \int_{-\infty}^{t}\int G^{(+)}(\boldsymbol{r},t;\boldsymbol{r}',t')V(\boldsymbol{r}')\hat{\psi}(\boldsymbol{r}',t')dt'd^3\boldsymbol{r}' \qquad (6.154)$$

$$= \hat{\psi}'_{\text{out}}(\boldsymbol{r},t) + \int_{t}^{\infty}\int G^{(-)}(\boldsymbol{r},t;\boldsymbol{r}',t')V(\boldsymbol{r}')\hat{\psi}(\boldsymbol{r}',t')dt'd^3\boldsymbol{r}' \qquad (6.155)$$

という積分方程式が得られる．したがって，場の演算子 $\hat{\psi}(\boldsymbol{r},t)$ は

$$\hat{\psi}(\boldsymbol{r},t)\begin{cases}\xrightarrow{t\to-\infty}\hat{\psi}'_{\rm in}(\boldsymbol{r},t)\\ \xrightarrow{t\to+\infty}\hat{\psi}'_{\rm out}(\boldsymbol{r},t)\end{cases} \tag{6.156}$$

となり，無限の過去で自由場 $\hat{\psi}'_{\rm in}$ に，無限の未来で自由場 $\hat{\psi}'_{\rm out}$ に接近することが分かる．この意味で $\hat{\psi}'_{\rm in}$，$\hat{\psi}'_{\rm out}$ を $\hat{\psi}$ の漸近場といっても差し支えないだろう．

$\hat{\psi}'_{\rm in}$，$\hat{\psi}'_{\rm out}$ の性質をしらべるため，まず

$$\hat{w}^{(\pm)}(t)\equiv e^{i\hat{H}t/\hbar}\hat{W}^{(\pm)}e^{-i\hat{H}_0t/\hbar} \tag{6.157}$$

が時刻 t の如何にかかわらず一定であり，$\hat{W}^{(\pm)}$ に等しいことを証明しよう．t について微分して (4.40) を用いれば，直ちに

$$i\hbar\frac{d}{dt}\hat{w}^{(\pm)}(t)=e^{i\hat{H}t/\hbar}(-\hat{H}\hat{W}^{(\pm)}+\hat{W}^{(\pm)}\hat{H}_0)e^{i\hat{H}_0t/\hbar}=0 \tag{6.158}$$

であることが分かり，$t=0$ での値として $\hat{W}^{(\pm)}$ が得られる．この結果，$\hat{\psi}'_{\rm in}$ または $\hat{\psi}'_{\rm out}$ の全ハミルトニアン $\hat{H}$ による時間発展は

$$\begin{aligned}&e^{i\hat{H}\tau/\hbar}\hat{\psi}'_{\rm in}(\boldsymbol{r},t)e^{-i\hat{H}\tau/\hbar}\\&=e^{i\hat{H}\tau/\hbar}\hat{W}^{(\pm)}e^{-i\hat{H}_0\tau/\hbar}e^{i\hat{H}_0\tau/\hbar}\hat{\psi}_0(\boldsymbol{r},t)e^{-i\hat{H}_0\tau/\hbar}\\&\quad\cdot e^{i\hat{H}_0\tau/\hbar}\hat{W}^{(+)\dagger}e^{-i\hat{H}\tau/\hbar}\\&=\hat{W}^{(\pm)}\hat{\psi}_0(\boldsymbol{r},t+\tau)\hat{W}^{(\pm)\dagger}=\hat{\psi}'_{\rm in}(\boldsymbol{r},t+\tau)\\&=e^{i\hat{H}_0(\hat{\psi}_{\rm in})\tau/\hbar}\hat{\psi}'_{\rm in}(\boldsymbol{r},t)e^{-i\hat{H}_0(\hat{\psi}_{\rm in})\tau/\hbar}\end{aligned} \tag{6.159}$$

となることが分かる．ただし，最後の等式を出すために $\hat{\psi}'_{\rm in}$ が自由場の方程式に従うことを用いた．同様の関係式は $\hat{\psi}'_{\rm out}$ についても成立する．すなわち，$\hat{\psi}'_{\rm in}$ または $\hat{\psi}'_{\rm out}$ にとっては，全ハミルトニアン $\hat{H}$ による時間発展は，$\hat{\psi}'_{\rm in}$ または $\hat{\psi}'_{\rm out}$ で書いた自由ハミルトニアン $\hat{H}_0(\hat{\psi}'_{\rm in})$ または $\hat{H}_0(\hat{\psi}'_{\rm out})$ による時間発展とまったく同等であることが分かったのである．

この事実は (4.40)，すなわち，$\hat{H}(\hat{\psi}_{\rm S})\hat{W}^{(\pm)}=\hat{W}^{(\pm)}\hat{H}_0(\hat{\psi}_{\rm S})$ からも直接示すことができる．ただし，括弧内はこの式が Schrödinger 演算子で書かれていることを強調するためのものである．この式に右から $\hat{W}^{(\pm)\dagger}$ を掛けて，$\hat{W}^{(\pm)\dagger}\hat{W}^{(\pm)}=1$ を用いると，

$$\hat{H}(\hat{\psi}_S)\hat{P}_{sc} = \hat{W}^{(\pm)}\hat{H}_0(\hat{\psi}_S)\hat{W}^{(\pm)\dagger} = \hat{H}_0(\hat{W}^{(\pm)}\hat{\psi}_S\hat{W}^{(\pm)\dagger})$$

が得られる．この式に左から $e^{i\hat{H}t/\hbar}$，右から $e^{-i\hat{H}t/\hbar}$ を掛けて，$[\hat{H},\hat{P}_S]=0$ に注意すれば，

$$\begin{aligned} \hat{H}\hat{P}_{sc} &= \hat{H}_0(e^{i\hat{H}t/\hbar}\hat{W}^{(\pm)}\hat{\psi}_S\hat{W}^{(\pm)\dagger}e^{-i\hat{H}t/\hbar}) \\ &= \hat{H}_0(\hat{\psi}'_{in}\text{ または }\hat{\psi}'_{out}) \end{aligned} \tag{6.160}$$

が得られる．左辺は $\hat{P}_{sc}^2=\hat{P}_{sc}$ と $[\hat{H},\hat{P}_{sc}]=0$ によって $\hat{P}_{sc}\hat{H}\hat{P}_{sc}$ と書き直すことができる．要するに，散乱問題に関する限り，全ハミルトニアン $\hat{H}$ は $\hat{\psi}'_{in}$ または $\hat{\psi}'_{out}$ で書いた自由ハミルトニアン $\hat{H}_0$ で置き換えることができたのである．

次に $\hat{\psi}'_{in}$ と $\hat{\psi}'_{out}$ の関係を求めよう．定義式 (6.151) の右辺に

$$\hat{\psi}_0(\boldsymbol{r},t) = \hat{U}_I(t,0)\hat{\psi}(\boldsymbol{r},t)\hat{U}_I^\dagger(t,0) \tag{6.161}$$

を代入して，逆に $\hat{\psi}(\boldsymbol{r},t)$ を求めれば

$$\hat{\psi}(\boldsymbol{r},t) = \hat{U}_I^\dagger(t,0)\hat{W}^{(+)\dagger}\hat{\psi}'_{in}(\boldsymbol{r},t)\hat{W}^{(+)}\hat{U}_I(t,0) \tag{6.162}$$

$$= \hat{U}_I^\dagger(t,0)\hat{W}^{(-)\dagger}\hat{\psi}'_{out}(\boldsymbol{r},t)\hat{W}^{(-)}\hat{U}_I(t,0) \tag{6.163}$$

が得られる．ここでもう一度極限 $t\to\pm\infty$ をとる．その際，$\hat{U}_I{}^\dagger(t,0)=\hat{U}_I(0,t)$，$\hat{U}_I(t,0)=\hat{U}_I{}^\dagger(0,t)$ および $\hat{W}^{(+)}=\hat{U}_I(0,-\infty)$，$\hat{W}^{(-)}=\hat{U}_I{}^\dagger(\infty,0)$ を用いればよい．こうして，漸近式

$$\begin{aligned} \hat{\psi}(\boldsymbol{r},t) &\overset{t\to-\infty}{\longrightarrow} \hat{W}^{(+)}\hat{W}^{(+)\dagger}\hat{\psi}'_{in}(\boldsymbol{r},t)\hat{W}^{(+)}\hat{W}^{(+)\dagger} \\ &= \hat{P}_{sc}\hat{\psi}'_{in}(\boldsymbol{r},t)\hat{P}_{sc} = \hat{\psi}'_{in}(\boldsymbol{r},t) \end{aligned} \tag{6.164}$$

$$\begin{aligned} &\overset{t\to-\infty}{\longrightarrow} \hat{W}^{(+)}\hat{W}^{(-)\dagger}\hat{\psi}'_{out}(\boldsymbol{r},t)\hat{W}^{(-)}\hat{W}^{(+)\dagger} \\ &= \hat{S}'\hat{\psi}'_{out}(\boldsymbol{r},t)\hat{S}'^{\dagger} \end{aligned} \tag{6.165}$$

が出てくる．ただし，

$$\hat{S}' \equiv \hat{W}^{(+)}\hat{W}^{(-)\dagger} = \hat{W}^{(+)}\hat{S}\hat{W}^{(+)\dagger} \tag{6.166}$$

とおいた．ここで定義された演算子 $\hat{S}'$ はS行列 $\hat{S}=\hat{W}^{(-)\dagger}\hat{W}^{(+)}$ とは違う．(6.166) が両者の関係を与える．したがって，(6.164) と (6.165) の右辺同士を等置すれば，$\hat{\psi}'_{in}$ と $\hat{\psi}'_{out}$ の関係を与える式

$$\hat{\psi}'_{\rm in}(\boldsymbol{r},t) = \hat{S}'\hat{\psi}'_{\rm out}\hat{S}'^{\dagger} \tag{6.167}$$

が得られる．さらに，(6.162) と (6.163) で $t\to+\infty$ とすれば，

$$\begin{aligned}\hat{\psi}(\boldsymbol{r},t) &\xrightarrow{t\to+\infty} \hat{W}^{(-)}\hat{W}^{(-)\dagger}\hat{\psi}'_{\rm out}(\boldsymbol{r},t)\hat{W}^{(-)}\hat{W}^{(-)\dagger}\\ &= \hat{P}_{\rm sc}\hat{\psi}'_{\rm out}(\boldsymbol{r},t)\hat{P}_{\rm sc} = \hat{\psi}'_{\rm out}(\boldsymbol{r},t) \qquad (6.168)\\ &\xrightarrow{t\to+\infty} \hat{W}^{(-)}\hat{W}^{(+)\dagger}\hat{\psi}'_{\rm in}(\boldsymbol{r},t)\hat{W}^{(+)}\hat{W}^{(-)\dagger}\\ &= \hat{S}'^{\dagger}\hat{\psi}'_{\rm in}(\boldsymbol{r},t)\hat{S}' \qquad (6.169)\end{aligned}$$

となるから

$$\hat{\psi}'_{\rm out}(\boldsymbol{r},t) = \hat{S}'^{\dagger}\hat{\psi}'_{\rm in}(\boldsymbol{r},t)\hat{S}' \tag{6.170}$$

が得られる．(6.167) と (6.170) は演算子 $\hat{S}'$ の物理的意味を与えるものでもあり，(6.167) と同内容だ．

この演算子 $\hat{S}'$ は，定義から明らかなように，

$$\hat{S}'^{\dagger}\hat{S}' = \hat{S}'\hat{S}'^{\dagger} = \hat{P}_{\rm sc} \tag{6.171}$$

という性質をもつので，ユニタリーではない．しかし，散乱状態空間内に話を限るならば，$\hat{P}_{\rm sc}=1$ であり，$\hat{S}'$ をユニタリーとして扱うことができる．また，(6.166) 第 2 式を使えば，

$$\langle u^{(+)}_{\boldsymbol{p}'}|\hat{S}'|u^{(+)}_{\boldsymbol{p}}\rangle = \langle u^{(0)}_{\boldsymbol{p}'}|\hat{S}|u^{(0)}_{\boldsymbol{p}}\rangle \tag{6.172}$$

となるので，$\{u^{(+)}_{\boldsymbol{p}}\}$ を基底とする $\hat{S}'$ の行列要素は $\{u^{(0)}_{\boldsymbol{p}}\}$ を基底とする通常の S 行列 $\hat{S}'$ の行列要素を与えてくれることが分かる．すなわち，$\hat{S}'$ は基底 $\{u^{(+)}_{\boldsymbol{p}}\}$ 上の S 行列である．

$\hat{\psi}'_{\rm in}$，$\hat{\psi}'_{\rm out}$，$\hat{S}'$ と通常の $\hat{S}$ との関係をもっと追究するために，波束散乱状態の波動関数 $\tilde{u}^{(+)}_{\boldsymbol{p}}(\boldsymbol{r},t)\equiv\langle 0'|\hat{\psi}(\boldsymbol{r},t)|\tilde{u}^{(+)}_{\boldsymbol{p}}\rangle$ が満足する積分方程式を (6.154) と (6.155) から作ろう：

$$\tilde{u}^{(+)}_{\boldsymbol{p}}(\boldsymbol{r},t) = \tilde{\phi}_{\boldsymbol{p}{\rm in}}(\boldsymbol{r},t) + \int_{-\infty}^{t}\!\!\int G^{(+)}(\boldsymbol{r},t;\boldsymbol{r}',t')V(\boldsymbol{r}')\tilde{u}^{(+)}_{\boldsymbol{p}}(\boldsymbol{r}',t')d^3\boldsymbol{r}'dt' \;, \tag{6.173}$$

$$\tilde{u}_{\boldsymbol{p}}^{(+)}(\boldsymbol{r},t)=\tilde{\phi}_{\boldsymbol{p}\mathrm{out}}(\boldsymbol{r},t)+\int_t^{\infty}\int G^{(-)}(\boldsymbol{r},t;\boldsymbol{r}',t')V(\boldsymbol{r}')\tilde{u}_{\boldsymbol{p}}^{(+)}(\boldsymbol{r}',t')d^3\boldsymbol{r}'dt' \ . \tag{6.174}$$

ただし，$|0'\rangle=\hat{W}^{(\pm)}|0\rangle$ は全ハミルトニアン $\hat{H}$ の真空(最低エネルギー状態)であり，一般には，$\hat{H}_0$ の真空 $|0\rangle$ とは異なるが，いまの場合両者は相等しい．ただし，新しい演算子

$$\hat{\psi}_{\mathrm{in}}\equiv\hat{\psi}_0=\hat{W}^{(+)\dagger}\hat{\psi}'_{\mathrm{in}}\hat{W}^{(+)}\ ,\quad \hat{\psi}_{\mathrm{out}}=\hat{W}^{(+)\dagger}\hat{\psi}'_{\mathrm{out}}\hat{W}^{(+)} \tag{6.175}$$

を導入し，

$$\tilde{\phi}_{\boldsymbol{p}\mathrm{in}}(\boldsymbol{r},t)\equiv\langle 0'|\hat{\psi}'_{\mathrm{in}}(\boldsymbol{r},t)|\tilde{u}_{\boldsymbol{p}}^{(+)}\rangle=\langle 0|\hat{\psi}_0(\boldsymbol{r},t)|\tilde{\phi}_{\boldsymbol{p}}\rangle\ , \tag{6.176}$$

$$\tilde{\phi}_{\boldsymbol{p}\mathrm{out}}(\boldsymbol{r},t)\equiv\langle 0'|\hat{\psi}'_{\mathrm{out}}(\boldsymbol{r},t)|\tilde{u}_{\boldsymbol{p}}^{(+)}\rangle=\langle 0|\hat{\psi}_{\mathrm{out}}(\boldsymbol{r},t)|\tilde{\phi}_{\boldsymbol{p}}\rangle \tag{6.177}$$

とおいた．したがって，積分方程式(6.173)，(6.174)の成立は

$$\tilde{u}_{\boldsymbol{p}}^{(+)}(\boldsymbol{r},t)\begin{cases}\xrightarrow{t\to-\infty}\ \tilde{\phi}_{\boldsymbol{p}\mathrm{in}}(\boldsymbol{r},t)\\ \xrightarrow{t\to+\infty}\ \tilde{\phi}_{\boldsymbol{p}\mathrm{out}}(\boldsymbol{r},t)\end{cases} \tag{6.178}$$

を意味する．出発点に置いた演算子方程式(6.154)と(6.155)の物理的内容は(6.173)，(6.174)および(6.178)によって理解しなければならない．したがって，$\hat{\psi}'_{\mathrm{in}}$, $\hat{\psi}'_{\mathrm{out}}$ の組よりも

$$\hat{\psi}_{\mathrm{in}}(\boldsymbol{r},t)=\hat{W}^{(+)\dagger}\hat{\psi}'_{\mathrm{in}}(\boldsymbol{r},t)\hat{W}^{(+)}=\hat{\psi}_{\mathrm{in}}(\boldsymbol{r},t)=\hat{\psi}_0(\boldsymbol{r},t)\ , \tag{6.179}$$

$$\hat{\psi}_{\mathrm{out}}(\boldsymbol{r},t)=\hat{W}^{(+)\dagger}\hat{\psi}'_{\mathrm{out}}(\boldsymbol{r},t)\hat{W}^{(+)}=\hat{S}^{\dagger}\hat{\psi}_{\mathrm{in}}(\boldsymbol{r},t)\hat{S} \tag{6.180}$$

によって与えられる漸近場 $\hat{\psi}_{\mathrm{in}}$, $\hat{\psi}_{\mathrm{out}}$ の組を用いる方が便利である．$\hat{\psi}_{\mathrm{in}}(\boldsymbol{r},t)$, $\hat{\psi}_{\mathrm{out}}(\boldsymbol{r},t)$ はともに自由場の方程式と交換関係を満足し，互いに $\hat{S}$ または $\hat{S}^{\dagger}$ によるユニタリー変換によって結び付けられている．なお，

$$|\tilde{u}_{\boldsymbol{p}}^{(\pm)}\rangle=\hat{W}^{(\pm)}|\tilde{\phi}_{\boldsymbol{p}}\rangle=(\hat{\psi}'_{\mathrm{in,out}},\tilde{\phi}_{\boldsymbol{p}})|0'\rangle\ . \tag{6.181}$$

第2量子化した演算子場による散乱理論の結論は，漸近場の組 $\hat{\psi}_{\mathrm{in}}$, $\hat{\psi}_{\mathrm{out}}$ が求められれば散乱問題は解けたということである．

$\hat{\psi}_{\mathrm{in}}$, $\hat{\psi}_{\mathrm{out}}$, $\hat{S}$ の間にこのような関係があるので，S行列およびS行列要素を $\hat{\psi}_{\mathrm{in}}$ と $\hat{\psi}_{\mathrm{out}}$ で表わすことができるはずである．その手続きを定式化しておこう．

$t\to-\infty$ で用意した運動量 $\boldsymbol{p}$ をもつ粒子状態は

$$|\boldsymbol{p};\mathrm{in}\rangle=(u_{\boldsymbol{p}}^{(0)},\hat{\psi}_{\mathrm{in}})^{\dagger}|0\rangle=|u_{\boldsymbol{p}}\rangle \tag{6.182}$$

であるから，$\boldsymbol{p}\to\boldsymbol{p}'$ という遷移に対応するS行列要素は

$$\langle u_{\boldsymbol{p}'}^{(0)}|\hat{S}|u_{\boldsymbol{p}}^{(0)}\rangle=\langle 0|(u_{\boldsymbol{p}'}^{(0)},\hat{\psi}_{\mathrm{in}})\hat{S}(u_{\boldsymbol{p}}^{(0)},\hat{\psi}_{\mathrm{in}})^{\dagger}|0\rangle \tag{6.183}$$

であることはいうまでもない．$\hat{S}\hat{S}^{\dagger}=1$，$\hat{\psi}_{\mathrm{out}}=\hat{S}^{\dagger}\hat{\psi}_{\mathrm{in}}\hat{S}$，および $\hat{S}|0\rangle=|0\rangle$ を用いると（定数位相を上手に選べば，$\hat{S}|0\rangle=|0\rangle$，$\langle 0|\hat{S}^{\dagger}=\langle 0|$）

$$\langle 0|\hat{S}\hat{S}^{\dagger}(u_{\boldsymbol{p}'}^{(0)},\hat{\psi}_{\mathrm{in}})\hat{S}(u_{\boldsymbol{p}}^{(0)},\hat{\psi}_{\mathrm{in}})^{\dagger}|0\rangle=\langle 0|(u_{\boldsymbol{p}'}^{(0)},\hat{\psi}_{\mathrm{out}})(u_{\boldsymbol{p}}^{(0)},\hat{\psi}_{\mathrm{in}})^{\dagger}|0\rangle$$

となるから，

$$\langle u_{\boldsymbol{p}'}^{(0)}|\hat{S}|u_{\boldsymbol{p}}^{(0)}\rangle=\langle\boldsymbol{p}';\mathrm{out}|\boldsymbol{p};\mathrm{in}\rangle \tag{6.184}$$

が成立する．ただし，

$$|\boldsymbol{p}';\mathrm{out}\rangle=(u_{\boldsymbol{p}'}^{(0)},\hat{\psi}_{\mathrm{out}})^{\dagger}|0\rangle \tag{6.185}$$

は粒子が運動量 $\boldsymbol{p}'$ をもつ終状態である．したがって，

$$\hat{S}=\int|\boldsymbol{p};\mathrm{in}\rangle\langle\boldsymbol{p};\mathrm{out}| \tag{6.186}$$

が得られる*7．これが $\hat{\psi}_{\mathrm{in}}$, $\hat{\psi}_{\mathrm{out}}$ によるS行列の表現である．

最後に，S行列要素を Heisenberg 演算子で表わす方法を考えよう．波束状態に対するS行列要素は

$$\langle\tilde{\phi}_{\boldsymbol{p}'}|\hat{S}|\tilde{\phi}_{\boldsymbol{p}}\rangle=\lim_{t\to+\infty}\int d^3\boldsymbol{r}\,\tilde{\phi}_{\boldsymbol{p}'}^{*}(\boldsymbol{r},t)\langle 0|\hat{\psi}_{\mathrm{out}}(\boldsymbol{r},t)|\tilde{\phi}_{\boldsymbol{p}}\rangle \tag{6.187}$$

である．(6.156) によれば積分内の $\hat{\psi}_{\mathrm{out}}$ は $\hat{W}^{(+)}\hat{\psi}(\boldsymbol{r},t)\hat{W}^{(+)}$ で置き換えることができる．さらに，$\lim_{t\to+\infty}$ を $\lim_{t\to-\infty}$ で書き換えれば，(6.187) の右辺は

*7 なお，演算子 $(u_{\boldsymbol{p}t}^{(0)},\hat{\psi}_{\mathrm{in}})=\int u_{\boldsymbol{p}}^{(0)\dagger}(\boldsymbol{r},t)\hat{\psi}_{\mathrm{in}}(\boldsymbol{r},t)d^3\boldsymbol{r}$ は時刻 t に無関係であることに注意してほしい．$(u_{\boldsymbol{p}t}^{(0)},\hat{\psi}_{\mathrm{out}})$ も同様．$u_{\boldsymbol{p}t}^{(0)}$, $\hat{\psi}_{\mathrm{in,out}}$ を自由粒子波束で置き換えても同じ性質がある．

$$\lim_{t\to-\infty}\int d^3\boldsymbol{r}\tilde{\phi}^*_{\boldsymbol{p}'}(\boldsymbol{r},t)\langle 0'|\hat{\psi}(\boldsymbol{r},t)|\tilde{u}^{(+)}_{\boldsymbol{p}}\rangle$$
$$+\int_{-\infty}^{+\infty}dt\int d^3\boldsymbol{r}\frac{\partial}{\partial t}\{\tilde{\phi}_{\boldsymbol{p}'}(\boldsymbol{r},t)^*\langle 0'|\hat{\psi}(\boldsymbol{r},t)|\tilde{u}^{(+)}_{\boldsymbol{p}}\rangle\}$$

となる．この第1項は，積分内の Heisenberg 演算子 $\hat{\psi}$ は $\hat{\psi}_{\rm in}$ で置き換えることができるので，$\langle\tilde{\phi}_{\boldsymbol{p}'}|\tilde{\phi}_{\boldsymbol{p}}\rangle$ となってしまう．第2項に対しては，

$$i\hbar\frac{\partial}{\partial t}\tilde{\phi}^*_{\boldsymbol{p}'}(\boldsymbol{r},t)=-H^x_0\tilde{\phi}^*_{\boldsymbol{p}'}(\boldsymbol{r},t) \tag{6.188}$$

を使い，部分積分して整理することができる．このような操作の結果，(6.187) は

$$\langle\tilde{\phi}_{\boldsymbol{p}'}|\hat{S}|\tilde{\phi}_{\boldsymbol{p}}\rangle=\langle\tilde{\phi}_{\boldsymbol{p}'}|\tilde{\phi}_{\boldsymbol{p}}\rangle+\frac{1}{i\hbar}\int d^4x\tilde{\phi}^*_{\boldsymbol{p}'}(\boldsymbol{r},t)\left[i\hbar\frac{\partial}{\partial t}-H^x_0\right]\langle 0'|\hat{\psi}(\boldsymbol{r},t)|\tilde{u}^{(+)}_{\boldsymbol{p}}\rangle \tag{6.189}$$

に等しいことが分かる．この式で平面波極限を取れば，第1項が $\delta(\boldsymbol{p}-\boldsymbol{p}')$ になるので第2項がT行列要素を与える．同じ平面波極限で

$$\left[i\hbar\frac{\partial}{\partial t}-H^x_0\right]\hat{\psi}(\boldsymbol{r},t)=V(\boldsymbol{r})\hat{\psi}(\boldsymbol{r},t)\ ,\quad \hat{\psi}(\boldsymbol{r},t)=e^{i\hat{H}t/\hbar}\hat{\psi}(\boldsymbol{r})e^{-i\hat{H}t/\hbar} \tag{6.190}$$

を用いると，t についての積分は

$$\int_{-\infty}^{\infty}dte^{i(E_{p'}-E_p)t/\hbar}=2\pi\hbar\delta(E_{p'}-E_p) \tag{6.191}$$

となって，T行列要素の式

$$\langle u^{(0)}_{\boldsymbol{p}'}|\hat{T}|u^{(0)}_{\boldsymbol{p}}\rangle=-\pi\delta(E_{p'}-E_p)\int d^3\boldsymbol{r}u^{(0)\dagger}_{\boldsymbol{p}'}(\boldsymbol{r})V(\boldsymbol{r})\langle 0'|\hat{\psi}(\boldsymbol{r})|u^{(+)}_{\boldsymbol{p}}\rangle \tag{6.192}$$

が得られる．(4.51) と見比べれば，

$$u^{(+)}_{\boldsymbol{p}}(\boldsymbol{r})=\langle 0'|\hat{\psi}(\boldsymbol{r})|u^{(+)}_{\boldsymbol{p}}\rangle \tag{6.193}$$

でなければならない．同様にして

$$u^{(-)}_{\boldsymbol{p}}(\boldsymbol{r})=\langle 0'|\hat{\psi}(\boldsymbol{r})|u^{(-)}_{\boldsymbol{p}}\rangle \tag{6.194}$$

である．当然の結果であろう．これからも

$$|u_{\boldsymbol{p}}^{(\pm)}\rangle = \hat{W}^{(\pm)}|u_{\boldsymbol{p}}^{(0)}\rangle \tag{6.195}$$

であることが予想されるが，これは(6.151)，(6.181)から直接求められるものだ($\hat{W}^{(\pm)}|0'\rangle=|0\rangle$ に注意)．

(6.187)から(6.189)に至る道筋を(6.189)の $|\tilde{u}_{\boldsymbol{p}}^{(+)}\rangle=(\hat{\psi}'_{\rm in},\tilde{\phi}_{\boldsymbol{p}})|0'\rangle$ についてたどれば，平面波極限における S 行列要素の公式として

$$\langle u_{\boldsymbol{p}'}^{(0)}|\hat{S}|u_{\boldsymbol{p}}^{(0)}\rangle = \delta^3(\boldsymbol{p}'-\boldsymbol{p})-\frac{1}{i\hbar}\iint d^4x d^4x' u_{\boldsymbol{p}'}^*(x)$$
$$\cdot\left\{\left[i\hbar\frac{\partial}{\partial t}-H_0^x\right]\left[i\hbar\frac{\partial}{\partial t'}-H_0^{x'}\right]\mathcal{G}^{(+)}(x;x')\right\}u_{\boldsymbol{p}}^{(0)}(x') \tag{6.196}$$

が得られる．$\mathcal{G}^{(+)}$ は(6.60)または(6.138)で定義した Green 関数であるが，(6.142)の $\mathcal{G}_c$ で置き換えてもよい．

演習問題

6-1 波束関数 $\tilde{\phi}_{\boldsymbol{p}}(\boldsymbol{r})=\int d^3\boldsymbol{q}u_{\boldsymbol{q}}^{(0)}(\boldsymbol{r})\tilde{a}_{\boldsymbol{p}}(\boldsymbol{q})$ において，平均運動量 $\boldsymbol{p}=(\tilde{\phi}_{\boldsymbol{p}},\dfrac{\hbar}{i}\dfrac{\partial\tilde{\phi}_{\boldsymbol{p}}}{\partial\boldsymbol{r}})_x$ と平均位置 $\boldsymbol{r}_0=(\tilde{a}_{\boldsymbol{p}},i\hbar\dfrac{\partial\tilde{a}_{\boldsymbol{p}}}{\partial\boldsymbol{p}})_p$ が与えられたとき，

$$\tilde{\phi}_{\boldsymbol{p}}(\boldsymbol{r}) = |\tilde{\phi}_{\boldsymbol{p}}(\boldsymbol{r})|\exp[i(\boldsymbol{p}\cdot\boldsymbol{r}+S_{\boldsymbol{p}}(\boldsymbol{r}))/\hbar]\,,$$
$$\tilde{a}_{\boldsymbol{p}}(\boldsymbol{q}) = |\tilde{a}_{\boldsymbol{p}}(\boldsymbol{q})|\exp[-i(\boldsymbol{q}\cdot\boldsymbol{r}_0+\Sigma_{\boldsymbol{p}}(\boldsymbol{q}))/\hbar]$$

とおけば，

$$\left\langle\frac{\partial S_{\boldsymbol{p}}}{\partial\boldsymbol{r}}\right\rangle_x=0\,,\quad\left\langle\frac{\partial\Sigma_{\boldsymbol{p}}}{\partial\boldsymbol{q}}\right\rangle_p=0 \tag{6.197}$$

であること，および運動量と位置の平均2乗偏差が

$$(\Delta\boldsymbol{p})^2=\langle(\boldsymbol{q}-\boldsymbol{p})^2\rangle_p=\left\langle\left(\frac{\partial S_{\boldsymbol{p}}}{\partial\boldsymbol{r}}\right)^2\right\rangle_x+\left\langle\left(\hbar\frac{\partial\ln|\tilde{\phi}_{\boldsymbol{p}}|}{\partial\boldsymbol{r}}\right)^2\right\rangle_x\,,$$
$$(\Delta\boldsymbol{r})^2=\langle(\boldsymbol{r}-\boldsymbol{r}_0)^2\rangle_x=\left\langle\left(\frac{\partial\Sigma_{\boldsymbol{p}}}{\partial\boldsymbol{q}}\right)^2\right\rangle_p+\left\langle\left(\hbar\frac{\partial\ln|\tilde{a}_{\boldsymbol{p}}|}{\partial\boldsymbol{q}}\right)^2\right\rangle_p \tag{6.198}$$

であることを示せ．ただし，$\langle\cdots\rangle_x$ は $|\tilde{\phi}_{\boldsymbol{p}}(\boldsymbol{r})|^2$ を重率とする $\boldsymbol{r}$ の関数の平均，$\langle\cdots\rangle_p$

は $|\tilde{a}_{\boldsymbol{p}}(\boldsymbol{q})|^2$ を重率とする $\boldsymbol{q}$ の関数の平均である．

6-2　上記の問題において波束関数 $\tilde{\phi}_{\boldsymbol{p}}(\boldsymbol{r})$ が平面波 $e^{i\boldsymbol{p}\cdot\boldsymbol{r}/\hbar}$ に近ければ，$\tilde{a}_{\boldsymbol{p}}(\boldsymbol{q})$ の位相関数では $(q-p)^2$ 以上の項を無視することができる．この場合，さらに，$|\tilde{a}_{\boldsymbol{p}}(\boldsymbol{q})|$ が $\boldsymbol{q}-\boldsymbol{p}$ の正実数偶関数になっているとすれば，位相定数を適当に調節することによって，$|\tilde{\phi}_{\boldsymbol{p}}(\boldsymbol{r})|$ も $\boldsymbol{r}-\boldsymbol{r}_0$ の正実偶関数になっていることを示せ．このとき，

$$|\tilde{\phi}_{\boldsymbol{p}}(\boldsymbol{r})| = \frac{1}{\sqrt{(2\pi\hbar)^3}}\int \exp[i(\boldsymbol{q}-\boldsymbol{p})\cdot(\boldsymbol{r}-\boldsymbol{r}_0)/\hbar]|\tilde{a}_{\boldsymbol{p}}(\boldsymbol{q})|d^3\boldsymbol{q}\ ,$$

$$|\tilde{a}_{\boldsymbol{p}}(\boldsymbol{q})| = \frac{1}{\sqrt{(2\pi\hbar)^3}}\int \exp[-i(\boldsymbol{q}-\boldsymbol{p})\cdot(\boldsymbol{r}-\boldsymbol{r}_0)/\hbar]|\tilde{\phi}_{\boldsymbol{p}}(\boldsymbol{r})|d^3\boldsymbol{r}$$

が成立することを示せ．

6-3　波束が散乱体から遠いという条件 $|t'|\simeq(\mu/p)L\gg(\mu/p)\Delta x/2$ の下では，散乱現象はまったく起こらず，(6.41) はゼロとなってしまう．この事情を説明せよ．

6-4　波動関数 $\psi(\boldsymbol{r},t)$ が波動源分布 $S(\boldsymbol{r},t)$ をもつ波動方程式

$$\frac{1}{v^2}\frac{\partial^2\psi}{\partial t^2}-\nabla^2\psi = S \tag{6.199}$$

を満足するとき，$t=t'$ での初期分布 $\psi(\boldsymbol{r},t')=f(\boldsymbol{r})$，$(\partial\psi/\partial t)_{t=t'}=F(\boldsymbol{r})$ に対応する解が

$$\begin{aligned}\psi(\boldsymbol{r},t) = {}& \frac{1}{v^2}\int_{t=t'}d^3\boldsymbol{r}'\left[F(\boldsymbol{r}')G^{(+)}(\boldsymbol{r},t;\boldsymbol{r}',t')-f(\boldsymbol{r}')\frac{\partial}{\partial t'}G^{(+)}(\boldsymbol{r},t;\boldsymbol{r}',t')\right]\\ &+\int_{-\infty}^{\infty}dt\int d^3\boldsymbol{r}'G^{(+)}(\boldsymbol{r},t;\boldsymbol{r}',t')S(\boldsymbol{r}',t')\end{aligned}$$

であることを示せ．ただし，$G^{(+)}(\boldsymbol{r},t;\boldsymbol{r}',t')$ は方程式

$$\left[\frac{1}{v^2}\frac{\partial^2}{\partial t^2}-\nabla^2\right]G^{(+)}(\boldsymbol{r},t;\boldsymbol{r}',t') = \delta(t-t')\delta^3(\boldsymbol{r}-\boldsymbol{r}') \tag{6.200}$$

を満足する初期条件型 Green 関数($t<t'$ のときゼロ)である：

$$G^{(+)}(\boldsymbol{r},t;\boldsymbol{r}',t') = \theta(t-t')\frac{v}{4\pi|\boldsymbol{r}-\boldsymbol{r}'|}\delta(|\boldsymbol{r}-\boldsymbol{r}'|-v(t-t'))\ . \tag{6.201}$$

6-5　一様な重力場中の自由落下を1次元問題として扱おう．鉛直線上方に x 軸の正方向をとれば，この系のハミルトニアンは $H^x=-(\hbar^2/2\mu)(\partial^2/\partial x^2)+\mu gx$ である．この系の Schrödinger 方程式の初期条件型 Green 関数が

$$\mathcal{G}^{(+)}(x,t;x',t') = \theta(\tau)\sqrt{\frac{\mu}{2\pi\hbar\tau}}\exp\left[-\frac{i\mu g\tau}{\hbar}\left(x+\frac{g\tau^2}{6}\right)+\frac{i\mu(x-x'+(g\tau^2/2))^2}{2\hbar\tau}\right] \tag{6.202}$$

であることを示せ．ただし，$\tau \equiv t-t'$．また，波動関数の初期分布が広がり $(\Delta x)_0$ をもつ Gauss 型関数であるとき，$t>t'$ の運動の概況を説明せよ．

6-6 質量 μ，振動数 ω をもつ 1 次元調和振動子の Schrödinger 方程式に対する初期条件型 Green 関数が

$$\mathcal{G}^{(+)}(x,t:x',t') = \theta(\tau)\sqrt{\frac{\mu\omega}{2\pi i\hbar\sin\omega\tau}}\exp\left[\frac{i\mu\omega}{2\hbar\sin\omega\tau}\{(x^2+x'^2)\cos\omega\tau-2xx'\}\right] \quad (6.203)$$

であることを示せ．ただし，$\tau \equiv t-t'$．

6-7 Klein-Gordon 方程式

$$\frac{1}{c^2}\frac{\partial^2\psi}{\partial t^2}-\nabla^2\psi+\kappa^2\psi=0 \quad (6.204)$$

の初期条件型 Green 関数が

$$\mathcal{G}^{(+)}(\boldsymbol{r},t:\boldsymbol{r}',t') = \theta(\tau)\frac{-c}{4\pi\xi}\frac{\partial}{\partial\xi}\begin{cases} J_0(\kappa\sqrt{c^2\tau^2-\xi^2}) & (\xi<c\tau) \\ 0 & (\xi>c\tau) \end{cases}$$

であることを示せ．

6-8 ハミルトニアンが (6.135) である場合，Heisenberg の方程式 (6.136) の与える演算子方程式が (6.137) であることを示せ．交換関係 (6.133)，(6.134) を使えばよい．さらに，2 粒子間相互作用 (6.122) がある場合の第 2 量子化された場の方程式を求めよ．

7 一般の散乱♯

これまでは，主として，構造をもたない非相対論的粒子が，固定ポテンシャルで表わされる力によって散乱される場合を扱ってきた．これは散乱問題としてはもっとも簡単な場合であるが，現実にはもっと複雑な衝突・散乱現象がある．この章では，一般の衝突・散乱過程を研究しよう．幸いなことに，いままでに定式化した散乱理論の理論形式は，問題の複雑化にもかかわらず，ほとんどそのまま一般の場合にも援用することができる．

それでは，どのような衝突・散乱現象が私たちの研究対象であるか？ 第1章1-1節で概況を説明したように，散乱現象の多くは2個の粒子の衝突問題に帰着される．この2個の粒子が構造をもたない非相対論的粒子であり，その間の相互作用が粒子間距離だけに依存する実数ポテンシャルをもつ力で記述される場合であれば，前章までの議論がそのまま成立するわけである．この場合には弾性散乱しか起こらない．しかし，衝突粒子の片方または両方が構造をもつ粒子のときは，衝突によって内部状態の遷移や構成要素の交換，組み替えなどが起きる可能性があるので，弾性散乱ばかりでなく，一般には非弾性散乱が現われる．原子，分子，原子核，素粒子などは構造をもつ粒子だから，これらの粒子が関係する現象を扱うには，非弾性衝突も考えに入れて散乱理論を作らなければならない．実際，原子衝突，化学反応，核反応，素粒子反応などには，このような現象の具体例が数多くある．一方，衝突によって新しい粒子が発生する場合もあるが，これも一種の非弾性散乱である．たとえば，電子と原子の衝突における光子の発生や核子同士の衝突による π 中間子の発生をともなう現象である．

さらに，関係する粒子の速度が光速度に近い場合には，非相対論的扱いは許されず，相対論的な理論を用いなければならない．一般に，相対論的な粒子とその相互作用は相対論的な場の理論で記述されるので，厳密にいえば，場の量子論の枠内で散乱理論を定式化する必要がある．また，3 体衝突の場合の散乱理論もいろいろ工夫されているが，本書では取り扱わない．必要があれば巻末文献 [14][15] などを見ていただきたい．

7-1　2 体問題としての散乱

(a)　非相対論的粒子同士のポテンシャル散乱

第1章，第2章その他の関係個所で説明したように，構造をもたない2個の非相対論的な粒子同士が粒子間距離だけの関数であるポテンシャル力によって散乱される場合は，相対座標波動関数に対する等価的な1体問題に置き換えることができた．一般の場合は必ずしもそのような簡単化はできないが，一般の散乱理論を構成する準備として，この簡単な問題を終始2体問題として扱ってみよう．ただし，粒子はスピンをもっていないものとする．スピンをもつ粒子の散乱は次節で考える．

さて，この問題を扱う2体問題としてのハミルトニアンはすでに (2.130) で与えておいたが，念のためにもう一度書いておこう．すなわち，粒子 a，b からなる系のハミルトニアンは

$$H^x_{\mathrm{a,b}} = -\frac{\hbar^2}{2m_{\mathrm{a}}}\nabla^2_{\mathrm{a}} - \frac{\hbar^2}{2m_{\mathrm{b}}}\nabla^2_{\mathrm{b}} + V(|\boldsymbol{r}_{\mathrm{a}} - \boldsymbol{r}_{\mathrm{b}}|) \tag{7.1}$$

である．ただし，粒子 a，b は粒子間距離だけに依存するポテンシャル $V(|\boldsymbol{r}_{\mathrm{a}}-\boldsymbol{r}_{\mathrm{b}}|)$ をもつ力によって相互作用しているとした．形式的対応で考えれば，前節までの議論において

$$H^x_0 = -\frac{\hbar^2}{2m_{\mathrm{a}}}\nabla^2_{\mathrm{a}} - \frac{\hbar^2}{2m_{\mathrm{b}}}\nabla^2_{\mathrm{b}} \tag{7.2}$$

とおき，入射波として $u_{\boldsymbol{p}}^{(0)}$ の代わりに (7.2) の固有関数

$$u_{\boldsymbol{p}_{\mathrm{a}}\boldsymbol{p}_{\mathrm{b}}}^{(0)}(\boldsymbol{r}_{\mathrm{a}},\boldsymbol{r}_{\mathrm{b}}) = \frac{1}{\sqrt{(2\pi\hbar)^6}}\exp\left[\frac{i}{\hbar}(\boldsymbol{p}_{\mathrm{a}}\cdot\boldsymbol{r}_{\mathrm{a}}+\boldsymbol{p}_{\mathrm{b}}\cdot\boldsymbol{r}_{\mathrm{b}})\right] \tag{7.3}$$

$$= \frac{1}{\sqrt{(2\pi\hbar)^6}}\exp\left[\frac{i}{\hbar}(\boldsymbol{P}\cdot\boldsymbol{R}+\boldsymbol{p}\cdot\boldsymbol{r})\right] \tag{7.4}$$

を与えて，粒子間力 $V(|\boldsymbol{r}_{\mathrm{a}}-\boldsymbol{r}_{\mathrm{b}}|)$ による散乱を考えればよい．ここで $\boldsymbol{p}_{\mathrm{a}}$，$\boldsymbol{p}_{\mathrm{b}}$ は各粒子の初期運動量，$\boldsymbol{P}=\boldsymbol{p}_{\mathrm{a}}+\boldsymbol{p}_{\mathrm{b}}$ は全運動量，$\boldsymbol{p}=(m_{\mathrm{a}}+m_{\mathrm{b}})^{-1}(m_{\mathrm{b}}\boldsymbol{p}_{\mathrm{a}}-m_{\mathrm{a}}\boldsymbol{p}_{\mathrm{b}})$ は相対運動量である．いうまでもなく，$\boldsymbol{R}=(m_{\mathrm{a}}+m_{\mathrm{b}})^{-1}(m_{\mathrm{a}}\boldsymbol{r}_{\mathrm{a}}+m_{\mathrm{b}}\boldsymbol{r}_{\mathrm{b}})$ は重心座標，$\boldsymbol{r}=\boldsymbol{r}_{\mathrm{a}}-\boldsymbol{r}_{\mathrm{b}}$ は相対座標．

内容の議論をする前に，記法の整理をしておこう．等価的 1 体問題と同じように，入射波および散乱状態固有関数の状態指定に初期運動量 $(\boldsymbol{p}_{\mathrm{a}},\boldsymbol{p}_{\mathrm{b}})$ を使う．またはその代わりに $(\boldsymbol{P},\boldsymbol{p})$ を用いてもよい．その方が便利な場合もあるので，これからは両者を混用してゆくつもりである．さて，抽象表示では，$|u_{\boldsymbol{p}_{\mathrm{a}}\boldsymbol{p}_{\mathrm{b}}}^{(0)}\rangle$ または $|u_{\boldsymbol{P}\boldsymbol{p}}^{(0)}\rangle$ と書くわけであるが，面倒なので今後は単に $|\boldsymbol{p}_{\mathrm{a}},\boldsymbol{p}_{\mathrm{b}}\rangle$ または $|\boldsymbol{P},\boldsymbol{p}\rangle$ と書くことにしよう．いずれもデルタ関数規格化が行なわれているものとする．(7.3) と (7.4) 右辺の係数はこの規格化によって決められたものだ．すなわち，

$$\langle\boldsymbol{p}'_{\mathrm{a}},\boldsymbol{p}'_{\mathrm{b}}|\boldsymbol{p}_{\mathrm{a}},\boldsymbol{p}_{\mathrm{b}}\rangle = \delta^3(\boldsymbol{p}'_{\mathrm{a}}-\boldsymbol{p}_{\mathrm{a}})\delta^3(\boldsymbol{p}'_{\mathrm{b}}-\boldsymbol{p}_{\mathrm{b}})\ , \tag{7.5}$$

$$\langle\boldsymbol{P}',\boldsymbol{p}'|\boldsymbol{P},\boldsymbol{p}\rangle = \delta^3(\boldsymbol{P}'-\boldsymbol{P})\delta^3(\boldsymbol{p}'-\boldsymbol{p})\ . \tag{7.6}$$

なお，粒子 a，b が同種粒子ならば，(7.3) または (7.4) の右辺を Bose 粒子の場合は対称化，Fermi 粒子の場合は反対称化しなければならない．これに応じて，規格化条件 (7.5) または (7.6) の右辺も対称化または反対称化する必要がある．この対称・反対称性は散乱状態固有関数にも要求されるものであり，当然のことながら，散乱振幅にも反映して大きな効果をもたらす．しかし，当分の間この問題に深入りすることは止める．

さて，散乱問題の中心的課題は固有値方程式

$$\hat{H}|u_{\boldsymbol{p}_{\mathrm{a}}\boldsymbol{p}_{\mathrm{b}}}^{(\pm)}\rangle = E_{\boldsymbol{p}_{\mathrm{a}}\boldsymbol{p}_{\mathrm{b}}}|u_{\boldsymbol{p}_{\mathrm{a}}\boldsymbol{p}_{\mathrm{b}}}^{(\pm)}\rangle \tag{7.7}$$

を散乱問題境界条件の下で解くことである．物理的に考えれば，この境界条件は，十分大きな粒子間距離 $|\boldsymbol{r}|=|\boldsymbol{r}_{\mathrm{a}}-\boldsymbol{r}_{\mathrm{b}}|$ に対して，$u_{\boldsymbol{p}_{\mathrm{a}}\boldsymbol{p}_{\mathrm{b}}}^{(\pm)}(\boldsymbol{r}_{\mathrm{a}},\boldsymbol{r}_{\mathrm{b}})$ が平面波

$u^{(0)}_{\boldsymbol{p}_\mathrm{a}\boldsymbol{p}_\mathrm{b}}(\boldsymbol{r}_\mathrm{a},\boldsymbol{r}_\mathrm{b})$ と $|\boldsymbol{r}|=|\boldsymbol{r}_\mathrm{a}-\boldsymbol{r}_\mathrm{b}|$ についての外向き(または内向き)球面波の和になるというものである．これと同等の境界条件は等価的1体問題ではすでに定式化しておいた．しかし，等価的1体問題では裏面に隠れてしまっていたのが全運動量の保存則である．2体問題としての散乱問題では，まず運動量保存則の参入を明らかにしておかなければならない．

ご承知のように，運動量保存則はハミルトニアンが座標変数の平行移動 $\boldsymbol{r}_\mathrm{a}\to\boldsymbol{r}_\mathrm{a}+\boldsymbol{a}$，$\boldsymbol{r}_\mathrm{b}\to\boldsymbol{r}_\mathrm{b}+\boldsymbol{a}$ に対して不変であるという性質に結びついている．この平行移動は，数学的には，ユニタリー演算子

$$\hat{U}_{\boldsymbol{a}}=\exp\left[\frac{i}{\hbar}(\hat{\boldsymbol{p}}_\mathrm{a}\cdot\boldsymbol{a}+\hat{\boldsymbol{p}}_\mathrm{b}\cdot\boldsymbol{a})\right]=\exp\left[\frac{i}{\hbar}\hat{\boldsymbol{P}}\cdot\boldsymbol{a}\right] \tag{7.8}$$

によって作ることができる．$\hat{\boldsymbol{P}}=\hat{\boldsymbol{p}}_\mathrm{a}+\hat{\boldsymbol{p}}_\mathrm{b}$ は全運動量を表わす演算子である．したがって，ハミルトニアンの平行移動不変性は交換関係

$$[\hat{\boldsymbol{P}},\hat{H}]=0 \tag{7.9}$$

と等価である．この交換関係は，物理的には，全運動量が運動の恒量(保存量)であることを意味し，数学的には，$\hat{\boldsymbol{P}}$ と $\hat{H}$ が同時的固有ベクトルをもつことを示している．一方，$\hat{\boldsymbol{P}}|u^{(\pm)}_{\boldsymbol{p}_\mathrm{a}\boldsymbol{p}_\mathrm{b}}\rangle=(\boldsymbol{p}_\mathrm{a}+\boldsymbol{p}_\mathrm{b})|u^{(\pm)}_{\boldsymbol{p}_\mathrm{a}\boldsymbol{p}_\mathrm{b}}\rangle$ であるから，散乱状態固有ベクトルは(7.7)と同時に固有値方程式

$$\hat{\boldsymbol{P}}|u^{(\pm)}_{\boldsymbol{p}_\mathrm{a}\boldsymbol{p}_\mathrm{b}}\rangle=\boldsymbol{P}|u^{(\pm)}_{\boldsymbol{p}_\mathrm{a}\boldsymbol{p}_\mathrm{b}}\rangle \tag{7.10}$$

を満足する．ただし，$\boldsymbol{P}=\boldsymbol{p}_\mathrm{a}+\boldsymbol{p}_\mathrm{b}$．したがって，状態指定としてはやはり $(\boldsymbol{P},\boldsymbol{p})$ を用いることができて，$|u^{(\pm)}_{\boldsymbol{p}_\mathrm{a}\boldsymbol{p}_\mathrm{b}}\rangle=|u^{(\pm)}_{\boldsymbol{P}\boldsymbol{p}}\rangle$ と書いてよろしい．散乱状態固有ベクトルが平面波と同じ規格化条件を満足することは，等価的1体問題の場合と同様に示すことができる．すなわち，

$$\begin{aligned}\langle u^{(\pm)}_{\boldsymbol{p}'_\mathrm{a}\boldsymbol{p}'_\mathrm{b}}|u^{(\pm)}_{\boldsymbol{p}_\mathrm{a}\boldsymbol{p}_\mathrm{b}}\rangle&=\langle\boldsymbol{p}'_\mathrm{a},\boldsymbol{p}'_\mathrm{b}|\boldsymbol{p}_\mathrm{a},\boldsymbol{p}_\mathrm{b}\rangle\\&=\langle\boldsymbol{P}',\boldsymbol{p}'|\boldsymbol{P},\boldsymbol{p}\rangle=\langle u^{(\pm)}_{\boldsymbol{P}'\boldsymbol{p}'}|u^{(\pm)}_{\boldsymbol{P}\boldsymbol{p}}\rangle\,.\end{aligned} \tag{7.11}$$

もちろん，これらは(7.5)および(7.6)によって与えられる値を取る．さらにハミルトニアンが

$$H^x=-\frac{\hbar^2}{2M}\nabla_R^2-\frac{\hbar^2}{2\mu}\nabla_r^2+V(|\boldsymbol{r}|) \tag{7.12}$$

になるという構造から(ただし，$M=m_{\mathrm{a}}+m_{\mathrm{b}}$，$\mu=m_{\mathrm{a}}m_{\mathrm{b}}(m_{\mathrm{a}}+m_{\mathrm{b}})^{-1}$)，関係式

$$|u_{\boldsymbol{Pp}}^{(\pm)}\rangle=|u_{\boldsymbol{P}}^{(0)}\rangle|u_{\boldsymbol{p}}^{(\pm)}\rangle\ ,\qquad E_{\boldsymbol{Pp}}=E_P+E_p\ , \tag{7.13}$$

$$E_P=\frac{1}{2M}P^2\ ,\qquad E_p=\frac{1}{2\mu}p^2 \tag{7.14}$$

の成立は自明だろう．$|u_{\boldsymbol{P}}^{(0)}\rangle$ は重心運動に対応する 1 体平面波状態，$|u_{\boldsymbol{p}}^{(\pm)}\rangle$ は等価的 1 体散乱状態を表わす．もちろん，$E_{\boldsymbol{Pp}}=E_{\mathrm{a}}+E_{\mathrm{b}}$ も成立する．ただし，$E_{\mathrm{a}}=(p_{\mathrm{a}}^2/2m_{\mathrm{a}})$，$E_{\mathrm{b}}=(p_{\mathrm{b}}^2/2m_{\mathrm{b}})$．

束縛状態が出てくる場合もある．この場合でも (7.9) が成立するので，束縛状態ベクトル $|u_{\boldsymbol{P}B}\rangle$ も $\hat{\boldsymbol{P}}$ の固有ベクトルになり

$$\hat{\boldsymbol{P}}|u_{\boldsymbol{P}B}\rangle=\boldsymbol{P}|u_{\boldsymbol{P}B}\rangle\ ,\quad \hat{H}|u_{\boldsymbol{P}B}\rangle=E_{\boldsymbol{P}B}|u_{\boldsymbol{P}B}\rangle \tag{7.15}$$

$$\langle u_{\boldsymbol{P}'B'}|u_{\boldsymbol{P}B}\rangle=\delta^3(\boldsymbol{P}'-\boldsymbol{P})\delta_{B'B} \tag{7.16}$$

が成立する．さらに，ハミルトニアン (7.12) の具体形から

$$|u_{\boldsymbol{P}B}\rangle=|u_{\boldsymbol{P}}\rangle|u_B\rangle\ ,\quad E_{PB}=E_P+E_B \tag{7.17}$$

を知る．$|u_B\rangle$ は相対座標ハミルトニアンの 1 体束縛状態固有ベクトルであり，固有値 E_B に属する．

$|u_{\boldsymbol{p}_{\mathrm{a}}\boldsymbol{p}_{\mathrm{b}}}^{(\pm)}\rangle$ および $|u_{\boldsymbol{P}B}\rangle$ が $\hat{\boldsymbol{P}}$ の固有ベクトルになっているという事実は，ハミルトニアン $\hat{H}$ やポテンシャル $\hat{V}$ の詳細にかかわるものではなく，平行移動不変性 (7.9) だけから出てくる性質である．したがって，後で議論する相対論的粒子を含む一般の散乱でも，多くの場合にこの性質が現われることを注意しておきたい．しかし，(7.13)，(7.14)，(7.17) はここで扱っている力学系のハミルトニアン (7.12) の構造が与えた結果である．この場合，$\hat{H}_0$ と $\hat{H}$ のエネルギースペクトルは図 4-2 で与えた等価的 1 体問題のスペクトルに重心運動のエネルギー E_P を加えたものである．

さて，固有値方程式 (7.7) から 2 体問題に対する Lippmann-Schwinger の方程式を作れば，

$$|u_{\boldsymbol{p}_{\mathrm{a}}\boldsymbol{p}_{\mathrm{b}}}^{(\pm)}\rangle=|\boldsymbol{p}_{\mathrm{a}},\boldsymbol{p}_{\mathrm{b}}\rangle+\frac{1}{E_{\boldsymbol{p}_{\mathrm{a}}\boldsymbol{p}_{\mathrm{b}}}-\hat{H}_0\pm i\epsilon}\hat{V}|u_{\boldsymbol{p}_{\mathrm{a}}\boldsymbol{p}_{\mathrm{b}}}^{(\pm)}\rangle \tag{7.18}$$

が得られる．これは等価的1体問題との形式的類推で書いたのであるが，2体散乱問題の出発点であるためには，Green 関数 $(E_{\boldsymbol{p}_\mathrm{a}\boldsymbol{p}_\mathrm{b}}-\hat{H}_0\pm i\epsilon)^{-1}$ が正しい境界条件を与えることを示す必要がある．そのため (7.18) の運動量表示

$$\langle \boldsymbol{p}'_\mathrm{a},\boldsymbol{p}'_\mathrm{b}|u^{(\pm)}_{\boldsymbol{p}_\mathrm{a}\boldsymbol{p}_\mathrm{b}}\rangle = \langle \boldsymbol{p}'_\mathrm{a},\boldsymbol{p}'_\mathrm{b}|\boldsymbol{p}_\mathrm{a},\boldsymbol{p}_\mathrm{b}\rangle + \frac{1}{E_{\boldsymbol{p}_\mathrm{a}\boldsymbol{p}_\mathrm{b}}-E_{\boldsymbol{p}'_\mathrm{a}\boldsymbol{p}'_\mathrm{b}}\pm i\epsilon}\langle \boldsymbol{p}'_\mathrm{a},\boldsymbol{p}'_\mathrm{b}|\hat{V}|u^{(\pm)}_{\boldsymbol{p}_\mathrm{a}\boldsymbol{p}_\mathrm{b}}\rangle \tag{7.19}$$

をとって議論を始めよう．これらはいずれも，一般の散乱の場合にも成立する散乱問題の基礎方程式である．

ここでは，いうまでもなく，ハミルトニアンが (7.12) である場合を考えているのである．このとき $[\hat{\boldsymbol{P}},\hat{V}]=0$，すなわち，ポテンシャルが重心座標に無関係であることを用いれば，直ちに

$$\langle \boldsymbol{p}'_\mathrm{a},\boldsymbol{p}'_\mathrm{b}|\hat{V}|u^{(\pm)}_{\boldsymbol{p}_\mathrm{a}\boldsymbol{p}_\mathrm{b}}\rangle = \delta^3(\boldsymbol{P}'-\boldsymbol{P})\langle u^{(0)}_{\boldsymbol{p}'}|\hat{V}|u^{(\pm)}_{\boldsymbol{p}}\rangle \tag{7.20}$$

が得られる．$\langle u^{(0)}_{\boldsymbol{p}'}|\hat{V}|u^{(\pm)}_{\boldsymbol{p}}\rangle$ は等価的1体問題に登場したものである．$\delta^3(\boldsymbol{P}'-\boldsymbol{P})$ のために係数である Green 関数において $\boldsymbol{P}'=\boldsymbol{P}$ とおくことができるので ((7.13)，(7.14) 参照)，$(E_{\boldsymbol{p}_\mathrm{a}\boldsymbol{p}_\mathrm{b}}-E_{\boldsymbol{p}'_\mathrm{a}\boldsymbol{p}'_\mathrm{b}}\pm i\epsilon)^{-1}=(E_p-E_{p'}\pm i\epsilon)^{-1}$ となり，(7.19) から

$$\langle \boldsymbol{p}'_\mathrm{a},\boldsymbol{p}'_\mathrm{b}|u^{(\pm)}_{\boldsymbol{p}_\mathrm{a}\boldsymbol{p}_\mathrm{b}}\rangle = \delta^3(\boldsymbol{P}'-\boldsymbol{P})\left[\delta^3(\boldsymbol{p}'-\boldsymbol{p})+\frac{1}{E_p-E_{p'}\pm i\epsilon}\langle u^{(0)}_{\boldsymbol{p}'}|\hat{V}|u^{(\pm)}_{\boldsymbol{p}}\rangle\right] \tag{7.21}$$

の成立を知る．もっとも，(7.13) 第1式によれば

$$\langle \boldsymbol{p}'_\mathrm{a},\boldsymbol{p}'_\mathrm{b}|u^{(\pm)}_{\boldsymbol{p}_\mathrm{a}\boldsymbol{p}_\mathrm{b}}\rangle = \delta^3(\boldsymbol{P}'-\boldsymbol{P})\langle u^{(0)}_{\boldsymbol{p}'}|u^{(\pm)}_{\boldsymbol{p}}\rangle \tag{7.22}$$

であるから，散乱状態固有関数に対する第4章の結果と一緒にすれば，(7.21) は自明であろう．したがって，(7.21) を座標表示に変換し，$|\boldsymbol{r}|\to\infty$ とすれば，$u^{(\pm)}_{\boldsymbol{p}_\mathrm{a}\boldsymbol{p}_\mathrm{b}}(\boldsymbol{r}_\mathrm{a},\boldsymbol{r}_\mathrm{b})$ はたしかに正しい境界条件を満足していることが分かる．ハミルトニアンが (7.12) でない一般の場合でも，$(E_{\boldsymbol{p}_\mathrm{a}\boldsymbol{p}_\mathrm{b}}-\hat{H}_0\pm i\epsilon)^{-1}$ が正しい境界条件を表わすことは後で示す．

次に，2体散乱問題としての波動行列，$\mathcal{T}$ 行列，T 行列，S 行列の定義を与

える．第4章の諸定義を一般化すれば

$$\langle \boldsymbol{p}_{\rm a}', \boldsymbol{p}_{\rm b}' | \hat{W}^{(\pm)} | \boldsymbol{p}_{\rm a}, \boldsymbol{p}_{\rm b} \rangle \equiv \langle \boldsymbol{p}_{\rm a}', \boldsymbol{p}_{\rm b}' | u^{(\pm)}_{\boldsymbol{p}_{\rm a}\boldsymbol{p}_{\rm b}} \rangle\ , \tag{7.23}$$

$$\langle \boldsymbol{p}_{\rm a}', \boldsymbol{p}_{\rm b}' | \hat{\mathcal{T}} | \boldsymbol{p}_{\rm a}, \boldsymbol{p}_{\rm b} \rangle \equiv \langle \boldsymbol{p}_{\rm a}', \boldsymbol{p}_{\rm b}' | \hat{V} | u^{(+)}_{\boldsymbol{p}_{\rm a}\boldsymbol{p}_{\rm b}} \rangle\ , \tag{7.24}$$

$$\mathcal{T} = \hat{V}\hat{W}^{(+)} \tag{7.25}$$

が得られる．一方，T行列とS行列は

$$\langle \boldsymbol{p}_{\rm a}', \boldsymbol{p}_{\rm b}' | \hat{T} | \boldsymbol{p}_{\rm a}, \boldsymbol{p}_{\rm b} \rangle \equiv -\pi\delta(E_{\boldsymbol{p}'_{\rm a}\boldsymbol{p}'_{\rm b}} - E_{\boldsymbol{p}_{\rm a}\boldsymbol{p}_{\rm b}}) \langle \boldsymbol{p}_{\rm a}', \boldsymbol{p}_{\rm b}' | \hat{\mathcal{T}} | \boldsymbol{p}_{\rm a}, \boldsymbol{p}_{\rm b} \rangle\ , \tag{7.26}$$

$$\begin{aligned}\langle \boldsymbol{p}_{\rm a}', \boldsymbol{p}_{\rm b}' | \hat{S} | \boldsymbol{p}_{\rm a}, \boldsymbol{p}_{\rm b} \rangle \equiv\ & \delta^3(\boldsymbol{p}_{\rm a}' - \boldsymbol{p}_{\rm a})\delta^3(\boldsymbol{p}_{\rm b}' - \boldsymbol{p}_{\rm b}) \\ & -2\pi i\delta(E_{\boldsymbol{p}'_{\rm a}\boldsymbol{p}'_{\rm b}} - E_{\boldsymbol{p}_{\rm a}\boldsymbol{p}_{\rm b}}) \langle \boldsymbol{p}_{\rm a}', \boldsymbol{p}_{\rm b}' | \hat{\mathcal{T}} | \boldsymbol{p}_{\rm a}, \boldsymbol{p}_{\rm b} \rangle\ ,\end{aligned} \tag{7.27}$$

$$\hat{S} = 1 + 2i\hat{T} \tag{7.28}$$

によって定義される．これらの $\hat{W}^{(\pm)}$，$\hat{\mathcal{T}}$，$\hat{T}$，$\hat{S}$ は第4章と第6章で求めた同じ記号の量の関係をすべて満足している．

結論的にいえば，ハミルトニアンが(7.12)の場合は

$$\langle \boldsymbol{p}_{\rm a}', \boldsymbol{p}_{\rm b}' | \hat{W}^{(\pm)} | \boldsymbol{p}_{\rm a}, \boldsymbol{p}_{\rm b} \rangle = \delta^3(\boldsymbol{P}' - \boldsymbol{P}) \langle u^{(0)}_{\boldsymbol{p}'} | \hat{W}^{(\pm)} | u^{(0)}_{\boldsymbol{p}} \rangle\ , \tag{7.29}$$

$$\langle \boldsymbol{p}_{\rm a}', \boldsymbol{p}_{\rm b}' | \hat{\mathcal{T}} | \boldsymbol{p}_{\rm a}, \boldsymbol{p}_{\rm b} \rangle = \delta^3(\boldsymbol{P}' - \boldsymbol{P}) \langle u^{(0)}_{\boldsymbol{p}'} | \hat{\mathcal{T}} | u^{(0)}_{\boldsymbol{p}} \rangle\ , \tag{7.30}$$

$$\langle \boldsymbol{p}_{\rm a}', \boldsymbol{p}_{\rm b}' | \hat{T} | \boldsymbol{p}_{\rm a}, \boldsymbol{p}_{\rm b} \rangle = \delta^3(\boldsymbol{P}' - \boldsymbol{P}) \langle u^{(0)}_{\boldsymbol{p}'} | \hat{T} | u^{(0)}_{\boldsymbol{p}} \rangle\ , \tag{7.31}$$

$$\langle \boldsymbol{p}_{\rm a}', \boldsymbol{p}_{\rm b}' | \hat{S} | \boldsymbol{p}_{\rm a}, \boldsymbol{p}_{\rm b} \rangle = \delta^3(\boldsymbol{P}' - \boldsymbol{P}) \langle u^{(0)}_{\boldsymbol{p}'} | \hat{S} | u^{(0)}_{\boldsymbol{p}} \rangle \tag{7.32}$$

となってしまう．右辺の $\delta(\boldsymbol{P}' - \boldsymbol{P})$ を除いた因子は，いずれも，等価的1体問題に出てきた量である．

(b)　相対論的粒子を含む一般の2体散乱

まず，一般の場合の散乱に対しても，S行列やT行列要素などが $\delta^3(\boldsymbol{P}' - \boldsymbol{P})$ という因子をもつことを示そう．(7.9)が成立する場合，すなわち，平行移動不変性をもつ力学系においては，$\hat{S}$，$\hat{T}$，$\hat{\mathcal{T}}$，$\hat{W}^{(\pm)}$ などはやはり $\hat{\boldsymbol{P}}$ と可換である．たとえば，

$$[\hat{\boldsymbol{P}}, \hat{S}] = 0 \tag{7.33}$$

が成立する．平面波状態でこの交換関係の両辺の行列要素を作ると

$$(\boldsymbol{P}' - \boldsymbol{P})\langle \boldsymbol{p}_{\mathrm{a}}', \boldsymbol{p}_{\mathrm{b}}' | \hat{S} | \boldsymbol{p}_{\mathrm{a}}, \boldsymbol{p}_{\mathrm{b}} \rangle = 0 \tag{7.34}$$

となるので，$\langle \boldsymbol{p}_{\mathrm{a}}', \boldsymbol{p}_{\mathrm{b}}' | \hat{S} | \boldsymbol{p}_{\mathrm{a}}, \boldsymbol{p}_{\mathrm{b}} \rangle$ は因子 $\delta^3(\boldsymbol{P}' - \boldsymbol{P})$ をもたなければならない：なぜならば $(\boldsymbol{P}' - \boldsymbol{P})\delta^3(\boldsymbol{P}' - \boldsymbol{P}) = 0$ ．他も同様である．すなわち，

$$\langle \boldsymbol{p}_{\mathrm{a}}', \boldsymbol{p}_{\mathrm{b}}' | \hat{W}^{(\pm)} | \boldsymbol{p}_{\mathrm{a}}, \boldsymbol{p}_{\mathrm{b}} \rangle \equiv \delta^3(\boldsymbol{P}' - \boldsymbol{P})\langle\langle \boldsymbol{p}_{\mathrm{a}}', \boldsymbol{p}_{\mathrm{b}}' | \hat{W}^{(\pm)} | \boldsymbol{p}_{\mathrm{a}}, \boldsymbol{p}_{\mathrm{b}} \rangle\rangle\,, \tag{7.35}$$

$$\langle \boldsymbol{p}_{\mathrm{a}}', \boldsymbol{p}_{\mathrm{b}}' | \hat{\mathcal{T}} | \boldsymbol{p}_{\mathrm{a}}, \boldsymbol{p}_{\mathrm{b}} \rangle \equiv \delta^3(\boldsymbol{P}' - \boldsymbol{P})\langle\langle \boldsymbol{p}_{\mathrm{a}}', \boldsymbol{p}_{\mathrm{b}}' | \hat{\mathcal{T}} | \boldsymbol{p}_{\mathrm{a}}, \boldsymbol{p}_{\mathrm{b}} \rangle\rangle\,, \tag{7.36}$$

$$\langle \boldsymbol{p}_{\mathrm{a}}', \boldsymbol{p}_{\mathrm{b}}' | \hat{T} | \boldsymbol{p}_{\mathrm{a}}, \boldsymbol{p}_{\mathrm{b}} \rangle \equiv \delta^3(\boldsymbol{P}' - \boldsymbol{P})\langle\langle \boldsymbol{p}_{\mathrm{a}}', \boldsymbol{p}_{\mathrm{b}}' | \hat{T} | \boldsymbol{p}_{\mathrm{a}}, \boldsymbol{p}_{\mathrm{b}} \rangle\rangle\,, \tag{7.37}$$

$$\langle \boldsymbol{p}_{\mathrm{a}}', \boldsymbol{p}_{\mathrm{b}}' | \hat{S} | \boldsymbol{p}_{\mathrm{a}}, \boldsymbol{p}_{\mathrm{b}} \rangle \equiv \delta^3(\boldsymbol{P}' - \boldsymbol{P})\langle\langle \boldsymbol{p}_{\mathrm{a}}', \boldsymbol{p}_{\mathrm{b}}' | \hat{S} | \boldsymbol{p}_{\mathrm{a}}, \boldsymbol{p}_{\mathrm{b}} \rangle\rangle \tag{7.38}$$

とおくことができる．$\langle\langle|\cdots|\rangle\rangle$ という記号は $\boldsymbol{P} = \boldsymbol{p}_{\mathrm{a}} + \boldsymbol{p}_{\mathrm{b}} = \boldsymbol{p}_{\mathrm{a}}' + \boldsymbol{p}_{\mathrm{b}}' = \boldsymbol{P}'$ という制限付きの行列要素を表わすために用いた．この $\langle\langle|\cdots|\rangle\rangle$ は $\boldsymbol{P}'(=\boldsymbol{P})$ についての特異性をもたない．したがって，一般的散乱問題に対する Lippmann-Schwinger の方程式

$$\begin{aligned}\langle \boldsymbol{p}_{\mathrm{a}}' \boldsymbol{p}_{\mathrm{b}}' | u^{(\pm)}_{\boldsymbol{p}_{\mathrm{a}}\boldsymbol{p}_{\mathrm{b}}} \rangle &= \delta^3(\boldsymbol{p}_{\mathrm{a}}' - \boldsymbol{p}_{\mathrm{a}})\delta^3(\boldsymbol{p}_{\mathrm{b}}' - \boldsymbol{p}_{\mathrm{b}}) \\ &\quad + \frac{1}{E_{\boldsymbol{p}_{\mathrm{a}}\boldsymbol{p}_{\mathrm{b}}} - E_{\boldsymbol{p}_{\mathrm{a}}'\boldsymbol{p}_{\mathrm{b}}'} \pm i\epsilon}\delta^3(\boldsymbol{P}' - \boldsymbol{P})\langle\langle \boldsymbol{p}_{\mathrm{a}}', \boldsymbol{p}_{\mathrm{b}}' | \hat{\mathcal{T}} | \boldsymbol{p}_{\mathrm{a}}, \boldsymbol{p}_{\mathrm{b}} \rangle\rangle\end{aligned} \tag{7.39}$$

は解をもつことが分かる．S 行列要素が

$$\begin{aligned}\langle \boldsymbol{p}_{\mathrm{a}}' \boldsymbol{p}_{\mathrm{b}}' | \hat{S} | \boldsymbol{p}_{\mathrm{a}} \boldsymbol{p}_{\mathrm{b}} \rangle &= \delta^3(\boldsymbol{p}_{\mathrm{a}}' - \boldsymbol{p}_{\mathrm{a}})\delta^3(\boldsymbol{p}_{\mathrm{b}}' - \boldsymbol{p}_{\mathrm{b}}) \\ &\quad - 2\pi i \delta(E_{\boldsymbol{p}_{\mathrm{a}}'\boldsymbol{p}_{\mathrm{b}}'} - E_{\boldsymbol{p}_{\mathrm{a}}\boldsymbol{p}_{\mathrm{b}}})\delta^3(\boldsymbol{P}' - \boldsymbol{P})\langle\langle \boldsymbol{p}_{\mathrm{a}}', \boldsymbol{p}_{\mathrm{b}}' | \hat{\mathcal{T}} | \boldsymbol{p}_{\mathrm{a}}, \boldsymbol{p}_{\mathrm{b}} \rangle\rangle\end{aligned} \tag{7.40}$$

で与えられることはいうまでもない．(7.40) で明らかなように，平行移動不変性をもつ力学系の散乱現象においては，いつも全エネルギー運動量が保存される．

次の仕事は Green 関数 $(E_{\boldsymbol{p}_{\mathrm{a}}\boldsymbol{p}_{\mathrm{b}}} - \hat{H}_0 \pm i\epsilon)^{-1}$ が正しい境界条件を与えることを示すことだ．それには，外向き球面波がこの Green 関数から生まれることを見ればよい．$E_{\boldsymbol{p}_{\mathrm{a}}\boldsymbol{p}_{\mathrm{b}}}$ の具体形は問題にしないが，これが $\hat{H}_0$ の固有値であること，および衝突する 2 粒子が十分遠く離れたときは，このエネルギーが各粒子

のエネルギーの和

$$E_{\boldsymbol{p}_\mathrm{a}\boldsymbol{p}_\mathrm{b}} = E_{\boldsymbol{p}_\mathrm{a}} + E_{\boldsymbol{p}_\mathrm{b}} \tag{7.41}$$

になることは仮定しよう．なお，$\boldsymbol{v} = \partial E_{\boldsymbol{p}}/\partial \boldsymbol{p}$ は各粒子の速度である．いずれの関係式も，相対論的粒子の場合も含めて，当然成立すべきものである．

さて，(7.39) の座標表示は

$$u^{(+)}_{\boldsymbol{p}_\mathrm{a}\boldsymbol{p}_\mathrm{b}}(\boldsymbol{r}_\mathrm{a}, \boldsymbol{r}_\mathrm{b}) = \frac{1}{(2\pi\hbar)^3}\Bigg[e^{i(\boldsymbol{p}_\mathrm{a}\cdot\boldsymbol{r}_\mathrm{a} + \boldsymbol{p}_\mathrm{b}\cdot\boldsymbol{r}_\mathrm{b})/\hbar} + \iint d^3\boldsymbol{p}'_\mathrm{a} d^3\boldsymbol{p}'_\mathrm{b} e^{i(\boldsymbol{p}'_\mathrm{a}\cdot\boldsymbol{r}_\mathrm{a} + \boldsymbol{p}'_\mathrm{b}\cdot\boldsymbol{r}_\mathrm{b})/\hbar}$$
$$\cdot \frac{1}{E_{\boldsymbol{p}_\mathrm{a}\boldsymbol{p}_\mathrm{b}} - E_{\boldsymbol{p}'_\mathrm{a}\boldsymbol{p}'_\mathrm{b}} + i\epsilon}\delta^3(\boldsymbol{P}' - \boldsymbol{P})\langle\langle \boldsymbol{p}'_\mathrm{a}, \boldsymbol{p}'_\mathrm{b}|\hat{T}|\boldsymbol{p}_\mathrm{a}, \boldsymbol{p}_\mathrm{b}\rangle\rangle\Bigg] \tag{7.42}$$

である．$\delta^3(\boldsymbol{P}' - \boldsymbol{P})$ を考慮して $\boldsymbol{p}'_\mathrm{b}$ についての積分を実行すれば，右辺の括弧内第 2 項は

$$-2\pi i e^{i\boldsymbol{P}\cdot\boldsymbol{r}_\mathrm{b}/\hbar}\int d^3\boldsymbol{p}'_\mathrm{a} e^{i\boldsymbol{p}'_\mathrm{a}\cdot(\boldsymbol{r}_\mathrm{a} - \boldsymbol{r}_\mathrm{b})/\hbar}\cdot\delta_+(E_{\boldsymbol{p}_\mathrm{a}\boldsymbol{p}_\mathrm{b}} - E_{\boldsymbol{p}'_\mathrm{a}\boldsymbol{p}'_\mathrm{b}})\langle\langle \boldsymbol{p}'_\mathrm{a}, \boldsymbol{P} - \boldsymbol{p}'_\mathrm{a}|\hat{T}|\boldsymbol{p}_\mathrm{a}, \boldsymbol{p}_\mathrm{b}\rangle\rangle$$

となる．$\boldsymbol{p}'_\mathrm{a}$ の積分を実行するには，$\boldsymbol{e}'_\mathrm{a} = (\boldsymbol{r}_\mathrm{a} - \boldsymbol{r}_\mathrm{b})/|\boldsymbol{r}_\mathrm{a} - \boldsymbol{r}_\mathrm{b}|$ を極軸とする球座標 $\boldsymbol{p}'_\mathrm{a} = p'_\mathrm{a}(\sin\alpha\cos\beta, \sin\alpha\sin\beta, \cos\alpha)$ を用いると便利である (ただし，α は $\boldsymbol{p}'_\mathrm{a}$ の極角，β は方位角)．積分内の指数関数を除いた量を $F(p'_\mathrm{a}, \alpha, \beta)$ とおけば，上記の積分は

$$-2\pi i e^{i\boldsymbol{P}\cdot\boldsymbol{r}_\mathrm{b}/\hbar}\int_0^\infty p^2_{\mathrm{a}'} dp'_\mathrm{a}\int_0^{2\pi} d\beta\int_{-1}^1 d(\cos\alpha)\cdot e^{ip'_\mathrm{a}|\boldsymbol{r}_\mathrm{a} - \boldsymbol{r}_\mathrm{b}|\cos\alpha/\hbar}F(p'_\mathrm{a}, \alpha, \beta)$$

と書き直すことができる．ここで，$\cos\alpha$ について部分積分を行なうと

$$\int_{-1}^1 d(\cos\alpha) e^{ip'_\mathrm{a}|\boldsymbol{r}_\mathrm{a} - \boldsymbol{r}_\mathrm{b}|\cos\alpha/\hbar}F(p'_\mathrm{a}, \alpha, \beta)$$
$$= \frac{\hbar}{ip'_\mathrm{a}|\boldsymbol{r}_\mathrm{a} - \boldsymbol{r}_\mathrm{b}|}\{e^{ip'_\mathrm{a}|\boldsymbol{r}_\mathrm{a} - \boldsymbol{r}_\mathrm{b}|/\hbar}F(p'_\mathrm{a}, 0, \beta) - e^{-ip'_\mathrm{a}|\boldsymbol{r}_\mathrm{a} - \boldsymbol{r}_\mathrm{b}|/\hbar}F(p'_\mathrm{a}, \pi, \beta)\}$$
$$- \frac{\hbar}{ip'_\mathrm{a}|\boldsymbol{r}_\mathrm{a} - \boldsymbol{r}_\mathrm{b}|}\int_{-1}^1 d(\cos\alpha) e^{ip'_\mathrm{a}|\boldsymbol{r}_\mathrm{a} - \boldsymbol{r}_\mathrm{b}|\cos\alpha/\hbar}\frac{\partial}{\partial\cos\alpha}F(p'_\mathrm{a}, \alpha, \beta)$$

となるが，さらに部分積分を続けてゆけば，第 2 項は $|\boldsymbol{r}_\mathrm{a} - \boldsymbol{r}_\mathrm{b}|^{-2}$ より高次の項を増やすだけである．したがって，$|\boldsymbol{r}_\mathrm{a} - \boldsymbol{r}_\mathrm{b}| \to \infty$ に対する漸近式としては第 1

項だけで近似してよい．

その第1項では，$\alpha=0$, π であるが，その場合 $\boldsymbol{p}_{\mathrm{a}}'$ は $\boldsymbol{e}_{\mathrm{a}}'$ または $-\boldsymbol{e}_{\mathrm{a}}'$ を向いているわけだから，$F(p_{\mathrm{a}}',0,\beta), F(p_{\mathrm{a}}',\pi,\beta)$ はいずれも β に無関係のはずだ．こうして，上記の第1項は

$$-2\pi i e^{i\boldsymbol{P}\cdot\boldsymbol{r}_{\mathrm{b}}/\hbar}\frac{2\pi\hbar}{i|\boldsymbol{r}_{\mathrm{a}}-\boldsymbol{r}_{\mathrm{b}}|}\cdot\Big\{\int_0^\infty e^{ip_{\mathrm{a}}'|\boldsymbol{r}_{\mathrm{a}}-\boldsymbol{r}_{\mathrm{b}}|/\hbar}\delta_+(E_{\boldsymbol{p}_{\mathrm{a}}\boldsymbol{p}_{\mathrm{b}}}-E_{p_{\mathrm{a}}'\boldsymbol{e}_{\mathrm{a}}',\boldsymbol{P}-p_{\mathrm{a}}'\boldsymbol{e}_{\mathrm{a}}'})$$
$$\cdot\langle\langle p_{\mathrm{a}}'\boldsymbol{e}_{\mathrm{a}}',\boldsymbol{P}-p_{\mathrm{a}}'\boldsymbol{e}_{\mathrm{a}}'|\hat{T}|\boldsymbol{p}_{\mathrm{a}},\boldsymbol{p}_{\mathrm{b}}\rangle\rangle p_{\mathrm{a}}'dp_{\mathrm{a}}'-\int_0^\infty e^{-ip_{\mathrm{a}}'|\boldsymbol{r}_{\mathrm{a}}-\boldsymbol{r}_{\mathrm{b}}|/\hbar}\delta_+(E_{\boldsymbol{p}_{\mathrm{a}}\boldsymbol{p}_{\mathrm{b}}}-E_{-p_{\mathrm{a}}'\boldsymbol{e}_{\mathrm{a}}',\boldsymbol{P}+p_{\mathrm{a}}'\boldsymbol{e}_{\mathrm{a}}'})$$
$$\cdot\langle\langle -p_{\mathrm{a}}'\boldsymbol{e}_{\mathrm{a}}',\boldsymbol{P}+p_{\mathrm{a}}'\boldsymbol{e}_{\mathrm{a}}'|\hat{T}|\boldsymbol{p}_{\mathrm{a}},\boldsymbol{p}_{\mathrm{b}}\rangle\rangle p_{\mathrm{a}}'dp_{\mathrm{a}}'\Big\}$$

となる．ここで (A.14)，すなわち，$e^{-i\xi t}\delta_+(\xi)\overset{t\to\infty}{\Longrightarrow}\delta(\xi)$，$e^{+i\xi t}\delta_+(\xi)\overset{t\to\infty}{\Longrightarrow}0$ を用いると，(7.42) の $|\boldsymbol{r}_a-\boldsymbol{r}_b|\to\infty$ に対する漸近式として

$$u^{(+)}_{\boldsymbol{p}_{\mathrm{a}}\boldsymbol{p}_{\mathrm{b}}}(\boldsymbol{r}_{\mathrm{a}},\boldsymbol{r}_{\mathrm{b}})\quad\overset{|\boldsymbol{r}_{\mathrm{a}}-\boldsymbol{r}_{\mathrm{b}}|\to\infty}{\longrightarrow}u^{(0)}_{\boldsymbol{p}_{\mathrm{a}}\boldsymbol{p}_{\mathrm{b}}}(\boldsymbol{r}_{\mathrm{a}},\boldsymbol{r}_{\mathrm{b}})+u^{(\mathrm{sc})}_{\boldsymbol{p}_{\mathrm{a}}\boldsymbol{p}_{\mathrm{b}}}(\boldsymbol{r}_{\mathrm{a}},\boldsymbol{r}_{\mathrm{b}})\ ,\tag{7.43}$$

$$u^{(\mathrm{sc})}_{\boldsymbol{p}_{\mathrm{a}}\boldsymbol{p}_{\mathrm{b}}}(\boldsymbol{r}_{\mathrm{a}},\boldsymbol{r}_{\mathrm{b}})=-\frac{1}{(2\pi\hbar)^3}e^{i\boldsymbol{P}\cdot\boldsymbol{r}_{\mathrm{b}}/\hbar}e^{i\overline{p}_{\mathrm{a}}'|\boldsymbol{r}_{\mathrm{a}}-\boldsymbol{r}_{\mathrm{b}}|/\hbar}\frac{(2\pi)^2}{|\boldsymbol{r}_{\mathrm{a}}-\boldsymbol{r}_{\mathrm{b}}|}$$
$$\cdot\left(\frac{\partial}{\partial p_{\mathrm{a}}'}E_{p_{\mathrm{a}}'\boldsymbol{e}_{\mathrm{a}}',\boldsymbol{P}-p_{\mathrm{a}}'\boldsymbol{e}_{\mathrm{a}}'}\right)^{-1}_{p_{\mathrm{a}}'=\overline{p}_{\mathrm{a}}'}\langle\langle\overline{\boldsymbol{p}}_{\mathrm{a}}',\overline{\boldsymbol{p}}_{\mathrm{b}}'|\hat{T}|\boldsymbol{p}_{\mathrm{a}},\boldsymbol{p}_{\mathrm{b}}\rangle\rangle\overline{p}_{\mathrm{a}}'\tag{7.44}$$

が得られる．ただし，$\overline{p}_{\mathrm{a}}'$，$\overline{p}_{\mathrm{b}}'$ はエネルギー運動量保存則 $\overline{\boldsymbol{p}}_{\mathrm{a}}'+\overline{\boldsymbol{p}}_{\mathrm{b}}'=\boldsymbol{p}_{\mathrm{a}}+\boldsymbol{p}_{\mathrm{b}}$，$E_{\overline{\boldsymbol{p}}_{\mathrm{a}}'\overline{\boldsymbol{p}}_{\mathrm{b}}'}=E_{\boldsymbol{p}_{\mathrm{a}}\boldsymbol{p}_{\mathrm{b}}}$ を満足する終状態運動量である．

(7.44) は確かに相対座標 $\boldsymbol{r}_{\mathrm{a}}-\boldsymbol{r}_{\mathrm{b}}$ についての正しい境界条件を満足している．上記のやや面倒な計算はこの事実を示すためのものであった．(7.44) を導くにあたって，(7.33)，すなわち，(7.9) 以外の性質は利用しなかったことに注意していただきたい．たとえば，(7.12) のようなハミルトニアンの具体形から出た性質は一切使っていない．したがって，形式的類推で書いた Lippmann-Schwinger の方程式の Green 関数 $(E-\hat{H}_0+i\epsilon)^{-1}$ は一般の2体散乱の場合でも，正しい境界条件を与えることが分かったのである．この事実は衝突によって新しい粒子が発生する場合でも正しい．たとえば，この Green 関数は，新しい粒子 c が生まれる過程の行列要素 $\langle\langle\boldsymbol{r}_{\mathrm{a}},\boldsymbol{r}_{\mathrm{b}},\boldsymbol{r}_{\mathrm{c}}|\hat{T}|\boldsymbol{p}_{\mathrm{a}},\boldsymbol{p}_{\mathrm{b}}\rangle\rangle$ が $|\boldsymbol{r}_{\mathrm{a}}-\boldsymbol{r}_{\mathrm{b}}|\to\infty$，$|\boldsymbol{r}_{\mathrm{c}}-\boldsymbol{r}_{\mathrm{b}}|\to\infty$ に対して外向き球面波しか含まないように制限してくれる．この

事実も同様な推論で示すことができる．読者自ら試みていただきたい．いずれにしても，Lippmann-Schwinger の方程式は一般の衝突・散乱過程の基礎方程式として正しいのである．

さて，(7.44) を整理して，一般の散乱に対する微分断面積を求めよう．(7.41) によれば

$$\frac{\partial}{\partial p'_{\rm a}} E_{p'_{\rm a}\boldsymbol{e}'_{\rm a},\,\boldsymbol{P}-p'_{\rm a}\boldsymbol{e}'_{\rm a}} = \boldsymbol{e}'_{\rm a}\cdot(\boldsymbol{v}'_{\rm a}-\boldsymbol{v}'_{\rm b}) \tag{7.45}$$

であるが，これは終状態における相対速度に他ならない．これを用いて，(7.43) と (7.44) から入射波と散乱波が運ぶ相対確率流密度を求めると

$$J_{\rm in} = |u^{(0)}_{\boldsymbol{p}_{\rm a}\boldsymbol{p}_{\rm b}}|^2|\boldsymbol{v}_{\rm a}-\boldsymbol{v}_{\rm b}| = \frac{1}{(2\pi\hbar)^6}|\boldsymbol{v}_{\rm a}-\boldsymbol{v}_{\rm b}|, \tag{7.46}$$

$$\begin{aligned} J_{\rm sc} &= |u^{(\rm sc)}_{\boldsymbol{p}_{\rm a}\boldsymbol{p}_{\rm b}}|^2|\boldsymbol{e}'_{\rm a}\cdot(\boldsymbol{v}'_{\rm a}-\boldsymbol{v}'_{\rm b})| \\ &= \frac{1}{(2\pi\hbar)^6}\frac{16\pi^4\hbar^2 p^2_{\rm a'}}{|\boldsymbol{r}_{\rm a}-\boldsymbol{r}_{\rm b}|^2|\boldsymbol{e}'_{\rm a}\cdot(\boldsymbol{v}'_{\rm a}-\boldsymbol{v}'_{\rm b})|}|\langle\langle\overline{\boldsymbol{p}}'_{\rm a},\overline{\boldsymbol{p}}'_{\rm b}|\hat{\mathcal{T}}|\boldsymbol{p}_{\rm a},\boldsymbol{p}_{\rm b}\rangle\rangle|^2 \end{aligned} \tag{7.47}$$

が得られる．したがって，散乱の微分断面積は

$$\begin{aligned} d\sigma &= \frac{J_{\rm sc}|\boldsymbol{r}_{\rm a}-\boldsymbol{r}_{\rm b}|^2 d\omega}{J_{\rm in}} \\ &= \frac{16\pi^4\hbar^2}{|\boldsymbol{v}_{\rm a}-\boldsymbol{v}_{\rm b}|}\frac{|\langle\langle\overline{\boldsymbol{p}}'_{\rm a},\overline{\boldsymbol{p}}'_{\rm b}|\hat{\mathcal{T}}|\boldsymbol{p}_{\rm a},\boldsymbol{p}_{\rm b}\rangle\rangle|^2}{|\boldsymbol{e}'_{\rm a}\cdot(\boldsymbol{v}'_{\rm a}-\boldsymbol{v}'_{\rm b})|}p^2_{\rm a'}d\omega \end{aligned} \tag{7.48}$$

となる．ただし，$d\omega$ は $\boldsymbol{e}'_{\rm a}$ 方向の微小立体角である．ハミルトニアンが (7.12) である場合に戻れば，$\langle\langle\overline{\boldsymbol{p}}'_{\rm a},\overline{\boldsymbol{p}}'_{\rm b}|\hat{\mathcal{T}}|\boldsymbol{p}_{\rm a},\boldsymbol{p}_{\rm b}\rangle\rangle = \langle u^{(0)}_{\boldsymbol{p}'}|\hat{V}|u^{(+)}_{\boldsymbol{p}}\rangle_{|\boldsymbol{p}'|=|\boldsymbol{p}|}$ が成立する．ただし，重心系を採用した．すなわち，$\overline{p}'_{\rm a}=p$，$|\boldsymbol{v}_{\rm a}-\boldsymbol{v}_{\rm b}|=p/\mu$，$\boldsymbol{e}'_{\rm a}\cdot(\boldsymbol{v}'_{\rm a}-\boldsymbol{v}'_{\rm b})=p/\mu$．この場合，(7.48) は確かに (4.30) に一致する．

ハミルトニアンが (7.12) でない一般の場合でも，重心系をとれば，散乱振幅と断面積の関係はもう少し整理することができる．重心系では，$\boldsymbol{P}'=\boldsymbol{P}=0$，$\boldsymbol{p}_{\rm a}=-\boldsymbol{p}_{\rm b}=\boldsymbol{p}$，$\boldsymbol{p}'_{\rm a}=-\boldsymbol{p}'_{\rm b}=\boldsymbol{p}'$ であり，エネルギー保存則によって $|\boldsymbol{p}'|=|\boldsymbol{p}|$ となる．さらに，$\boldsymbol{v}_{\rm a}\propto-\boldsymbol{v}_{\rm b}$，$\boldsymbol{v}'_{\rm a}\propto-\boldsymbol{v}'_{\rm b}$，$\boldsymbol{e}_{\rm a}\parallel(\boldsymbol{v}'_{\rm a}-\boldsymbol{v}'_{\rm b})$ であるから，$|\boldsymbol{v}_{\rm a}-\boldsymbol{v}_{\rm b}|=|\boldsymbol{e}'_{\rm a}\cdot(\boldsymbol{v}'_{\rm a}-\boldsymbol{v}'_{\rm b})|=\partial(E_{\rm a}+E_{\rm b})/\partial p$ が成立する．ただし，$E_{\rm a}$，$E_{\rm b}$ は粒子 a，b のエネルギー関数において $|\boldsymbol{p}_{\rm a}|=|\boldsymbol{p}_{\rm b}|=p$ とおいたものである．こうして微分断面積は

$$\frac{d\sigma}{d\omega} = |F(\boldsymbol{p}', \boldsymbol{p})|^2 \,, \tag{7.49}$$

$$F(\boldsymbol{p}', \boldsymbol{p}) \equiv -4\pi^2\hbar p \frac{1}{v_0} \langle\langle \boldsymbol{p}', -\boldsymbol{p}' | \hat{T} | \boldsymbol{p}, -\boldsymbol{p} \rangle\rangle \,, \tag{7.50}$$

$$v_0 = \frac{\partial}{\partial p}(E_{\rm a} + E_{\rm b}) \tag{7.51}$$

のように書き直すことができる．これは一般の散乱の場合への (4.29) と (4.30) の拡張である．

次に (7.45) を使って，(7.48) を

$$d\sigma = \frac{16\pi^4\hbar^2}{|\boldsymbol{v}_{\rm a} - \boldsymbol{v}_{\rm b}|} \int_{\Delta \boldsymbol{p}'_{\rm a}} \int \delta(E_{\boldsymbol{p}'_{\rm a}\boldsymbol{p}'_{\rm b}} - E_{\boldsymbol{p}_{\rm a}\boldsymbol{p}_{\rm b}}) \delta^3(\boldsymbol{p}'_{\rm a} + \boldsymbol{p}'_{\rm b} - \boldsymbol{P})$$
$$\cdot\ |\langle\langle \boldsymbol{p}'_{\rm a}, \boldsymbol{p}'_{\rm b} | \hat{T} | \boldsymbol{p}_{\rm a}, \boldsymbol{p}_{\rm b} \rangle\rangle|^2 d^3\boldsymbol{p}'_{\rm a} d^3\boldsymbol{p}'_{\rm b}$$

のように書き直してみよう．$\boldsymbol{p}'_{\rm b}$ についての積分は全領域，$\boldsymbol{p}'_{\rm a}$ についての積分は $\boldsymbol{e}'_{\rm a}$ のまわりの微小立体角について行なうものである．相対論的な 2 粒子衝突問題に適用してみよう．このとき，$E_{\boldsymbol{p}_{\rm a}\boldsymbol{p}_{\rm b}} = E_{\boldsymbol{p}_{\rm a}} + E_{\boldsymbol{p}_{\rm b}}$ において，各粒子のエネルギーは $E_{\boldsymbol{p}} = \sqrt{(c\boldsymbol{p})^2 + (mc^2)^2}$ である．ここで，4 元エネルギー運動量ベクトル $p_\mu = (\boldsymbol{p}, c^{-1}E_{\boldsymbol{p}})$ を導入すれば（c は光速度），積分内のデルタ関数は $c^{-1}\delta^4(\sum_{i={\rm a,b}} p'_{i\mu} - \sum_{i={\rm a,b}} p_{i\mu})$ と書くことができる．δ^4 は 4 次元デルタ関数であり，エネルギー運動量保存則を表わす．さらに，$|\boldsymbol{v}_{\rm a} - \boldsymbol{v}_{\rm b}|$ を $(|\boldsymbol{v}_{\rm a} - \boldsymbol{v}_{\rm b}|^2 - c^{-2}|\boldsymbol{v}_{\rm a} \times \boldsymbol{v}_{\rm b}|^2)^{1/2}$ で置き換えておこう．付加項 $c^{-2}|\boldsymbol{v}_{\rm a} \times \boldsymbol{v}_{\rm b}|^2$ は重心系（$\boldsymbol{v}_{\rm a} \propto -\boldsymbol{v}_{\rm b}$）と実験室系（$\boldsymbol{v}_{\rm b} = 0$）ではゼロになるので実質的な効果はなく，依然として相対速度を表わしている．さらに，これは相対論的不変量

$$\begin{aligned} B &\equiv E_{\boldsymbol{p}_{\rm a}} E_{\boldsymbol{p}_{\rm b}} \left(|\boldsymbol{v}_{\rm a} - \boldsymbol{v}_{\rm b}|^2 - \frac{1}{c^2} |\boldsymbol{v}_{\rm a} \times \boldsymbol{v}_{\rm b}|^2 \right)^{1/2} \\ &= c^2 \left(\frac{1}{c^2} |E_{\rm b}\boldsymbol{p}_{\rm a} - E_{\rm a}\boldsymbol{p}_{\rm b}|^2 - |\boldsymbol{p}_{\rm a} \times \boldsymbol{p}_{\rm b}|^2 \right)^{1/2} \\ &= c^2 \left(-\frac{1}{2} (p_{{\rm a}\mu} p_{{\rm b}\nu} - p_{{\rm a}\nu} p_{{\rm b}\mu})^2 \right)^{1/2} \end{aligned} \tag{7.52}$$

で置き換えることができるので，微分断面積は

$$d\sigma = \frac{16\pi^4\hbar^2}{cB}\int_{\Delta \boldsymbol{p}'_{\mathrm{a}}}\frac{d^3\boldsymbol{p}'_{\mathrm{a}}}{E_{\boldsymbol{p}'_{\mathrm{a}}}}\int\frac{d^3\boldsymbol{p}'_{\mathrm{b}}}{E_{\boldsymbol{p}'_{\mathrm{b}}}}\delta^4(P'_\mu - P_\mu)|\mathcal{M}(\boldsymbol{p}'_{\mathrm{a}},\boldsymbol{p}'_{\mathrm{b}};\boldsymbol{p}_{\mathrm{a}},\boldsymbol{p}_{\mathrm{b}})|^2 \quad (7.53)$$

となる．ただし，$P'_\mu = \sum_{i=\mathrm{a,b}} p'_{i\mu}$，$P_\mu = \sum_{i=\mathrm{a,b}} p_{i\mu}$，および

$$\mathcal{M}(\boldsymbol{p}'_{\mathrm{a}},\boldsymbol{p}'_{\mathrm{b}};\boldsymbol{p}_{\mathrm{a}},\boldsymbol{p}_{\mathrm{b}}) \equiv \sqrt{E_{\boldsymbol{p}'_{\mathrm{a}}}E_{\boldsymbol{p}'_{\mathrm{b}}}}\langle\langle \boldsymbol{p}'_{\mathrm{a}},\boldsymbol{p}'_{\mathrm{b}}|\hat{\mathcal{T}}|\boldsymbol{p}_{\mathrm{a}},\boldsymbol{p}_{\mathrm{b}}\rangle\rangle\sqrt{E_{\boldsymbol{p}_{\mathrm{a}}}E_{\boldsymbol{p}_{\mathrm{b}}}} \quad (7.54)$$

とおいた．この式において，B，$\delta^4(P'_\mu - P_\mu)$，$\mathcal{M}$，$d^3\boldsymbol{p}'_{\mathrm{a}}/E_{\boldsymbol{p}'_{\mathrm{a}}}$，$d^3\boldsymbol{p}'_{\mathrm{b}}/E_{\boldsymbol{p}'_{\mathrm{b}}}$ はすべて相対論的不変量であることに注意していただきたい．なお，$\boldsymbol{p}'_{\mathrm{a}}$ の全領域について積分した全断面積もまた不変量である．(7.53) の形式は C. Møller によって与えられたものであるが[*1]，相対論的不変形式を喜ぶ素粒子論において広く利用されている．

ハミルトニアンはエネルギー運動量4元ベクトルの時間成分であるから，時刻 $t=-\infty$ から $t=+\infty$ への時間発展演算子に関係するS行列やT行列が相対論的不変性をもつことは容易に想像がつく．この本では，S行列およびT行列の相対論的不変性の議論に深入りしている余裕はないが，関連する若干の事柄を述べておこう．4元体素 d^4p は明らかに Lorentz 変換に対して不変であるから，$\int d^4p\delta^4(p_\mu)=1$ によって，$\delta^4(p_\mu)$ の不変性が得られる．また，$I\equiv\int d^4p\delta(p^2-m^2c^2)F(p_\mu)$ は F が不変量ならば不変である．ここで，$p^2-m^2c^2=-\boldsymbol{p}^2+c^{-2}E_{\boldsymbol{p}}^2-m^2c^2$ を考慮すれば，$I=\int(d^3\boldsymbol{p}/E_{\boldsymbol{p}})F(p)$ となり，全領域積分内におかれた $cd^3\boldsymbol{p}/2E_{\boldsymbol{p}}$ が不変量であることを知る．さらに，$\int(d^3\boldsymbol{p}'/E_{\boldsymbol{p}'})E_{\boldsymbol{p}'}\delta^3(\boldsymbol{p}'-\boldsymbol{p})=1$ から $E_{\boldsymbol{p}'}\delta^3(\boldsymbol{p}'-\boldsymbol{p})$ の不変性が分かる．いま，$|\overline{\boldsymbol{p}}\rangle\equiv|\boldsymbol{p}\rangle\sqrt{E_{\boldsymbol{p}}}$ とおけば，$\langle\overline{\boldsymbol{p}}'|\overline{\boldsymbol{p}}\rangle=E_{\boldsymbol{p}}\delta^3(\boldsymbol{p}'-\boldsymbol{p})$ となる．右辺は不変量であり，ベクトル $|\overline{\boldsymbol{p}}\rangle$ が不変規格化条件に従うわけだ．したがって，S行列演算子 $\hat{S}$ が不変ならば，$\mathcal{M}$ は不変量である．

2体散乱 $p_{\mathrm{a}\mu}+p_{\mathrm{b}\mu}\to p'_{\mathrm{a}\mu}+p'_{\mathrm{b}\mu}$ に対する散乱振幅は2個の独立変数の関数であることが多い．この独立変数としては，普通入射粒子の運動量の大きさ p と散乱角 $\theta=\angle(\boldsymbol{p}',\boldsymbol{p})$ が選ばれる．高エネルギー物理学では，その代わりに，

$$s=(p_{\mathrm{a}\mu}+p_{\mathrm{b}\mu})^2\ ,\quad t=(p'_{\mathrm{a}\mu}-p_{\mathrm{a}\mu})^2 \quad (7.55)$$

---

*1　C. Møller, Danske Videnskab.Selskab.Mat-fys.Medd.**23**(1945).

という不変量が散乱状態を記述する変数として使われている．重心系では，$s=(E_{\rm a}+E_{\rm b})^2/c^2$，$-t=(\boldsymbol{p}'-\boldsymbol{p})^2=2|\boldsymbol{p}|^2(1-\cos\theta)$ となり，前者は全エネルギーの 2 乗，後者は運動量受渡し量の 2 乗を表わす量である (実験室系では，$s=m_{\rm a}^2c^2+m_{\rm b}^2c^2+2m_{\rm b}E_{\boldsymbol{p}_{\rm a}}$)．また，

$$c\sqrt{s}=\sqrt{(m_{\rm a}c^2)^2+(cp)^2}+\sqrt{(m_{\rm b}c^2)^2+(cp)^2} \tag{7.56}$$

を p について解けば，重心系における運動量の大きさ $p=|\boldsymbol{p}|$ に対する不変式

$$p(s)=\frac{\sqrt{s}}{2}\left(1-2\frac{(m_{\rm a}^2+m_{\rm b}^2)c^2}{s}+\frac{(m_{\rm a}^2-m_{\rm b}^2)^2c^4}{s^2}\right)^{1/2} \tag{7.57}$$

が得られる．この事実を使えば，(7.50) によって与えた散乱振幅を不変式によって書き直すことができる．すなわち，

$$F(\boldsymbol{p}',\boldsymbol{p})=-4\pi^2\hbar\frac{p(s)}{B}\sqrt{E_{\boldsymbol{p}'_{\rm a}}E_{\boldsymbol{p}'_{\rm b}}}\langle\langle\boldsymbol{p}'_{\rm a},\boldsymbol{p}'_{\rm b}|\hat{T}|\boldsymbol{p}_{\rm a},\boldsymbol{p}_{\rm b}\rangle\rangle\sqrt{E_{\boldsymbol{p}_{\rm a}}E_{\boldsymbol{p}_{\rm b}}}\ . \tag{7.58}$$

ただし，B はすでに (7.52) で与えた不変相対速度である．重心系で書けば，

$$E_{\boldsymbol{p}'_{\rm a}}=E_{\boldsymbol{p}_{\rm a}}\equiv E_{\rm a},\ E_{\boldsymbol{p}'_{\rm b}}=E_{\boldsymbol{p}_{\rm b}}\equiv E_{\rm b}, \tag{7.59}$$

$$B=v_0E_{\rm a}E_{\rm b},\ v_0=c^2p\frac{E_{\rm a}+E_{\rm b}}{E_{\rm a}E_{\rm b}} \tag{7.60}$$

となるので*2，(7.58) が (7.50) に一致することは直ちに分かる．

これまでは，2 体散乱問題を平面波極限を使って説明してきた．いうまでもなく，これは理想的極限であり，ときには数学的混乱を引き起こす場合がある．正しくは，等価的 1 体問題の場合に詳しく述べたように，波束関数を使って散乱問題を議論しなければならない．その波束関数は

$$\tilde{\phi}_{\boldsymbol{p}_{\rm a}\boldsymbol{p}_{\rm b}}(\boldsymbol{r}_{\rm a},\boldsymbol{r}_{\rm b})=\iint u^{(0)}_{\boldsymbol{q}_{\rm a}\boldsymbol{q}_{\rm b}}(\boldsymbol{r}_{\rm a},\boldsymbol{r}_{\rm b})A_{\boldsymbol{p}_{\rm a}\boldsymbol{p}_{\rm b}}(\boldsymbol{q}_{\rm a},\boldsymbol{q}_{\rm b})d^3\boldsymbol{q}_{\rm a}d^3\boldsymbol{q}_{\rm b}\ , \tag{7.61}$$

$$\tilde{u}^{(\pm)}_{\boldsymbol{p}_{\rm a}\boldsymbol{p}_{\rm b}}(\boldsymbol{r}_{\rm a},\boldsymbol{r}_{\rm b})=\iint u^{(\pm)}_{\boldsymbol{q}_{\rm a}\boldsymbol{q}_{\rm b}}(\boldsymbol{r}_{\rm a},\boldsymbol{r}_{\rm b})A_{\boldsymbol{p}_{\rm a}\boldsymbol{p}_{\rm b}}(\boldsymbol{q}_{\rm a},\boldsymbol{q}_{\rm b})d^3\boldsymbol{q}_{\rm a}d^3\boldsymbol{q}_{\rm b} \tag{7.62}$$

の形をすることは明らかだろう．もちろん，$A_{\boldsymbol{p}_{\rm a}\boldsymbol{p}_{\rm b}}(\boldsymbol{q}_{\rm a},\boldsymbol{q}_{\rm b})$ は $\boldsymbol{q}_{\rm a}\simeq\boldsymbol{p}_{\rm a}$，$\boldsymbol{q}_{\rm b}\simeq\boldsymbol{p}_{\rm b}$ のまわりで，鋭いピークをもつ関数である．具体的な理論展開は等価的 1 体問題の場合と同じようにすればよろしい．詳しい定式化は読者にまかせよう．

---

*2　重心系で光子・光子衝突を見ると，相対速度は c ではなく $2c$ である．v_0 の式で $E_{\rm a}=E_{\rm b}=cp$ とおけば明らかだ．

(c)　相対論的取り扱いについての注意

前小節の話は明らかに相対論的な散乱理論の建設を志向するものであった．しかし，ポテンシャル散乱の相対論化はそう簡単ではない．相対論の要求に適した粒子間力ポテンシャルの設定が一般には難しいからである．一つの例外として接触力がある．接触力とは粒子 a,b 間の力が $\delta^4(x_{a\mu}-x_{b\mu})$ に比例するポテンシャルをもつ場合である（$x_{a,b\mu}$ は粒子 a,b の時空座標）．しかし，これはあまりにも特殊な場合だ．一般的な場合の粒子間相互作用は場の量子論によって定式化されている．すなわち，一つの粒子がその存在する時空点で (量子化された) 局所場と相互作用し，その場が伝播して行って別の時空点にいる他の粒子に力を及ぼすという方式である．こうすれば相対論の要求に対応することができる．しかし，後で述べるように（7-4 節），場の量子論の枠内での散乱理論の定式化はかなり面倒である．

ここでは，電荷 $-e$，質量 m をもつ高速電子の，原点におかれた電荷 Ze をもつ十分重い原子核による Coulomb 散乱に対する相対論的補正を与えて，相対論的効果の一面を見るだけにしよう．高速電子は Dirac 方程式 (スピン 1/2 粒子の相対論的波動方程式) に従うものとし，原子核による静電場 $V=-Ze^2/r$ を外場として扱う近似が許されるとする．Dirac 方程式について説明している余裕はないが，この場合この方程式は正確に解くことができる．その解で $(Ze^2/\hbar c)\simeq Z/137$ を無視する近似 (軽い核に対する近似) をとれば，微分断面積は

$$\sigma(\theta)=\frac{Z^2e^4}{4m^2v^4\sin^4(\theta/2)}\left(1-\frac{v^2}{c^2}\sin^2(\theta/2)\right)\left(1-\frac{v^2}{c^2}\right) \qquad (7.63)$$

となる．ただし，v は電子の速度，θ は散乱角である．第 1 因子は非相対論的場合の Rutherford 公式であり，第 2 因子と第 3 因子が相対論的補正項を与える．第 2 因子はスピンの効果，第 3 因子は Lorentz 収縮の効果である．詳しくは巻末文献 [22] を見ていただきたい．

(d)　粒子の発生を伴う散乱と光学定理の拡張

粒子の衝突によって新しい粒子が生まれる場合がある．たとえば，$\mathrm{a+b\to a+b+c}$ という反応である．これは粒子 a，b が衝突して粒子 c が生まれる過

程を表わしている．粒子に構造がある場合は組み替え散乱が現われる可能性もあるが，簡単のため，それは考えないことにしよう．したがって，初期状態の粒子a，bと終期状態の粒子a，bは同じ粒子である．相互作用ハミルトニアン $\hat{V}$ は単純なc数関数ではなく，粒子cを作ったり消したりする演算子を含んでいなければならない．すなわち，行列要素 $\langle \boldsymbol{p}'_{\rm a}, \boldsymbol{p}'_{\rm b}, \boldsymbol{p}'_{\rm c}|\hat{V}|\boldsymbol{p}_{\rm a}, \boldsymbol{p}_{\rm b}\rangle$ は0ではない．（なお，各粒子がスピンその他の量子数をもつときは，運動量変数と一緒にそれらの量子数を書き込まなければならない．ここでは簡単のため省略した．）したがって，散乱状態固有ベクトル $|u^{(\pm)}_{\boldsymbol{p}_{\rm a}\boldsymbol{p}_{\rm b}}\rangle$ の成分は $\langle \boldsymbol{p}'_{\rm a}, \boldsymbol{p}'_{\rm b}|u^{(\pm)}_{\boldsymbol{p}_{\rm a}\boldsymbol{p}_{\rm b}}\rangle$ ばかりでなく，$\langle \boldsymbol{p}'_{\rm a}, \boldsymbol{p}'_{\rm b}, \boldsymbol{p}'_{\rm c}|u^{(\pm)}_{\boldsymbol{p}_{\rm a}\boldsymbol{p}_{\rm b}}\rangle$ も0でない値をもって含まれる．$\hat{V}$ の性質によってはもっと多数の粒子が生まれる可能性もあり，一般に，$\langle \boldsymbol{p}'_1, \boldsymbol{p}'_2, \cdots, \boldsymbol{p}'_N|u^{(\pm)}_{\boldsymbol{p}_{\rm a}\boldsymbol{p}_{\rm b}}\rangle$ は0ではない[*3]．

さて，新しく生まれた粒子は，十分遠方の漸近式においては，外向き球面波によって表わされるはずだから，固有値方程式

$$\hat{H}|u^{(+)}_{\boldsymbol{p}_{\rm a}\boldsymbol{p}_{\rm b}}\rangle = E_{\boldsymbol{p}_{\rm a}\boldsymbol{p}_{\rm b}}|u^{(+)}_{\boldsymbol{p}_{\rm a}\boldsymbol{p}_{\rm b}}\rangle \tag{7.64}$$

は拡張された Lippmann-Schwinger 方程式

$$|u^{(+)}_{\boldsymbol{p}_{\rm a}\boldsymbol{p}_{\rm b}}\rangle = |\boldsymbol{p}_{\rm a}, \boldsymbol{p}_{\rm b}\rangle + \frac{1}{E_{\boldsymbol{p}_{\rm a}\boldsymbol{p}_{\rm b}} - \hat{H}_0 + i\epsilon}\hat{V}|u^{(+)}_{\boldsymbol{p}_{\rm a}\boldsymbol{p}_{\rm b}}\rangle \tag{7.65}$$

で置き換えなければならない．運動量表示で書けば，

$$\begin{aligned}\langle \boldsymbol{p}'_{\rm a}, \boldsymbol{p}'_{\rm b}|u^{(\pm)}_{\boldsymbol{p}_{\rm a}\boldsymbol{p}_{\rm b}}\rangle &= \delta^3(\boldsymbol{p}'_{\rm a} - \boldsymbol{p}_{\rm a})\delta(\boldsymbol{p}'_{\rm b} - \boldsymbol{p}_{\rm b}) \\ &\quad + \frac{1}{E_{\boldsymbol{p}_{\rm a}\boldsymbol{p}_{\rm b}} - E_{\boldsymbol{p}'_{\rm a}\boldsymbol{p}'_{\rm b}} + i\epsilon}\delta^3(\boldsymbol{p}'_{\rm a} + \boldsymbol{p}'_{\rm b} - \boldsymbol{p}_{\rm a} - \boldsymbol{p}_{\rm b}) \\ &\quad \cdot\langle\langle \boldsymbol{p}'_{\rm a}, \mathbf{p}'_{\rm b}|\hat{T}|\boldsymbol{p}_{\rm a}, \boldsymbol{p}_{\rm b}\rangle\rangle\,,\end{aligned} \tag{7.66}$$

$$\begin{aligned}\langle \boldsymbol{p}'_{\rm a}, \boldsymbol{p}'_{\rm b}, \boldsymbol{p}'_{\rm c}|u^{(\pm)}_{\boldsymbol{p}_{\rm a}\boldsymbol{p}_{\rm b}}\rangle &= \frac{1}{E_{\boldsymbol{p}_{\rm a}\boldsymbol{p}_{\rm b}} - E_{\boldsymbol{p}'_{\rm a}\boldsymbol{p}'_{\rm b}\boldsymbol{p}'_{\rm c}} + i\epsilon}\delta^3(\boldsymbol{p}'_{\rm a} + \boldsymbol{p}'_{\rm b} + \boldsymbol{p}_{\rm c} - \boldsymbol{p}_{\rm a} - \boldsymbol{p}_{\rm b}) \\ &\quad \cdot\langle\langle \boldsymbol{p}'_{\rm a}, \boldsymbol{p}'_{\rm b}, \boldsymbol{p}'_{\rm c}|\hat{T}|\boldsymbol{p}_{\rm a}, \boldsymbol{p}_{\rm b}\rangle\rangle\,,\end{aligned} \tag{7.67}$$

…………………

*3　簡単のため，平面波状態を単に運動量の値だけで書いた．これまでもときどき利用してきた記法である．

となる．第2式以下には入射波を表わすデルタ関数の項がないが，その理由は説明するまでもないだろう．これらの式から座標表示を求め，$|\boldsymbol{r}_{\rm a}-\boldsymbol{r}_{\rm b}|\to\infty$，$|\boldsymbol{r}_{\rm c}-\boldsymbol{r}_{\rm b}|\to\infty$，… に対する漸近式を作れば，いずれの式も $\boldsymbol{r}_{\rm a}-\boldsymbol{r}_{\rm b}$，$\boldsymbol{r}_{\rm c}-\boldsymbol{r}_{\rm b}$，… についての外向き球面波を表わしていることが分かる．これまでもたびたび見てきたところだが，Green 関数 $(E_{\boldsymbol{p}_{\rm a}\boldsymbol{p}_{\rm b}}-\hat{H}_0+i\epsilon)^{-1}$ が一般の場合でも外向き球面波を与えるという事実の再確認なのである．

この漸近式から a と b，c と b の相対確率流を作れば，粒子発生過程に対する微分断面積を求めることができる．一般の発生過程 a + b → 1+2+…+N に対する微分断面積は

$$d\sigma=\frac{16\pi^4\hbar^2}{cB}\int_{\Delta\boldsymbol{p}_1'}\int_{\Delta\boldsymbol{p}_2'}\cdots\int_{\Delta\boldsymbol{p}_N'}\delta^4(P_\mu'-P_\mu)$$

$$\cdot|\mathcal{M}(\boldsymbol{p}_1',\boldsymbol{p}_2',\cdots,\boldsymbol{p}_N';\boldsymbol{p}_{\rm a},\boldsymbol{p}_{\rm b})|^2\prod_{i=1}^{N}\frac{d^3\boldsymbol{p}_i'}{E_{\boldsymbol{p}_i'}} \qquad (7.68)$$

によって与えられる．ただし，$P_\mu'=\sum_{i=1}^{N}p_{i\mu}'$，$P_\mu=\sum_{i={\rm a,b}}p_{i\mu}$，および

$$\mathcal{M}(\boldsymbol{p}_1',\boldsymbol{p}_2',\cdots,\boldsymbol{p}_N';\boldsymbol{p}_{\rm a},\boldsymbol{p}_{\rm b})=\sqrt{\prod_{i=1}^{N}E_{\boldsymbol{p}_i'}}\,\langle\langle\boldsymbol{p}_1',\boldsymbol{p}_2',\cdots,\boldsymbol{p}_N'|\hat{T}|\boldsymbol{p}_{\rm a},\boldsymbol{p}_{\rm b}\rangle\rangle\sqrt{E_{\boldsymbol{p}_{\rm a}}E_{\boldsymbol{p}_{\rm b}}}\,. \qquad (7.69)$$

ここでは粒子はすべて相対論的であるとして $E_{\boldsymbol{p}}=\sqrt{(c\boldsymbol{p})^2+(mc^2)^2}$ を用いてある．粒子多重発生のよい例としては，高エネルギーの核子・核子，核子・原子核，原子核・原子核衝突における π 中間子発生がある．

第4章で議論した光学定理をこの場合に拡張しておこう．第4章では，吸収効果を現象論的な1体問題に対する複素数ポテンシャルで表わして光学定理を求めた．ここでは，粒子の多重発生現象を多体問題として扱い，それに対応する光学定理を内容的に議論しながら，一般的な光学定理を定式化しておこうというのである．根拠はS行列のユニタリー性

$$\hat{S}^\dagger\hat{S}=\hat{S}\hat{S}^\dagger=1 \qquad (7.70)$$

である．これにT行列の定義式

$$\hat{S}=1+2i\hat{T} \qquad (7.71)$$

を代入して，T行列に対してユニタリー条件を書き直せば

$$\frac{1}{2i}[\hat{T}-\hat{T}^\dagger] = \hat{T}^\dagger\hat{T} \tag{7.72}$$

となる．初期状態 $|\mathrm{I}\rangle$ と終期状態 $|\mathrm{F}\rangle$ によって，この行列要素を作れば

$$\frac{1}{2i}[\langle\mathrm{F}|\hat{T}|\mathrm{I}\rangle - \langle\mathrm{F}|\hat{T}^\dagger|\mathrm{I}\rangle] = \sum_{(n)}\!\!\!\!\!\!\int \langle\mathrm{F}|\hat{T}^\dagger|n\rangle\langle n|\hat{T}|\mathrm{I}\rangle \tag{7.73}$$

が得られる．$|n\rangle$ は全 Hilbert 空間での完全正規直交系であり，$\sum_n\!\!\!\!\!\int |n\rangle\langle n| = 1$ が成立するものとする．ここで，$\sum_n\!\!\!\!\!\int$ は，状態指定変数のうち連続的なものについては積分を，とびとびなものについては和を取るという記号である．7-5節(d)の議論を先取りしていえば——時間逆転不変性や相反定理のため——

$$\langle\mathrm{F}|\hat{T}^\dagger|\mathrm{I}\rangle = \langle\mathrm{F}|\hat{T}|\mathrm{I}\rangle^* \tag{7.74}$$

が成立する．したがって，

$$-\mathrm{Im}\langle\langle\mathrm{F}|\hat{\mathcal{T}}|\mathrm{I}\rangle\rangle = \pi\sum_{(n)}\!\!\!\!\!\!\int \langle\langle n|\hat{\mathcal{T}}|\mathrm{F}\rangle\rangle^*\langle\langle n|\hat{\mathcal{T}}|\mathrm{I}\rangle\rangle\delta(E_n-E_\mathrm{I})\delta^3(\boldsymbol{P}_n-\boldsymbol{P}_\mathrm{I}) \tag{7.75}$$

が得られる．ただし，

$$\langle\mathrm{F}|\hat{T}|\mathrm{I}\rangle = -\pi\delta(E_\mathrm{F}-E_\mathrm{I})\delta^3(\boldsymbol{P}_\mathrm{F}-\boldsymbol{P}_\mathrm{I})\langle\langle\mathrm{F}|\hat{\mathcal{T}}|\mathrm{I}\rangle\rangle\ , \tag{7.76}$$

$$\langle\mathrm{F}|\hat{T}^\dagger|n\rangle = -\pi\delta(E_\mathrm{F}-E_n)\delta^3(\boldsymbol{P}_\mathrm{F}-\boldsymbol{P}_n)\langle\langle n|\hat{\mathcal{T}}|\mathrm{F}\rangle\rangle^*\ , \tag{7.77}$$

$$\langle n|\hat{T}|\mathrm{I}\rangle = -\pi\delta(E_n-E_\mathrm{I})\delta^3(\boldsymbol{P}_n-\boldsymbol{P}_\mathrm{I})\langle\langle n|\hat{\mathcal{T}}|\mathrm{I}\rangle\rangle\ . \tag{7.78}$$

いうまでもなく，(7.75)から $-(2/\hbar)\mathrm{Im}\langle\langle\mathrm{I}|\hat{\mathcal{T}}|\mathrm{I}\rangle\rangle$ が状態Iからの全遷移確率の時間的割合を与えることがわかる．

さて，(7.75)を前方散乱振幅と断面積とで表わして光学定理を導こう．そのため，$\mathrm{I}=(\boldsymbol{p},-\boldsymbol{p})$，$\mathrm{F}=(\boldsymbol{p}',-\boldsymbol{p}')$ とおいて弾性散乱振幅 $\langle\langle\boldsymbol{p}',-\boldsymbol{p}'|\hat{\mathcal{T}}|\boldsymbol{p},-\boldsymbol{p}\rangle\rangle$ に対するユニタリー条件の式を作る*4．(7.75)右辺の和は弾性散乱状態についてのものと非弾性散乱についてのものに分けられる．前者は

$$\pi\iint d^3\boldsymbol{q}_1 d^3\boldsymbol{q}_2\langle\langle\boldsymbol{q}_1,\boldsymbol{q}_2|\hat{\mathcal{T}}|\boldsymbol{p}',-\boldsymbol{p}'\rangle\rangle^*\langle\langle\boldsymbol{q}_1,\boldsymbol{q}_2|\hat{\mathcal{T}}|\boldsymbol{p},-\boldsymbol{p}\rangle\rangle$$

---

*4　簡単のためにスピン依存性は無視するが，後で導入するヘリシティを使えば，理論形式はまったく同じ形で成立する．

$$\cdot\delta(E_{q_1}+E_{q_2}-E_{\mathrm{a}}-E_{\mathrm{b}})\delta^3(\boldsymbol{q}_1+\boldsymbol{q}_2)$$

となる．ここで重心系条件 $\boldsymbol{p}_{\mathrm{a}}+\boldsymbol{p}_{\mathrm{b}}=0$ を用いた．$\delta^3(\boldsymbol{q}_1+\boldsymbol{q}_2)$ のため，$\boldsymbol{q}_1=-\boldsymbol{q}_2\equiv\boldsymbol{q}$ とおいて $\boldsymbol{q}_2$ の積分を取り去り，さらに，

$$d^3\boldsymbol{q}=\left[q^2\left(\frac{\partial(E_{\mathrm{a}}+E_{\mathrm{b}})}{\partial q}\right)^{-1}\right]_{q=p}dE_q d\omega_q$$

とおけば，上記の積分は

$$\pi p^2\frac{1}{v_0}\int d\omega_q\langle\langle\boldsymbol{q},-\boldsymbol{q}|\hat{\mathcal{T}}|\boldsymbol{p}',-\boldsymbol{p}'\rangle\rangle^*_{|\boldsymbol{q}|=p}\langle\langle\boldsymbol{q},-\boldsymbol{q}|\hat{\mathcal{T}}|\boldsymbol{p},-\boldsymbol{p}\rangle\rangle_{|\boldsymbol{q}|=p}$$

となる．v_0 は (7.60) で定義した相対速度である．こうして，(7.50) または (7.58) によって定義した散乱振幅 $F(\boldsymbol{p}',\boldsymbol{p})$ を用いるとユニタリー条件の式 (7.75) は

$$\begin{aligned}\mathrm{Im}\,F(\boldsymbol{p}',\boldsymbol{p})=\ &\frac{p}{4\pi\hbar}\Big[\int d\omega_q F^*(\boldsymbol{q},\boldsymbol{p}')F(\boldsymbol{q},\boldsymbol{p})\\&+16\pi^4\hbar^2\frac{1}{v_0}\sum_{N:\mathrm{inel}}d^3\boldsymbol{q}_1\cdots d^3\boldsymbol{q}_N\\&\cdot\langle\langle\boldsymbol{q}_1,\cdots,\boldsymbol{q}_N|\hat{\mathcal{T}}|\boldsymbol{p}',-\boldsymbol{p}'\rangle\rangle^*\langle\langle\boldsymbol{q}_1,\cdots,\boldsymbol{q}_N|\hat{\mathcal{T}}|\boldsymbol{p},-\boldsymbol{p}\rangle\rangle\\&\cdot\delta(E_{q_1}+\cdots+E_{q_N}-E_{\mathrm{a}}-E_{\mathrm{b}})\delta^3(\boldsymbol{q}_1+\cdots+\boldsymbol{q}_N)\Big]\end{aligned}\qquad(7.79)$$

となる．したがって，前方散乱 $\boldsymbol{p}'=\boldsymbol{p}$ に対しては

$$\mathrm{Im}\,F(\boldsymbol{p},\boldsymbol{p})=\frac{p}{4\pi\hbar}\sigma_{\mathrm{tot}}\ ,\quad \sigma_{\mathrm{tot}}=\sigma_{\mathrm{el}}+\sigma_{\mathrm{inel}}\qquad(7.80)$$

が得られる．ただし，

$$\sigma_{\mathrm{el}}=\int|F(\boldsymbol{q},\boldsymbol{p})|^2d\omega_q\ ,\qquad(7.81)$$

$$\begin{aligned}\sigma_{\mathrm{inel}}=16\pi^4\hbar^2\frac{1}{v_0}\sum_{N:\mathrm{inel}}\int\cdots\int d^3\boldsymbol{q}_1\cdots d^3\boldsymbol{q}_N|\langle\langle\boldsymbol{q}_1,\cdots,\boldsymbol{q}_N|\hat{\mathcal{T}}|\boldsymbol{p},-\boldsymbol{p}\rangle\rangle|^2\\\cdot\delta(E_{q_1}+\cdots+E_{q_N}-E_{\mathrm{a}}-E_{\mathrm{b}})\delta^3(\boldsymbol{q}_1+\cdots+\boldsymbol{q}_N)\ .\end{aligned}\qquad(7.82)$$

(7.80) が一般化された光学定理である．ここでは，各粒子の内部状態とその変化を考えなかったので，非弾性衝突はすべて粒子発生過程であるかのように扱

った．内部状態変化に対応する非弾性散乱があるときは，$\sigma_{\rm inel}$ にその分を入れておかなければならない．理論的取り扱いは繁雑にはなるが，難しくはない．ここでは省略する．

一般的関係式 (7.79) から，前方散乱以外の場合($\boldsymbol{p}'\neq\boldsymbol{p}$)における弾性散乱振幅 $F(\boldsymbol{p}',\boldsymbol{p})$ と非弾性過程振幅

$$\mathcal{M}(\boldsymbol{q}_1,\cdots,\boldsymbol{q}_N;\boldsymbol{p}_{\rm a},\boldsymbol{p}_{\rm b})=\sqrt{E_{q_1}\cdots E_{q_N}}\,\langle\langle\boldsymbol{q}_1,\cdots,\boldsymbol{q}_N|\hat{\mathcal{T}}|\boldsymbol{p}_{\rm a},\boldsymbol{p}_{\rm b}\rangle\rangle\sqrt{E_{\rm a}E_{\rm b}}\quad(7.83)$$

との関係を読むことができる．事実，高エネルギー素粒子衝突をこのような関係式 (ユニタリー条件式) によって分析する試みが数多く行なわれてきた．なお，最後に (7.79) を演算子形式で整理しておこう：

$$\mathrm{Im}\,F(\boldsymbol{p}',\boldsymbol{p})=\frac{p}{2\pi\hbar}\int d\omega_q[F^*(\boldsymbol{q},\boldsymbol{p}')F(\boldsymbol{q},\boldsymbol{p})]_{q=p=p'}+Y(\boldsymbol{p}',\boldsymbol{p}),\quad(7.84)$$

$$Y(\boldsymbol{p}',\boldsymbol{p})=\frac{4\pi^3\hbar p}{cB}\sqrt{E_{p'_{\rm a}}E_{p'_{\rm b}}}\,\langle\langle\boldsymbol{p}',-\boldsymbol{p}'|\hat{\mathcal{T}}^\dagger_{\rm inel}\delta^4(\hat{P}_\mu-P_\mu)\cdot\hat{\mathcal{T}}_{\rm inel}|\boldsymbol{p},-\boldsymbol{p}\rangle\rangle_{p'=p}\sqrt{E_{\rm a}E_{\rm b}}\ .\quad(7.85)$$

B は (7.52) で定義した量であり，重心系では $v_0E_{\rm a}E_{\rm b}$ となって，相対速度を表わす．$\hat{P}_\mu$ は全エネルギー・運動量4元ベクトルを表わす演算子，$P_\mu=p_{\mu{\rm a}}+p_{\mu{\rm b}}$ は初期エネルギー・運動量4元ベクトルの値である．すでに7-1節(b)その他で述べたように，F，$\mathcal{M}$，Y はいずれも相対論的不変量である．一方，$\hat{\mathcal{T}}_{\rm inel}$ は非弾性過程だけを作る遷移行列演算子なので，$\hat{\mathcal{T}}_{\rm inel}|\boldsymbol{p},-\boldsymbol{p}\rangle$ は衝突 $(\boldsymbol{p},-\boldsymbol{p})$ によって生まれた非弾性状態を，$\hat{\mathcal{T}}_{\rm inel}|\boldsymbol{p}',-\boldsymbol{p}'\rangle$ は衝突 $(\boldsymbol{p}',-\boldsymbol{p}')$ によって生まれた非弾性状態を表わすことになる．したがって，$Y(\boldsymbol{p}',\boldsymbol{p})$ はそれら2者の重なり合い積分になっている．そういえば，(7.84) の第1項も弾性散乱過程の重なり合い積分であった．これらの重なり合い積分はともに実数であり，とくに $\boldsymbol{p}'=\boldsymbol{p}$ では正値を取り，それぞれが (7.81) と (7.82) の右辺に一致する．$\sigma_{\rm inel}$ をこの形式で書いておこう：

$$\sigma_{\rm inel}=\frac{16\pi^4\hbar^2}{cB}\sqrt{E_{p_{\rm a}}E_{p_{\rm b}}}\,\langle\langle\boldsymbol{p},-\boldsymbol{p}|\hat{\mathcal{T}}^\dagger_{\rm inel}\delta^4(\hat{P}_\mu-P_\mu)\hat{\mathcal{T}}_{\rm inel}|\boldsymbol{p},-\boldsymbol{p}\rangle\rangle\sqrt{E_{p_{\rm a}}E_{p_{\rm b}}}\ .\quad(7.86)$$

$Y(\boldsymbol{p}',\boldsymbol{p})$ は p と θ だけの関数なので，散乱振幅 $F(\boldsymbol{p}',\boldsymbol{p})$ と同じく部分波展

開

$$F(\boldsymbol{p}',\boldsymbol{p}) = \frac{\hbar}{p}\sum_{\ell=1}^{\infty}(2\ell+1)T_\ell P_\ell(\cos\theta)\ , \tag{7.87}$$

$$Y(\boldsymbol{p}',\boldsymbol{p}) = \frac{\hbar}{p}\sum_{\ell=1}^{\infty}(2\ell+1)Y_\ell P_\ell(\cos\theta) \tag{7.88}$$

が可能であり，ユニタリー性は

$$\mathrm{Im}\ T_\ell = |T_\ell|^2 + Y_\ell \tag{7.89}$$

となる．また，部分波展開のS行列はやはり $S_\ell = 1+2iT_\ell$ であるが，$\eta_\ell = |S_\ell|$ とおけば，δ_ℓ を実数として

$$S_\ell = \eta_\ell e^{2i\delta_\ell}\ , \quad 4Y_\ell = 1-\eta_\ell^2 \tag{7.90}$$

が得られる．これらは非弾性散乱がある場合のユニタリー性である．もちろん，

$$0 \leqq 4Y_\ell \leqq 1\ , \quad \text{または} \quad \eta_\ell^2 \leqq 1\ . \tag{7.91}$$

完全吸収 ($\eta=0$) でも弾性散乱が起きる ($T_\ell = i/2 \neq 0$) が，これは影散乱によるものだった (第4章).

7-2　スピンをもつ粒子の散乱

ここまでは粒子の運動状態が運動量だけで指定されるとして話を進めてきた．しかし，現実の粒子の運動状態は，運動量の他に固有の内部状態を記述する力学量，たとえば，スピン角運動量またはヘリシティや (荷電状態を表わすための) 荷電スピンなどで指定する必要がある．そのため，(7.48) や (7.54) などの行列要素の初終期状態には，運動量と一緒にこれらの力学量の値を書き込まなければならない．ここでは，スピン角運動量をもつ粒子の散乱を取り上げる．スピン角運動量についての簡単な復習からはじめるが，詳しくは量子力学の教科書 (巻末諸文献) を見ていただきたい．

力学系がある対称性をもつとき，すなわち，その系のハミルトニアンがある変数の変換に際して不変であるとき，その変換の生成演算子である力学量が保存量となる．たとえば，平行移動不変性は (7.9) または (7.33) の場合に成立するが，平行移動をつくるユニタリー演算子 (7.8) を見れば分かるように，微小

平行移動の生成演算子である全運動量 $\hat{\boldsymbol{P}}$ が保存される．これと同様の性質は回転変換についても成立する．単位ベクトル $\boldsymbol{n}$ のまわりの角度 θ の回転変換を与えるユニタリー演算子は

$$\hat{U}(\boldsymbol{n},\theta_n)=\exp\left[\frac{i}{\hbar}\hat{\boldsymbol{J}}\cdot\boldsymbol{n}\theta_n\right] \tag{7.92}$$

であり，微小回転の生成演算子として角運動量 $\hat{\boldsymbol{J}}$ が定義される．力学系が回転不変性をもてば，角運動量が保存され

$$[\hat{\boldsymbol{J}},\hat{H}]=0\ ,\quad [\hat{\boldsymbol{J}},\hat{S}]=0 \tag{7.93}$$

が成立する．回転という幾何学的性質から，演算子 $\hat{\boldsymbol{J}}$ は交換関係

$$\hat{\boldsymbol{J}}\times\hat{\boldsymbol{J}}=i\hbar\hat{\boldsymbol{J}} \tag{7.94}$$

に従うことが分かる．これは角運動量演算子の一般的性質である．

この回転変換演算子が作用する相手は状態ベクトルであるが，1粒子系の場合に座標表示をとっていえば，波動関数 $\psi_\alpha(x,y,z)$ である．添字 α によって波動関数が多成分であることを表わした．(x,y,z) はいうまでもなく空間点依存性を表わす．空間点依存性に対する微小回転変換の生成演算子が軌道角運動量

$$\boldsymbol{L}^x=\boldsymbol{r}\times\frac{\hbar}{i}\nabla \tag{7.95}$$

であることはよく知られている．α 依存性の微小回転生成演算子は**スピン角運動量**である．それを $\hat{\boldsymbol{s}}$ と書くことにしよう．軌道角運動量もスピン角運動量も (7.94) とまったく同形の交換関係を満足する．

一般に交換関係 (7.94) は演算子 $\hat{J}_1$，$\hat{J}_2$，$\hat{J}_3$ について閉じており，固有値問題は代数的手段で解くことができる．まず，$\hat{J}^2=\hat{\boldsymbol{J}}^2=\sum_{i=1}^{3}\hat{J}_i^2$ をつくれば，$[\hat{J}^2,\hat{J}_i]=0$ となるので，$\hat{J}^2$ と一つの成分（たとえば $\hat{J}_3$）の同時的固有値問題

$$\hat{J}^2|j,m\rangle=\hbar^2 j(j+1)|j,m\rangle\ , \tag{7.96}$$

$$\hat{J}_3|j,m\rangle=\hbar m|j,m\rangle \tag{7.97}$$

が存在する．規格化は $\langle j,m|j',m'\rangle=\delta_{jj'}\delta_{mm'}$．(7.93) のために

$$[\hat{J}^2, \hat{H}] = 0\,, \quad [\hat{J}_3, \hat{H}] = 0 \tag{7.98}$$

が成立するので，$\hat{J}^2$ と $\hat{J}_3$ は保存量であり，その固有値とその番号 j，m はよい量子数となる．標準的方法でこの固有値問題を解けば，番号は $j=0,1/2,1,3/2,\cdots$ と変化し，その各々に対して番号 m は $j,j-1,\cdots,-j+1,-j$ のように $2j+1$ 通り変わることが分かる．通常，j の値で角運動量の大きさを表現する．したがって，j をもつ角運動量状態の自由度は $2j+1$ である．軌道角運動量に対しては，$\ell(=j)$ はゼロと正整数 $0,1,2,\cdots$ しか取らない．これはすでに第4章で見たところだ．スピン角運動量に対しては，原理的にはすべての値が許される．しかし，$s(=j)$ の値が $s=0$ の場合はスピン0のスカラー粒子 (自由度1)，$s=1/2$ の場合はスピン1/2のスピノール粒子 (自由度2)，$s=1$ の場合はスピン1のベクトル粒子 (自由度3)，それ以上は高階スピノール粒子や高階テンソル粒子を表わすというように，固有の角運動量の種類に応じて使い分けられている．

量子力学的角運動量の重要な性質は合成と分解にある．2個の角運動量 $\hat{\boldsymbol{J}}^{\rm a}$，$\hat{\boldsymbol{J}}^{\rm b}$ の規格化された固有状態 $|j_{\rm a}, m_{\rm a}\rangle$，$|j_{\rm b}, m_{\rm b}\rangle$ が分かっているとき，和 $\hat{\boldsymbol{J}}=\hat{\boldsymbol{J}}^{\rm a}+\hat{\boldsymbol{J}}^{\rm b}$ の固有状態 $|j,m\rangle$ を求めることを角運動量の**合成**といい，その逆を**分解**という．角運動量 $\hat{\boldsymbol{J}}^{\rm a}$，$\hat{\boldsymbol{J}}^{\rm b}$ は交換関係 (7.94) に従うが，そのとき和 $\hat{\boldsymbol{J}}$ もまた同じ交換関係を満足して角運動量となることは容易に証明される*5．合成問題の解は，合成された角運動量の大きさが $j=j_{\rm a}+j_{\rm b}, j_{\rm a}+j_{\rm b}-1,\cdots,|j_{\rm a}-j_{\rm b}|$ のどれか一つになること，その各々に対して3番目成分の大きさが $m=j,j-1,\cdots,-j+1,-j$ となることである．角運動量の和に対応する固有状態ベクトルは，各角運動量固有ベクトルの直積の線形結合として

$$|j, m; j_{\rm a}, m_{\rm a}, j_{\rm b}, m_{\rm b}\rangle = \sum_{m_{\rm a}, m_{\rm b}\,:\, m = m_{\rm a}+m_{\rm b}} C(j_{\rm a} m_{\rm a} j_{\rm b} m_{\rm b}|jm)|j_{\rm a}, m_{\rm a}\rangle|j_{\rm b}, m_{\rm b}\rangle \tag{7.99}$$

のように表わすことができる．これを Clebsch-Gordan の級数といい，C を Clebsch-Gordan 係数という．その一般形は煩雑なだけで，あまり利用価値が

---

*5　和のメンバーが2個以上の場合でも成立する．

ないので，ここに記載することはしない．必要な場合は量子力学や回転群の教科書を見ていただきたい．多くの教科書には，一般形ばかりでなく，よく出てくる特別な場合の角運動量の合成や分解を与える表が用意されている．ここではスピン 1/2 粒子の波動関数と，2 個のスピン 1/2 粒子に対するスピン合成の具体形を与えるにとどめる．

スピン 1/2 の場合，

$$\hat{\boldsymbol{s}} = \frac{\hbar}{2}\hat{\sigma} \tag{7.100}$$

とおけば，

$$\hat{\sigma}_i\hat{\sigma}_j + \hat{\sigma}_j\hat{\sigma}_i = 2\delta_{ij} \tag{7.101}$$

が成立する．具体的な表示としては，しばしば Pauli 行列

$$\sigma_1 = \begin{pmatrix} 0 & 1 \\ 1 & 0 \end{pmatrix}, \quad \sigma_2 = \begin{pmatrix} 0 & -i \\ i & 0 \end{pmatrix}, \quad \sigma_3 = \begin{pmatrix} 1 & 0 \\ 0 & -1 \end{pmatrix} \tag{7.102}$$

と第 3 成分の固有ベクトル

$$\alpha = \begin{pmatrix} 1 \\ 0 \end{pmatrix}, \quad \beta = \begin{pmatrix} 0 \\ 1 \end{pmatrix} \tag{7.103}$$

が使われている．ふつう，α および β をそれぞれスピン上向き，およびスピン下向きの状態という．なお，次式が成立する：

$$\sigma_3\alpha = (+1)\alpha\ , \quad \sigma_3\beta = (-1)\beta\ , \tag{7.104}$$

$$\sigma_+\beta = \alpha\ , \quad \sigma_+\alpha = 0\ , \quad \sigma_-\beta = 0\ , \quad \sigma_-\alpha = \beta\ , \tag{7.105}$$

$$\sigma_\pm = \frac{1}{2}(\sigma_1 \pm i\sigma_2)\ . \tag{7.106}$$

この表示を使えば，座標表示における 1 粒子波動関数は

$$\psi(\boldsymbol{r}, t) = \alpha\phi_+(\boldsymbol{r}, t) + \beta\phi_-(\boldsymbol{r}, t) \tag{7.107}$$

と書くことができる．$\phi_\pm(\boldsymbol{r}, t)$ はスピンが上向き (または下向き) の粒子を空間点 $\boldsymbol{r}$ に見出すことの確率振幅である．これを Fourier 変換すれば運動量表示の波動関数が得られることはいうまでもない．固定ポテンシャルによる 1 粒子散

乱の場合，この波動関数は通常の形の Schrödinger 方程式に従う．ポテンシャルにスピン依存性がなければ，2 個の確率振幅 $\phi_{\pm}(\boldsymbol{r},t)$ はまったく同じ方程式を満足するが，スピン依存性があれば，両者は違う方程式 (一般には連立方程式) を満足する．具体的には，その方程式を解き，実験状況に応じて，入射確率流に対する散乱確率流の比を求めれば散乱断面積が得られる．必要な修正を織り込めば，前節までに述べた散乱理論はそのまま適用できることはいうまでもない．しかし，散乱問題におけるスピンと統計の効果はまだはっきりとは定式化していなかった．ここではその理論的取り扱いを具体例によって説明しよう．

一般に，粒子間力が粒子間距離だけの関数であるポテンシャルをもつ場合，重心運動が分離されて，相対距離についての等価的 1 体問題を解けばよかった．スピンをもつ 2 個の粒子の衝突・散乱の場合でも，この基本は変わらないが，具体的様相はスピンをもたない場合と比べるとかなり違う．スピン 1/2 をもつ 2 個の非相対論的 Fermi 粒子 a，b の衝突を取り上げて，この問題を考えよう．粒子速度が十分遅ければ，スピン角運動量と軌道角運動量を分離して考えることができる．この力学系の合成スピンは，上記の合成法によれば，$j=(1/2)+(1/2)=1$ または $j=|(1/2)-(1/2)|=0$ のどちらかである．前者は自由度 3($m=1,0,-1$)をもつスピン 3 重項状態 χ_m^{t} であり，後者は自由度 1($m=0$)をもつスピン 1 重項状態 χ_0^{s} であり，各粒子のスピン状態固有ベクトル (7.103) によって，

$$\chi_1^{\mathrm{t}}=\alpha_{\mathrm{a}}\alpha_{\mathrm{b}}\ ,\ \chi_0^{\mathrm{t}}=\frac{1}{\sqrt{2}}(\alpha_{\mathrm{a}}\beta_{\mathrm{b}}+\beta_{\mathrm{a}}\alpha_{\mathrm{b}})\ ,\ \chi_{-1}^{\mathrm{t}}=\beta_{\mathrm{a}}\beta_{\mathrm{b}}\ , \qquad (7.108)$$

$$\chi_0^{\mathrm{s}}=\frac{1}{\sqrt{2}}(\alpha_{\mathrm{a}}\beta_{\mathrm{b}}-\beta_{\mathrm{a}}\alpha_{\mathrm{b}}) \qquad (7.109)$$

のように書くことができる．この形を見れば，粒子 a，b の交換に対して，3 重項状態 χ_m^{t} が対称，1 重項状態 χ_m^{s} が反対称であることが分かる (章末問題にもある)．これらのスピン状態によって，散乱状態固有関数は

$$u_{\boldsymbol{p}_{\mathrm{a}}\boldsymbol{p}_{\mathrm{b}}}^{(\pm)}=u_{\boldsymbol{p}_{\mathrm{a}}\boldsymbol{p}_{\mathrm{b}}}^{(\mathrm{t})(\pm)}\chi_m^{\mathrm{t}}+u_{\boldsymbol{p}_{\mathrm{a}}\boldsymbol{p}_{\mathrm{b}}}^{(\mathrm{s})(\pm)}\chi_0^{\mathrm{s}} \qquad (7.110)$$

のように分解される．ただし，スピン変数以外の波動関数を $u_{\boldsymbol{p}_{\mathrm{a}}\boldsymbol{p}_{\mathrm{b}}}^{(\mathrm{t})(\pm)}$ および

$u^{(s)(\pm)}_{\boldsymbol{p}_a\boldsymbol{p}_b}$ と書いておいた．前者がスピン3重項散乱に，後者がスピン1重項散乱に対応する波動関数であることはいうまでもない．いま粒子の運動状態が運動量とスピンだけで記述されるとすれば，これらの波動関数は運動量だけの関数になる．

さて，折りにふれて説明してきたように，同種粒子同士の散乱には特別の注意が必要である．同種の Fermi 粒子同士(Bose 粒子同士) の散乱に対しては，波動関数や散乱振幅を反対称化 (対称化) しておかなければならないからだ．この反対称化・対称化は運動量や座標変数についての依存性ばかりでなく，スピンなどを含むすべての変数の同時交換に対して行なうべきものである．ここでは，まずスピン 1/2 をもつ2個の同種 Fermi 粒子同士の衝突を考えよう．たとえば，電子同士，陽子同士，中性子同士の衝突である．この場合，波動関数全体 $u^{(\pm)}_{\boldsymbol{p}_a\boldsymbol{p}_b}$ は粒子 a，b の交換に対して反対称だから，$u^{(t)(\pm)}_{\boldsymbol{p}_a\boldsymbol{p}_b}$ は変数 $\boldsymbol{p}_\mathrm{a}$，$\boldsymbol{p}_\mathrm{b}$ についての反対称関数，$u^{(s)(\pm)}_{\boldsymbol{p}_a\boldsymbol{p}_b}$ は対称関数でなければならない．これらの関数の漸近形から出てくる散乱振幅についても同様である．ポテンシャル散乱の場合は，いずれの関数も同じ形の定常的 Schrödinger 方程式を満足する．とくに，ポテンシャルがスピン依存型でない場合，3重項散乱も1重項散乱も確率振幅はまったく同じ方程式に従うが，前者には反対称化，後者には対称化の手続きを施すため，結果はまったく違ってしまう．ポテンシャルにスピン依存項があっても，等価的1体問題が存在するので，まずはその Schrödinger 方程式を散乱状態境界条件の下に解いてT行列要素または散乱振幅

$$\begin{aligned}\langle\langle \boldsymbol{p}'_\mathrm{a}, \boldsymbol{p}'_\mathrm{b}|\hat{T}|\boldsymbol{p}_\mathrm{a}, \boldsymbol{p}_\mathrm{b}\rangle\rangle &= \langle u^{(0)}_{\boldsymbol{p}'}|\hat{V}|u^{(+)}_{\boldsymbol{p}}\rangle_{|\boldsymbol{p}'|=|\boldsymbol{p}|} \\ &= -\frac{1}{4\pi^2\hbar\mu}F(\theta) \qquad (7.111)\end{aligned}$$

を求めればよい ($\boldsymbol{p}$ は相対運動量)．しかし，問題はそこで終わるのではなく，それを反対称化または対称化して正しい散乱振幅 $F^{(t),(s)}(\theta)$ に行き着くのである．この対称化・反対称化の手続きは Schrödinger 方程式を解くところには入っていない．その解を得た後で改めて行なうべき付加的な手続きなのである．これがスピンと統計の効果だ．

粒子 a，b の交換は，重心系では $\boldsymbol{p}\to-\boldsymbol{p}$ となり，それは散乱角に対しては

$\theta\to\pi-\theta$ となるので，$u_{\boldsymbol{p}}^{(\mathrm{t})(+)}$ の反対称性は $F^{(\mathrm{t})}(\theta)$ が $\theta=\pi/2$ について反対称であることを意味し，$u_{\boldsymbol{p}}^{(\mathrm{s})(+)}$ の対称性は $F^{(\mathrm{s})}(\theta)$ が $\theta=\pi/2$ について対称であることを意味する．この結果，$|F^{(\mathrm{t})}(\theta)|^2$ も $|F^{(\mathrm{s})}(\theta)|^2$ も $\theta=\pi/2$ について対称な角分布をつ(ただし，$|F^{(\mathrm{t})}(\theta=\pi/2)|^2=0$)．したがって，1重項散乱においても3重項散乱においても，重心系で見れば，形は違うが $\theta=\pi/2$ に関して前後対称な微分断面積が現われる．これが同種粒子同士の散乱の著しい特徴なのである．後で見るように，Bose 粒子同士の散乱でも同様な性質が現われる．

この性質を部分波展開で見れば，もっとはっきりしよう．ℓ 番目角運動量固有関数 $P_\ell(\cos\theta)$ は $\theta\to\pi-\theta$ に対して $(-1)^\ell$ のように符号を変える．したがって，Fermi 粒子同士の散乱では，$F^{(\mathrm{s})}$ は $\ell=$ 偶数だけ，$F^{(\mathrm{t})}$ は $\ell=$ 奇数だけの部分波で構成されているはずである．短距離力による低エネルギー散乱では，たとえば，Coulomb 力を無視した陽子・陽子散乱では，4-4 節で説明したように，S 波だけで近似することができる．S 波は粒子交換に際して対称である．したがって，この場合は1重項散乱しか起こらない．

同種粒子でないときは対称化・反対称化の要求はなくなるが，スピン合成の問題は残る．たとえば，陽子と中性子の散乱に対しても，(7.110) の形の波動関数分解は有効である．ただし，$u_{\boldsymbol{p}_\mathrm{a}\boldsymbol{p}_\mathrm{b}}^{(\mathrm{t}),(\mathrm{s})(+)}$ を対称化または反対称化する必要はない．したがって，低エネルギー S 波散乱に対しても，両方のスピン状態が共存する．

同種粒子が Bose 粒子の場合，たとえば，電荷 ze をもつスピン 0 の同種粒子同士の Coulomb 散乱を考えよう．これを **Mott 散乱**という．波動関数の対称化を行なうと，(4.208) は

$$u_{\boldsymbol{k}}^{(+)}(\boldsymbol{r}) \xrightarrow{r\to\infty} \frac{1}{\sqrt{(2\pi)^3}}\Bigg[e^{ikr\cos\theta}e^{iB} - \frac{e^{ikr}}{r}\left\{\frac{e^{i(2\sigma_0-B)}}{2k^2a\sin^2(\theta/2)}+\frac{e^{i(2\sigma_0-B')}}{2k^2a\cos^2(\theta/2)}\right\}\Bigg] \tag{7.112}$$

のように変わる．ただし，$B'=(ka)^{-1}\ln(2kr\cos^2(\theta/2))$．したがって，微分断面積は

$$\sigma(\theta)=\left|\frac{e^{i(2\sigma_0-B)}}{2k^2a\sin^2(\theta/2)}+\frac{e^{i(2\sigma_0-B')}}{2k^2a\cos^2(\theta/2)}\right|^2$$
$$=\left(\frac{z^2e^2}{2\mu v^2}\right)^2\left[\frac{1}{\sin^4(\theta/2)}+\frac{1}{\cos^4(\theta/2)}+\frac{2\cos[\frac{z^2e^2}{\hbar v}\ln\tan^2(\theta/2)]}{\sin^2(\theta/2)\cos^2(\theta/2)}\right] \tag{7.113}$$

となる．第3項は(7.112)の散乱振幅中の2項の干渉として出てきた量子力学的な交換効果であり，Planck 定数 $\hbar$ が含まれていることからも分かるように，本質的な量子効果である．この項は，古典的極限 $\hbar\to 0$ において，または $\theta\to 0$ もしくは $v\to 0$ に対して激しく振動し，小角度領域での平均をとれば消える．交換効果が最大になるのは $\theta=\pi/2$ のときで，交換効果を考えなかったときの値(すなわち，Rutherford 散乱)の2倍になっている．

第2章で量子力学的多体問題を定式化する際，同種粒子系に関連して，「同種粒子が区別できない」という性質が新しい原理であること，この性質が散乱問題などで想像もできなかったような物理的効果を生み出すことを注意しておいたが，いまその一部を散乱振幅の対称化・反対称化として見たのである．この効果は極めて大きい．記憶しておいていただきたい．

実際の実験では，初期および終期状態で各粒子のスピン角運動量を特定していない場合がある．たとえば，偏極していない粒子ビームを使って散乱を起こし，終期状態のスピン測定をしないという場合である．このときは，微分断面積を初期スピン状態について平均し，終期スピン状態について加える必要がある．スピン状態について特定されているときは，その指定にしたがって行列要素を用意しておかなければならない．

7-3　構造をもつ粒子の散乱

この節では構造をもつ粒子の散乱を扱う．ただし，実際の物理現象に現われる構造をもつ粒子は多種多様であり，この小さな本で議論しつくすことはできない．ここではそのいくつかの例について，理論的取り扱いのあらましを説明するだけである．なお，5-6 節で議論した Glauber 効果も構造をもつ粒子による散乱の 1 例である．

(a) 形状因子と光学模型

まず，最も簡単な場合として，構造をもたない粒子が入射して固定的構造をもつ散乱体(複合粒子)によって散乱される問題を考えよう．簡単のため，当分の間散乱体は空間の特定の場所に固定されており，散乱によって移動したり内部状態を変えたりしないものと仮定する．さらに，散乱体の構成要素は非相対論的粒子であり，入射粒子との散乱は Born 近似で取り扱えるものとする．したがって，空間点 $\boldsymbol{r}_{(i)}$ におかれた 1 個の散乱体粒子 (質量 m) によって入射粒子が散乱されて過程 $\boldsymbol{p}\to\boldsymbol{p}'$ が起こるときの散乱振幅は

$$-4\pi^2\hbar m\frac{1}{(2\pi\hbar)^3}\int e^{i(\boldsymbol{p}-\boldsymbol{p}')\cdot\boldsymbol{r}/\hbar}V(\boldsymbol{r}-\boldsymbol{r}_{(i)})d^3\boldsymbol{r}=e^{i(\boldsymbol{p}-\boldsymbol{p}')\cdot\boldsymbol{r}_{(i)}/\hbar}T_{\mathrm{B}}(\boldsymbol{p}',\boldsymbol{p}) \tag{7.114}$$

で与えられる．$V(\boldsymbol{r}-\boldsymbol{r}_{(i)})$ はこの散乱体粒子が入射粒子に及ぼす力のポテンシャルであり，また

$$\begin{aligned}T_{\mathrm{B}}(\boldsymbol{p}',\boldsymbol{p})&=-4\pi^2\hbar m\frac{1}{(2\pi\hbar)^3}\int e^{i(\boldsymbol{p}-\boldsymbol{p}')\cdot\boldsymbol{\xi}/\hbar}V(\boldsymbol{\xi})d^3\boldsymbol{\xi}\\&=-4\pi^2\hbar m\langle u_{\boldsymbol{p}'}^{(0)}|\hat{V}|u_{\boldsymbol{p}}^{(0)}\rangle\end{aligned} \tag{7.115}$$

とおいた．これは同じポテンシャルが原点におかれたときの Born 近似散乱振幅である．(7.114) において空間点 $\boldsymbol{r}_{(i)}$ は散乱体構成要素粒子の位置であるが，散乱体が固定されているとしたので，固定ポテンシャルの中心という役割しか果たしていない．散乱体の構成要素の数を N とすれば，その散乱体全体による散乱振幅は

$$T(\boldsymbol{p}',\boldsymbol{p})=-4\pi^2\hbar mF(\boldsymbol{q})\langle u_{\boldsymbol{p}'}^{(0)}|\hat{V}|u_{\boldsymbol{p}}^{(0)}\rangle=F(\boldsymbol{q})T_{\mathrm{B}}(\boldsymbol{p}',\boldsymbol{p})\ , \tag{7.116}$$

$$F(\boldsymbol{q})=\sum_{i=1}^{N}e^{i\boldsymbol{q}\cdot\boldsymbol{r}_{(i)}/\hbar}=\int e^{i\boldsymbol{q}\cdot\boldsymbol{r}'/\hbar}\rho(\boldsymbol{r}')d^3\boldsymbol{r}'\ , \tag{7.117}$$

$$\rho(\boldsymbol{r}')=\sum_{i=1}^{N}\delta^3(\boldsymbol{r}'-\boldsymbol{r}_{(i)}) \tag{7.118}$$

となる．ただし，$\boldsymbol{q} \equiv \boldsymbol{p} - \boldsymbol{p}'$ は運動量受け渡し量，$\rho(\boldsymbol{r}')$ は散乱体構成要素の密度関数であるが，規格化は $\int d^3\boldsymbol{r}'\rho(\boldsymbol{r}') = N$ であることに注意していただきたい．また，固定ポテンシャルは実数であるとし，エネルギー保存則から $|\boldsymbol{p}'| = |\boldsymbol{p}|$ であるとした．この形で見れば，構造をもつ散乱体による散乱は，構造をもたない点粒子同士の散乱振幅に $F(\boldsymbol{q})$ をかけたものに等しい．この $F(\boldsymbol{q})$ を**形状因子** (form factor) という．形状因子は散乱体の構造を表わす密度関数 $\rho(\boldsymbol{r})$ の Fourier 変換である．

散乱体が N 個の量子力学的粒子からできている場合，その状態が波動関数 $\Psi(\boldsymbol{r}_1, \boldsymbol{r}_2, \cdots, \boldsymbol{r}_N)$ で表わされているとすれば，密度関数が

$$\begin{aligned}\rho(\boldsymbol{r}) &= \int\cdots\int \sum_{i=1}^{N} |\Psi(\boldsymbol{r}_1, \boldsymbol{r}_2, \cdots, \boldsymbol{r}_{i-1}, \boldsymbol{r}, \boldsymbol{r}_{i+1}, \cdots, \boldsymbol{r}_N)|^2 \\ &\quad \cdot d^3\boldsymbol{r}_1 d^3\boldsymbol{r}_2 \cdots d^3\boldsymbol{r}_{i-1} d^3\boldsymbol{r}_{i+1} \cdots d^3\boldsymbol{r}_N \\ &= \sum_{i=1}^{N} (\Psi, \delta^3(\boldsymbol{r} - \boldsymbol{r}_i)\Psi) = \langle \hat{\rho}(\boldsymbol{r}) \rangle_{\Psi} \,, \end{aligned} \tag{7.119}$$

$$\hat{\rho}(\boldsymbol{r}) \equiv \sum_{i=1}^{N} \delta^3(\boldsymbol{r} - \hat{\boldsymbol{r}}_{(i)}) \tag{7.120}$$

となることは明らかだろう．$\hat{\rho}(\boldsymbol{r})$ は粒子密度演算子だが，第2量子化法を使う場合は (6.124) で置き換える必要がある．要するに，量子力学的な系の場合は (7.117) 中の密度 (7.118) に対しては (7.119) を用いればよいのである．この小節の議論は量子力学系に対しても正しい．なお，量子力学的な状態が密度行列で記述される混合状態にあれば（2-2 節(d)を見よ），(7.119) の Ψ による期待値は粒子密度演算子に密度行列をかけたもののトレースになる．形状因子ははじめ原子衝突の問題で導入されたものであるが，その後拡張されて各種のミクロ構造物の構造解析などで広く用いられている．その1つに素粒子の形状因子問題があり，素粒子構造解明の1つの手がかりと考えられている．

散乱体が衝突によって，内部構造は変えないけれど，反跳を受けて動き出す場合もある．このような場合への拡張はそれほど面倒ではない．読者自ら試みていただきたい．内部構造に変化がない場合は弾性散乱しか起こらない．

さて，次に (7.116) を

$$T(\boldsymbol{p}', \boldsymbol{p}) = -4\pi^2\hbar m\langle u_{\boldsymbol{p}'}^{(0)}|\mathcal{V}|u_{\boldsymbol{p}}^{(0)}\rangle \tag{7.121}$$

と書き直そう．ただし，

$$\mathcal{V}(\boldsymbol{r}) \equiv \int d^3\boldsymbol{r}' V(\boldsymbol{r}-\boldsymbol{r}')\rho(\boldsymbol{r}') \tag{7.122}$$

とおいた．$\mathcal{V}(\boldsymbol{r})$ は散乱体全体が入射粒子に及ぼす等価的なポテンシャルに他ならない．いま，散乱体構成要素が空間のあまり狭くないマクロ的領域に広がって分布している場合を想像しよう．しかも，ポテンシャル $V(\boldsymbol{r}-\boldsymbol{r}')$ の到達距離がミクロ的に短いとして，低エネルギー散乱だけを考えるのである．このような場合，近似式 $V(\boldsymbol{r}-\boldsymbol{r}') = (2\pi\hbar^2/m)\alpha\delta^3(\boldsymbol{r}-\boldsymbol{r}')$ を使うことが許されよう ((4.187) を見よ．α は入射粒子と散乱体構成要素の衝突に対する散乱長である)．したがって，この場合は

$$\mathcal{V}(\boldsymbol{r}) = \frac{2\pi\hbar^2}{m}\alpha\rho(\boldsymbol{r}) \tag{7.123}$$

と近似することができる．この結果は大そう分かりやすい．散乱体は，入射粒子にとっては，密度関数と同形のポテンシャルのように見えるからだ．本来，この問題は 1 個の入射粒子と多粒子系である散乱体との衝突であった．いまの近似は，その問題を平均場による 1 個の入射粒子の散乱に置き換えようとするものである．一般に，このような近似の上に成立する描像を**光学模型** (optical model) といい，平均場ポテンシャルを**光学ポテンシャル** (optical potential) という．(7.123) は光学ポテンシャルに対する 1 つの近似である．名前の由来を改めて説明する必要はあるまい．

いま，入射粒子が密度一様で異方性もない散乱体の中に奥深く入り込んで行く場合を想定しよう．その一様な密度を $\overline{\rho}$ とおく．気体や液体を想像すればよい．この場合，近似的に 1 方向へ伝搬する波動が実現するだろうから，その方向を x に選ぶ．この 1 次元波動の波数は

$$\sqrt{k^2\left(1-\frac{2m}{\hbar^2k^2}\mathcal{V}\right)} \simeq k - \alpha\lambda\overline{\rho} \tag{7.124}$$

となるので，厚さ D の媒質を通過して真空中に出てきた波動関数は（規格化定

数を除けば)

$$e^{ikx-i\delta}, \quad \delta = -\alpha\lambda\bar{\rho}D \tag{7.125}$$

となる(λ は入射粒子の de Broglie 波長). δ がこの場合の位相のずれに他ならない. また, もう一度媒質中を通過している場合に戻り (D を x で置き直して), 指数部分と ikx との比をとって媒質の屈折率を定義すれば,

$$n = 1-\alpha\frac{2\pi}{k^2}\bar{\rho} \tag{7.126}$$

と書くことができる. この方式は中性子干渉実験などの解析に広く利用されている. なお, 散乱体中で吸収などの現象があれば, 屈折率は複素数になる*6.

さて, いままでは散乱体全体が固定されていると仮定した. もちろん, この制限は強すぎる. ここでは, 遅い中性子の固体, 液体などによる散乱 (中性子回折) を念頭において, この制限を取り除くことを考えよう. 上記の場合と同じく, この衝突は Born 近似の繰り返しであるとする. 遅い中性子と構造物構成要素との衝突に対しては, 短距離力による低エネルギー散乱に対する近似式 (4.187) を使うことができる. したがって, $T_{\rm B}(\boldsymbol{p}',\boldsymbol{p})=\alpha$ とおいてよい. さらに, (7.116) の絶対値 2 乗から散乱の微分断面積の式を構成する際, 個々の衝突に対するエネルギー保存則 $\delta(E_{\rm F}-E_{\rm I})=(2\pi\hbar)^{-1}\int_{-\infty}^{\infty}dt\exp[i(E_{\rm F}-E_{\rm I})t/\hbar]$ を導入しなければならない. ただし, $E_{\rm I,F}$ は入射粒子と散乱体からなる系の衝突前後のエネルギーである. この時間積分を整理すれば, 構造物による中性子の散乱 ($\boldsymbol{p}_{\rm I}\to\boldsymbol{p}_{\rm F}$) に対する散乱断面積の最終結果

$$\frac{d^2\sigma}{dqd\mathcal{E}} = N\alpha^2\frac{p_{\rm F}}{p_{\rm I}}D(\boldsymbol{q},\mathcal{E}) \tag{7.127}$$

に到達する. $\boldsymbol{q}=\boldsymbol{p}_{\rm I}-\boldsymbol{p}_{\rm F}$ は運動量受け渡し量, $\mathcal{E}=(2m)^{-1}(p_{\rm I}^2-p_{\rm F}^2)$ はエネルギー受け渡し量である. なお, D は

$$D(\boldsymbol{q},\mathcal{E}) \equiv \frac{1}{2\pi\hbar}\int e^{i(\boldsymbol{q}\cdot\boldsymbol{r}-\mathcal{E}\tau)/\hbar}G(\boldsymbol{r},\tau)d^3\boldsymbol{r}d\tau\,, \tag{7.128}$$

$$G(\boldsymbol{r},\tau) \equiv \frac{1}{N}\langle\langle\hat{\rho}(0,0)\hat{\rho}(\boldsymbol{r},\tau)\rangle\rangle\,, \tag{7.129}$$

---

*6　ここでは立ち入らない. 必要な人は次の論文を見ていただきたい : M.L. Goldberger and F. Seitz, Phys. Rev. **71** (1947) 294.

$$\hat{\rho}(\boldsymbol{r},\tau)=\sum_{i=1}^{N}\delta^3(\boldsymbol{r}-\hat{\boldsymbol{r}}_{(i)}) \tag{7.130}$$

で定義された相関関数 G とその Fourier 変換である．(7.127) を **van Hove の公式**という[*7]．中性子回折法は物質構造解析の有力な手段であり，最近高温超伝導体の構造を解明して成果を上げた．なお，この小節で扱った現象は，散乱理論では**多重散乱** (multiple scattering) という．すでに数多くの研究があるが，この本では詳しく説明している余裕はない．巻末文献 [14] によい解説がある．

(b)　共鳴散乱

次に複雑な問題は，構造をもたない粒子が構造をもつ複合粒子に衝突してその内部構造を変化させる現象である．例として，光子と原子，電子と原子の衝突がある．原子は内部構造をもち，数多くの励起状態が存在する．したがって，基底状態にあった原子が光子や電子との衝突によって励起される現象が現実に起こる．原子が光子や電子を吸収して励起し，ふたたび光子や電子を放出して元の基底状態に戻る場合は弾性散乱であるが，励起の効果は共鳴散乱として観察される．励起後光子や電子を放出しても元の状態に戻らず，他の励起準位に遷移するときは非弾性散乱が起きる．Raman 散乱はその 1 例である．光子や電子が原子に吸収されずに直接散乱されても，エネルギーを渡して原子を励起する場合もあるが，これも非弾性散乱である．これらの場合，励起状態で残された原子が後で遷移して元の基底状態に戻る際，光子や電子または他の粒子を放出することもある．これは狭い意味での散乱現象というよりは粒子発生過程の 1 種と見るべきものだろう．いずれにしても，励起状態のエネルギー準位その他が衝突断面積に反映し，原子構造の研究に役立つ．Franck-Hertz の実験はそのよい例であろう．励起状態が直接関係しない粒子発生機構もあるが，これも非弾性散乱の 1 種である．核反応や素粒子反応においても，このような非弾性散乱の実例が数多く見られ，それらの分析を通して原子核や素粒子の構造が解明されつつある．

という理由から，ここでは共鳴散乱の非相対論的理論を紹介しておこう．運

---

*7　詳しくは次を見よ：L. van Hove, Phys. Rev. **95** (1954) 249; Physica **24** (1958) 404; A. Sjölander, *Thermal Neutron Scattering*, Chap. 7, P.A. Egerstaff Ed., 1965, Ac. Press, London.

動量 $\boldsymbol{p}$ をつ粒子 a(質量 $m_{\rm a}$) が構造をもつ複合粒子 B によって散乱され，運動量 $\boldsymbol{p}'$ をもつ状態に遷移する現象を考えるのである．粒子 B ははじめ基底状態にあり，終わりも基底状態にあるとする．この場合は弾性散乱が起きるはずである．さらに，簡単のため粒子 B は十分重く反跳が無視できると仮定しておく．この系のハミルトニアンは

$$H=H_0+V_{\rm aB}\ ,\quad H_0=-\frac{\hbar^2}{2m_{\rm a}}\nabla_{\rm a}^2+H_{\rm B} \tag{7.131}$$

で与えられる．$H_{\rm B}$ は複合粒子Bの内部状態を記述するハミルトニアンである．H_0 は固有値方程式 $H_0|\boldsymbol{p},n\rangle=(E_p+E_n^{(0)})|\boldsymbol{p},n\rangle$ をもつ．固有ベクトル $|\boldsymbol{p},n\rangle$ は粒子 a が運動量 $\boldsymbol{p}$ をもつ平面波状態にあり，Bが n 番目状態にある状態を表わす．粒子 a と粒子Bの間の相互作用ハミルトニアン $V_{\rm aB}$ は十分小さいものとして，摂動の最低次近似だけを用いることにしよう．そして $V_{\rm aB}$ は粒子 a を吸収または放出するだけの効果しかないものとする．実際，荷電粒子と光子との相互作用の中で $-e$ (電子の電荷) に比例する項は光子を吸収または放出するだけの効果しかない．この例を念頭に置きながら，話を進める．

この場合も散乱の断面積として (7.48) を使うことができる．この $\hat{T}$ に公式 (4.61) を代入し，$\hat{\mathcal{G}}_k^{(+)}$ 分母の $\hat{H}$ を $\hat{H}_0$ で置き換えれば摂動公式が得られる．Bの基底状態を 0 と書けば

$$\langle\boldsymbol{p}',0|\hat{T}|\boldsymbol{p},0\rangle\simeq\sum_{n\neq0}\frac{\langle\boldsymbol{p}',0|\hat{V}_{\rm aB}|n\rangle\langle n|\hat{V}_{\rm aB}|\boldsymbol{p},0\rangle}{E_p+E_0^{(0)}-E_n^{(0)}} \tag{7.132}$$

となる．ただし，$V_{\rm aB}$ が粒子 a を吸収放出する効果しかないという想定によって $\langle\boldsymbol{p}',0|\hat{V}_{\rm aB}|\boldsymbol{p},0\rangle=0$ とおき，また中間状態には粒子 a は存在しないという事実を用いた．もしも，その相互作用の他に直接の散乱を与えるポテンシャル $\mathcal{V}$ があるとすれば，$\langle\boldsymbol{p}',0|\hat{\mathcal{V}}|\boldsymbol{p},0\rangle$ を (7.132) に加えなければならない．したがって，散乱の微分断面積は

$$d\sigma=16\pi^4\hbar^2m_{\rm a}^2\left|\langle\boldsymbol{p}',0|\hat{\mathcal{V}}|\boldsymbol{p},0\rangle+\sum_{n\neq0}\frac{\langle\boldsymbol{p}',0|\hat{V}_{\rm aB}|n\rangle\langle n|\hat{V}_{\rm aB}|\boldsymbol{p},0\rangle}{E_p-(E_n^{(0)}-E_0^{(0)})}\right|^2_{|\boldsymbol{p}'|=|\boldsymbol{p}|}d\omega \tag{7.133}$$

となる．これから，入射粒子のエネルギー E_p が励起エネルギー $E_n^{(0)}-E_0^{(0)}$ に近づくと断面積は急激に大きくなることが分かる．しかし，(7.133) は $E_p=E_n^{(0)}-E_0^{(0)}$ のごく近くのところまで使ってはいけない．なぜならば，そこでは $E_p+E_0^{(0)}-\hat{H}_0$ がほとんど 0 となるため，$\hat{V}_{\mathrm{aB}}$ は小さくても無視することができず，(4.61) の第 2 項分母で $\hat{H}=\hat{H}_0$ とおいてはいけないからだ．以下，そのような場合を考える．

特定の準位 $E_n^{(0)}$ にごく近いときを問題にするのだから，n 番目以外の準位を無視することができる．また，簡単のため $E_n^{(0)}$ は縮退していないと仮定しよう．いま

$$K_n=\frac{1}{E_p-E_n^{(0)}+E_0^{(0)}+i\epsilon}\ ,\quad K_{nn'}(\boldsymbol{q})=\frac{1}{E_n^{(0)}-E_{n'}^{(0)}-E_q+i\epsilon} \tag{7.134}$$

とおき，$E_p\simeq E_n^{(0)}-E_0^{(0)}$ を用いれば，

$$\begin{aligned}\langle n|\frac{1}{E_p+E_0^{(0)}-\hat{H}+i\epsilon}|n\rangle &= K_n+K_n\langle n|\hat{V}_{\mathrm{aB}}|n\rangle K_n\\ &\quad +K_n\sum_{n'}\int d^3\boldsymbol{q}\langle n|\hat{V}_{\mathrm{aB}}|\boldsymbol{q},n'\rangle K_{nn'}(\boldsymbol{q})\\ &\quad \cdot\langle \boldsymbol{q},n'|\hat{V}_{\mathrm{aB}}|n\rangle K_n+\cdots\end{aligned} \tag{7.135}$$

となる．ここで $\hat{V}_{\mathrm{aB}}$ が粒子 a を 1 回だけ吸収放出する相互作用であることを考慮して，$\langle n|\hat{V}_{\mathrm{aB}}|\boldsymbol{q},n'\rangle$ および $\langle \boldsymbol{q},n'|\hat{V}_{\mathrm{aB}}|n\rangle$ 以外の行列要素をすべて 0 とおこう．もちろん，$\langle \boldsymbol{q},n|\hat{V}_{\mathrm{aB}}|\boldsymbol{q}_1,\boldsymbol{q}_2,n''\rangle$ のように粒子を 1 個ずつ増減しながら多数個の状態にまでもってゆく項もあるが，これは $\hat{V}_{\mathrm{aB}}$ についての高次の効果しか与えないので省略する．したがって，

$$\Delta H_n\equiv\sum_{n'}\int d^3\boldsymbol{q}|\langle n|\hat{V}_{\mathrm{aB}}|\boldsymbol{q},n'\rangle|^2K_{nn'}(\boldsymbol{q})=\Delta E_n-i\frac{\Gamma_n}{2}\ , \tag{7.136}$$

$$\Delta E_n\equiv\sum_{n'}\mathrm{P}\int d^3\boldsymbol{q}\frac{|\langle n|\hat{V}_{\mathrm{aB}}|\boldsymbol{q},n'\rangle|^2}{E_n^{(0)}-E_{n'}^{(0)}-E_q}\ , \tag{7.137}$$

$$\Gamma_n\equiv 2\pi\sum_{n'}\int d^3\boldsymbol{q}|\langle n|\hat{V}_{\mathrm{aB}}|\boldsymbol{q},n'\rangle|^2\delta(E_n^{(0)}-E_{n'}^{(0)}-E_q) \tag{7.138}$$

とおくと，級数 (7.135) は次のようにまとまる．

$$\langle n|\frac{1}{E_p+E_0^{(0)}-\hat{H}+i\epsilon}|n\rangle = K_n + K_n^2\varDelta H_n + K_n^3(\varDelta H_n)^2 + \cdots$$
$$= K_n\frac{1}{1-K_n\varDelta H_n} = \frac{1}{K_n^{-1}-\varDelta H_n}$$
$$= \frac{1}{E_p-(E_n^{(0)}+\varDelta E_n-E_0^{(0)})+i\varGamma/2} \,. \quad (7.139)$$

こうして，$E_p \simeq E_n^{(0)}-E_0^{(0)}$ のまわりでの共鳴散乱公式

$$d\sigma = 16\pi^4\hbar^2 m_{\mathrm{a}}^2 \frac{|\langle \boldsymbol{p}',0|\hat{V}_{\mathrm{aB}}|n\rangle|^2_{|\boldsymbol{p}'|=|\boldsymbol{p}|}|\langle n|\hat{V}_{\mathrm{aB}}|\boldsymbol{p}^0,0\rangle|^2}{\left[E_p-(E_n^{(0)}+\varDelta E_n-E_0^{(0)})\right]^2+\varGamma_n^2/4} \quad (7.140)$$

が得られる．ただし，$\boldsymbol{p}^0$ は $E_p=E_n^{(0)}-E_0^{(0)}$ を満足する運動量の値である．この式を見ると，$\varDelta E_n$ は共鳴エネルギー準位のずれを与えること，$\varGamma_n$ はその共鳴準位の半値幅であることが分かる．また，(7.138) を見れば，$w_n=\hbar^{-1}\varGamma_n$ が n 番目励起状態の崩壊確率の時間的割合であることを知る．すなわち，$\hat{V}_{\mathrm{aB}}$ という相互作用のために，n 番目励起状態は完全には安定でなくなり，$\tau_n=\hbar\varGamma_n^{-1}$ 程度の寿命をもつ準安定状態になってしまうのである．公式 (7.140) の特徴は $E_p=E_n^{(0)}-E_0^{(0)}$ に対しても分母は0にならず，3-4 節や 4-4 節で説明したような共鳴散乱型になるところにある．(7.140) を (7.133) と見比べていただきたい．

さて，(7.140) は $(\boldsymbol{p},0)\to(\boldsymbol{p}',0)$ という弾性散乱の微分断面積であるが，その分子において，置き換え

$$|\langle \boldsymbol{p}',0|\hat{V}_{\mathrm{aB}}|n\rangle|^2 \longrightarrow |\langle \overline{\boldsymbol{p}}',n'|\hat{V}_{\mathrm{aB}}|n\rangle|^2\frac{\overline{p}'}{p} \quad (7.141)$$

を実行すれば，n 番目準位の共鳴による非弾性散乱 $(\boldsymbol{p},0)\to(\boldsymbol{p}',n')$ の微分断面積が得られる．ただし，$\overline{\boldsymbol{p}}'$ は $E_n^{(0)}=E_{n'}^{(0)}+E_{\overline{p}'}$ を満足する運動量である．この置き換えをした後全角度について積分し，許されるすべての状態 n' について和を作ると，運動量 $\boldsymbol{p}$ の入射粒子が基底状態にある複合粒子Bに衝突して n 番目励起状態を実現することの全断面積

$$\sigma_n(E_p) = \pi\lambda^2 \frac{\Gamma_n\Gamma_{n0}}{\left[E_p - (E_n^{(0)} + \Delta E_n - E_0^{(0)})\right]^2 + \Gamma_n^2/4} \tag{7.142}$$

が得られる．この場合，(7.138) を

$$\Gamma_n = 2\pi m_{\mathrm{a}} \sum_{n'} \bar{p}' \int d\omega' |\langle n|\hat{V}_{\mathrm{aB}}|\boldsymbol{p}', n'\rangle|^2_{p'=\bar{p}'} \tag{7.143}$$

と変形して使えばよい．なお，

$$\Gamma_{n0} = 8\pi^2 |\langle n|\hat{V}_{\mathrm{aB}}|\boldsymbol{p}^0, 0\rangle|^2 p_0^2 \left(\frac{dE_p}{dp}\right)^{-1}_{p=p_0} \tag{7.144}$$

である．$\hbar^{-1}\Gamma_{n0}$ はこの衝突によって n 番目励起状態を作る確率の時間的割合に他ならない．

(7.140) または (7.142) は n 番目準位に共鳴する場合であるが，準安定である励起束縛状態に対応するとびとびのエネルギーは数多くあり，さらにその上に複合粒子Bの分解状態に相当する連続エネルギー準位が分布している．したがって，散乱の断面積のエネルギー依存性を図示すれば図 7-1 のようになる．共鳴散乱の実験は複合粒子の構造を知るのに重要な役割を果たしてきた．また，断るまでもなく，共鳴散乱現象は量子力学系の時間変動と密接に結びついている．詳しく分析している余裕はないので，たとえば，6-3 節の Green 関数の議論に関連して引用した脚注の論文などを見ていただきたい．

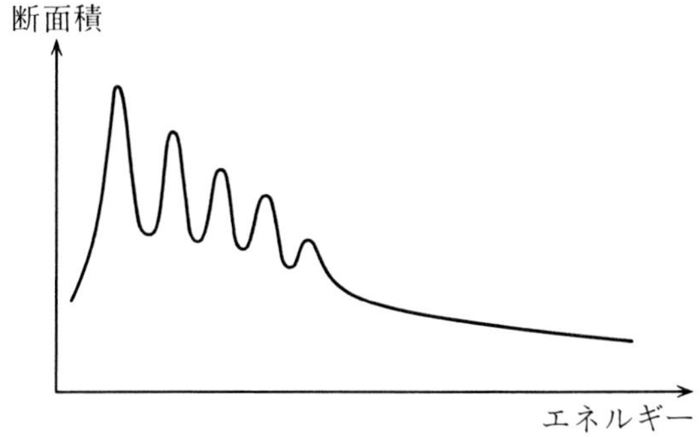

図 7-1 構造をもつ粒子による共鳴散乱

この小節では，話を分かりやすくするため，非相対論的な粒子衝突に限定し各種の近似や省略を導入した．しかし，これらの制限や近似を取り除いた一般的な議論は，原子核や素粒子反応を対象にして，場の量子論の枠内でいろいろ研究されている．当然のことながら，共鳴散乱に対する微分断面積の様相や内容解釈はいまの場合と同様である．

(c)　組み替え散乱

今度は入射粒子Aにも構造をもたせよう．構造をもつ粒子Aと構造をもつ粒子Bとの衝突を考えるのである．この場合，弾性散乱も起きるし，各粒子を励起してしまう非弾性散乱も起きるが，さらに構成要素の交換組み替えが起きる可能性がある．すなわち，A＋B → C＋Dという反応である．ここで，CとDはAおよびBとは別の構成要素と構造をつ複合粒子である．このような散乱を**組み替え散乱** (rearrangement scattering) という．組み替え散乱の理論を作るのがこの節の目的である．

この場合，系のハミルトニアンは2通りに分けて考える必要がある．すなわち，

$$\hat{H} = \hat{H}_{0\mathrm{I}} + \hat{V}_\mathrm{I} = \hat{H}_{0\mathrm{F}} + \hat{V}_\mathrm{F} \ , \tag{7.145}$$

$$\hat{H}_{0\mathrm{I}} = \hat{H}_\mathrm{A} + \hat{H}_\mathrm{B} \ , \ \ \hat{H}_{0\mathrm{F}} = \hat{H}_\mathrm{C} + \hat{H}_\mathrm{D} \tag{7.146}$$

とすればよいのであるが，$\hat{H}_\mathrm{A}, \hat{H}_\mathrm{B}, \hat{H}_\mathrm{C}, \hat{H}_\mathrm{D}$ は粒子A, B, C, Dのハミルトニアンであり，$\hat{V}_\mathrm{I}$ は粒子A, B間の相互作用を，$\hat{V}_\mathrm{F}$ は粒子C, D間の相互作用を表わす．粒子Aの状態を記述する $\hat{H}_\mathrm{A}$ の固有ベクトルを $|\boldsymbol{p}_\mathrm{a}, n_\mathrm{a}\rangle$ としよう．$\boldsymbol{p}_\mathrm{a}$ は粒子Aの運動量，n_a はその内部量子数である．すなわち，

$$\hat{H}_\mathrm{A}|\boldsymbol{p}_\mathrm{a}, n_\mathrm{a}\rangle = (E_{p_\mathrm{a}} + E_{n_\mathrm{a}})|\boldsymbol{p}_\mathrm{a}, n_\mathrm{a}\rangle \ . \tag{7.147}$$

E_{p_a} は粒子Aの重心運動量，E_{n_a} はその内部運動エネルギーである．他も同様に書こう．したがって，初期状態と終期状態はそれぞれ $\hat{H}_{0\mathrm{I}}$ と $\hat{H}_\mathrm{F}$ の固有状態 $|\boldsymbol{p}_\mathrm{a}, n_\mathrm{a}; \boldsymbol{p}_\mathrm{b}, n_\mathrm{b}\rangle$ と $|\boldsymbol{p}_\mathrm{c}, n_\mathrm{c}; \boldsymbol{p}_\mathrm{d}, n_\mathrm{d}\rangle$ によって表わされる．しかしこのままでは記号が面倒なので，これらを簡単にそれぞれ $|u_\mathrm{I}^{(0)}\rangle$ および $|u_\mathrm{F}^{(0)}\rangle$ と略記しよう．すなわち，

$$\hat{H}_{0\mathrm{I}}|u_{\mathrm{I}}^{(0)}\rangle = E_{\mathrm{I}}|u_{\mathrm{I}}^{(0)}\rangle\ ,\quad \hat{H}_{0\mathrm{F}}|u_{\mathrm{F}}^{(0)}\rangle = E_{\mathrm{F}}|u_{\mathrm{F}}^{(0)}\rangle\ , \tag{7.148}$$

$$E_{\mathrm{I}} = E_{p_{\mathrm{a}}}+E_{p_{\mathrm{b}}}+E_{n_{\mathrm{a}}}+E_{n_{\mathrm{b}}}\ , \tag{7.149}$$

$$E_{\mathrm{F}} = E_{p_{\mathrm{c}}}+E_{p_{\mathrm{d}}}+E_{n_{\mathrm{c}}}+E_{n_{\mathrm{d}}}\ . \tag{7.150}$$

一方，これらは全運動量の固有状態でもある．すなわち，

$$\hat{\boldsymbol{P}}|u_{\mathrm{I}}^{(0)}\rangle = (\boldsymbol{p}_{\mathrm{a}}+\boldsymbol{p}_{\mathrm{b}})|u_{\mathrm{I}}^{(0)}\rangle\ ,\quad \hat{\boldsymbol{P}}|u_{\mathrm{F}}^{(0)}\rangle = (\boldsymbol{p}_{\mathrm{c}}+\boldsymbol{p}_{\mathrm{d}})|u_{\mathrm{I}}^{(0)}\rangle\ . \tag{7.151}$$

さて，全ハミルトニアン $\hat{H}$ の散乱状態固有ベクトル $|u_{\mathrm{I}}^{(\pm)}\rangle$ と $|u_{\mathrm{F}}^{(\pm)}\rangle$ を考えよう．$|u_{\mathrm{I}}^{(\pm)}\rangle$ は入射平面波 $|u_{\mathrm{I}}^{(0)}\rangle$ に，$|u_{\mathrm{F}}^{(\pm)}\rangle$ は入射平面波 $|u_{\mathrm{F}}^{(0)}\rangle$ に対応する散乱状態である．また，いずれも全運動量演算子の固有ベクトルであることはいうまでもない．すなわち，4-3 節における (4.46) の導出と似たような議論によって，次式が得られる．

$$\hat{H}|u_{\mathrm{I}}^{(\pm)}\rangle = E_{\mathrm{I}}|u_{\mathrm{I}}^{(\pm)}\rangle\ ,\quad |u_{\mathrm{I}}^{(\pm)}\rangle = \frac{\pm i\epsilon}{E_{\mathrm{I}}-\hat{H}\pm i\epsilon}|u_{\mathrm{I}}^{(0)}\rangle\ , \tag{7.152}$$

$$\hat{H}|u_{\mathrm{F}}^{(\pm)}\rangle = E_{\mathrm{F}}|u_{\mathrm{F}}^{(\pm)}\rangle\ ,\quad |u_{\mathrm{F}}^{(\pm)}\rangle = \frac{\pm i\epsilon}{E_{\mathrm{F}}-\hat{H}\pm i\epsilon}|u_{\mathrm{F}}^{(0)}\rangle\ , \tag{7.153}$$

$$\hat{\boldsymbol{P}}|u_{\mathrm{I}}^{(\pm)}\rangle = (\boldsymbol{p}_{\mathrm{a}}+\boldsymbol{p}_{\mathrm{b}})|u_{\mathrm{I}}^{(\pm)}\rangle\ ,\quad \hat{\boldsymbol{P}}|u_{\mathrm{F}}^{(\pm)}\rangle = (\boldsymbol{p}_{\mathrm{c}}+\boldsymbol{p}_{\mathrm{d}})|u_{\mathrm{F}}^{(\pm)}\rangle\ . \tag{7.154}$$

なお，内積に関しては

$$\langle u_{\mathrm{F}}^{(\pm)}|u_{\mathrm{I}}^{(\pm)}\rangle = \delta^3(\boldsymbol{p}_{\mathrm{c}}+\boldsymbol{p}_{\mathrm{d}}-\boldsymbol{p}_{\mathrm{a}}-\boldsymbol{p}_{\mathrm{b}})\delta(n_{\mathrm{a}},n_{\mathrm{c}})\delta(n_{\mathrm{b}},n_{\mathrm{d}}) \tag{7.155}$$

が成立する．$\delta(n_{\mathrm{a}},n_{\mathrm{c}})$ はA=Cで $n_{\mathrm{a}}=n_{\mathrm{c}}$ であるときのみ1で他は0である．$\delta(n_{\mathrm{b}},n_{\mathrm{d}})$ も同様．4-3 節における (4.47)，(4.48) の導出と同様の議論から

$$|u_{\mathrm{I}}^{(\pm)}\rangle = |u_{\mathrm{I}}^{(0)}\rangle+\frac{1}{E_{\mathrm{I}}-\hat{H}\pm i\epsilon}\hat{V}_{\mathrm{I}}|u_{\mathrm{I}}^{(0)}\rangle\ , \tag{7.156}$$

$$|u_{\mathrm{F}}^{(\pm)}\rangle = |u_{\mathrm{F}}^{(0)}\rangle+\frac{1}{E_{\mathrm{F}}-\hat{H}\pm i\epsilon}\hat{V}_{\mathrm{F}}|u_{\mathrm{F}}^{(0)}\rangle\ , \tag{7.157}$$

$$|u_{\mathrm{F}}^{(-)}\rangle = |u_{\mathrm{F}}^{(+)}\rangle+2\pi i\delta(E_{\mathrm{F}}-\hat{H})\hat{V}_{\mathrm{F}}|u_{\mathrm{F}}^{(0)}\rangle\ , \tag{7.158}$$

$$|u_{\mathrm{I}}^{(+)}\rangle = |u_{\mathrm{I}}^{(-)}\rangle-2\pi i\delta(E_{\mathrm{I}}-\hat{H})\hat{V}_{\mathrm{I}}|u_{\mathrm{I}}^{(0)}\rangle \tag{7.159}$$

を出すことができる．

これだけ準備をしておけば，組み替え散乱A+B → C+Dに対するS行列要素を次式によって求めることができる：

$$\langle \mathrm{F}|\hat{S}|\mathrm{I}\rangle = \langle u_{\mathrm{F}}^{(-)}|u_{\mathrm{I}}^{(+)}\rangle\ . \tag{7.160}$$

なお，ポテンシャルを表面に出して書けば，

$$\langle \mathrm{F}|\hat{S}|\mathrm{I}\rangle = \langle u_{\mathrm{F}}^{(+)}|u_{\mathrm{I}}^{(+)}\rangle - 2\pi i\delta(E_{\mathrm{F}}-E_{\mathrm{I}})\langle u_{\mathrm{F}}^{(0)}|\hat{V}_{\mathrm{F}}|u_{\mathrm{I}}^{(+)}\rangle \tag{7.161}$$

$$= \langle u_{\mathrm{F}}^{(-)}|u_{\mathrm{I}}^{(-)}\rangle - 2\pi i\delta(E_{\mathrm{F}}-E_{\mathrm{I}})\langle u_{\mathrm{F}}^{(-)}|\hat{V}_{\mathrm{I}}|u_{\mathrm{I}}^{(0)}\rangle \tag{7.162}$$

である．右辺第 1 項は (7.155) に他ならない．したがって，第 2 項が T 行列要素を与えてくれる．$|u_{\mathrm{I,F}}^{(0)}\rangle$ も $|u_{\mathrm{I,F}}^{(\pm)}\rangle$ も全運動量の固有ベクトルであるから，

$$\begin{aligned}\langle u_{\mathrm{F}}^{(0)}|\hat{V}_{\mathrm{F}}|u_{\mathrm{I}}^{(+)}\rangle &= \langle u_{\mathrm{F}}^{(-)}|\hat{V}_{\mathrm{I}}|u_{\mathrm{I}}^{(0)}\rangle \\ &= \delta^3(\boldsymbol{p}_{\mathrm{c}}+\boldsymbol{p}_{\mathrm{d}}-\boldsymbol{p}_{\mathrm{a}}-\boldsymbol{p}_{\mathrm{b}})\langle\langle \boldsymbol{p}_{\mathrm{c}}, n_{\mathrm{c}}; \boldsymbol{p}_{\mathrm{d}}, n_{\mathrm{d}}|\hat{T}|\boldsymbol{p}_{\mathrm{a}}, n_{\mathrm{a}}; \boldsymbol{p}_{\mathrm{b}}, n_{\mathrm{b}}\rangle\rangle\end{aligned} \tag{7.163}$$

とおくことができる．この $\langle\langle \boldsymbol{p}_{\mathrm{c}}, n_{\mathrm{c}}; \boldsymbol{p}_{\mathrm{d}}, n_{\mathrm{d}}|\hat{T}|\boldsymbol{p}_{\mathrm{a}}, n_{\mathrm{a}}; \boldsymbol{p}_{\mathrm{b}}, n_{\mathrm{b}}\rangle\rangle$ を (7.48) に代入すれば，組み替え散乱の微分断面積を求めることができる．

組み替え散乱の実例は，原子・分子などの衝突や核反応において数多く見られるが，本書ではこれ以上立ち入ることは止める．

7-4　素粒子の散乱

この本の性格上，素粒子現象そのものには深入りしないが，散乱理論における素粒子の特殊性について簡単にふれておきたい．

各種の素粒子現象における素粒子の速度は，多くの場合，光速度に近いので相対論的取り扱いが要求される．また，素粒子は衝突によって新しく生まれたり，吸収されて消滅したり，他の粒子に転換したりする．自然に崩壊して他の粒子に変わることもある．この本で定式化してきた散乱理論はすでにこのような場合も扱えるように十分広く拡張されている．しかし，Hamilton 形式の場の量子論による散乱理論には，いままで遭遇しなかったようないくつかの問題がある．

その 1 つがハミルトニアンの構造と役割である．全系のハミルトニアンはいままでと同じように $H=H_0+V$ と書くことができる．この非摂動項 H_0 は自

由状態の素粒子群を統括的に記述する自由場のハミルトニアンである．一方，局所場の理論における相互作用ハミルトニアン V は，粒子の量子力学のように直接粒子間の相互作用を表わさず，素粒子がおかれている点における場との相互作用を与えるものである．粒子間力はこの場に媒介された2次的な効果として現われる．したがって，衝突する粒子a，bの相対距離を十分大きくした場合，2次効果としての粒子間力は小さくなるが，V 自身は依然として各粒子の自己場との相互作用を与えるため，決して0にはならない．この点が粒子だけの単純な力学と違うところである．私たちが現実に観測する自由状態にある物理的粒子は，自己場との相互作用を含んだ1つの複雑な構造物である．これがいわゆる「くりこみ操作」を要求する物理的根拠であった．

したがって，入射波状態は単純な H_0 の固有状態ではない．入射波状態を作るには，H_0 と V の自己場効果をうまく取り入れなければならない．散乱理論における V は粒子間力だけで作られている必要がある．したがって，場の量子論における相互作用ハミルトニアン V を粒子間力の部分と自己場部分に分けなければならないが，これは簡単にできる作業ではない．一方，自己場にも量子化された粒子が付属しており，適当なエネルギーと運動量が与えられれば，現実に観測される粒子として飛び出してくる．V には現実の粒子放出という役割もあるのだ．また，その逆過程として粒子吸収という役割ももっている．これらすべてを考慮して散乱理論を構成しなければならないのである．当然ではあるが，場の量子論における散乱理論は粒子の量子力学の場合のように簡単ではない．

通常，場の量子論にあっては，H_0 を対角化する表示において，V も対角要素をもっている．第3章や第4章のはじめの部分でも注意したように，これでは散乱理論は構成できない．V の対角部分は H_0 にくりこんでおき，V が非対角要素だけを含むようにしておかないと，散乱理論は成り立たない．この操作はいわゆる「くりこみ操作」の一部である．

例として，電子と陽子と光子からなる系を場の量子論(量子電磁力学)によって考えよう．自由場ハミルトニアン H_0 は自由電子場の部分 H_{0e}，自由陽子場の部分 H_{0p}，自由光子場の部分 H_{0ph} の和である．すなわち，$H_0 = H_{0e} + H_{0p} +$

$H_{0\mathrm{ph}}$．相互作用ハミルトニアン V は電子と電磁場，陽子と電磁場との相互作用の和となる．電子と陽子は電磁場を通して相互作用しあい，ある場合は水素原子を作り，ある場合は Rutherford 型の散乱をする．

まず，H_0 と H のスペクトルを比較しよう．H_0 は図7-2(a)に描いたような連続スペクトルをもつ．上から光子場，電子場，陽子場のスペクトルであるが，多粒子系のエネルギーを同時に考えなければならない．光子の質量は0であるから，個数の如何にかかわらず，光子場のエネルギーは0から ∞ にわたって分布している．2番目は電子場のスペクトルである．この場合，エネルギー0の点は電子個数0，すなわち真空に相当する点である．電子の個数 $1, 2, \cdots$, に対応して，mc^2 から ∞，$2mc^2$ から ∞，… というように連続スペクトルが重なり合って分布する (m は電子質量，c は光速度)．3番目は陽子場のスペクトルであるが，質量の違いを除けば(M は陽子の質量)，電子場と同じような構造をもつのである．したがって，H_0 のスペクトルはこれら3個の場のスペクトルを重ねたものであり，ゼロから無限大にわたって分布する連続スペクトルとなる．

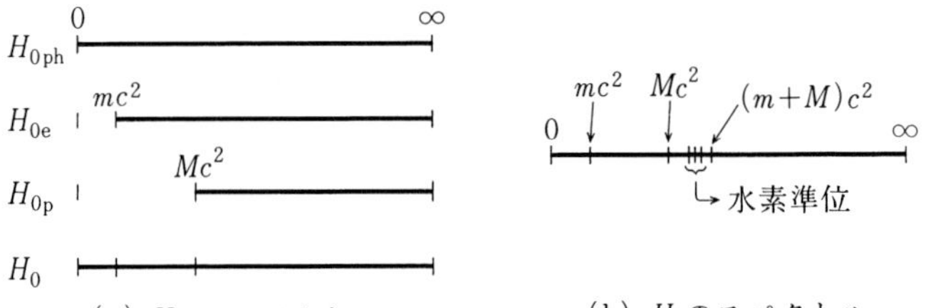

(a) H_0 のスペクトル　　(b) H のスペクトル

図7-2　H_0 と H のスペクトルの比較

次に，相互作用 V の効果を考慮して，全ハミルトニアン $H=H_0+V$ のスペクトルを推測しよう．各粒子は自己場と相互作用して質量が増加 (あるいは特別な場合には減少) する．摂動論によってその質量のずれを正直に計算すると無限大になってしまうことはよく知られている．この無限大を上手に処理して元の質量に加え，その和を改めて実測されている粒子質量で置き換える操作が朝永による「くりこみ理論」であった*8.「くりこみ」によって真空を与える 0，物理的1粒子を与える mc^2 や Mc^2 の点が確定する．真空状態と1粒子状態は，物理的に考えれば定常状態のはずであるから，「くりこみ」後の全ハミルトニアンの固有状態でなければならない．これだけでも，H のスペクトルは $(0,\infty)$，(mc^2,∞)，(Mc^2,∞) という連続スペクトルの重ね合わせになる．

H と H_0 のスペクトルの違いは，当然のことながら，束縛状態の存在から出てくる．1電子と1陽子からなる系を考えよう．2個のくりこまれた物理的電子と陽子が互いに遠く離れれば，エネルギーは $E^{\mathrm{e}}_{\boldsymbol{p}_\mathrm{a}}+E^{\mathrm{p}}_{\boldsymbol{p}_\mathrm{b}}$ のはずだ．ただし，$E^{\mathrm{e}}_{\boldsymbol{p}_\mathrm{a}}$ は電子1個，$E^{\mathrm{p}}_{\boldsymbol{p}_\mathrm{b}}$ は陽子1個のエネルギーである．このくりこまれた2個の自由な電子と陽子の平面波状態を入射波として与えた Lippmann-Schwinger 方程式を一応作ることができる．その場合，H_0 はくりこまれた物理的自由粒子のハミルトニアンであり，V には H_0 を対角化する表示での対角要素を含んでいてはいけない．この方程式の解は固有値 $E=E^{\mathrm{e}}_{\boldsymbol{p}_\mathrm{a}}+E^{\mathrm{p}}_{\boldsymbol{p}_\mathrm{b}}$ に属する H の散乱状態固有ベクトルである．したがって，H はその散乱状態に対応して (mc^2+Mc^2,∞) という連続スペクトルをもつ．

この Lippmann-Schwinger 方程式において，エネルギー E の値を mc^2+Mc^2 より少し小さいところに選び，入射波状態を表わす非斉次項を取ってしまえば，これは電子と陽子の束縛状態を表わす方程式になるだろうことは，前節までの議論の延長として期待できる．この期待が正しければ，その束縛状態は水素原子でなければならない．したがって，H のスペクトルには，0 と mc^2+Mc^2 の間に水素原子の束縛エネルギー準位に相当するとびとびの離散型スペクトルが存在するはずだ．厳密にいえば，正確な意味での定常状態は水素原子の基底状態しかない．励起状態は真空電磁場との相互作用で安定ではなくなり，準安定状態として存在するだけである．しかし，それらの準安定状態をも束縛状態として数えることにすれば，H のスペクトルは $(0,\infty)$ にわたって分布する連続スペクトルの中に束縛状態を表わすとびとびのスペクトルが混在することに

*8　「くりこみ操作」は質量ばかりでなく電荷に対しても行なわれる．量子電磁力学では質量と電荷だけをくりこめば，他はすべて有限な結果が出てきて，それらは実験とよい精度で一致することが知られている．

なるだろう(図7-2)．この事実は，散乱理論を展開するために重要な仮定であったHとH_0についてのスペクトル予想(図4-2)とは，まったく違うように見える．スペクトルだけで見れば，たしかに違うが，これだけで散乱理論が場の量子論には適用できないと断定することはできない．すでに上記の説明で示唆したように，この問題を解く鍵は境界条件にある．すなわち，入射波状態として，くりこまれた物理的自由粒子状態を導入すればよい．上記の例でいえば，物理的な電子と陽子の漸近的自由粒子状態である．入射波をこのように選べば，全ハミルトニアンの固有値スペクトルのうち，ちょうど(mc^2+Mc^2,∞)の部分だけを取り出したことになる．この場合，束縛状態スペクトルはこの範囲より低いところに現われるので，図4-2の場合と同じような議論が許される．正確にいえば，それが許されるように理論を作ってゆかなければならないのである．ここで主張した事柄は，$H=H_0+V$を現実に与えて数学的に証明したものではなく，物理的状況から結果を推測したものにすぎない．

このように，場の量子論による束縛状態の定式化は大そうむずかしい．上記の説明では，入射波項を取り除いたLippmann-Schwinger方程式をもって束縛状態の方程式としたが，これがたしかに(電子と陽子の)束縛状態を表わすという説明には，形式的類推以外にあまりはっきりした根拠がない．なぜならば，場の量子論においては，物理的粒子として比較的明確に定義しうるものは漸近的自由粒子状態しかないからである．この数十年にわたって，場の量子論による束縛状態の理論がくりかえし議論されてきたのも，この理由による．

場の量子論による散乱理論へのアプローチとしては，6-3節で説明したGreen関数法の発展がある．その境界条件は漸近的に自由粒子状態に接続するというものであった．そのGreen関数の積分方程式において，漸近的自由粒子状態に対応する項を取り除いて，束縛状態を扱うという試みがあった．Bethe-Salpeter方程式はその好例である．この方式を拡張して，素粒子と複合粒子との散乱や組み替え散乱を定式化しようという試みもいろいろあった．しかし，いずれもこの本の守備範囲を超える話である．

場の量子論は疑いなく成功したが，まだ物理的にも数学的にも多くの混迷を残している．しばらく前に，Hamilton形式の場の量子論を表立って使うことを止めて，くりこまれた物理量だけで書かれた散乱振幅の解析性に基礎をおいた分散理論と Regge 極理論が発展した．ポテンシャル散乱に対する分散理論の一部は第 8 章で紹介するつもりだ．

7-5　力学系の対称性と S 行列要素

力学系が対称性をもてば，ハミルトニアン演算子がある変換に対して不変となり，その変換に対応する力学量が保存されて S 行列要素に強い制限を与える．この事実はすでに前節までの関係個所において，平行移動不変性 (運動量保存則) や回転不変性 (角運動量保存則) に関連して，かなり丁寧に説明してきた．通常の力学系がもつ対称性としては，平行移動，空間回転などの連続変換，空間反転，時間逆転，荷電共役反転などの不連続変換に対する不変性が考えられる．前者の場合は微小変換が存在し，それを生成する力学量演算子が保存されるが，後者の場合はそれぞれのパリティが保存される．ここでは，それらの対称性が成立する場合について，S 行列の性質をしらべておこう．ただし，荷電共役変換は特殊なのでこの本では省略する．

(a)　平行移動不変性

平行移動不変性については前節の議論で十分であり，多くを付け加える必要はあるまい．要するに，平行移動不変性はハミルトニアン演算子および S 行列が (7.9)，(7.33) を満足する場合に成立し，S 行列要素に運動量・エネルギー保存則を表わす因子 $\delta(\boldsymbol{P}'-\boldsymbol{P})\delta(E'-E)=\delta^4(P'_\mu-P_\mu)$ を与えるものであった ($P_\mu=(\boldsymbol{P},E)$，$P'_\mu=(\boldsymbol{P}',E')$ は衝突前後の運動量・エネルギー)．エネルギー保存を表わす第 2 因子は空間部分の平行移動不変性から出てくるものではなく，ハミルトニアン演算子が時間に陽に依存していないという性質，すなわち，力学系の運動が時間原点の取り方に無関係であるという性質から出てくるものである．時間変数についての平行移動といってよい．すべては 4 次元時空における平行移動不変性の中に統合することができる．さて，4 次元平行移動不変性が成立するとき，反応 a+b → 1+2+…+N に対する S 行列は

$$\langle \boldsymbol{p}'_1,\boldsymbol{p}'_2,\cdots,\boldsymbol{p}'_N|\hat{S}|\boldsymbol{p}_\mathrm{a},\boldsymbol{p}_\mathrm{b}\rangle=\delta^4(P'_\mu-P_\mu)\langle\langle \boldsymbol{p}'_1,\boldsymbol{p}'_2,\cdots,\boldsymbol{p}'_N|\hat{S}|\boldsymbol{p}_\mathrm{a},\boldsymbol{p}_\mathrm{b}\rangle\rangle \quad (7.164)$$

の形に書くことができるのである．ただし，$P'_\mu=\sum_i p'_{\mu i}$，$P_\mu=p_{\mu\mathrm{a}}+p_{\mu\mathrm{b}}$．2重記号 $\langle\langle\cdots|\hat{S}|\cdots\rangle\rangle$ は((7-1)節と同様に)状態指定の各粒子の変数がエネルギー・運動量保存則を満足することを示すものだ．

(b)　空間回転不変性

空間回転不変性はハミルトニアンおよびS行列が(7.93)を満足する場合に成立し，微小回転の生成演算子である角運動量が保存される．状態指定に，全角運動量量子数 (j,m)，(j',m') と各粒子の角運動量量子数 $(j_\mathrm{a},m_\mathrm{a},j_\mathrm{b},m_\mathrm{b})$，$(j'_1,m'_1,j'_2,m'_2,\cdots,j'_N,m'_N)$ を用いよう．この場合，初期状態ベクトルは構成要素の初期状態ベクトルの Clebsch-Gordan 級数(7.99)によって表わすことができる．終期状態ベクトルも同様に用意する必要があるが，複雑になるのでここでは具体形を書かない．問題に応じて個々に作ればよい．このとき，回転不変性によってS行列要素は

$$\begin{aligned}&\langle j',m';j'_1,m'_1,\cdots,j'_N,m'_N|\hat{S}|j,m;j_\mathrm{a},m_\mathrm{a},j_\mathrm{b},m_\mathrm{b}\rangle\\&\quad=\delta(E'(1,2,\cdots,N)-E(a,b))\delta_{jj'}\delta_{mm'}\\&\qquad\cdot\langle\langle j',m';j'_1,m'_1,\cdots,j'_N,m'_N|\hat{S}|j,m;j_\mathrm{a},m_\mathrm{a},j_\mathrm{b},m_\mathrm{b}\rangle\rangle\end{aligned}\tag{7.165}$$

と書くことができる．2重記号 $\langle\langle\cdots|\hat{S}|\cdots\rangle\rangle$ における各角運動量量子数は，エネルギー保存則によって制限されているばかりでなく，角運動量合成則によって全角運動量量子数 (j,m) を与えるようなものである．

(c)　空間反転不変性

空間反転変換は3次元空間における各座標軸の方向を反転する変換であり，変位，速度，加速度，電場などの極ベクトルの各成分の符号を反転する変換である．面素，角運動量，磁場などの軸ベクトルの成分は符号を変えない．位置座標について書けば，

$$(x,y,z)\ \rightarrow\ (-x,-y,-z)\,,\quad t\ \rightarrow\ t\tag{7.166}$$

である．時間変数 t は変わらない．この変換を実行するユニタリー演算子を $\hat{U}_\mathrm{P}$ とすると，i 番目粒子の位置，運動量，角運動量，スピン運動量を表わす演算子は

$$\hat{U}_{\rm P}\hat{\boldsymbol{r}}_{(i)}\hat{U}_{\rm P}^{-1} = -\hat{\boldsymbol{r}}_{(i)} \ , \quad \hat{U}_{\rm P}\hat{\boldsymbol{p}}_{(i)}\hat{U}_{\rm P}^{-1} = -\hat{\boldsymbol{p}}_{(i)} \ , \tag{7.167}$$

$$\hat{U}_{\rm P}\hat{\boldsymbol{J}}_{(i)}\hat{U}_{\rm P}^{-1} = \hat{\boldsymbol{J}}_{(i)} \ , \quad \hat{U}_{\rm P}\hat{\boldsymbol{s}}_{(i)}\hat{U}_{\rm P}^{-1} = \hat{\boldsymbol{s}}_{(i)} \tag{7.168}$$

のように変換される．これが空間反転変換演算子 $\hat{U}_{\rm P}$ の定義であり，その演算効果なのである．空間反転変換は 2 回実行すると元に戻るので，演算子関係式

$$\hat{U}_{\rm P}^2 = 1 \tag{7.169}$$

が成立し，$\hat{U}_{\rm P}$ の固有値 $\mathcal{P}_{\rm p}$ が ± 1 であることを知る(以下では添字 P を省略する)．これを**空間パリティ**(P parity) または単に**パリティ**(parity) という．いうまでもなく，空間反転不変性はハミルトニアンと S 行列が

$$[\hat{U}_{\rm P}, \hat{H}] = 0 \ , \quad [\hat{U}_{\rm P}, \hat{S}] = 0 \tag{7.170}$$

を満足するとき成立する．そのとき，パリティは保存量となる．

パリティの意味をしらべるため，状態 $|{\rm A}\rangle$ の空間反転変換 $|P({\rm A})\rangle$ を

$$\hat{U}_{\rm P}|{\rm A}\rangle = |P({\rm A})\rangle \tag{7.171}$$

によって定義しよう．$|P({\rm A})\rangle$ の意味は，$|{\rm A}\rangle$ において状態指定に使われた力学量固有値の値を (7.167) および (7.168) のように変更して得られた状態である．たとえば，運動量の値で指定された状態については

$$\hat{U}_{\rm P}|\boldsymbol{p}_{\rm a}, \boldsymbol{p}_{\rm b}, \cdots\rangle = |-\boldsymbol{p}_{\rm a}, -\boldsymbol{p}_{\rm b}, \cdots\rangle \tag{7.172}$$

である．スピンなどの角運動量状態の指定にその 3 番目成分の値を用いると，その符号は変わらない．しかし，最近の素粒子物理学 (高エネルギー物理学)では，しばしば，スピンの代わりに

$$\hat{h} \equiv \frac{1}{|\hat{\boldsymbol{p}}|}\boldsymbol{s}\cdot\hat{\boldsymbol{p}} \tag{7.173}$$

で定義される**ヘリシティ**(helicity) が使われている．この値は空間反転に際して符号を変える．

さて，空間反転不変性をもつ力学系では，(7.170) のために，

$$\hat{S} = \hat{U}_{\rm P}^{-1}\hat{S}\hat{U}_{\rm P} \tag{7.174}$$

が成立する．このとき，両辺を初期状態 $|{\rm I}\rangle$ と終期状態 $|{\rm F}\rangle$ ではさんで行列要素を作ると

$$\langle {\rm F}|\hat{S}|{\rm I}\rangle = \langle P({\rm F})|\hat{S}|P({\rm I})\rangle \tag{7.175}$$

が得られる．いま，初終期状態が一定のパリティをもつとすれば，すなわち，

$$|P(\mathrm{I})\rangle = \hat{U}_{\mathrm{P}}|\mathrm{I}\rangle = \mathcal{P}_{\mathrm{I}}|\mathrm{I}\rangle \ , \quad |P(\mathrm{F})\rangle = \hat{U}_{\mathrm{P}}|\mathrm{F}\rangle = \mathcal{P}_{\mathrm{F}}|\mathrm{F}\rangle \tag{7.176}$$

であるとすれば，(7.175) は

$$(1-\mathcal{P}_{\mathrm{I}}\mathcal{P}_{\mathrm{F}})\langle\mathrm{F}|\hat{S}|\mathrm{I}\rangle = 0 \tag{7.177}$$

を与える．したがって，$\mathcal{P}_{\mathrm{F}} = \mathcal{P}_{\mathrm{I}}$ でなければ，S 行列要素はゼロとなる．これはパリティ保存則である．

最後に軌道角運動量状態のパリティを見ておこう．軌道角運動量演算子の $\hat{\boldsymbol{L}}^2$ と $\hat{L}_3$ は同時的固有関数 $Y_{\ell m}(\theta,\varphi)$ をもつが，この関数は

$$\hat{U}_{\mathrm{P}}Y_{\ell m}(\theta,\varphi) = Y_{\ell m}(\pi-\theta,\pi+\varphi) = (-1)^{\ell}Y_{\ell m}(\theta,\varphi) \tag{7.178}$$

であり，一定のパリティ $(-1)^{\ell}$ をもっていることが分かる．このような軌道角運動量の他に，各粒子は固有のパリティをもつことが知られているが，それは素粒子物理学の問題であるので，これ以上の議論は止める．

(d)　時間逆転不変性

一つの現象を映画フィルムまたはビデオにとって，それを逆まわししたとき現われる映像をもとの運動の時間逆転変換という．その映像が現実にも可能なとき，その現象を可逆過程，現実には存在しないとき，不可逆過程という．空気摩擦を無視したときのゴルフボールの運動は可逆過程であって時間逆転不変性をもつが，拡散現象，化学反応，生物現象は不可逆過程である．ここでは可逆的力学運動を念頭において，時間逆転不変性を考える．

時間逆転変換は本来

$$(x,y,z) \ \rightarrow \ (x,y,z) \ , \quad t \ \rightarrow \ -t \tag{7.179}$$

で与えられるものだ．空間座標は変わらないが，時間変数は符号を反転する．実際，古典的な Newton の運動方程式はこの変換に対して不変であり，しかも逆転映像に相当する解をもつ．量子力学の場合，事情は少々複雑である．それを見るため，時間逆転運動に相当する力学量演算子の変換を定式化しておく．いま，時間逆転変換を与える演算子を $\hat{U}_{\mathrm{T}}$ とすれば，古典的運動の類推として，

$$\hat{U}_{\mathrm{T}}\hat{\boldsymbol{r}}_{(i)}\hat{U}_{\mathrm{T}}^{-1} = \hat{\boldsymbol{r}}_{(i)} \ , \quad \hat{U}_{\mathrm{T}}\hat{\boldsymbol{p}}_{(i)}\hat{U}_{\mathrm{T}}^{-1} = -\hat{\boldsymbol{p}}_{(i)} \ , \tag{7.180}$$

$$\hat{U}_{\mathrm{T}}\hat{\boldsymbol{J}}_{(i)}\hat{U}_{\mathrm{T}}^{-1} = -\hat{\boldsymbol{J}}_{(i)} \ , \quad \hat{U}_{\mathrm{T}}\hat{\boldsymbol{s}}_{(i)}\hat{U}_{\mathrm{T}}^{-1} = -\hat{\boldsymbol{s}}_{(i)} \tag{7.181}$$

でなければならない．これが時間逆転演算子 $\hat{U}_{\mathrm{T}}$ の定義であり，その演算効果なのである．時間逆転変換は 2 回実行すると元に戻るので，演算子関係式

$$\hat{U}_{\mathrm{T}}^2 = 1 \tag{7.182}$$

が成立し，$\hat{U}_{\mathrm{T}}$ の固有値 $\mathcal{P}_{\mathrm{t}}$ が ± 1 であることを知る．これを時間パリティという．ハミルトニアンが時間逆転不変であれば，いうまでもなく，時間パリティは保存される．

ところで，$\hat{U}_{\mathrm{T}}$ による変換 (7.181) は正準交換関係 $[\hat{x}_i, \hat{p}_j] = i\hbar\delta_{ij}$ を保存せず，$[\hat{x}_i, \hat{p}_j] = -i\hbar\delta_{ij}$ に変換してしまう．この意味で $\hat{U}_{\mathrm{T}}$ はユニタリー演算子ではなく，反ユニタリー演算子である．当然ながら，この事情は波動関数または状態の時間逆転変換にも反映する．簡単のため，座標表示の波動関数 $u_{\boldsymbol{p}} = e^{i\boldsymbol{p}\cdot\boldsymbol{r}/\hbar}$ によって運動量一定の状態を考えよう．この波動関数の複素共役関数 $u_{\boldsymbol{p}}^* = e^{i(-\boldsymbol{p})\cdot\boldsymbol{r}/\hbar}$ が時間逆転状態を表わす．すなわち，座標表示では，複素共役を取るという操作が時間逆転変換にとって必要であった．同じ問題を運動量表示 $\tilde{u}_{\boldsymbol{p}} = \delta^3(\boldsymbol{p}' - \boldsymbol{p})$ によって考えよう．この関数で複素共役をとっても何も変わらない．運動量表示では，時間逆転変換は明らかに $\hat{T}\tilde{u}_{\boldsymbol{p}} = \delta^3(\boldsymbol{p}' - (-\boldsymbol{p}))$ で実現される．演算子 $\hat{T}$ は運動量の符号を反転させる効果をもつものだ．この例から分かるように，時間逆転演算子は表示に依存して定義される．これがユニタリーでない変換演算子 $\hat{U}_{\mathrm{T}}$ の特徴である．

一般に時間逆転変換を与える反ユニタリー演算子は

$$\hat{U}_{\mathrm{T}} = \hat{T}\hat{K} \tag{7.183}$$

とおくことができる．$\hat{K}$ は「複素共役を取れ」という演算子であり，$\hat{T}$ は上記のように物理的状況に対応して力学量の時間逆転を与える演算子である[*9]．このような変換演算子によって，状態ベクトル $|\mathrm{A}\rangle$ の時間逆転変換は

$$|T(\mathrm{A})\rangle = \hat{U}_{\mathrm{T}}|\mathrm{A}\rangle = \hat{T}|\mathrm{A}\rangle^* \tag{7.184}$$

のように書くことができる[*10]．* 印は複素共役ベクトルを表わす．この数学的

---

*9　スピン 1/2 の粒子に対しては，スピン角運動量に対して Pauli 行列を用いた場合，$\hat{T} = \sigma_2$ とおくことができる．読者自ら検証されたい．

*10　この式の右辺には，状態ベクトルの位相の選び方に応じて絶対値が 1 の位相因子がつくことがある．その場合は，以後のすべての式，たとえば，(7.187) にもその位相因子をつけなければならない．

性格が内積によって表わされた遷移確率振幅の時間的順序を逆転する役目を担っている．すなわち，

$$\langle T(\mathrm{I})|T(\mathrm{F})\rangle = \langle \mathrm{I}|\mathrm{F}\rangle^* = \langle \mathrm{F}|\mathrm{I}\rangle \tag{7.185}$$

となるのである．このように時間逆転変換を定式化しておけば，Schrödinger 方程式が時間逆転不変性をもつことは容易に証明できる．読者自ら確かめていただきたい．

さて，時間逆転不変性はS行列に対して

$$\hat{S}^\dagger = \hat{U}_\mathrm{T}^{-1}\hat{S}\hat{U}_\mathrm{T} \quad \text{または} \qquad \hat{S} = \hat{U}_\mathrm{T}\hat{S}^\dagger\hat{U}_\mathrm{T}^{-1} \tag{7.186}$$

を要求するので，その行列要素は等式

$$\langle \mathrm{F}|\hat{S}|\mathrm{I}\rangle = \langle T(\mathrm{I})|\hat{S}|T(\mathrm{F})\rangle \tag{7.187}$$

を満足しなければならない．これは $\mathrm{I}\to\mathrm{F}$ という遷移と $T(\mathrm{F})\to T(\mathrm{I})$ という遷移の確率振幅が等しいことを意味している．両辺の絶対値2乗をとれば，両過程の遷移確率 (および遷移確率の時間的割合) が等しいことになる．すなわち，

$$w(\mathrm{I}\to\mathrm{F}) = w(T(\mathrm{F})\to T(\mathrm{I}))\ . \tag{7.188}$$

これを一般化された**相反定理** (reciprocity theorem) という．

特定の状態間では，もっと狭い意味での相反定理を作ることができる．スピンをもたない粒子の反応 a+b $\to$ 1+2+$\cdots$+N において，状態指定に運動量を用いると，(7.187) は

$$\langle \boldsymbol{p}_1', \boldsymbol{p}_2', \cdots, \boldsymbol{p}_N'|\hat{S}|\boldsymbol{p}_\mathrm{a}, \boldsymbol{p}_\mathrm{b}\rangle = \langle -\boldsymbol{p}_\mathrm{a}, -\boldsymbol{p}_\mathrm{b}|\hat{S}|-\boldsymbol{p}_1', -\boldsymbol{p}_2', \cdots, -\boldsymbol{p}_N'\rangle$$

となるが，この右辺においてS行列の空間反転不変性を適用すると，角運動量の符号は反転し

$$\langle \boldsymbol{p}_1', \boldsymbol{p}_2', \cdots, \boldsymbol{p}_N'|\hat{S}|\boldsymbol{p}_\mathrm{a}, \boldsymbol{p}_\mathrm{b}\rangle = \langle \boldsymbol{p}_\mathrm{a}, \boldsymbol{p}_\mathrm{b}|\hat{S}|\boldsymbol{p}_1', \boldsymbol{p}_2', \cdots, \boldsymbol{p}_N'\rangle \tag{7.189}$$

が得られる．これはまさに

$$\langle \mathrm{F}|\hat{S}|\mathrm{I}\rangle = \langle \mathrm{I}|\hat{S}|\mathrm{F}\rangle \tag{7.190}$$

であり，

$$w(\mathrm{I}\to\mathrm{F}) = w(\mathrm{F}\to\mathrm{I}) \tag{7.191}$$

が成立する．これは狭い意味での相反定理だ．**詳細釣り合いの原理** (principle of detailed balance) ともいう．このように，第3章ではじめて議論した相反定理は時間逆転不変性に結びついているのである．

次に2体・2体散乱 a+b → c+d を重心系で考えよう．今度はスピンをもっていてもよい．ただし，通常のスピンの代わりに前小節で定義したヘリシティを使おう．ヘリシティは時間逆転変換に際して符号を変えない．したがって，(7.187) は

$$\langle +\boldsymbol{p}', h_{\mathrm{c}}, -\boldsymbol{p}', h_{\mathrm{d}}|\hat{S}|+\boldsymbol{p}, h_{\mathrm{a}}, -\boldsymbol{p}, h_{\mathrm{b}}\rangle = \langle -\boldsymbol{p}, h_{\mathrm{a}}, +\boldsymbol{p}, h_{\mathrm{b}}|\hat{S}|-\boldsymbol{p}', h_{\mathrm{c}}, +\boldsymbol{p}', h_{\mathrm{d}}\rangle$$

となる．この右辺において空間回転不変性を用いよう．すなわち，$\boldsymbol{p}$ と $\boldsymbol{p}'$ が作る平面に垂直な方向 ($\boldsymbol{p}\times\boldsymbol{p}'$ の方向) を回転軸として 180° 回転すれば，運動量は $\boldsymbol{p}\to-\boldsymbol{p}$ および $\boldsymbol{p}'\to-\boldsymbol{p}'$ となるが，ヘリシティは変わらない．したがって，

$$\langle +\boldsymbol{p}', h_{\mathrm{c}}, -\boldsymbol{p}', h_{\mathrm{d}}|\hat{S}|+\boldsymbol{p}, h_{\mathrm{a}}, -\boldsymbol{p}, h_{\mathrm{b}}\rangle = \langle \boldsymbol{p}, h_{\mathrm{a}}, -\boldsymbol{p}, h_{\mathrm{b}}|\hat{S}|\boldsymbol{p}', h_{\mathrm{c}}, -\boldsymbol{p}', h_{\mathrm{d}}\rangle \tag{7.192}$$

が得られる．これも狭い意味での相反定理であり，詳細釣り合いの原理 (7.191) が成立する．いうまでもなく，これらの相反定理はエネルギー・運動量保存則を表わす δ 関数や角運動量保存則を表わす Kronecker の δ を除いた $\langle\langle\cdots|\hat{S}|\cdots\rangle\rangle$ に対しても成立する．

スピン $(s_{\mathrm{a}}, s_{\mathrm{b}})$ をもつ粒子同士の衝突においては，初終期スピン状態を特定しなければ，初期スピン状態については平均し，終期スピン状態については和をとることはすでに述べた．この場合，詳細釣り合いの原理は微分断面積に対する等式

$$(2s_{\mathrm{a,I}}+1)(2s_{\mathrm{b,I}}+1)\sigma(\mathrm{I}\to\mathrm{F}) = (2s_{\mathrm{c,F}}+1)(2s_{\mathrm{d,F}}+1)\sigma(\mathrm{F}\to\mathrm{I}) \tag{7.193}$$

を与える．ただし，衝突によって運動量が変わらないとしたが，変わる場合は右辺に因子 $(p_{\mathrm{F}}/p_{\mathrm{I}})^2$ をかければよい．歴史的には，スピンが未知の粒子を含む衝突にこの関係を適用して，そのスピンを決定した例がある．

角運動量固有値を用いた状態指定の場合，(7.192) や (7.189) のようなきれいな相反定理は成立せず，(7.187) 以上のことをいうのは難しい．ここではこれ以上深入りしない．

一般に，時間逆転不変性が Green 関数の Fourier 変換またはＳ行列要素の (複素エネルギー変数に関する) 解析性に反映していることは，6-3 節 Green 関数の項(a)でふれたが，詳しくは脚注の論文を参照されたい．この性質は 8-1

節(b)の問題にも関係している．

演習問題

7-1　多数の相異なる量子力学的粒子が，かなり大きい領域に調和振動子ポテンシャルによって束縛されているとしよう．ただし，粒子同士の相互作用はないとし，すべての粒子が基底状態にあるとする．この粒子集団の形状因子を求めよ．公式(7.119)を用いればよい．また，このとき，これらの粒子がすべて同種粒子であるときは，どのような変更を施せばよいか．

7-2　散乱過程に吸収があって散乱長が複素数になるとき，それに対応する光学ポテンシャルはどのようになるか．

7-3　スピン1/2粒子a，bからなる系の全スピン角運動量 $\hat{\boldsymbol{J}}=(\hbar/2)(\sigma^{\mathrm{a}}+\sigma^{\mathrm{b}})$ において，Pauliの行列表示を用いたとき，状態ベクトル(7.108)と(7.109)が次の固有値方程式の解であることを具体的な計算によって示せ．

$$J^2\chi^{\mathrm{t}}_m = 2\hbar^2\chi^{\mathrm{t}}_m\ , \quad J_3\chi^{\mathrm{t}}_m = \hbar m\chi^{\mathrm{t}}_m\ ,$$
$$J^2\chi^{\mathrm{s}}_0 = 0\ , \quad J_3\chi^{\mathrm{s}}_0 = 0\ .$$

7-4　前問の場合に演算子

$$\hat{P}_{\mathrm{ab}} = \frac{1}{2}(1+\sigma^{\mathrm{a}}\cdot\sigma^{\mathrm{b}})$$

を導入すれば，この演算子は性質 $\hat{P}^2_{\mathrm{ab}}=1$ をもち，粒子a，bのスピンを交換する演算子であること，すなわち，

$$(1)\quad \hat{P}_{\mathrm{ab}}\sigma^{\mathrm{a}}\hat{P}^{-1}_{\mathrm{ab}} = \sigma^{\mathrm{b}}\ , \quad \hat{P}_{\mathrm{ab}}\sigma^{\mathrm{b}}\hat{P}^{-1}_{\mathrm{ab}} = \sigma^{\mathrm{a}}\ ,$$
$$(2)\quad \hat{P}_{\mathrm{ab}}\chi^{\mathrm{t}}_m = (+1)\chi^{\mathrm{t}}_m\ , \quad \hat{P}_{\mathrm{ab}}\chi^{\mathrm{s}}_0 = (-1)\chi^{\mathrm{s}}_0$$

であることを証明せよ．第2式は粒子a，bの交換に際して3重項状態が対称であること，1重項状態が反対称であることを示している．

7-5　2個の核子a，bの非相対論的運動において，両者間の力のポテンシャルが

$$V_{\mathrm{ab}}(\boldsymbol{r}) = V_0(\boldsymbol{r})+\hat{\boldsymbol{s}}_{\mathrm{a}}\cdot\hat{\boldsymbol{s}}_{\mathrm{b}}V_{\mathrm{sp}}(\boldsymbol{r})$$

であるとき，全スピン状態が1重項および3重項状態に対する相対座標波動関数が満足する方程式を求めよ．ただし，$\boldsymbol{r}$ は相対座標，$\hat{\boldsymbol{s}}_{\mathrm{a}}$ と $\hat{\boldsymbol{s}}_{\mathrm{b}}$ は各粒子のスピン演算

子であるとする．また，$V_0(\boldsymbol{r})$ と $V_{\mathrm{sp}}(\boldsymbol{r})$ は相対座標だけの関数であるとしよう．

7-6 スピン s の同種粒子同士の衝突に対する微分断面積は，スピンを考えないときの散乱振幅を $F(\theta)$ とすると

$$\frac{d\sigma}{d\omega}=|F(\theta)|^2+|F(\pi-\theta)|^2+\frac{(-1)^{2s}}{2s+1}2\ \mathrm{Im}\{F(\theta)F^*(\pi-\theta)\}$$

となることを示せ．

8 散乱振幅の解析性♯

3-2 節(b)で見た簡単な具体例のように，散乱振幅のエネルギー依存性の複素数平面への解析接続は，散乱問題ばかりでなく，その力学系が内包している物理的性質を開示してくれるものだ．ここではその問題をもっと一般的な立場から議論したい．話を簡単かつ明確にするため，1 個の非相対論的粒子の固定ポテンシャルによる散乱問題とその周辺に局限しよう．この章の目的は，ポテンシャルの詳しい知識にたよらずに散乱振幅の数学的・物理的性格を知ろうとするところにある．

はじめに，複素エネルギー変数の導入と散乱振幅の複素平面への解析接続がどのような物理的意味をもつかについて考える．これには古い歴史的背景と深い物理的考察があるが，とくに因果律と解析性との関連は重要である．30 年ほど前，その関係を発展させて，Schrödinger 方程式に取って代わる力学を模索しようという試みもあった[*1]．

このような導入的議論の後で，中心力場による散乱問題に対する等価的 1 次元 Schrödinger 方程式を設定し，ポテンシャルについての一般的性質を仮定した上で，数学的議論を発展させて散乱振幅の解析性に迫ってゆく．最後に，本来は離散的であった軌道角運動量量子数の連続変数への移行とその変数についての解析接続から，高エネルギー弾性散乱振幅を目標にした Regge

*1　この試み自身が成功したわけではない．理論物理学の主流では，ふたたび Schrödinger 方程式を中心とする量子力学 (場の量子論) に回帰したかのようである．

極表示を導く．これは高エネルギー素粒子反応の理論的研究に大きな影響を与えた．

8-1　散乱振幅と複素エネルギー変数

まず，散乱されて位相のずれなどのある波束関数の時空的分布とエネルギー・運動量変数依存性の関係について再吟味をしよう．その後で，波束の運動という物理的事情に結びつけて複素エネルギー変数を導入し，それについての散乱振幅の解析性について議論する．

(a)　散乱波束の時間的空間的なずれ

まず漸近領域における散乱波束の式(6.16)を取り上げる．6-1節における(6.16)から(6.17)への移行は，式中の $F(\boldsymbol{q}',\boldsymbol{q})$ がゆっくり変わる関数という近似の結果であり，散乱波束の時空的行動のあらましを見るためであった．ここでは，$F(\boldsymbol{q}',\boldsymbol{q})$ の $\boldsymbol{q}$ についての変化を考慮に入れて，波束関数の中心位置のずれをしらべたい．波束の平均中心位置は要素平面波の位相関数の停留点であったから，$\arg F$ の変化だけを取り入れればよい．すなわち，

$$\arg F \simeq (\arg F)_{\boldsymbol{q}=\boldsymbol{p}} + \frac{1}{\hbar}\boldsymbol{a}\cdot(\boldsymbol{q}-\boldsymbol{p}) , \quad \boldsymbol{a} \equiv \hbar\left(\frac{\partial \arg F}{\partial \boldsymbol{q}}\right)_{\boldsymbol{q}=\boldsymbol{p}} \tag{8.1}$$

とおけば，(6.17)は

$$\tilde{\psi}_{\boldsymbol{p}\mathrm{sc}}(\boldsymbol{r},t) \simeq \frac{1}{r}e^{i(pr-E_p t)/\hbar}F(\boldsymbol{p}',\boldsymbol{p})|\tilde{\phi}_{\boldsymbol{p}}(\boldsymbol{e}r-\boldsymbol{v}t+\boldsymbol{a})| \tag{8.2}$$

のように変わる．(6.17)との違いは散乱振幅の位相関数における $\boldsymbol{a}$ の存在にある[*2]．その内容をしらべるため，散乱振幅 $F(\boldsymbol{p}',\boldsymbol{p})$ が E_p と $\cos\theta$（θ は散乱角）の関数であったことを思い出し，偏微分の計算を進めよう．すなわち，

$$\begin{aligned}\boldsymbol{a} &= \hbar\frac{\partial \arg F(\boldsymbol{p}',\boldsymbol{p})}{\partial E_p}\frac{\partial E_p}{\partial \boldsymbol{p}} + \hbar\frac{\partial \arg F(\boldsymbol{p}',\boldsymbol{p})}{\partial \cos\theta}\frac{\partial \cos\theta}{\partial \boldsymbol{p}} \\ &= \boldsymbol{v}\tau + \boldsymbol{b} ,\end{aligned} \tag{8.3}$$

---

*2　したがって，絶対値をとれば $\boldsymbol{a}$ の項は消えてしまい，微分断面積には何の影響も与えない．

$$\tau \equiv \hbar \frac{\partial \arg F(\boldsymbol{p}', \boldsymbol{p})}{\partial E_p}\ , \quad \boldsymbol{b} \equiv \frac{\hbar}{p} \frac{\partial \arg F(\boldsymbol{p}', \boldsymbol{p})}{\partial \cos\theta} \boldsymbol{e} \times (\boldsymbol{e}' \times \boldsymbol{e}) \tag{8.4}$$

である．ただし，$\partial\cos\theta/\partial\boldsymbol{p} = p^{-1}\boldsymbol{e}\times(\boldsymbol{e}'\times\boldsymbol{e})$ を用いた．$\boldsymbol{e}'$ は $\boldsymbol{p}'$ 方向の単位ベクトル．したがって，(8.2) の包絡線関数は

$$|\tilde{\phi}_{\boldsymbol{p}}(\boldsymbol{e}r + \boldsymbol{b} - \boldsymbol{v}(t-\tau))| \tag{8.5}$$

となる．これを散乱波束が時間遅れ τ をもち，平均中心点が $\boldsymbol{b}$ だけずれたと読む．すなわち，時間遅れは散乱振幅のエネルギー依存性から，中心点のずれはその運動量依存性（正確には，散乱角または運動量受け渡し量）から出てくることが分かった．これが散乱振幅（S 行列要素）のエネルギー・運動量依存性のもつ一つの物理的意味なのである．なお，$\boldsymbol{b}$ は運動量の受け渡し，すなわち，反跳効果による中心点のずれを表わすものだから，これによって散乱の衝突パラメーターの量子力学的定義と見なすこともできる．古典的描像で導入された衝突パラメーターが，量子力学的には，散乱振幅の位相から決まることに注意してほしい．

このような時間遅れや中心点のずれを古典的粒子軌道のように厳密に受け取ってはいけない．あくまでも波束の行動に対する大まかな記述なのである．たとえば，偏微分公式 (8.3) の中間変数を $\cos\theta$ から $\Delta \equiv |\boldsymbol{p}-\boldsymbol{p}'|$ に変更すれば，(8.3) は $\boldsymbol{a} = \boldsymbol{v}\tau' + \boldsymbol{b}'$ と変わる．ただし，

$$\tau' \equiv \hbar \frac{\partial \arg F(\boldsymbol{p}', \boldsymbol{p})}{\partial E_p}\ , \quad \boldsymbol{b}' \equiv \hbar \frac{\partial \arg F(\boldsymbol{p}', \boldsymbol{p})}{\partial \Delta} (\boldsymbol{e}_\Delta - (\boldsymbol{e}_\Delta \cdot \boldsymbol{e}')\boldsymbol{e}) \tag{8.6}$$

とおいた．$\boldsymbol{e}_\Delta$ は $\Delta = \boldsymbol{p} - \boldsymbol{p}'$ 方向の単位ベクトル．この場合，独立変数の選択は E_p と Δ であるが，(8.3) では E_p と $\cos\theta$ であった．$(\tau, \boldsymbol{b})$ と $(\tau', \boldsymbol{b}')$ は明らかに違う．したがって，時間遅れと中心点のずれが 2 通りあるように見えて，ちょっとおかしい．しかし，十分広がった波束の時空的位置は古典的粒子の場合のようにはっきりしているものではない．また，通常両者の差は物理的に問題になるほど大きくない．なお，τ または τ' が $-\Delta x/v$（Δx は波束の長さ）またはそれ以上に大きな負の値を取れば，波束が散乱体に近づく前に散乱波が放出されることになり，この描像はマクロ的因果律に矛盾する．

ここで定義されたような時間遅れと中心点ずれを使って，S 行列要素だけか

ら散乱過程の時空記述，たとえば，散乱粒子の軌道とそれに対する運動方程式を構成しようとする試みもあった．Schrödinger 方程式からの脱却が目的であるが，まだ十分研究されたわけではない．Schrödinger 方程式なしでは恐らく無理だろう．

もう少し，時間遅れについて議論しておきたい．簡単のため，ℓ 番目の部分波にしか散乱が起こらないとしよう．その部分波の位相のずれを δ_ℓ とすれば，$\arg F=\delta_\ell+$定数 であるから，

$$\tau=\hbar\frac{\partial\delta_\ell}{\partial E_p}=-\frac{i\hbar}{2}\frac{\partial S_\ell}{\partial E_p}S_\ell^* \tag{8.7}$$

となる（δ_ℓ は実数と仮定した）．ここで $S_\ell=e^{2i\delta_\ell}$ を用いた．共鳴散乱の場合，共鳴エネルギー近くでは (4.156) が成立するので

$$\tau=\frac{2\hbar}{\Gamma_\ell} \tag{8.8}$$

を使うことができる．これは共鳴準位の寿命に等しい．つまり，ちょうどその時間だけ散乱振幅の放出が遅れることになるわけである．当然の結果だ．

(b)　複素エネルギー変数とその物理的意味

前小節では，散乱振幅のエネルギー・運動量依存性の物理的意味を考えた．しかし，まだそれらの変数は実数のままである．ここでは，波束の運動を考慮に入れて，複素エネルギー変数を導入し，その変数と散乱振幅の複素平面への解析接続の物理的意味について考えたい．

散乱体から十分遠く離れた固定点に居座って，そこを通過する散乱波束の時間的変化に着目しよう．散乱波束の式 (6.16) において，波束関数 $\tilde{a}_{\boldsymbol{p}}(\boldsymbol{q})$ が $\boldsymbol{p}$ のまわりで鋭いピークをもつという性質のおかげで，近似式 $F(\boldsymbol{q}',\boldsymbol{q})\simeq F(q\boldsymbol{e}',q\boldsymbol{e})$, $q-p\simeq(E_q-E_p)v_p^{-1}$ を使うことができる．ただし，上記のように $\boldsymbol{e}$ と $\boldsymbol{e}'$ は $\boldsymbol{p}$ と $\boldsymbol{p}'=pr^{-1}\boldsymbol{r}$ 方向の単位ベクトル，$v_p=\partial E_p/\partial p$ である．この近似の結果，(6.16) は

$$\tilde{\psi}_{\mathrm{psc}}(\boldsymbol{r},t)=C\frac{1}{\sqrt{(2\pi\hbar)^3}}\frac{1}{r}e^{i(pr-E_pt)/\hbar}\varPhi(t)\ , \tag{8.9}$$

$$\Phi(t) \equiv \int_{E_{\min}}^{\infty} dE_q \mathcal{T}(E_q) A(E_q - E_p) e^{-i(E_q - E_p)(t - t_0)/\hbar} \tag{8.10}$$

と書くことができる．ただし，C は規格化定数，$t_0 = rv_p^{-1}$ および

$$\mathcal{T}(E_q) \equiv q^2 \left(\frac{dE_q}{dq} \right)^{-1} F(q\boldsymbol{e}', q\boldsymbol{e}) , \tag{8.11}$$

$$A(E_q - E_p) \equiv \int \tilde{a}_{\boldsymbol{p}}(\boldsymbol{q}) d\omega_{\boldsymbol{q}} \tag{8.12}$$

とおいた．$A(E_q - E_p)$ は $E_q = E_p$ のまわりで幅 ΔE の鋭いピークをもつ関数である．たとえば，典型的なピーク関数

$$A(E_q - E_p) = \frac{1}{\pi} \frac{\Delta E/2}{(E_q - E_p)^2 + (\Delta E/2)^2} \tag{8.13}$$

を考えればよい*3．以下の議論ではこの関数を用いる．ピークの幅 ΔE は波束の長さ Δx および運動量の幅 Δp と $\Delta E \simeq v_p \Delta p \simeq \hbar v_p (\Delta x)^{-1}$ という関係にある．ただし，$\Delta x \Delta p \simeq \hbar$ であるような波束を考えている．

すでに 6-1 節で詳しく議論したように，$\Phi(t)$ は散乱波束が観測点を通過中の場合に限ってゼロでない値をもち，それ以前と以後ではゼロとなる．散乱波束の胴体部分が通過中のとき，$\Phi(t)$ はほとんど定数になるが，まずこの事実を (8.10) から説明しよう．胴体部分が通過中であるという条件は $|v_p(t - t_0)| \ll \Delta x$ である．一方，A が鋭いピークをもつために，(8.10) の積分内指数関数におけるエネルギー変数 E_q は大体 $|E_q - E_p| \leqq \Delta E$ の範囲内でしか変化しない．したがって

$$\left| \frac{1}{\hbar}(E_q - E_p)(t - t_0) \right| \leqq \frac{\Delta E}{\hbar} |t - t_0| = \frac{(\Delta p) v_p |t - t_0|}{\hbar}$$
$$\ll \frac{(\Delta x)(\Delta p)}{\hbar} \simeq 1 \tag{8.14}$$

が成立する．すなわち，波束の胴体部分が通過中は (8.10) の積分内指数関数は 1 と近似することができ，t 依存性は見えなくなって

*3 E_q についての積分値を記憶しておいてほしい：$\int_{-\infty}^{\infty} A(E_q - E_p) dE_q = 1$．

$$\varPhi(t) \simeq \int_{E_{\min}}^{\infty} dE_q \mathcal{T}(E_q) A(E_q - E_p) \tag{8.15}$$

は定数となる．こうして (8.9) は

$$\tilde{\psi}_{\boldsymbol{p}\mathrm{sc}}(\boldsymbol{r}, t) \simeq C \frac{1}{\sqrt{(2\pi\hbar)^3}} \frac{1}{r} e^{i(pr - E_p t)/\hbar} \overline{\mathcal{T}}_{\Delta E}(E_p) \ , \tag{8.16}$$

$$\overline{\mathcal{T}}_{\Delta E}(E_p) = \int_{E_{\min}}^{\infty} dE_q \mathcal{T}(E_q) A(E_q - E_p) \tag{8.17}$$

となる．$\overline{\mathcal{T}}_{\Delta E}(E_p)$ は，エネルギー E_q の単色入射波による散乱振幅を中心 E_p のまわりに幅 ΔE の区間で平均した値と説明することができる．波束による散乱であるから，当然の結果だろう．

エネルギー幅 ΔE の十分狭い波束が胴体部分通過中のとき，エネルギー中心値 E_p と E_q についての有効積分領域は積分下限 $E_{\min}$ から十分遠いと見ることができる．このとき，積分 (8.17) の下限を $E_{\min} = -\infty$ と近似してよい．さらに，A に対して具体形 (8.13) を用い，$\mathcal{T}(\zeta)$ が複素変数 ζ の上半面で十分早く減少する解析関数であると仮定すれば，簡単な複素積分定理によって

$$\overline{\mathcal{T}}_{\Delta E}(E_p) \simeq \mathcal{T}(E_p + i\frac{\Delta E}{2}) \tag{8.18}$$

が得られる．これがこの小節の結論，すなわち，「散乱振幅の複素上半面への解析接続 $E_p \to E_p + i\Delta E/2$ が，エネルギー E_p の単色入射波の散乱振幅を幅 ΔE にわたってのエネルギー平均に等価である」を与える (図 8-1 を見よ)．

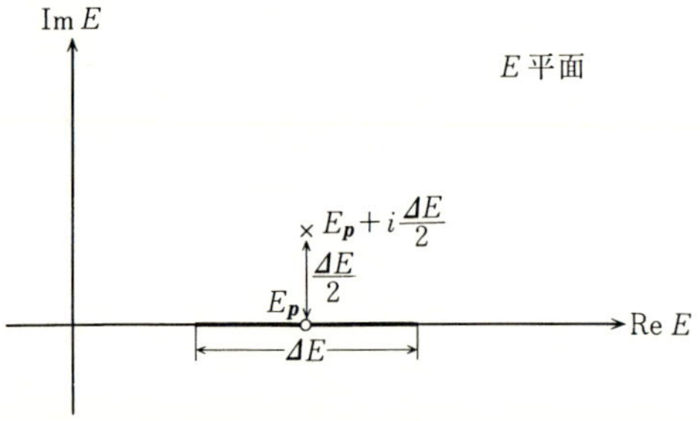

図 8-1　散乱振幅のエネルギー平均と解析接続

この結論式を導くための数学的仮定の内容を調べるため，散乱波束の時間的変化を応答関数方式で書いてみよう．いま

$$\Theta(\tau) = \frac{1}{\sqrt{2\pi\hbar}} \int_{E_{\min}}^{\infty} \mathcal{T}(E) e^{-iE\tau/\hbar} dE \ , \tag{8.19}$$

$$A(t) = \frac{1}{\sqrt{2\pi\hbar}} \int_{-\infty}^{\infty} \mathcal{A}(E) e^{-iEt/\hbar} dE. \tag{8.20}$$

で定義した関数 $\Theta(\tau)$ と $\mathcal{A}(t)$ を用いると，(8.10) の $\Phi(t)$ は

$$\begin{aligned} \Phi(t) &= \int_{-\infty}^{\infty} \Theta(t-t_0-t') e^{iE_p(t-t_0-t')/\hbar} \mathcal{A}(t') dt' \\ &= \int_{-\infty}^{\infty} \Theta(\tau) e^{iE_p\tau/\hbar} \mathcal{A}(t-t_0-\tau) d\tau \end{aligned} \tag{8.21}$$

のように書くことができる．ここで，Θ が散乱問題の**応答関数** (response function) である．時間変数 t は散乱体中心から観測点までの移動時間 t_0 を引いて数えはじめるので，入射波が散乱体に到達する前に散乱波が出ることはないという**因果律** (causality) は，$t-t_0<t'$ に対して $\Theta=0$ が成立するということである．積分変数を $\tau=t-t_0-t'$ に変更すれば，この因果律は

$$\Theta(\tau) = 0 \qquad\qquad (\tau < 0) \tag{8.22}$$

となる．したがって，(8.21) は

$$\Phi(t) = \int_{0}^{\infty} \Theta(\tau) e^{iE_p\tau/\hbar} \mathcal{A}(t-t_0-\tau) d\tau \tag{8.23}$$

である．

さらに，波束の胴体部分が通過中という条件を考慮しよう．そのような場合，$(2\hbar)^{-1}\ \Delta E|t-t_0| \ll 1$ であるから，(8.23) の積分の中で $\mathcal{A}(t-t_0-\tau) \simeq \mathcal{A}(\tau)$ とおくことができる．このことは $A(E_q-E_p)$ に具体形 (8.13) を使ったときの具体形

$$\mathcal{A}(t') = \frac{C}{\sqrt{2\pi\hbar}} e^{-\Delta E|t'|/2\hbar} \tag{8.24}$$

を見れば，容易に理解できる．したがって，(8.23) は

$$\Phi(t) \simeq \int_{0}^{\infty} \Theta(\tau) \mathcal{A}(\tau) e^{iE_p\tau/\hbar} d\tau \tag{8.25}$$

となる．ここで具体形(8.13)から出た(8.24)を使えば，右辺の積分から複素数平面上への Fourier 変換の定義式

$$\mathcal{T}(E_p+i\frac{\Delta E}{2}) = \frac{1}{\sqrt{2\pi\hbar}}\int_0^\infty \Theta(\tau)e^{i(E_p+i\Delta E/2)\tau/\hbar}d\tau \qquad (8.26)$$

が得られる．同時に，これは $\Theta(\tau)$ の Fourier 成分 $\mathcal{T}(E)$ の 複素上半面への解析接続を与えるものである．したがって，散乱振幅についての上記の仮定は正しい．こうして，波束の胴体部分が通過中の場合の近似式として

$$\Phi(t) \simeq C\mathcal{T}(E_p+i\frac{\Delta E}{2})\ , \qquad (8.27)$$

$$\tilde{\psi}_{\mathrm{psc}}(\boldsymbol{r},t) \simeq \frac{1}{\sqrt{(2\pi\hbar)^3}}\frac{1}{r}e^{i(pr-E_p)t/\hbar}C\mathcal{T}(E_p+i\frac{\Delta E}{2}) \qquad (8.28)$$

が出てくる．右辺は時間的にはほとんど一定である．(8.16)と(8.28)を見比べても，(8.18)が得られる．

繰り返しだが，複素エネルギー変数の実数部は波束の中心エネルギーを表わし，虚数部はそのエネルギー幅(したがって，波束の時間長の逆数)を表わすものであった．S行列要素の複素上半面への解析接続は，波束関数の時間的行動を背景にして，このような物理的意味をもっていた．同様な推論で，複素下半面への解析接続は時間逆転過程に相当することが分かる．

このように，散乱振幅(S行列要素)のエネルギー変数についての解析性は，量子力学系の時間変動と密接に結びついている．しかし，残念ながら，ここで詳しく説明している余裕はない．6-3節(a)の脚注にあげておいた論文を見ていただければ幸いである．

(c)　分散関係式

さて，$\Delta E\to 0$ の極限移行は波束の時間長を長くしてゆく場合(単色入射波に近い波束による散乱現象の観測)に対応しているし，深部複素平面上への解析接続によるエネルギー変数の虚数部の増大は時間的に短い波束による観測を志向している．したがって，散乱振幅を複素エネルギーの解析関数であるとする定式化には，量子力学系の全時間変動を与えるのではないかという期待が生まれる．この期待は結局実現しなかったが，一時期その期待を背景に**分散関係**

式 (dispersion relation) を中心とする分散理論が盛んになった．詳しい説明をしている余裕はないが，着想の一端を述べておこう．

問題の発端は因果律と解析性の関連にある．話を簡単にするため，古典的な線形回路の応答関数を取り上げる．ある線形回路 (物理系) にインプット $\mathcal{A}(t)$ を与えた場合のアウトプットが $\mathcal{B}(t)$ であるとしたとき，両者の関係が線形積分変換

$$\mathcal{B}(t) = \frac{1}{\sqrt{2\pi}} \int_{-\infty}^{\infty} \mathcal{F}(t-t')\mathcal{A}(t')dt' \tag{8.29}$$

であると考えるのである．私たちの散乱問題でも，(8.21) において，$t \leftrightarrow t-t_0$，$\mathcal{B}(t) \leftrightarrow \Phi(t)$，$\mathcal{F}(t-t') \leftrightarrow \Theta(t-t_0-t')e^{iE_p(t-t_0-t')/\hbar}$，$\mathcal{A}(t') \leftrightarrow A(t')$ という対応を与えれば，同形で成立する．積分核を $\mathcal{F}(t-t')$ と書いたのは時間原点のずらしに無関係な現象を相手にしているからである．この場合，結果は必ず原因よりも後に起こるという因果律は

$$\mathcal{F}(t) = 0 \qquad (t < 0) \tag{8.30}$$

という式で表現される．いま，$\mathcal{B}(t)$，$\mathcal{F}(t)$，$\mathcal{A}(t)$ の Fourier 変換をそれぞれ $B(\omega)$，$Z(\omega)$，$A(\omega)$ とすれば，(8.29) は

$$B(\omega) = Z(\omega)A(\omega) \tag{8.31}$$

と書くことができる．回路論では $Z(\omega)$ を**インピーダンス** (impedance) という．因果律 (8.30) を使えば，インピーダンスは

$$Z(\zeta) = \frac{1}{\sqrt{2\pi}} \int_{0}^{\infty} e^{i\zeta t}\mathcal{F}(t)dt \tag{8.32}$$

となる．いまの場合，まず $\zeta=\omega$ は実数である．しかし，積分変数 t が正実数であるため，右辺の積分は，Fourier 変数 ζ が上半面($\mathrm{Im}\,\zeta>0$)にある限り，意味をもつ．すなわち，この積分はインピーダンス関数の上半面への解析接続を与え，$Z(\zeta)$ の上半面における正則性を保証する．前小節の末尾に述べたことの繰り返しだ．

さて，図 8-2 のような閉積分路Cを設定し，その中に点 ζ をおけば，正則関数に対する積分定理

$$Z(\zeta)=\frac{1}{2\pi i}\oint_{\mathrm{C}}\frac{Z(\zeta')}{\zeta'-\zeta}d\zeta' \tag{8.33}$$

が成立する．図 8-2 において，$R=|\zeta'|$ が増大するにつれて $|Z(\zeta')|$ が十分速くゼロになると仮定すれば，上半面の半円上の積分は消える．さらに，ζ を上方から実軸上の点 ω に $\zeta\to\omega+i\epsilon$ のように近づければ(ϵ は無限小の正数)，

$$Z(\omega)=\frac{1}{2\pi i}\int_{-\infty}^{\infty}\frac{Z(\omega')}{\omega'-\omega-i\epsilon}d\omega'=\frac{1}{2}Z(\omega)+\frac{1}{2\pi i}\mathrm{P}\int_{-\infty}^{\infty}\frac{Z(\omega')}{\omega'-\omega}d\omega'$$

となるが，これは

$$Z(\omega)=\frac{1}{\pi i}\mathrm{P}\int_{-\infty}^{\infty}\frac{Z(\omega')}{\omega'-\omega}d\omega' \tag{8.34}$$

である．この式の実部と虚部をとれば，直ちに

$$\mathrm{Re}\ Z(\omega)=\frac{1}{\pi}\mathrm{P}\int_{-\infty}^{\infty}\frac{\mathrm{Im}\ Z(\omega')}{\omega'-\omega}d\omega' \tag{8.35}$$

$$\mathrm{Im}\ Z(\omega)=-\frac{1}{\pi}\mathrm{P}\int_{-\infty}^{\infty}\frac{\mathrm{Re}\ Z(\omega')}{\omega'-\omega}d\omega' \tag{8.36}$$

が得られる．これを**分散関係式** (dispersion relation) という．なお，分散関係式は

$$Z(\omega)=\frac{1}{\pi}\int_{-\infty}^{\infty}\frac{\mathrm{Im}\ Z(\omega')}{\omega'-\omega-i\epsilon}d\omega' \tag{8.37}$$

と書き直すこともできる．証明は簡単である．

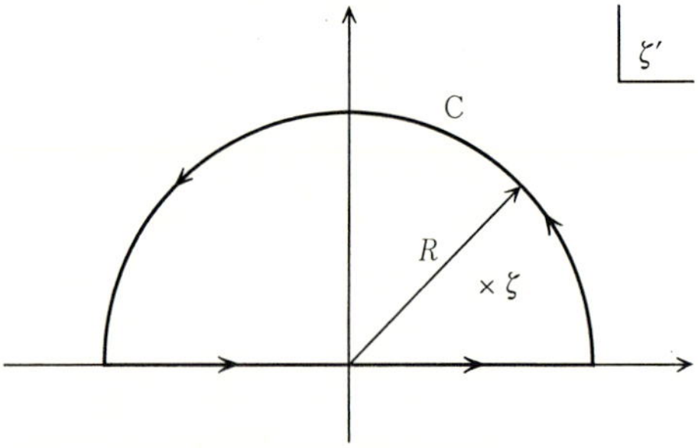

図 8-2　閉積分路 C

いま導いた分散関係式は $\lim_{R\to\infty}|Z(\zeta')|=0$ という仮定の上に成立するものであった．しかし，私たちが扱う多くの物理現象，とくに量子力学的散乱問題ではこの仮定は成立しない．その場合でも，$Z(\zeta')$ の代わりに引き算したインピーダンス

$$Z_1(\zeta') \equiv \frac{Z(\zeta')-Z(\omega_1)}{\zeta'-\omega_1} \tag{8.38}$$

をとれば，$\lim_{R\to\infty}|Z_1(\zeta')|=0$ となることが多い*4．したがって，上記の分散関係式は $Z_1(\omega)$ について成立し，$Z(\omega)$ に対しては引き算型分散関係式

$$Z(\omega) = Z(\omega_1)+\frac{\omega-\omega_1}{\pi}\int_{-\infty}^{\infty}\frac{\mathrm{Im}\ Z(\omega')}{(\omega'-\omega_1)(\omega'-\omega-i\epsilon)}d\omega' \tag{8.39}$$

が得られる．点 ω_1 の選定は本来まったく任意であるが，この式を簡単にするため，$\mathrm{Im}\ Z(\omega_1)=0$ が成立する場所を選んだ．散乱理論では，このような場所は容易に見つかる．

分散関係式をインピーダンス (量子力学的散乱理論では散乱振幅) に対する方程式と見たとき，$Z(\omega_1)$ が理論全体のインプットという役割を演じている．しかし，ω_1 も $Z(\omega_1)$ も因果律だけからでは決して出てこない量である．それを決めるものは Schrödinger 方程式，すなわち，本来の量子力学自身なのである．したがって，分散関係式だけから(Schrödinger 方程式なしで)散乱理論を構成しようという目論見は失敗する運命にある．私たちは次節から Schrödinger 方程式に基づいて散乱振幅の解析性を研究しようというのである．見かけでいえば，因果律は表面に出てこないが，Schrödinger 方程式自身が因果律に従っていることを忘れてはいけない．

分散関係式自身は媒質中の光の伝搬現象に関連して古くから知られていた．分散関係式という名前もそのような歴史に由来するものだ．戦後しばらくたった頃素粒子物理学の研究者の間では，高エネルギー領域における量子力学 (場の量子論) に対して不信感が増大し，それに代わる理論的根拠を分散関係式に求めた．その分散関係式は，Schrödinger 方程式を経由せずに，ミクロ的因果

*4 一般には，引き算を有限回繰り返せば，この性質が出てくる．

律と呼ばれている場の量に対する時空的交換関係から導かれた*5．その意味では，ここで議論している Schrödinger 方程式に基づく非相対論的な散乱振幅の解析性の話とは基本的に違う．なお，現在では，場の量子論に対する不信感はほとんど消えて，かってないほどの信頼感が復活している．

8-2　Schrödinger 方程式と部分波固有関数の解析性

ここでは，固定中心力の作用している1個の非相対論的粒子の部分波に対する定常状態 Schrödinger 方程式を設定し，その部分波の解析性を調べる．スピン依存性は無視しよう．その場合，部分波の Schrödinger 方程式は2階の斉次常微分方程式となるので，数学的知識を使えば，ポテンシャルについての一般的制限だけから (具体的詳細によることなく)，かなりの程度散乱振幅の解析的性質を知ることができる．

(a)　部分波の正則解

中心力場では角運動量が保存し，角運動量固有関数による展開を使う部分波解析が有効であることはすでに述べた(4-4節)．角運動量 ℓ の部分波の r 依存性を担う固有関数 $\chi_\ell(kr)$ は方程式 (4.99) である．方程式の形を少々簡単にするため，(4.111) で定義した v_ℓ を使うことにすれば，その方程式は (4.115) である．後の便宜を考え，$r=x$ とおいて(1次元座標変数と混同しないように)その方程式を再録しておこう：

$$\frac{d^2 v_\ell(x)}{dx^2}+\left[k^2-\frac{l(l+1)}{x^2}-U(x)\right]v_\ell(x)=0\ . \tag{8.40}$$

第4章その他と同様に $U=(2\mu/\hbar^2)V$ とおいた．これは2階の常微分方程式だから，2個の境界条件を与えれば1組の解が決まる．もちろん，解の性質は与えられた境界条件を反映する．境界条件については，すでに第4章で詳しく議論した．その議論にそって，条件 (4.72) に従うポテンシャルだけを考える．遠

---

*5　素粒子物理学の分散理論には非常に多くの文献がある．少し古い素粒子物理学の教科書には，必ずといってよいほど詳しい説明がある．しかし，ここでは次の文献をあげるにとどめる：J.Hilgevoord, *Dispersion Relations and Causal Description*, North-Holland, 1962, Amsterdam.

方に関しては Coulomb 場的なポテンシャルを除外するということだ．

解の性質を議論する前に，(8.40) が角運動量に関しては，置き換え $l \leftrightarrow -(l+1)$ に対して対称となっていることに注意しよう．この対称性は角運動量を $l=\lambda+\dfrac{1}{2}$ で置き換えると見易くなる．このとき方程式は

$$\frac{d^2 v_\ell(x)}{dx^2}+\left[k^2-\frac{\lambda^2-\dfrac{1}{4}}{x^2}-U(x)\right]v_\ell(x)=0 \tag{8.41}$$

となり，明らかに変換 $\lambda \leftrightarrow -\lambda$ に対して対称だ．$x=0$ 近傍では，遠心力ポテンシャル項が $k^2-U(x)$ より大きくなり，この方程式は

$$\frac{d^2 v_\ell(x)}{dx^2}-\frac{\lambda^2-\dfrac{1}{4}}{x^2}v_\ell(x)=0 \tag{8.42}$$

と近似してよい．$x=0$ は方程式の確定特異点で，一般解は

$$v_\ell(x)=\alpha x^{\lambda+\frac{1}{2}}+\beta x^{-\lambda+\frac{1}{2}} \tag{8.43}$$

である．α と β は任意定数であるが，正則解では $\beta=0$ だ．

まず，このような境界条件をもつ正則解 $v(\lambda,k,x)$ の存在定理を求めてみよう．それには (8.41) を積分方程式に書き換えればよい．いま，定数変化法にしたがって解を

$$v(\lambda,k,x)=\alpha(x)x^{\lambda+\frac{1}{2}}+\beta(x)x^{-\lambda+\frac{1}{2}} \tag{8.44}$$

とおこう．ただし，正則解に対する境界条件から，

$$\lim_{x\to 0}\alpha(x)=1,\quad \lim_{x\to 0}\beta(x)=0 \tag{8.45}$$

でなければならない．また，後の計算を簡単にするため，未知関数 α，β に対して

$$\alpha'(x)x^{\lambda-\frac{1}{2}}+\beta'(x)x^{-\lambda-\frac{1}{2}}=0 \tag{8.46}$$

を要請しよう．(8.44) を (8.41) に代入すると，

$$\left(\lambda+\frac{1}{2}\right)\alpha'(x)x^{\lambda-\frac{1}{2}}-\left(\lambda-\frac{1}{2}\right)\beta'(x)x^{-\lambda-\frac{1}{2}}$$
$$=[U(x)-k^2]v(\lambda,k,x)$$

となる．したがって，(8.46) は α と β が

$$\alpha'(x)=\frac{1}{2\lambda}[U(x)-k^2]v(\lambda,k,x)x^{-\lambda+\frac{1}{2}} \tag{8.47}$$

$$\beta'(x)=-\frac{1}{2\lambda}[U(x)-k^2]v(\lambda,k,x)x^{\lambda+\frac{1}{2}} \tag{8.48}$$

であれば満足される．α，β に対する境界条件 (8.45) を考慮すると，関数 α，β は

$$\alpha(x)=1+\frac{1}{2\lambda}\int_0^x[U(\xi)-k^2]v(\lambda,k,\xi)\xi^{-\lambda+\frac{1}{2}}d\xi \tag{8.49}$$

$$\beta(x)=-\frac{1}{2\lambda}\int_0^x[U(\xi)-k^2]v(\lambda,k,x)\xi^{\lambda+\frac{1}{2}}d\xi \tag{8.50}$$

のように決まる．これらを (8.44) に代入すれば，求める $v(\lambda,k,x)$ にたいする方程式

$$v(\lambda,k,x)=x^{\lambda+\frac{1}{2}}+\frac{1}{2\lambda}\int_0^x\left[\left(\frac{\xi}{x}\right)^{\lambda}-\left(\frac{x}{\xi}\right)^{\lambda}\right]$$
$$\cdot\sqrt{x\xi}\,[k^2-U(\xi)]v(\lambda,k,\xi)d\xi \tag{8.51}$$

が得られる．これはよく知られた Volterra 型積分方程式である．

この積分方程式のおかげで解の解析的性質が議論できる．まず，形式的に

$$v(\lambda,k,x)=\sum_{n=0}^{\infty}v^{(n)}(\lambda,k,x) \tag{8.52}$$

と展開する．ただし，(8.51) を考慮して展開の各項を

$$v^{(0)}(\lambda,k,x)=x^{\lambda+\frac{1}{2}} \tag{8.53}$$

$$v^{(n+1)}(\lambda,k,x)=\frac{1}{2\lambda}\int_0^x\left[\left(\frac{\xi}{x}\right)^{\lambda}-\left(\frac{x}{\xi}\right)^{\lambda}\right]$$
$$\cdot\sqrt{x\xi}\,[k^2-U(\xi)]v^{(n)}(\lambda,k,\xi)d\xi \tag{8.54}$$

とおいた．第0項は波数には依存しない整関数である．問題はどのような λ と k の領域で，この展開が一様収束するかということだ．そのため，$\lambda=\mu+i\sigma$ とおいて，この展開の各項を評価しよう．

$\mu\geqq 0$ のとき，第1項を評価すると，

$$|v^{(1)}(\lambda,k,\xi)|<\frac{x^{\mu+\frac{1}{2}}}{|\lambda|}\int_0^x\xi|k^2-U(\xi)|d\xi\equiv\frac{x^{\mu+\frac{1}{2}}}{|\lambda|}P(x) \quad (8.55)$$

が得られる．右辺で定義された $P(x)$ は x の非減少な正の関数であり，その大きさは

$$\begin{aligned}P(x)&=\int_0^x\xi|k^2-U(\xi)|d\xi\\&\leqq\int_0^x\xi|k^2|d\xi+\int_0^x\xi|U(\xi)|d\xi\\&=\frac{1}{2}|k^2|x^2+\int_0^x\xi|U(\xi)|d\xi\end{aligned} \quad (8.56)$$

と評価できる．したがって，これが(すなわち，第1項が)有界であるためには，ポテンシャルが

$$\int_0^\infty\xi|U(\xi)|d\xi<\infty \quad (8.57)$$

でなければならない．一般に第 n 項は不等式

$$|v^{(n)}(\lambda,k,\xi)|<\frac{x^{\mu+\frac{1}{2}}}{n!|\lambda|^n}(P(x))^n \quad (8.58)$$

によって評価することができる．証明には，次のような数学的帰納法を使えばよい．まず，初項の成立は明らかだ．いま，第 n 項が成り立っていたとすると，第 $n+1$ 項についても

$$\begin{aligned}|v^{(n+1)}(\lambda,k,\xi)|&<\frac{x^{\mu+\frac{1}{2}}}{n!|\lambda|^n}\int_0^x\xi|k^2-U(\xi)|(P(\xi))^nd\xi\\&=\frac{x^{\mu+\frac{1}{2}}}{n!|\lambda|^n}\int_0^xP'(\xi)(P(\xi))^nd\xi\end{aligned}$$

$$= \frac{x^{\mu+\frac{1}{2}}}{(n+1)!|\lambda|^{n+1}}(P(x))^{n+1} \tag{8.59}$$

が成立していることが分かる．証明おわり．

この結果，上記の展開級数は上限

$$\begin{aligned} |v(\lambda,k,x)| &< \sum_{n=0}^{\infty} |v^{(n)}(\lambda,k,x)| \\ &< x^{\mu+\frac{1}{2}} \sum_{n=0}^{\infty} \frac{(P(x))^n}{n!|\lambda|^n} = x^{\mu+\frac{1}{2}} \exp\left\{\frac{P(x)}{|\lambda|}\right\} \end{aligned} \tag{8.60}$$

をもつことが分かる．この各項は $P(x)$ のベキで，また $P(x)$ は (8.56) と (8.57) から k^2 のベキ関数で押さえられている．したがって，積分方程式 (8.51) の解は条件 (8.57) のもとで，有限な複素 k^2 面と $\mathrm{Re}\,\lambda = \mu \geqq 0$ の領域で解析的となる．

最後に $U(x)$ を実数 x の実関数，k と λ を複素数として，(8.41) の複素共役をとると，

$$[v(\lambda,k,x)]^* = v(\lambda^*,k^*,x) \tag{8.61}$$

が成り立つ．覚えておいてほしい．

(b)　部分波の Jost 解

ここでは，$x=\infty$ での境界条件を満たす解の組の存在定理を考えよう．いうまでもなく，その解は散乱波として外向き球面波の特徴をもっている．(8.41) の解 $f(\lambda,k,x)$ のうち，漸近的に境界条件

$$\lim_{x\to\infty} e^{ikx} f(\lambda,k,x) = 1 \tag{8.62}$$

を満たすものを **Jost 解** (Jost solution) と呼ぶ．まず，その解析的性質を調べよう．この領域ではポテンシャルは無視できるが，散乱波は遠心力による位相のずれをもっていることに注意しなければならない．この効果を正しく取り入れるため，ポテンシャル $U(x)=0$ の場合の方程式

$$\frac{d^2 v_\ell(x)}{dx^2} + \left[k^2 - \frac{\lambda^2 - \frac{1}{4}}{x^2}\right] v_\ell(x) = 0 \tag{8.63}$$

を出発点にとる．この解 $f_0(\lambda,k,x)$ は付録 A で示されているように，第 1 種 Hankel 関数と第 2 種 Hankel 関数で与えられる．このうち Jost 解になるのは，関数の漸近表示から，第 2 種 Hankel 関数

$$f_0(\lambda,k,x)=\left(\frac{1}{2}\pi kx\right)^{\frac{1}{2}}e^{-\frac{1}{2}i\pi(\lambda+\frac{1}{2})}H_\lambda^{(2)}(kx) \qquad (8.64)$$

であることが分かる（λ が半整数であることに注意）．ここで，もう一つの独立な解が $f_0(\lambda,-k,x)$ であることを考慮して，(8.41) の解を前小節と同様に，

$$f(\lambda,k,x)=\alpha(x)f_0(\lambda,k,x)+\beta(x)f_0(\lambda,-k,x) \qquad (8.65)$$

とおいて，定数変化法を使おう．α と β に対する条件は

$$\lim_{x\to\infty}\alpha(x)=1\,,\quad \lim_{x\to\infty}\beta(x)=0 \qquad (8.66)$$

$$\alpha'(x)f_0(\lambda,k,x)+\beta'(x)f_0(\lambda,-k,x)=0 \qquad (8.67)$$

である．(8.65) を (8.41) に代入して整理すると，

$$\alpha'(x)f_0'(\lambda,k,x)+\beta'(x)f_0'(\lambda,-k,x)=U(x)f(\lambda,k,x) \qquad (8.68)$$

が得られる．ここで Wronskian が

$$\begin{aligned}&W(f_0(\lambda,k,x),f_0(\lambda,-k,x))\\&\quad\equiv f_0(\lambda,k,x)f_0'(\lambda,-k,x)-f_0'(\lambda,k,x)f_0(\lambda,-k,x)=2ik\end{aligned} \qquad (8.69)$$

であることを使えば，

$$\alpha=1+\frac{i}{2k}\int_\infty^x f_0(\lambda,-k,\xi)U(\xi)f(\lambda,k,\xi)d\xi \qquad (8.70)$$

$$\beta=-\frac{i}{2k}\int_\infty^x f_0(\lambda,k,\xi)U(\xi)f(\lambda,k,\xi)d\xi \qquad (8.71)$$

となる．ただし，ここで Wronskian が 0 でないこと，つまり，$k\neq0$ を仮定した．したがって，求める積分方程式は

$$f(\lambda,k,x)=f_0(\lambda,k,x)+\int_x^\infty G(\lambda,k,x,\xi)U(\xi)f(\lambda,k,\xi)d\xi \qquad (8.72)$$

$$G(\lambda,k,x,\xi)=\frac{i}{2k}[f_0(\lambda,k,\xi)f_0(\lambda,-k,x)-f_0(\lambda,k,x)f_0(\lambda,-k,\xi)] \tag{8.73}$$

となる．$G(\lambda,k,x,\xi)$ はこの場合の Green 関数である．

Jost 解の解析性を調べるために、まず f_0 と Green 関数 $G(\lambda,k,x,\xi)$ の上限を調べよう．前と同じように $\lambda=\mu+i\sigma$ とすると，λ に依存する正数 $C_1(\lambda)$ が存在して，

$$|f_0(\lambda,1,z)|<\begin{cases}(C_1|z|)^{-|\mu|+\frac{1}{2}}e^{\mathrm{Im}\ z} & (|z|<1)\\ (C_1)^{-|\mu|+\frac{1}{2}}e^{\mathrm{Im}\ z} & (|z|>1)\end{cases}$$

を満たすことが分かる．右辺のベキが負であり，そして不等式

$$|z|>\frac{|z|}{1+|z|}\qquad(|z|\neq 0),\qquad 1>\frac{|z|}{1+|z|} \tag{8.74}$$

に注意すると，$|z|$ の値に関わらず，

$$|f_0(\lambda,1,z)|<\left(\frac{C_1|z|}{1+|z|}\right)^{-|\mu|+\frac{1}{2}}e^{\mathrm{Im}\ z} \tag{8.75}$$

が成り立つ．したがって，Jost 解は不等式

$$\begin{aligned}|f_0(\lambda,k,x)|&=|f_0(\lambda,1,kx)|\\&<\left(\frac{C_1|k|x}{1+|k|x}\right)^{-|\mu|+\frac{1}{2}}e^{(\mathrm{Im}\ k)x}\end{aligned} \tag{8.76}$$

によって評価できる．同様に $f_0(\lambda,-k,x)$ についても

$$|f_0(\lambda,-k,x)|<\left(\frac{C_1|k|x}{1+|k|x}\right)^{|\mu|+\frac{1}{2}}e^{-(\mathrm{Im}\ k)x} \tag{8.77}$$

が成立する．外向き球面波解が発散しない条件から，まずは $\mathrm{Im}\ k\leqq 0$ であり，また $\xi>x$ であることを考えると，Green 関数は

$$|G(\lambda,k,x,\xi)| < Ce^{-\mathrm{Im}\ k(\xi-x)}\left(\frac{\xi}{1+|k|\xi}\right)^{|\mu|+\frac{1}{2}}\left(\frac{x}{1+|k|x}\right)^{-|\mu|+\frac{1}{2}} \tag{8.78}$$

のように評価できる．ただし，C はある正数である．

前節と同様に

$$f(\lambda,k,x) = \sum_{n=0}^{\infty} f^{(n)}(\lambda,k,x) \tag{8.79}$$

と展開して，(8.72) に代入すると，

$$f^{(n+1)}(\lambda,k,x) = \int_x^\infty G(\lambda,k,x,\xi)U(\xi)f^{(n)}(\lambda,k,\xi)d\xi \tag{8.80}$$

となる．ここで，(8.76)～(8.78) を使えば，帰納法によって，

$$|f^{(n)}(\lambda,k,x)| < C'\frac{(CQ(x))^n}{n!}\left(\frac{|k|x}{1+|k|x}\right)^{-|\mu|+\frac{1}{2}} e^{(\mathrm{Im}\ k)x} \tag{8.81}$$

が成立することを証明できる．ただし，

$$Q(x) = \int_x^\infty e^{(|\mathrm{Im}\ k|+\mathrm{Im}\ k)\xi}\frac{\xi|U(\xi)|}{1+|k|\xi}d\xi \tag{8.82}$$

とおいた．

そこで，ポテンシャルに対して条件

$$\int_0^\infty \xi|U(\xi)|d\xi < M < \infty \tag{8.83}$$

を要請しよう．このとき，$\mathrm{Im}\ k<0$ の場合，$Q(x)$ の被積分関数の指数部分は 1 となり，分母は 1 より大きいので $Q(x)<M$ となり (有限ということ)，上記の展開は一様に収束する．$\mathrm{Im}\ k>0$ の場合はポテンシャルに制限を加える必要がある．そこでポテンシャルに対する第 2 番目の条件として，正定数 m と任意の $\nu<m$ について

$$\int_0^\infty \xi|U(\xi)|e^{\nu\xi}d\xi < \infty \tag{8.84}$$

が成り立つと仮定する．このとき，$\mathrm{Im}\, k < \dfrac{m}{2}$ の領域では $Q(x)$ が有限となり，摂動展開は一様収束する．これらのことからポテンシャルが (8.84) の条件を満たしているとき，$f(\lambda, k, x)$ は $\mathrm{Im}\, k < \dfrac{m}{2}$ の領域で ($k=0$ を除いて) 解析的となることが分かった．また，関係式 (8.61) に対応して，境界条件 (8.62) を考えれば，

$$[f(\lambda, k, x)]^* = f(\lambda^*, -k^*, x) \tag{8.85}$$

も成立する．これも記憶しておいてほしい．

(c)　Jost 関数

前2小節で，Schrödinger 方程式の散乱波解には，特徴的な境界条件に従う2組4個の解があることが分かった．$x=0$ における境界条件で定義された解 $v(\pm\lambda, k, x)$ は有限な k と $\pm\,\mathrm{Re}\,\lambda \geqq 0$ の領域で，また $x=\infty$ における境界条件で定義された解 $f(\lambda, \pm k, x)$ は有限な λ と k の複号の順に $\mathrm{Im}\, k < \dfrac{1}{2}m$，$\mathrm{Im}\, k > -\dfrac{1}{2}m$ ($m \geqq 0$) で解析的である．したがって，少なくとも k が実数で λ が虚数の場合は4個の解が解析的に定義されている．このことが，それぞれ $x=0$ と $x=\infty$ における境界条件で定義された解を互いに関係づけることを保証している．一般的に2階の常微分方程式には，独立な解が2個しか存在しないために，これらの解は線形従属の関係にある．後の都合のために，原点での正則解を，無限遠で外向きおよび内向き球面波となるような解によって，

$$v(\lambda, k, x) = A(\lambda, k) f(\lambda, k, x) + B(\lambda, k) f(\lambda, -k, x)\,, \tag{8.86}$$

$$v(-\lambda, k, x) = C(\lambda, k) f(\lambda, k, x) + D(\lambda, k) f(\lambda, -k, x) \tag{8.87}$$

のように表わしてみよう．ここで f と v について Wronskian

$$\begin{aligned} f(\lambda, k) &\equiv W(f(\lambda, k, x), v(\lambda, k, x)) \\ &= f(\lambda, k, x) v'(\lambda, k, x) - f'(\lambda, k, x) v(\lambda, k, x) \end{aligned} \tag{8.88}$$

を導入する．ただし，$f(\lambda, k)$ の λ は $v(\lambda, k, x)$ の λ を，k は Jost 解の k を表わすものとする．この関数が **Jost 関数**であり，Jost によって初めてS波の散乱振幅に対して導入された．$U(x)$ が実関数のときは，(8.61) と (8.85) が成り

立つ．$v(\lambda, k, x)$ が k^2 の関数であることに注意すれば，Jost 関数は

$$[f(\lambda, k)]^* = f(\lambda^*, -k^*) \tag{8.89}$$

を満たすことが分かる．Wronskian は座標 x の値によらない一定値をもつので，その値を求めるには Jost 解 $f(\lambda, \pm k, x)$ の漸近形 $\exp(\mp ikx)$ が与えられている漸近領域（$x \to \infty$）で計算すると簡単である．(8.88) に (8.86) を代入し，Wronskian の値 (8.69) を使うと，

$$f(\lambda, k) = 2ikB \tag{8.90}$$

となる．同様に，

$$f(\lambda, -k) = -2ikA\ , \quad f(-\lambda, -k) = -2ikC\ , \tag{8.91}$$

$$f(-\lambda, k) = 2ikD \tag{8.92}$$

となるので，

$$v(\lambda, k, x) = \frac{1}{2ik}\{f(\lambda, k)f(\lambda, -k, x) - f(\lambda, -k)f(\lambda, k, x)\}\ , \tag{8.93}$$

$$v(-\lambda, k, x) = \frac{1}{2ik}\{f(-\lambda, k)f(\lambda, -k, x) - f(-\lambda, -k)f(\lambda, k, x)\} \tag{8.94}$$

と表わされる．ここに出てきた 4 個の Jost 関数は独立ではない．Wronskian

$$W(v(\lambda, k, x), v(-\lambda, k, x)) = -2\lambda \tag{8.95}$$

に (8.93) と (8.94) を代入すると，

$$\begin{vmatrix} f(\lambda, k) & f(\lambda, -k) \\ f(-\lambda, k) & f(-\lambda, -k) \end{vmatrix} = 4ik\lambda$$

であるが，これを用いれば逆に

$$f(\lambda, k, x) = \frac{1}{2\lambda}\{f(\lambda, k)v(-\lambda, k, x) - f(-\lambda, k)v(\lambda, k, x)\}\ , \tag{8.96}$$

$$f(\lambda, -k, x) = \frac{1}{2\lambda}\{f(\lambda, -k)v(-\lambda, k, x) - f(-\lambda, -k)v(\lambda, k, x)\} \tag{8.97}$$

と書くことができる．

最後に，Jost 関数の解析性についてしらべておこう．まず，変数 λ に関し

ては，$f(\lambda,k,x)$ と $f'(\lambda,k,x)$ がともに λ の整関数であり，また，$v(\lambda,k,x)$ と $v'(\lambda,k,x)$ は $\mathrm{Re}\,\lambda>0$ で λ の解析関数であることが分かっている．したがって，Jost 関数 $f(\lambda,k)$ は λ の関数として $\mathrm{Re}\,\lambda>0$ の領域で解析的となる．変数 k については，$v(\lambda,k,x)$ と $v'(\lambda,k,x)$ がともに k の整関数であり，また，$f(\lambda,k,x)$ と $f'(\lambda,k,x)$ は $\mathrm{Im}\,k<\frac{1}{2}m$ で k の解析関数である．したがって，Jost 関数 $f(\lambda,k)$ は k の関数として $\mathrm{Im}\,k<\frac{1}{2}m$ の領域で解析的となる．

これらの結果を総合すれば，Jost 関数 $f(\lambda,k)$ は λ,k の関数として，$\mathrm{Re}\,\lambda>0$，かつ $\mathrm{Im}\,k<\frac{1}{2}m$ の領域で解析的となる．

8-3　Levinson の定理

上記のように，Jost 関数は散乱波の解から定義された．したがって，Jost 関数は散乱に関する情報を含んでいるはずである．(8.93) に漸近形 $f(\lambda,\pm k,x)\sim\exp(\mp ikx)$ を代入すれば，部分波は

$$v(\lambda,k,x) \xrightarrow{x\to\infty} \frac{1}{2ik}\{f(\lambda,k)e^{ikx}-f(\lambda,-k)e^{-ikx}\}$$
$$= \frac{f(\lambda,-k)}{2ik}\Big\{\frac{f(\lambda,k)}{f(\lambda,-k)}e^{ikx}-e^{-ikx}\Big\} \tag{8.98}$$

という漸近形をもつ．この式と (4.104)，(4.107) などを比較すれば，S 行列の対角要素と

$$\frac{f(\lambda,k)}{f(\lambda,-k)}e^{i\pi(\lambda-\frac{1}{2})}=S(\lambda,k)=e^{2i\delta(\lambda,k)} \tag{8.99}$$

のように関係していることが分かる．つまり，散乱の全情報を担っている位相のずれは Jost 関数の比で与えられるのだ．また，この定義式と Jost 関数の性質 (8.89) から S 行列のユニタリ関係式

$$[S(\lambda,k)]^*=[S(\lambda^*,k^*)]^{-1} \tag{8.100}$$

を示すことができる．位相のずれをもう少し見易くするために，$f(\lambda,-k)$ を

$$f(\lambda, -k) = \tau(\lambda, k) \exp\{-i\delta(\lambda, k) + i\frac{\pi}{2}(\lambda - \frac{1}{2})\} \tag{8.101}$$

の形に書けば，部分波の漸近形は

$$v(\lambda, k, x) \to \frac{\tau(\lambda, k)}{k} \sin(kx - \frac{\pi}{2}(\lambda - \frac{1}{2}) + \delta(\lambda, k)) \tag{8.102}$$

となる．これは (4.110) に他ならない．

次の仕事は Jost 関数の高エネルギーでの振る舞いを調べることである．それには関係式

$$f(\lambda, k) = 2\lambda \lim_{x \to 0} x^{\lambda - \frac{1}{2}} f(\lambda, k, x) \tag{8.103}$$

を利用するのが便利である．これは Jost が最初の論文で導いた式だが，$f(\lambda, k, x)$ と $v(\lambda, k, x)$ の $x=0$ 近傍での振る舞いを考慮すれば求められる．

まず，ポテンシャル $U=0$ のときの Jost 解 $f_0(\lambda, k)$ を調べよう．(8.103) と (8.64) より

$$\begin{aligned} f_0(\lambda, k) &= 2\lambda \lim_{x \to 0} x^{(\lambda - \frac{1}{2})} H_\lambda^{(2)}(kx) \\ &= (2\lambda)!!(ik)^{-(\lambda - \frac{1}{2})} \quad (\lambda = \ell + \frac{1}{2}) \end{aligned} \tag{8.104}$$

となる．一方，(8.81) を使えば

$$\begin{aligned} |f(\lambda, k)| &= |2\lambda \lim_{x \to 0} x^{(\lambda - \frac{1}{2})} f(\lambda, k, x)| \\ &\leqq |2\lambda| \sum_{n=0}^{\infty} \lim_{x \to 0} |x^{(\lambda - \frac{1}{2})} f^{(n)}(\lambda, k, x)| \\ &\leqq |2\lambda| C' \sum_{n=0}^{\infty} \frac{(CQ(0))^n}{n!} |k|^{-(\lambda - \frac{1}{2})} \\ &= |2\lambda| C' e^{CQ(0)} |k|^{-(\lambda - \frac{1}{2})} \end{aligned} \tag{8.105}$$

となり，級数は絶対収束する．一方，

$$Q(0) = \int_0^\infty \frac{\xi |U(\xi)|}{1 + |k|\xi} d\xi \tag{8.106}$$

だから，$|k|\to\infty$ で $Q(0)\to 0$ となる．そのため，$|k|\to\infty$ では展開の第2項以降の因子 $(CQ(0))^n/n!$ はゼロとなる．そこで $f_0(\lambda,k)$ で規格化した Jost 関数

$$F(\lambda,k)=\frac{f(\lambda,k)}{f_0(\lambda,k)}$$
$$=1+\sum_{n=1}^{\infty}\frac{2\lambda\lim_{x\to 0}x^{-(\lambda-\frac{1}{2})}f^{(n)}(\lambda,k,x)}{f_0(\lambda,k)} \qquad (8.107)$$

を定義しよう．右辺の展開式の第2項以降では，$f_0(\lambda,k)$ の $|k|$ 依存性を考慮すれば，それらは分母と分子で消し合い，因子 $(CQ(0))^n/n!$ が残る．したがって，第2項以降は $|k|\to\infty$ でゼロとなり，規格化された Jost 関数は

$$\lim_{|k|\to\infty}F(\lambda,k)=1 \qquad (8.108)$$

に従うことが分かる．

この性質を用いて，位相のずれと束縛状態数の関係を求めてみよう．束縛状態は，S行列要素 (8.99) からの極として現われるが、その座標依存性は $\sim e^{-\mathrm{Im}\ kx}$ となることから，極は複素 k 平面の上半面になければならない．前に，Jost 関数 $f(\lambda,k)$ は λ,k の関数として，$\mathrm{Re}\ \lambda>0$，かつ $\mathrm{Im}\ k<\dfrac{1}{2}m$ の領域で解析的となることを示した．同様にして，Jost 関数 $f(\lambda,-k)$ が解析的である領域は $\mathrm{Re}\ \lambda>0$，かつ $\mathrm{Im}\ k>-\dfrac{1}{2}m$ である．したがって，束縛状態に対応するS行列要素の極は，k の上半面虚軸上にある $f(\lambda,-k)$ のゼロ点 $k=i\kappa_{\mathrm{B}}^{(i)}$，$(\kappa_{\mathrm{B}}^{(i)}>0,\ i=1,2,\cdots,n)$ に対応することが分かる．

束縛状態数はこれらのゼロ点 $k=i\kappa_{\mathrm{B}}^{(i)}$ の数を数えればよい．そのため，関数

$$\frac{d}{dk}\ln F(\lambda,-k)=\frac{f'(\lambda,-k)}{f(\lambda,-k)}-\frac{f_0'(\lambda,-k)}{f_0(\lambda,-k)} \qquad (8.109)$$

を考えよう．この関数の右辺第2項は極をもたず，第1項は f のゼロ点で1位の極をもち，その留数は1である．したがって，この関数を実軸上 $-\infty$ から ∞ まで積分し，上半面で遠くにある半円上を左回りにまわる積分路上の積分を加えれば，閉積分路内にはすべての極が含まれるので，束縛状態数 n は

$$
\begin{aligned}
n &= \frac{1}{2\pi i}\oint dk\frac{d}{dk}\ln F(\lambda,-k) \\
&= \frac{1}{2\pi i}\int_{-\infty}^{\infty} dk\frac{d}{dk}\ln F(\lambda,-k) \\
&= \frac{1}{2\pi i}\left(\int_{-\infty}^{0} dk\frac{d}{dk}\ln F(\lambda,-k)+\int_{0}^{\infty} dk\frac{d}{dk}\ln F(\lambda,-k)\right) \\
&= -\frac{1}{2\pi i}\int_{0}^{\infty} dk\frac{d}{dk}\ln\frac{F(\lambda,k)}{F(\lambda,-k)}
\end{aligned}
\tag{8.110}
$$

によって与えられる．第1行から第2行への移行に際しては，関数 $F(\lambda,k)$ の $|k|\to\infty$ に対する漸近形が1になること，したがって，大半円上での積分がゼロとなることを使った．Jost 関数と S 行列要素との関係式 (8.99) を用いれば

$$
\begin{aligned}
\ln\frac{F(\lambda,k)}{F(\lambda,-k)} &= \ln\frac{f(\lambda,k)}{f(\lambda,-k)}-\ln\frac{f_0(\lambda,k)}{f_0(\lambda,-k)} \\
&= \ln\frac{f(\lambda,k)}{f(\lambda,-k)}e^{i\pi(\lambda-\frac{1}{2})} \\
&= 2i\delta(\lambda,k)
\end{aligned}
\tag{8.111}
$$

となる，これを (8.110) に代入すると

$$
n\pi = \delta_\ell(0)-\delta_\ell(\infty) \tag{8.112}
$$

を得る．この関係式を **Levinson の定理**という．この理論的取り扱いだけでは，$\delta_\ell(\infty)$ の値について何もいうことはできない．しかし，$\delta_\ell(k)$ の k 依存性についての性質を仮定すれば，たとえば，特定の解析性などを仮定すれば，分散理論によってその値を導くことができる．特別な場合には，$\delta_\ell(\infty)=0$ となる．なお，R. Newton が示したように，$f(\lambda,0)=0$，すなわち，$k=0$ に束縛状態があるときは

$$
(n+\frac{1}{2})\pi = \delta_0(0)-\delta_0(\infty)\ , \tag{8.113}
$$

$$
(n+1)\pi = \delta_\ell(0)-\delta_\ell(\infty) \quad \ell\neq 0 \tag{8.114}
$$

となる．

この定理を使えば，位相のずれの大まかな様子を知ることができる．例として低エネルギー核子の2体散乱を見よう．陽子・中性子系のスピン状態には1

重項と3重項があることはすでに述べたが，3重項状態には束縛状態(重陽子)がある．したがって，Levinson の定理によれば，この散乱の位相のずれは $k=0$ で π から始まり，エネルギーが増加していくにつれて0に向かって減少してゆくはずだ．しかし，陽子・陽子または中性子・中性子の低エネルギー散乱には1重項状態しかなく，そこには束縛状態はない．実験によれば，位相のずれは0から始まって $-k$ に比例して減少していき，ある程度絶対値が大きくなると，増加に転じて0に近づいていく．この概況は Levinson の定理の予想通りである．なお，$-k$ に比例して減少していく様子は剛体壁による散乱のとき(第3章，第4章)と同じなので，低エネルギー領域の核子-核子ポテンシャルは，短距離でハードコアー(hard core)があり，遠距離で引力があると考えられている．

8-4　湯川型ポテンシャルの場合

いままでは座標変数 $x(=r)$ は正の実数であるとしてきた．しかしながら，ポテンシャルがある制限を満たせば，Schrödinger 方程式の解は実数領域から複素変数 z のある領域における解析関数に接続できる．さらにその性質を使えば，別の変数 k についての解析性を知ることが可能となる．その典型的な例として物理的にも利用価値の大きな湯川型ポテンシャルの場合を調べてみよう．

一般に2階の線形斉次微分方程式

$$\frac{d^2f(x)}{d^2x}+p(x)\frac{df(x)}{dx}+q(x)f(x)=0 \tag{8.115}$$

において，$p(x)$ と $q(x)$ が同時に変数 x を複素変数 z に解析接続でき，$p(z)$ と $q(z)$ がある単連結領域で正則であれば，方程式の任意の解も解析接続できて，同じ単連結領域で正則となることが示されている．湯川型ポテンシャル

$$U(x)=A\frac{e^{-mx}}{x} \tag{8.116}$$

の場合は，明らかに $\mathrm{Re}\,z>0$ の半平面に解析接続できる．Schrödinger 方程式

$$\frac{d^2 f(\lambda,k,x)}{dx^2}+\left[k^2-\frac{\lambda^2-\frac{1}{4}}{x^2}-U(x)\right]f(\lambda,k,x)=0 \quad (8.117)$$

に適用すれば，$p(x)=0$，$q(x)=k^2-\frac{\lambda^2-\frac{1}{4}}{x^2}-U(x)$ だから，$q(z)$ は $\mathrm{Re}\, z>0$ の半平面に解析接続できる．したがって，拡張された Schrödinger 方程式

$$\frac{d^2 f(\lambda,k,z)}{dz^2}+\left[k^2-\frac{\lambda^2-\frac{1}{4}}{z^2}-U(z)\right]f(\lambda,k,z)=0 \quad (8.118)$$

の Jost 解 $f(\lambda,k,z)$ は $\mathrm{Re}\, z>0$ の半平面で正則となる．この結果を使うと，z と λ を固定したとき，Jost 解 $f(\lambda,k,z)$ は上半虚軸に沿ってカットをいれた k 平面で解析的となることが示せる．以下はその説明である．

いま，位相 φ を固定して，座標変数を $z=\tilde{x}e^{i\varphi}$ $\left(|\varphi|<\frac{\pi}{2}\right)$ によって $\tilde{x}$ に変換すると，

$$\frac{d^2 f(\lambda,k,\tilde{x})}{d\tilde{x}^2}+\left[(ke^{i\varphi})^2-\frac{\lambda^2-\frac{1}{4}}{\tilde{x}^2}-U(\tilde{x}e^{i\varphi})\mathrm{e}^{2i\varphi}\right]f(\lambda,k,\tilde{x})=0 \quad (8.119)$$

となる．この方程式は，実数 $\tilde{x}$ に関する方程式として見た場合，(8.117) と同じような性質をもっているので，$\tilde{x}$ を複素数 $\tilde{z}$ に拡張すれば，その解は $\mathrm{Re}\, \tilde{z}>0$ の領域に接続できる．$ke^{i\varphi}=\tilde{k}$ と書くと，方程式 (8.119) は

$$\frac{d^2 f(\lambda,k,\tilde{z})}{d\tilde{z}^2}+\left[\tilde{k}^2-\frac{\lambda^2-\frac{1}{4}}{\tilde{z}^2}-U(\tilde{z})e^{2i\varphi}\right]f(\lambda,k,\tilde{z})=0 \quad (8.120)$$

となるので，これは $\mathrm{Im}\, \tilde{k}<0$ で正則な解 $\tilde{f}(\lambda,\tilde{k},\tilde{z})$ と，$\mathrm{Im}\, \tilde{k}>0$ で正則な解 $\tilde{f}(\lambda,-\tilde{k},\tilde{z})$ をもつ．z と $\tilde{z}$ に関する 2 組の解の解析的な領域は重なりあっているので，$f(\lambda,k,z)$ を $\tilde{z}$ の実軸まで接続すれば，それは (8.120) の解となっているから

$$f(\lambda,k,z)=\alpha(\varphi)\tilde{f}(\lambda,\tilde{k},\tilde{z})+\beta(\varphi)\tilde{f}(\lambda,-\tilde{k},\tilde{z}) \quad (8.121)$$

と表わすことができる．$\varphi=0$ のときは $z=\tilde{z}$ なので，明らかに

$$\alpha(0)=1\,,\quad \beta(0)=0 \tag{8.122}$$

となっている．いま考えている湯川型ポテンシャルの場合には，これらの関係式は $|\varphi|<\dfrac{\pi}{2}$ の領域まで拡張して成立することが示せる．$f(\lambda,k,z)$ と $\tilde{f}(\lambda,\tilde{k},\tilde{z})$ は，それぞれ $\mathrm{Im}\,k<0$ と $\mathrm{Im}\,\tilde{k}<0$ の領域で定義され，かつ z と $\tilde{z}$ の実軸上ではそれぞれ指数関数的に減少している．いま複素 k 面で $\mathrm{Im}\,k<0$ と $\mathrm{Im}\,\tilde{k}<0$ の双方を満たす k と φ を選べば，(8.121) の右辺第1項は $\tilde{z}$ の実軸上で指数関数的に減少している．したがって，

$$\lim_{\tilde{z}\to\infty} e^{-ikz} f(\lambda,k,z) = \lim_{\tilde{z}\to\infty} e^{-i\tilde{k}\tilde{z}}\tilde{f}(\lambda,-\tilde{k},\tilde{z})\beta(\varphi) \tag{8.123}$$

$$= \beta(\varphi) \tag{8.124}$$

となることが分かる．

さて，ここで次の数学的定理を利用しよう．解析関数 $F(z)$ が原点を先端とする楔形領域の内部，$-\delta<\arg z<\delta+\theta$ で有界とする．そのとき，もしこの楔形の中心部の2本の射線上で

$$\lim_{r\to\infty} F(r)=a,\qquad \lim_{r\to\infty} F(re^{i\theta})=b \tag{8.125}$$

ならば，$a=b$ で，かつ，楔形の任意の射線上で

$$\lim_{r\to\infty} F(z)=a \tag{8.126}$$

である (Montel の定理)．この定理において，$F(z)=e^{-ikz}f(\lambda,k,z)$，$\theta=\varphi$ とおけば，

$$\beta(\varphi)=\beta(0)=0 \tag{8.127}$$

となることが分かる．したがって，$f(\lambda,k,z)=\alpha(\varphi)\tilde{f}(\lambda,\tilde{k},\tilde{z})$ となるが，こんどは $F(z)=e^{ikz}f(\lambda,k,z)$，$\theta=\varphi$ とおけば，

$$\lim_{r\to\infty} F(r)=1,\qquad \lim_{r\to\infty} F(re^{i\varphi})=\alpha(\varphi) \tag{8.128}$$

だから，

$$\alpha(\varphi)=\alpha(0)=1 \tag{8.129}$$

が証明できる．したがって，

$$f(\lambda, k, z) = \tilde{f}(\lambda, \tilde{k}, \tilde{z}) \tag{8.130}$$

となり，Re $z>0$ に解析接続した Jost 解は，実軸を φ だけ回転し，波数を $\tilde{k}$ に変えたとき，Re $\tilde{z}>0$ で成り立つ Jost 解に等しくなっている．一方 k の解析関数として見た場合，k と $\tilde{k}$ の領域が重なりあっているので，この解はその2つの領域の和集合でも成立していることが分かる．湯川型ポテンシャルの場合は φ は $-\pi/2$ から $\pi/2$ までとり得るので，Jost 解の解析的領域は Im $k<0$ の領域から正の虚軸上に切断をもつ全 k 平面に拡張できることが分かる．

8-5 Watson-Sommerfeld 変換と Regge 極近似

スピンを無視すれば，散乱振幅はエネルギー $E=(\hbar k)^2/2m$ と散乱角 θ (または4元運動量受け渡し量の2乗 $t=-2k^2(1-\cos\theta)$) の関数 $F(k, \cos\theta)$ である．この節では，変数 t に関する散乱振幅の解析性を調べてみよう．湯川型ポテンシャルの場合，部分波S行列 $S(\lambda, k)$ の複素 λ 面での解析性から，大きな $|t|$ に対する散乱振幅の近似式を導くことができる．この状況を見るには，散乱振幅の部分波展開

$$F(k, \cos\theta) = \frac{1}{2ik}\sum_{l=0}^{\infty}(2l+1)[S(l+\frac{1}{2}, k)-1]P_l(\cos\theta) \tag{8.131}$$

から始めるのが便利である．k を実数，$-1\leqq\cos\theta\leqq 1$ として，(8.131) における和の形を積分形

$$F(k, \cos\theta) = -\frac{1}{2k}\int_{\mathrm{C}}\frac{S(\lambda, k)-1}{\cos\pi\lambda}P_{\lambda-\frac{1}{2}}(-\cos\theta)\lambda\, d\lambda \tag{8.132}$$

に書き直す．積分路Cは被積分関数のすべての1位の極 $\lambda=l+\frac{1}{2}$，$l=0,1,\cdots$ を時計回りにまわる．このとき $P_l(-\cos\theta)=(-1)^l P_l(\cos\theta)$ を使うものとする．これから積分路を変更して大きな $|\cos\theta|$ に対する近似式を求めたいのである．それには部分波S行列 $S(\lambda, k)$ の複素 λ 面での解析性を知る必要がある．

(8.100) を見れば，部分波S行列は実数 k に対してユニタリー性

$$[S(\lambda, k)]^* = [S(\lambda^*, k)]^{-1} \tag{8.133}$$

を満たしていることが分かる．次に，正実数 λ に対しては，湯川型ポテンシャル $U(x)=Ce^{-\mu x}/x$ の場合，不等式

$$|S(\lambda,k)-1|<Ce^{-\alpha\lambda},\quad \alpha=\cosh^{-1}(1+\frac{\mu^2}{2k^2}) \tag{8.134}$$

が成立することを見よう．この事実は厳密に証明できるものだが，簡単に見るため部分波に対する Born 近似

$$\frac{S(\lambda,k)-1}{2ik}\simeq-\frac{\pi}{2k}\int_0^\infty x[J_\lambda(kx)]^2U(x)xdx \tag{8.135}$$

を使う．この式に湯川型ポテンシャル $U(x)$ を代入すると

$$\left|\frac{S(\lambda,k)-1}{2ik}\right|\simeq\frac{C}{2k^2}Q_{\lambda-\frac{1}{2}}(1+\frac{\mu^2}{2k^2}) \tag{8.136}$$

となるが，第2種の Legendre 関数の公式

$$Q_{\lambda-\frac{1}{2}}(\cosh\alpha)=\sqrt{\pi}\frac{\Gamma(\lambda+\frac{1}{2})}{\Gamma(\lambda+1)}\exp\left\{-\alpha(\lambda+\frac{1}{2})\right\} \cdot F\left(\frac{1}{2},\lambda+\frac{1}{2},\lambda+1;e^{-2\alpha}\right) \tag{8.137}$$

と Hobson の不等式

$$|F\left(\frac{1}{2},\lambda+\frac{1}{2},\lambda+1;x\right)|\leqq|1-x|^{-\frac{1}{2}},\quad \mathrm{Re}\,\lambda\geqq-\frac{3}{4},\quad |x|<1 \tag{8.138}$$

を使うと，

$$\left|\frac{S(\lambda,k)-1}{2ik}\right|=O(\lambda^{-\frac{1}{2}}e^{-\alpha\lambda}) \tag{8.139}$$

が得られる．これで λ が正の実数の場合に (8.134) の評価が成り立っていることが分かった．ここでは Born 近似を用いたが，$f(\lambda,k,x)$ に対して Fredholm 型の積分方程式を使い，その積分核の上限を評価すれば，(8.134) が厳密に成立していることを知る．

次の仕事は

$$|S(\lambda,k)|<e^{\pi|\mathrm{Im}\,\lambda|},\quad \mathrm{Im}\,\lambda<0 \tag{8.140}$$

を示すことだ．この評価は波動関数 $f(\lambda,k,x)$ とその共役な関数 f^* に対する

Schrödinger 方程式

$$f''+k^2f-\frac{\lambda^2-\frac{1}{4}}{x^2}f-U(x)f=0\ , \tag{8.141}$$

$$f^{*''}+k^2f^*-\frac{(\lambda^*)^2-\frac{1}{4}}{x^2}f^*-U(x)f^*=0 \tag{8.142}$$

から直接得られる．上式に f^*，下式に f をかけ，辺々引き算すると

$$\frac{d}{dx}(f^*f'-f^{*'}f)=4i\mathrm{Re}\ \lambda\ \mathrm{Im}\ \lambda\frac{|f|^2}{x^2} \tag{8.143}$$

となるので，これを 0 から ∞ まで積分すると

$$\begin{aligned}\mathrm{Re}\ \lambda\ \mathrm{Im}\ \lambda\int_0^\infty\frac{|f|^2}{x^2}dx &= \frac{1}{4i}\lim_{x\to\infty}(f^*f'-f^{*'}f)\\ &= -\frac{1}{4k}\{f(\lambda,-k)f(\lambda^*,k)-f(\lambda,k)f(\lambda^*,-k)\}\\ &= -\frac{1}{4k}|\tau(\lambda,k)|^2\sinh 2(\mathrm{Im}\ \delta-\frac{1}{2}\pi\ \mathrm{Im}\ \lambda)\end{aligned} \tag{8.144}$$

が得られる．ただし，Jost 関数の形

$$f(\lambda,k)=\tau(\lambda,k)\exp\left\{i\delta(\lambda,k)-\frac{1}{2}i\pi(\lambda-\frac{1}{2})\right\}$$

$$f(\lambda,-k)=\tau(\lambda,k)\exp\left\{-i\delta(\lambda,k)+\frac{1}{2}i\pi(\lambda-\frac{1}{2})\right\}$$

を使った．これから直ちに

$$\mathrm{Im}\ \delta>\frac{1}{2}\pi\ \mathrm{Im}\ \lambda\ ,\quad \mathrm{Im}\ \lambda<0 \tag{8.145}$$

となり，(8.140) が証明される．この結果，λ の第 4 象限には S の極が存在しないことが分かる．また，

$$\mathrm{Im}\ \delta<\frac{1}{2}\pi\ \mathrm{Im}\ \lambda\ ,\quad \mathrm{Im}\ \lambda>0 \tag{8.146}$$

も成り立つが，これから λ の第 1 象限には S の零点が存在しないという事実

も判明する．

最後に，S の極が λ にあるとすれば，

$$\mathrm{Re}\ \lambda < \frac{C}{k} \tag{8.147}$$

に限られるということを示そう．まず，$z=iy$ とおいて y に対する Schrödinger 方程式とその共役式を書けば，

$$\varphi'' - k^2\varphi - \frac{\lambda^2 - \frac{1}{4}}{y^2}\varphi + U(iy)\varphi = 0\ , \tag{8.148}$$

$$\varphi^{*\prime\prime} - k^2\varphi^* - \frac{(\lambda^*)^2 - \frac{1}{4}}{y^2}\varphi + U^*(iy)\varphi^* = 0 \tag{8.149}$$

である．上式に φ^* を掛け，下式に φ を掛けて辺々引き算すると，

$$\varphi^*\varphi'' - (\varphi^*)''\varphi = 2i(\frac{\mathrm{Im}\ \lambda^2}{y^2} - \mathrm{Im}\ U(iy))|\varphi| \tag{8.150}$$

が得られる．λ が極だから，Jost 関数は $f(\lambda,-k)=0$ であり，その結果 φ は

$$\varphi(\lambda,k,iy) \ = \ \frac{1}{2ik}f(\lambda,k)f(\lambda,-k,iy) \tag{8.151}$$

$$\xrightarrow{y\to\infty} \sim \frac{1}{2ik}f(\lambda,k)e^{-ky} \tag{8.152}$$

となり，大きな y では指数関数的に減少していることが分かる．したがって，(8.150) を 0 から ∞ まで積分すると，左辺は 0 となるため，恒等式

$$\mathrm{Im}\ \lambda^2\int_0^\infty \frac{|\varphi^2|}{y^2}dy - \int_0^\infty \mathrm{Im}\ U(iy)|\varphi^2|dy = 0 \tag{8.153}$$

が得られる．もう一つの恒等式は，辺々加えて 2 で割り，積分した式

$$\int_0^\infty \left\{\left|\varphi' - \frac{\varphi}{2y}\right|^2 + \left[k^2 + \frac{\mathrm{Re}\ \lambda^2}{y^2} - \mathrm{Re}\ U(iy)\right]|\varphi|^2\right\}dy = 0 \tag{8.154}$$

である．さらに，θ を $0<\theta<\frac{1}{2}\pi$ を満たす角とし，(8.153) に $\sin\theta$，(8.154) に $\cos\theta$ を掛け，辺々加えると，次式が出てくる．

$$\int_0^\infty \{\left|\varphi'-\frac{\varphi}{2y}\right|^2\cos\theta+[k^2\cos\theta+\frac{1}{y^2}(\mathrm{Re}\ (\lambda^2e^{-i\theta}))$$
$$-\mathrm{Re}\ (U(iy)e^{-i\theta})]|\varphi|^2\}dy=0\ . \tag{8.155}$$

ここで，積分の各項を評価しよう．まず，

$$\int_0^\infty |\mathrm{Re}\ (U(iy)e^{-i\theta})|\,|\varphi|^2dy \leqq \int_0^\infty |U(iy)e^{-i\theta}|\,|\varphi|^2dy \tag{8.156}$$
$$=C\int_0^\infty \frac{|\varphi|^2}{y}dy \tag{8.157}$$

が得られる．$\mathrm{Re}\ (\lambda^2e^{-i\theta})>0$ ならば

$$\int_0^\infty \{\left|\varphi'-\frac{\varphi}{2y}\right|^2\cos\theta+[k^2\cos\theta+\frac{1}{y^2}\mathrm{Re}\ (\lambda^2e^{-i\theta})]|\varphi|^2\}dy$$
$$>\int_0^\infty [k^2\cos\theta+\frac{1}{y^2}\mathrm{Re}\ (\lambda^2e^{-i\theta})]|\varphi|^2dy \tag{8.158}$$
$$\geqq k\sqrt{\cos\theta\ \mathrm{Re}\ (\lambda^2e^{-i\theta})}\int_0^\infty \frac{|\varphi|^2}{y}dy \tag{8.159}$$

となる(Schwarz の不等式を使った)．したがって，

$$\cos\theta\,\mathrm{Re}\ (\lambda^2e^{-i\theta})\leqq\frac{C^2}{k^2} \tag{8.160}$$

が成立する．一方，

$$\cos\theta\,\mathrm{Re}\ (\lambda^2e^{-i\theta})=(\mathrm{Re}\ \lambda)^2-(\cos\theta\,\mathrm{Im}\ \lambda-\sin\theta\,\mathrm{Re}\ \lambda)^2$$
$$\leqq(\mathrm{Re}\ \lambda)^2 \tag{8.161}$$

であるから，極の位置は(8.147)のように制限されていることが分かる．この結果，湯川ポテンシャルの場合には，S の極は第1象限に存在すること，および虚軸に平行なある直線の右側には極も零点も存在しないことが示されたのである．これが部分波S行列要素の λ についての解析性に関する「結論」である．

さて，以上の結果，(8.133)，(8.134)，(8.140) および上記の「結論」を使うと λ 平面における S の漸近的性質が求められる．そのため N を任意の正数と

して $\tilde{a}(\lambda,k;N)\equiv S(\lambda,k)^{\frac{1}{N}}-1$ を定義し，この関数の楔形領域 $-\dfrac{\pi}{2}<\varphi\equiv \arg(\lambda-H)<0$ における漸近形を調べよう．いま指示関数 (indicator function)

$$h(\varphi;N)=\lim_{|\lambda|\to\infty}\sup\frac{1}{|\lambda|}\ln|\tilde{a}(\lambda,k;N)| \tag{8.162}$$

を定義すると，(8.134) と上記の「結論」から

$$h(0;N)<-\alpha,\quad h(\varphi;N)<\frac{\pi}{N}|\sin\varphi| \tag{8.163}$$

となる．ここで指示関数に関する数学の定理を使う．すなわち，$f(z)$ が楔形領域 $|\varphi|\leqq\sigma$，$\varphi=\arg z$ で解析的で，指示関数が存在するとすれば，

$$h(\varphi_1)\sin(\varphi_2-\varphi_3)+h(\varphi_2)\sin(\varphi_3-\varphi_1)+h(\varphi_3)\sin(\varphi_1-\varphi_2)=0$$
$$(|\varphi_1|,\ |\varphi_2|,\ |\varphi_3|\leqq\sigma,\quad \varphi_1<\varphi_2<\varphi_3) \tag{8.164}$$

が成り立つという定理だ．この定理で $\varphi_1=-\dfrac{\pi}{2}$，$\varphi_2=\varphi$，$\varphi_3=0$ とおくと，$\tilde{a}$ に関する指示関数は

$$h(\varphi;N)=h(-\frac{\pi}{2};N)|\sin\varphi|+h(0;N)\cos\varphi \tag{8.165}$$

$$<\frac{\pi}{N}|\sin\varphi|-\alpha\cos\varphi\quad(-\frac{\pi}{2}<\varphi<0) \tag{8.166}$$

で押さえられることが分かる．したがって，楔形領域 $-\tan^{-1}(\dfrac{\alpha N}{\pi})<\varphi<0$ では指示関数が負であるため，$\lim\limits_{|\lambda|\to\infty}\tilde{a}=0$ となる．また，(8.133) によって，この性質は λ の実軸に関して対称な領域でも成り立つので

$$\lim_{|\lambda|\to\infty}S(\lambda,k)^{\frac{1}{N}}=1,\quad |\varphi|<\tan^{-1}(\frac{\alpha N}{\pi}) \tag{8.167}$$

となる．つまり，$\lim\limits_{|\lambda|\to\infty}S(\lambda,k)=1$ となることが分かる．一方，この N はいくらでも大きくとれるので，最終的に

$$\lim_{|\lambda|\to\infty}S(\lambda,k)=1,\quad h(\varphi)<-\alpha\cos\varphi \tag{8.168}$$

が得られる．ただし，

$$|\arg\lambda|<\frac{\pi}{2},\quad |\varphi|<\frac{\pi}{2}\ .$$

以上の結果から，ポテンシャルが湯川型の場合，虚軸を除く右半平面で十分大きな $|\lambda|$ に対しては，部分波S行列は不等式

$$|S(\lambda,k)-1| \leqq C\exp(-\alpha \mathrm{Re}\,\lambda)\ ,\quad \alpha=\cosh^{-1}(1+\frac{\mu^2}{2k^2}) \qquad (8.169)$$

に従うことが分かった．一方，部分波展開の積分形 (8.132) の被積分関数においては，大きな $|\lambda|$, $\mathrm{Re}\,\lambda>0$ に対して

$$\left|\frac{\lambda P_{\lambda-\frac{1}{2}}(-\cos\theta)}{\cos\pi\lambda}\right| \leqq C|\sin\theta|^{-\frac{1}{2}}|\lambda|^{\frac{1}{2}} \times\exp\{-|\mathrm{Re}\,\theta\,\mathrm{Im}\,\lambda|+\mathrm{Im}\,\theta\,\mathrm{Re}\,\lambda\} \qquad (8.170)$$

が成立する．すなわち，左辺の量は上限

$$C|\sin\theta|^{-\frac{1}{2}}|\lambda|^{\frac{1}{2}}\exp\{-|\mathrm{Re}\,\theta\,\mathrm{Im}\,\lambda|+(\mathrm{Im}\,\theta-\alpha)\mathrm{Re}\,\lambda\}$$

をもつということだ．したがって，$\mathrm{Im}\,\theta<\alpha$ ならば，積分路を図 8-3 のように変更すれば，$|\lambda|\to\infty$ に対しては，半円状の積分路の寄与は消える．ここで $|c|<1/2$ である．ただし，第 1 象限の $\mathrm{Re}\,\lambda<H$ の領域には極が存在する可能性もある．これらの極は Regge 極といわれている．極の位置を $\lambda=\alpha_n(k)+1/2$ とし，その位置での部分波振幅 $\dfrac{S(\lambda,k)-1}{2ik}$ の留数を $\beta_n(k)$ とすると，部分波展開 (8.131) は

$$f(k,\cos\theta) = -\pi\sum_{\mathrm{Re}\,\alpha_n>c}(2\alpha_n(k)+1)\beta_n\frac{P_{\alpha_n(k)}(-\cos\theta)}{\sin\pi\alpha_n(k)} -\frac{1}{2k}\int_{c-i\infty}^{c+i\infty}\frac{S(\lambda,k)-1}{\cos\pi\lambda}P_{\lambda-\frac{1}{2}}(-\cos\theta)\lambda\,d\lambda \qquad (8.171)$$

という形に変換される．この表示を Regge 表示，(8.131) から (8.171) への変換を Watson-Sommerfeld 変換という．右辺の和に現われる各項は Regge 極からの寄与である．

Regge 表示を使えば $|\cos\theta|\to\infty$，すなわち，大きな $|t|$ における散乱振幅の振る舞いが求められる．$\mathrm{Re}\,\nu>-\dfrac{1}{2}$ のとき

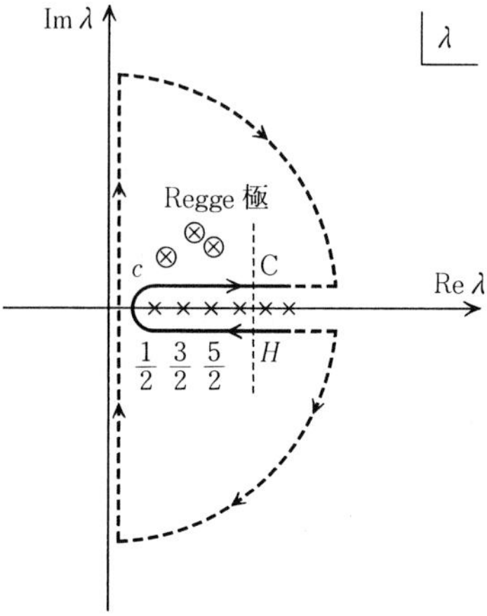

図 8-3 Regge 極

$$P_\nu(\cos\theta) \sim \frac{1}{\sqrt{\pi}} \frac{\Gamma(\nu+1/2)}{\Gamma(\nu+1)} (2\cos\theta)^\nu \quad (|\cos\theta| \to \infty) \tag{8.172}$$

となるので，もっとも重要な寄与は，Re $\alpha_n(k)$ が最大の Regge 極からくる．その極を $\alpha(k)$ とすると，散乱振幅は

$$f(k,\cos\theta) \sim -\sqrt{\pi} \frac{2\alpha+1}{\sin \pi\alpha(k)} \frac{\Gamma(\alpha(k)+1/2)}{\Gamma(\alpha(k)+1)} \beta(k)(-2\cos\theta)^{\alpha(k)} \tag{8.173}$$

と書くことができる．これを Regge 極近似という．すなわち，大きな $|t|$ に対する散乱振幅 $F(k,t)$ の漸近的な振る舞いは

$$F(k,t) \xrightarrow{|t|\to\infty} C(k)t^{\alpha(k)} \tag{8.174}$$

によって与えられるのである．Regge 極理論については Regge 自身の著書を参考にされたい*6．

このような大きな運動量受け渡し量をもつ散乱過程は理論的には興味があるものの，ポテンシャル散乱ではあまり現実的でない．しかし，この知識は素粒

*6 V.De Alfaro and T. Regge, Potential Scattering, North-Holland, 1965, Amsterdam; 原康夫訳,「ポテンシャル散乱論」, 講談社, 1970.

子の高エネルギー衝突の理論的解析に援用された．前章で述べたように，素粒子の力学は場の量子論であるが，場の量子論は各種の困難を含むばかりでなく，ポテンシャル散乱の場合と違って，はっきりした散乱理論の構成が難しいのである．そのため，1 時期場の量子論への信頼感が減退して，場の理論によらない理論的なアプローチが模索された．その一つが散乱振幅の解析性に基礎をおく分散理論だったのである．高エネルギー物理学では，7-1 節で散乱過程の相対論的定式化のさい述べたように，エネルギーと散乱角の代わりに，相対論的に不変な変数 s，t が好んで用いられる．すなわち，散乱振幅は $F(s,t)$ である．さらに，s と t の役割は対称的である考えられた．このとき，ここで説明したポテンシャル散乱の理論を援用し，Regge 極表現が正しいと推測して，

$$F(s,t) \xrightarrow{|s|\to\infty} C(t)s^{\alpha(t)} \tag{8.175}$$

とおくのである．この方式は広く使われて，現象の分析にかなり有効であることが認められた．ここではこれ以上立ち入っている余裕はない．

9 量子力学における観測問題♯

量子力学の基本的要請は，その論理的延長上で，量子力学系における観測・測定操作が「波動関数の収縮」という事態を招く．しかし，その実態が必ずしも明白ではないためか，量子力学には出発当初から，「観測・測定とは何であるか」という基本的な疑問がつきまとい，長年にわたる厳しい論争と対立を誘発してきた．この問題は量子力学理論体系の自己完結性について深刻な疑問を提起するものでもあった．一方，観測問題は自然認識についての哲学的議論を刺激したが，ときに不毛な混迷を呼んだ．物理としての観測問題は，最近の技術革新のおかげで，まったく新しい様相を見せて発展しつつある．かつては思考実験に頼るだけだった原理的実験，想像もできなかった原理的実験が現実に可能になってきたからだ．この視点からの観測理論は，哲学以前に，まず物理学上の問題としての議論が必要である．

物理学上の問題として考えたとき，観測問題の中心は散乱過程であり，その理論的解析の中核は散乱理論にある．ただし，通常の散乱問題とは見かけ上かなり違う．いままで扱ってきた散乱問題はミクロ粒子同士の衝突散乱であったが，量子力学的観測問題では，ミクロ系(観測対象粒子)とマクロ系(測定器・検出器)との衝突・散乱問題を扱う．測定器・検出器はマクロ系であるが，構成要素にまで立ち入って見れば，多数のミクロ粒子の集団だ．このような観測・測定過程の特徴を正しく捉え，それを散乱問題として議論するのである．

9-1　何が問題であるか

まず，問題の由来と問題意識 のあらましを述べよう[*1]．2-2節(b)で議論したような力学量 $\hat{F}$(固有値 λ_ν，固有状態 u_ν)を，重ね合わせ状態 $\psi_t = \sum_\nu c_\nu(t)u_\nu$ $(c_\nu(t) = (u_\nu, \psi_t))$ にある系において，時刻 t のときに測定して特定の固有値 λ_k が得られたとしよう．特定の固有値 λ_k に対応する状態は固有状態 u_k であることを考慮すれば，この測定は系の波動関数に，時刻 t における瞬時的な射影的変化

$$\psi_t \ \rightarrow \ u_k \tag{9.1}$$

を強いるかのように見える．これをしばしば測定による「**波動関数の収縮**」(wave-function collapse) という．命名の由来は Young 型干渉実験(図2-1)におけるスクリーン上の粒子位置の測定を見れば分かる．粒子検出以前は，波動関数はスクリーン上に広く分布している．検出実験を行なって，粒子をスクリーン上の小区間 Ω_k で発見したとすれば，(9.1) における u_k はその小区間だけで値をもち，その外ではゼロであるような関数と考えるのが自然だろう．これが (9.1) を測定による「波動関数の収縮」と呼ぶ理由であった．ここでは (9.1) を**ナイーブ Copenhagen 解釈**と呼び，単に WFCI と書くことにしよう．

この解釈は一応もっともに見えるが，いろいろな疑問がある：(1) 測定による変化を瞬時的と見ることはできない．測定が物理過程である以上，ミクロ的時間尺度上ではほとんど無限大と見えるほどの長い時間が必要だ．(2) 量子力学は1個の力学系における1回の実験の結果については何もいわない学問である．量子力学は，Young 型干渉実験の場合でいえば，同じ実験状況下での位置測定を多数回繰り返し，その結果を「重ね焼き」した測定点分布に対する確率法則を与えるだけのものだ．基本的要請であった「確率解釈」はそのように

---

*1　観測問題の文献は極めて多い．ここでは著者グループの主な著書・論文だけを上げておく(そこには詳しい文献リストがある)：S. Machida and M. Namiki, Prog. Theor. Phys. **63** (1980) 1457, 1833; M. Namiki and S. Pascazio, Physics Reports **232** (1993) 301; M. Namiki, S. Pascazio and C. Schiller, Phys. Lett. **A182** (1994) 17; および巻末文献[19].

理解すべきものである．WFCI(9.1) のような1回の測定ごとの射影的変化は，本来の量子力学にはないものである．その意味では，WFCI(9.1) には実験的裏付けがない．単なる解釈にすぎない．さらに，(3) WFCI(9.1) には「確率解釈」の姿がない．量子力学はスクリーン上 k 番目の点に粒子を見出す確率として $|c_k|^2$ を与えている．ℓ 番目の点に見出す確率は $|c_\ell|^2$ である．k 番目の点と ℓ 番目の点で粒子を見出す2つの事象は互いに排他的であり，どちらかの点で粒子を見出す確率は単純和 $|c_k|^2+|c_\ell|^2$ となる．これを一般化すれば，重ね合わせ状態 $\psi=\sum_i c_i u_i$ にある系において，スクリーン上のどこかの点で粒子を見出す確率は $P=\sum_k |c_k|^2$ となるはずだ．最後の結果では，分波 c_i 間の位相相関が消えている．この「位相相関の喪失」が粒子検出(位置を測る)という観測・測定過程の物理的効果であった．測定による「波動関数の収縮」の本当の姿は，実はこのような「位相相関の喪失」にあった．WFCI(9.1) には，このような測定過程の効果が明記されていない．以上の理由で WFCI(9.1) は不満足だというのである．

とはいえ，(3) を付け足した WFCI(9.1) は実用的計算規則としては意味をもち，この規則に従って計算した理論的結果はすべて正しい結果を与える．とすれば，上記の疑問はすべて原理上の不満であり，現場物理には何の影響もないように見える．プラグマティックな立場からいえば，どうでもよいような疑問だ．そのため，WFCI(9.1) を「観測の公理」として認めてしまい，内容の議論をせずに受け入れようという立場が現われた．しかし，これは正しくない．実験で確かめる方法があったからである．

それを見るため，WFCI(9.1) が射影的変化であるという点に着目しよう．いま，ある量子力学系が初期時刻 $t=0$ で初期状態 u_{a} にあったとし，この状態が全ハミルトニアンの固有状態でないとすれば，系をこの状態に見出すことの確率 $P_{\mathrm{a}}(t)=|(u_{\mathrm{a}},\psi_t)|^2$ は時間とともに減少するだろう．しかし，ある時間経ってから実験を行ない，系がその初期状態にあることを見たとすれば，そして WFCI(9.1) が正しいとすれば，系は初期状態に戻るだろう．これを何回か繰りかえせば，系はそのつど初期状態に戻る．したがって，実験回数が無限に多い

極限では，不安定状態 u_a は永久に安定であるという逆説的結論を得る．これを**量子力学的 Zeno パラドクス** (quantum-mechanical Zeno paradox) という．「飛んでいる矢は止まっている」という古代の Zeno パラドクスを思い出させるので，この名前がつけられた．無限回の実験は実際的でないが，実験回数を実現可能な有限回にしても，回数に応じて系を初期状態で見つける確率は増加するだろう．これを**量子力学的 Zeno 効果** (quantum-mechanical Zeno effect) という*2．したがって，この効果を観測すれば，WFCI(9.1) の実験的証明が得られるという期待があった．実際の実験的確認は大そう難しかったが，最近よいアイデアが出されて実験が行なわれた．その結果は，射影的変化である WFCI(9.1) を仮定した理論と一致したというものであった．しかし，これには厳しい反論があり，射影的変化を仮定しない純粋に動力学的変化を求めても，同じ結果に到達することが確かめられた．すなわち，量子力学的 Zeno 効果の観測は射影的変化 WFCI(9.1) の実験的裏付けではないのである．まず，この点を強調しておこう．この効果は量子力学の基本的要請に絡んでいるので，現在もいろいろな角度からの研究が続けられている．

では，測定による量子力学的状態の変化，すなわち，「波動関数の収縮」をどのように定式化したらよいか？　疑問 (3) に関しては，最初の答はすでに von Neumann 自身によって与えられている．上記のように，測定後の状態には位相相関がないので，測定対象系に限っていえば，測定は純粋状態から混合状態への変化をもたらす過程と考えられる．このような過程を記述するには，2-2 節(d)で用意した密度行列を使うのが便利だ．いま，測定前には純粋状態(状態ベクトルで書けば $|\psi_\mathrm{I}^\mathrm{Q}\rangle=\sum_i c_i|u_i\rangle$，密度行列で書けば $\hat{\rho}_\mathrm{I}^\mathrm{Q}=|\psi_\mathrm{I}^\mathrm{Q}\rangle\langle\psi_\mathrm{I}^\mathrm{Q}|$) にあった対象系が，測定によって，位相相関のない混合状態に移行する過程は

$$\hat{\rho}_\mathrm{I}^\mathrm{Q}=|\psi_\mathrm{I}^\mathrm{Q}\rangle\langle\psi_\mathrm{I}^\mathrm{Q}|=\sum_i\sum_j c_i c_j^*|u_i\rangle\langle u_j| \ \longrightarrow\ \overline{\rho}_\mathrm{F}^\mathrm{Q}=\sum_k |c_k|^2\hat{\xi}_k^\mathrm{Q} \tag{9.2}$$

となるはずだ．$\overline{\rho}_\mathrm{F}^\mathrm{Q}$ が測定後の混合状態であり，$\hat{\xi}_k^\mathrm{Q}\equiv|u_k\rangle\langle u_k|$ は k 番目固有状態への射影演算子を表わす．たしかに，測定後の状態には位相相関は存在せず，

*2　6-3 節(a)の脚注論文 (Nakazato 他) にかなり丁寧な解説と論文リストがある．

出現確率 $|c_k|^2$ をかけた k 番目排他的状態への射影演算子の単純和になっている．測定過程の数学的記述としては申し分ない．事実，(9.2) は広く使われている．この表現を WFCII と呼ぼう．

しかし，WFCII(9.2) は直ちに深刻な矛盾に逢着してしまう．その矛盾を見るため，番号が $i=1,2$ しかなく，$c_1=c_2=1/\sqrt{2}$ である特殊な場合を考えよう．このとき，測定後状態の密度行列に対して，恒等式

$$\begin{aligned}\overline{\rho}_{\mathrm{F}}^{\mathrm{Q}} &= \frac{1}{2}(|u_1\rangle\langle u_1|+|u_2\rangle\langle u_2|) \\ &= \frac{1}{2}(|u_+\rangle\langle u_+|+|u_-\rangle\langle u_-|) \end{aligned} \tag{9.3}$$

が成立してしまう．ただし，$u_\pm=(1/\sqrt{2})(u_1\pm u_2)$．第 1 式を使った波動関数の収縮の式 WFCII(9.2) は固有状態 $|u_{1,2}\rangle$ をもつ力学量 $\hat{F}$ の測定を表わしているのに対して，第 2 式を使った (9.2) は固有状態 $|u_\pm\rangle$ をもつ他の力学量($\hat{G}$) の測定に対応している．一般に，$[\hat{F},\hat{G}]\neq 0$ であり，同時測定は不可能だ．それなのに，WFCII(9.2) はその両立しない 2 個の測定過程を同時に表わしている．これは矛盾である．

この矛盾の原因は WFCII(9.2) が測定器・検出器の状態を含んでいないところにある．交換しない演算子をもつ 2 個の力学量 (たとえば，スピン z 成分と x 成分) の測定には，まったく違う装置が使われているので，系Dの状態を記入しなければ，その違いを書き込むことはできない．正しい測定過程の数式的表現は，測定器・検出器の初終期状態の入った式

$$\hat{\Xi}_{\mathrm{I}}^{\mathrm{tot}} = \hat{\rho}_{\mathrm{I}}^{\mathrm{Q}}\otimes\hat{\sigma}_{\mathrm{I}}^{\mathrm{D}} = \sum_i c_i c_j^*|u_i\rangle\langle u_j|\otimes\hat{\sigma}_{\mathrm{I}}^{\mathrm{D}} \;\longrightarrow\; \hat{\Xi}_{\mathrm{F}}^{\mathrm{tot}} = \sum_k |c_k|^2\hat{\xi}_{\mathrm{F}k,t}^{\mathrm{Q}}\otimes\hat{\sigma}_{\mathrm{F}k,t}^{\mathrm{D}} \tag{9.4}$$

によって与えられる．ただし，$\hat{\Xi}_{\mathrm{I,F}}^{\mathrm{tot}}$ は全体系の初終期状態，$\hat{\sigma}_{\mathrm{I}}^{\mathrm{D}}$，$\hat{\sigma}_{\mathrm{F}k,t}^{\mathrm{D}}$ は測定器・検出器系の初終期状態をあらわす密度行列である．とくに後者には，系Dが系Qの力学量 $\hat{F}$ の k 番目固有値を検出したことを強調するため，添字 $\mathrm{F}k,t$ をつけておいた．測定器・検出器状態があるため，(9.4) に対しては，WFCII(9.2) における (9.3) のような恒等式は成立せず，上記の矛盾は存在し

ない．もちろん，(9.4) は位相相関喪失の過程である．これが測定による「波動関数の収縮」の正しい表現 (9.4) であるが，これを WFCIII と呼ぶことにしよう[*3].

WFCIII(9.4) が観測理論の最終ゴールである．すなわち，観測問題は「量子力学をQとDからなる全体系に適用して WFCIII(9.4) を導き出す」ことを要求するのである．

9-2　von Neumann-Wigner 理論とその周辺

観測理論の最終ゴール (9.4) の導出は，実は必ずしも簡単ではない．多くの物理学者が苦労した問題だが，ここでは von Neumann-Wigner 理論を中心にそのあらましを紹介しよう．

量子力学発足の当初から，測定が位相相関を消す過程であることは分かっていた．量子力学建設の主力メンバーである N. Bohr と W. Heisenberg は「測定対象は量子力学に従うミクロ系，測定器・検出器は古典物理学に従うマクロ系であり，ミクロ系とマクロ系の相互作用は制御不可能なためランダムになって，位相相関を消す」と考えた．しかし，これはおかしい．マクロ系も分解すればミクロ粒子の集団であり，量子力学の適用対象だからである．

von Neumann と Wigner はミクロ系とマクロ系の原理的区別を拒否し，すべてに量子力学 (とくに重ね合わせの原理) を厳密に適用すべきだと考えた．まず，測定器の簡単な数式的モデルから出発する．測定器D (初期状態 $\varPhi_{\mathrm{I}}$) とは，固有状態 u_i にある対象系Qと $t=0$ で接触させたとき，物理的過程

$$e^{-i\hat{H}t/\hbar}|u_i\rangle\otimes|\varPhi_{\mathrm{I}}\rangle \overset{t\to\infty}{\Longrightarrow} e^{-i\hat{H}_0t/\hbar}\hat{S}|u_i\rangle\otimes|\varPhi_{\mathrm{I}}\rangle \approx e^{-iE_i^{\mathrm{Q}}t/\hbar}|u_i\rangle\otimes|\varPhi_{i,t}\rangle \quad (9.5)$$

を引き起こす装置であると定義する．ただし，$\hat{H}=\hat{H}_0+\hat{V}_{\mathrm{QD}}$，$\hat{H}_0=\hat{H}_{\mathrm{Q}}+\hat{H}_{\mathrm{D}}$ であるが，$\hat{H}$ は全体系のハミルトニアン，$\hat{H}_{\mathrm{Q,D}}$ は系Qと系Dの自由ハミルトニアン，$\hat{V}_{\mathrm{QD}}$ は両者の相互作用を表わすハミルトニアン演算子である．ここでは，第2章と第4章で与えたS行列の定義式 $e^{-i\hat{H}t/\hbar}\overset{t\to\infty}{\Longrightarrow}e^{-i\hat{H}_0t/\hbar}\hat{S}$ を用いた．

---

*3　いずれの場合も，荷電粒子に対する通過検出型測定器だけを考えている．以下同様．吸収検出する光子や中性子の観測については冒頭の引用論文を見よ．

(9.5) の $\approx$ 以前は単なる一般式であり，後段がこの場合の測定器作用についての仮定である．すなわち，対象系は状態を変えず，測定器系だけが対象系状態 u_i に応じて $\Phi_{\rm I} \to \Phi_i$ と変化する装置なのだ．もっとも簡単な測定器モデルである．なお，$E_i^{\rm Q}$ は対象系の i 番目エネルギー固有値，$|\Phi_{i,t}\rangle$ は測定後測定器内の自由発展を表わす状態ベクトルである．

さて，von Neumann-Wigner 理論では，測定過程にも重ね合わせの原理を厳密に適用すべきだと主張する．したがって，対象系が重ね合わせ状態にあれば，測定過程は (9.5) の重ね合わせによって記述される．すなわち，

$$
\begin{aligned}
|\Psi_{\rm It}^{\rm tot}\rangle &= e^{-i\hat{H}t/\hbar}|\psi_{\rm I}^{\rm Q}\rangle \otimes |\Phi_{\rm I}\rangle = \sum_i c_i e^{-i\hat{H}t/\hbar}|u_i\rangle \otimes |\Phi_{\rm I}\rangle \\
&\overset{t\to\infty}{\Longrightarrow} \sum_i c_i e^{-iE_i^{\rm Q}t/\hbar}|u_i\rangle \otimes |\Phi_{i,t}\rangle \equiv |\Psi_{\rm Ft}^{\rm tot}\rangle\ . \qquad (9.6)
\end{aligned}
$$

$|\Psi_{\rm I,Ft}^{\rm tot}\rangle$ が全体系の測定前後の状態を表わす状態ベクトルである．これはしばしば **von Neumann の測定過程**と呼ばれている．しかし，この終期状態はなお純粋状態であって，分波 u_i 間の位相相関を保持しているので，これによって「波動関数の収縮」が実現されたと考えることはできない．この事情は終期状態を密度行列で表わせば，もっとはっきりする．すなわち，

$$
\hat{\rho}_{\rm Ft}^{\rm tot} \equiv |\Psi_{\rm Ft}^{\rm tot}\rangle\langle\Psi_{\rm Ft}^{\rm tot}| = \sum_i\sum_j e^{-i(E_i^{\rm Q}-E_j^{\rm Q})t/\hbar} c_i c_j^* |u_i\rangle\langle u_j| \otimes |\Phi_{i,t}\rangle\langle\Phi_{j,t}| \qquad (9.7)
$$

となり，依然として位相相関を表わす非対角要素が存在しているからである．

この事情を von Neumann-Wigner 理論はまだ測定過程が終わっていないと考える．事実，観測者が計器を眼で見る過程，観測者の眼底で視神経が信号を受け取る過程，神経系がそれを脳細胞に伝える過程などがある．これを「観測の連鎖」という．しかし，どの段階も物理的過程である限り，(9.7) が成立して測定による「波動関数の収縮」は起こらない．そこで，彼らはその連鎖が最終的には観測者 (人間) の**絶対的自我** (abstract ego) または**意識** (consciousness) に結びつき，それが「測った」と意識したとき「波動関数の収縮」が起きると考えた．とくに Wigner は「量子力学は観測問題 (前節末尾の問題) に肯定的な答を与えるような理論体系ではない」とまでいう．すなわち，観測問題まで含

めて見れば，量子力学は――第三者(自我または意識)の介入を必要とするという意味で――自己完結的な理論体系ではないと彼は考える．ことは重大である！　さらに，この連鎖を測定対象側と観測者側に分ける切断点は，移動自由であり，何処においてもよいとした．

Schrödinger は「猫」のパラドクスを提出してその点をつき，von Neumann-Wigner 理論に反撃した．さらに，その変形として「Wigner の友人」というパラドクスがあった*4．なお，著者は「Wigner の友人」パラドクスは von Neumann-Wigner 理論の破綻を意味するものと受け取っている．

von Neumann-Wigner の観測理論に対する強力な反論としては，**エルゴード増幅理論** (ergodic amplification theory) があった．ふつうミクロ系である観測対象は，マクロ系である測定器を動かすほど大きなエネルギーをもっていない．そのため，エネルギー供給過程を組み込む必要があるが，それは必然的に熱的不可逆過程となって位相相関を消すという筋書がエルゴード増幅理論なのである．この熱的不可逆過程としては，たとえば，カウンター放電などがある．ふつう位相相関の消滅によって量子力学から統計力学が出てくると考えられているが，その論理の援用なのである．したがって，エルゴード増幅理論は見かけ「ごもっとも」かつ「自然」な仮定と推論をもつので，多くの信者を獲得して一時期隆盛を極めた．しかし，「no 型実験」のパラドクスがこの理論に致命的な打撃を与えた．Stern-Gerlach 実験の場合を例にとって，このパラドクスを説明しよう．

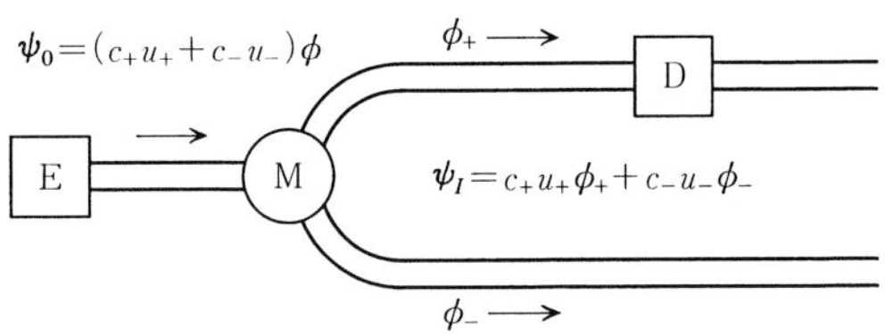

図 9-1　Stern-Gerlach 型実験

*4　雑誌『パリティ』1997年4月号の解説：並木「シュレーディンガーの猫は実在するか」を見てほしい．または，本章冒頭の引用文献を参照していただきたい．

Stern-Gerlach 実験の目的はスピン測定である．図 9-1 のように，左方の粒子源 E からスピン状態が不定の重ね合わせ状態 $c_+u_+ + c_-u_-$ にある粒子ビームを投入し，不斉一磁場Mによって，スピン上向き状態($u_+ = \alpha$)の粒子を上方チャンネルに，スピン下向き状態($u_- = \beta$)の粒子を下方チャンネルに分ける(α, β については 7-2 節を見よ)．磁場Mの通過がスペクトル分解過程

$$\psi_0 = (c_+u_+ + c_-u_-)\phi \ \rightarrow \ \psi_{\mathrm{I}} = c_+u_+\phi_+ + c_-u_-\phi_- \qquad (9.8)$$

を与える．ϕ, $\phi_\pm$ は波束を表わす位置関数であり，それぞれ，粒子源 E から M に向かう波束，M から上下方チャンネルに向かう波束関数を表わす．上方チャンネルには検出器 D がおいてある．粒子の上(下)方チャンネル通過がスピン上向き(下向き)に対応している．D によって検出過程が行なわれるが，E と D が一致信号(coincidence signal)を出せば，粒子スピンが上向きであることを知る．一方，E と D の反一致信号(E が信号を出しても D が出さないという anti-coincidence signal)の場合は，粒子スピンが下向きであることを知る．前者を yes 型，後者を no 型の実験という．yes 型実験の場合は，実際にカウンター放電などの不可逆過程が起きるので，エルゴード増幅理論の説明が許されるかもしれない．しかし，no 型実験の場合は，熱的不可逆過程とは一切関係なくスピン測定が行なわれてしまう．熱的不可逆過程なしで「波動関数の収縮」が実現したわけだ．これを「no 型実験」のパラドクスという．エルゴード増幅理論に対する手痛いパラドクスであった．「波動関数の収縮」自身は位相相関を消すので，不可逆過程であることには間違いないが，測定結果を提示するカウンター放電のような熱的不可逆過程とは峻別すべき過程なのである．このパラドクスはエルゴード増幅理論にとっては致命傷であった．結論的にいえば，エルゴード増幅理論は成立しない．しかし，この結論は測定器または検出器に課せられた信号発生という機能の重要性を否定するものではない．測定器の機能は「信号発生」と「波動関数の収縮」にある．この結論は両者を分けて考えなければならないということであった．

さて，von Neumann の測定過程 (9.6) の測定器終期状態 $|\Phi_{i,t}\rangle$ には，系Q の i 番目固有状態を検出したという意味で，同じ添字 i をつけた．しかし，i についての直交性

$$\langle \Phi_{i,t} | \Phi_{j,t} \rangle = \delta_{ij} \tag{9.9}$$

は必ずしも成立しない．この問題については過去に多くの議論があったが，ここでは省略しよう．ただ，この直交性が成立すれば，von Neumann の観測過程 (9.6) がそのままで「波動関数の収縮」を与えるとする間違った議論があるので，注意しておきたい．その議論は，装置状態についての (9.6) の部分内積，または密度行列 (9.7) の部分トレースをとって，(9.9) を使えば，

$$(\Psi_{\mathrm{F}t}, \Psi_{\mathrm{F}t})_{\mathrm{D}} = \sum_k |c_k|^2 |u_k|^2 \tag{9.10}$$

$$\mathrm{Tr}_{\mathrm{D}} \hat{\rho}_{\mathrm{F}t}^{\mathrm{tot}} = \sum_k |c_k|^2 \hat{\xi}_k^{\mathrm{Q}} \tag{9.11}$$

が得られるところを根拠にしている．たしかに干渉項は消えた．しかし，干渉項の消滅は必ずしも，位相相関の喪失を意味しない．位相相関の喪失は干渉現象の消滅を意味するが，逆は正しくないのである．最近の中性子干渉実験はそれを鮮やかに示した[*5]．そもそも，部分内積や部分トレースをとることは人為的な行為であり，測定器内の物理現象の結果ではない．また，(9.11) は WFCII であり，すでに議論した矛盾があって，正しい「波動関数の収縮」ではないのである．部分内積や部分トレースをとることなく，全体系の密度行列の非対角成分の消滅を示して，「波動関数の収縮」を導出することが観測理論の任務である．この考えの周辺に多世界理論や環境理論などがあるが，ここでは触れない．

なお，エルゴード増幅理論に対する Wigner の反論には，「no 型実験」のパラドクスの他に，Wigner の定理という議論があった．これは，マクロ系である測定器・検出器の初期状態が混合状態であっても，量子力学的なユニタリー時間発展によっては，対象系は決して純粋状態から混合状態へ移行することはないという数学的な定理である．観測問題の議論の一時期，マクロ系である測定器が混合状態にあるから位相相関の喪失が起きる，という単純な議論があったが，これはそれに対する反論だったのである．数学的にいえば，Wigner の証明は正しい．しかし，この証明は単一の Hilbert 空間で与えられたことを記憶しておいてほしい．後で，私たちは多 Hilbert 空間理論を用いて，この数学

*5　前節冒頭の引用論文を見よ．

的定理を突破し,「no 型実験」の場合の測定による「波動関数の収縮」を導出する.

9-3　測定過程の物理——多 Hilbert 空間理論

Stern-Gerlach 実験で見たように，多くの量子力学的観測・測定はスペクトル分解過程と検出過程とに分けられる．運動量測定 (第 2 章図 2-3) の場合もそうであった．左方から投入された運動量 $\boldsymbol{p}_i$ をもつ粒子は磁場Mによって曲げられて，運動量 $\boldsymbol{q}_i$ をもつ状態に移行する．いま，ϕ をM以前の位置状態波束，ϕ_i をMから検出器 D_i に向かう位置状態波束とし，$u_i \equiv u_{\boldsymbol{p}_i}\phi$，$v_i \equiv u_{\boldsymbol{q}_i}\phi_i$ とおけば，このスペクトル分解過程は

$$\psi_0 = \sum_i c_i u_i \ \rightarrow \ \psi_{\mathrm{I}} = \sum_i c_i v_i \tag{9.12}$$

と書くことができる．ここでは分波間の位相相関は消えない．位相相関が消えて「波動関数の収縮」が完成するのは検出過程である．すなわち，粒子が i 番目通路を通って検出器 D_i で捕捉されれば，粒子の運動量がM以前で $\boldsymbol{p}_i$ をもっていたことを知るわけだ．(9.12) は一般のスペクトル分解過程に対応することができる形式である．

観測理論において量子力学的解析を必要とする第 1 の場所は，対象系と測定器系が接触する場所(たとえば，D_i)における物理的過程 (9.5) のS行列の評価である．これは測定器の材質や構造ごとに違う複雑で木目細かい分析を要求される作業だ．ここでミクロ系とマクロ系の衝突・散乱の特徴を取り入れよう．量子力学の原理的実験では，十分弱いビームによって測定対象粒子を 1 個ずつ測定器に送り込む．その測定器はマクロ系であって十分大きく，多数のマクロ的局所系をもっている．最初の入射粒子がある局所系と相互作用して出ていった後次の粒子が入ってくるが，その時間間隔内の内部運動その他の理由で，粒子ごとに出会う局所系が違う．入射ビームで送り込まれる粒子の総数を N_p とすれば，同数の局所系を用意する必要がある．(9.5) の後段での測定器モデルは簡単過ぎるので，局所系の違いを考慮に入れて，測定器モデルをもう少し現

実的にしよう．すなわち，

$$\hat{S}^{(\ell)} u_i \otimes \Phi_{\mathrm{I}} \approx S_i^{(\ell)} v_i \otimes \Phi_i \tag{9.13}$$

を仮定する．$S_i^{(\ell)}$ は c 数である．$S_i^{(\ell)} = e^{2i\delta_i^{(\ell)}}$ とおけば，δ_ℓ は ℓ 番目粒子が検出器を通過したときの位相のずれである．測定の効果はすべて c 数 $S_i^{(\ell)}$ で表わされ，v_i も Φ_i も変わらないとした．測定器である以上，破壊されては困るので，この近似は許されるだろう．完全な測定器では，数列 $\{\delta_i^{(\ell)}\}$ がランダムになり，十分大きな N_p に対して，$N_p^{-1} \sum_{\ell=1}^{N_p} e^{2i(\delta_i^{(\ell)} - \delta_j^{(\ell)})} = 0$ が成立することを期待しているのだ ((9.15) 参照)．ここで登場した多数の局所系の量子力学的状態を表わすには，単一の Hilbert 空間では足りず，不可避的に多数の Hilbert 空間を必要とする．これがこの観測理論を**多 Hilbert 空間理論** (many Hilbert space theory) と呼ぶ理由なのである．

さて，測定後状態を表わす密度行列は，(9.7) において $S_i^{(\ell)}$ を導入した修正の後，ℓ について平均したものである．すなわち，

$$\begin{aligned}\hat{\Xi}_{\mathrm{F}}^{\mathrm{tot}} \equiv \overline{\hat{\rho}_{\mathrm{F}}^{\mathrm{tot}}} = \sum_i \sum_j \Delta_{ij} e^{-i(E_i^{\mathrm{Q}} - E_j^{\mathrm{Q}})t/\hbar} c_i c_j^* \\ \cdot |u_i\rangle\langle u_j| \otimes |\Phi_{i,t}\rangle\langle\Phi_{j,t}| \, , \Delta_{ij} \equiv \overline{S_i S_j^*}\end{aligned} \tag{9.14}$$

となる．上のバーは ℓ についての事象平均を表わす．入射ビームで送り込まれる粒子の数が大きければ，各粒子が遭遇する局所系の状態は多様となり，事象平均は局所系についての統計平均 $\langle\cdots\rangle$ で置き換えることができる．これは一種のエルゴード仮説だ．

このようにして，測定器の構成要素の数と N_p が十分大きい場合，

$$\Delta_{ii} \simeq 1 \, , \quad \Delta_{ij} \simeq 0 \qquad (i \neq j) \tag{9.15}$$

の成立が期待される(詳しくは冒頭の引用論文を見よ)．そのため，

$$\hat{\Xi}_{\mathrm{F}}^{\mathrm{tot}} \simeq \sum_k |c_k|^2 \hat{\xi}_k^{\mathrm{Q}} \otimes |\Phi_{k,t}\rangle\langle\Phi_{k,t}| \tag{9.16}$$

が得られ，WFCIII と同形の測定過程が完成する．(9.15) を成立させて，「波動関数の収縮」をもたらした重要な要因は ℓ についての揺動とその平均であった．これはまさに多 Hilbert 空間理論の効用である．この揺動を無視し測定器

が単一の Hilbert 空間で表わせるとすれば，この平均操作は取り除かれて「波動関数の収縮」は実現しない．Wigner の定理の場合に戻ってしまうわけだ．

以上が「波動関数の収縮」を与える機構であるが，yes-no 型実験(図 2-3)の場合を取り上げて，もう少し丁寧に見ておこう．簡単のために，$c_+ = c_- = 1/\sqrt{2}$ とおき，装置Dの通過が1次元問題的に透過係数 T と反射係数 R(理想的な検出器では $|T| \gg |R|$)だけで表わせるとすれば，(9.13) は $\hat{S}^{(\ell)} u_+ \otimes \Phi_{\mathrm{I}} \approx T^{(\ell)} u_+ \otimes \Phi_{\mathrm{I}}$ となる．u_- は検出器にふれないので，$\hat{S}^{(\ell)} u_- \otimes \Phi_{\mathrm{I}} \approx u_- \otimes \Phi_{\mathrm{I}}$．こうして，

$$\begin{aligned} \Xi_{\mathrm{F}}^{\mathrm{tot}} = \frac{1}{2} \Big[& \overline{|T|^2} \hat{\xi}_+^{\mathrm{Q}} \otimes \sigma_{\mathrm{F}t}^{\mathrm{D}} + \hat{\xi}_-^{\mathrm{Q}} \otimes \sigma_{\mathrm{I}t}^{\mathrm{D}} \\ & + \overline{T} e^{-i(E_+ - E_-)t/\hbar} |u_+\rangle\langle u_-| \otimes |\Phi_{\mathrm{I},t}\rangle\langle\Phi_{\mathrm{I},t}| + \mathrm{h.c.} \Big] \end{aligned} \qquad (9.17)$$

が得られる．h.c. は第3項の Hermite 共役を表わす．下段の非対角要素は $|\overline{T}| = \sqrt{\overline{|T|^2}(1-\epsilon)}$ $(\epsilon = 1 - |\overline{T}|^2 / \overline{|T|^2})$ に比例するので，$\epsilon = 1$ のときは完全測定を，$\epsilon = 0$ のときは完全干渉を，$0 < \epsilon < 1$ のときは不完全測定を表わす．完全測定の場合($\epsilon = 1$)の第1列第2項はまさに「no 型実験」における「波動関数の収縮」である．これで前節終りの問題設定に答えたわけだ．ϵ は「波動関数の収縮」に対する一種の秩序変数であり，**デコヒーレンス・パラメター**(decoherence parameter) という．不完全測定は最近話題のメソスコピック現象に相当する場合であり興味深いが，ここでは詳しく議論している余裕はない．

付録 デルタ関数と球関数

デルタ関数と球関数の諸性質を列挙しておく．デルタ関数については文献([17] など)を見ていただきたい．

A-1 デルタ関数

定義と諸公式．デルタ関数 $\delta(x)$ は $x\neq 0$ のときゼロであり，$x=0$ 付近で有限1価連続の(n 回微分可能な)関数 $f(x)$ に対して

$$\int_{\mathrm{I}} f(x)\delta(x)dx = f(0)\ ,\quad \int_{\mathrm{I}} f(x)\delta^{(n)}(x)dx = (-1)^n f^{(n)}(0) \qquad \text{(A.1)}$$

を与えるものである．ただし，I は $x=0$ を含む区間，上添字 (n) は n 階導関数を表わす．デルタ関数は点関数ではなく超関数として理解しなければならない．超関数とは「よい関数」を掛けて積分したとき意味をもつものである．「よい関数」とは，有限1価連続で必要なだけ微分可能であり，しかも有限区間以外ではゼロになる(または急速にゼロに近づく)ような関数をいう．

以下の諸公式は超関数として成立する．

(i) $\delta(x)=\theta'(x)$ ($\theta(x)$ は階段関数：$x<0$ のとき 0，$x>0$ のとき 1)．一般に $x=a$ 以外では微分可能な関数 $g(x)$ が不連続点 $x=a$ で G だけジャンプするときは $(d/dx)g(x)=[g'(x)]+G\delta(x-a)$ ($[g'(x)]$ は $x\neq a$ における導関数)．

（ii） $\delta(-x)=\delta(x)$, $x\delta(x)=0$, $\delta(ax)=(1/|a|)\delta(x)$ $(a\neq 0)$,
$\delta(x^2-a^2)=(1/2|a|)[\delta(x-a)+\delta(x+a)]$ $(a\neq 0)$.
（iii） $\delta'(-x)=-\delta'(x)$, $x\delta'(x)=-\delta(x)$.

積分表示と近似式．デルタ関数の Fourier 変換と逆変換から得られる形式的積分表示

$$\delta(x) = \frac{1}{2\pi}\int_{-\infty}^{\infty} e^{ikx}dk \tag{A.2}$$

は超関数等式として意味をもつ．なぜならば，よい関数 $f(x)$ を掛けて積分し積分の順序交換をすれば，Fourier の積分定理によって $f(0)$ が得られるからである．(A.2) のままでは積分は収束せず無意味だが，収束因子 $\theta(k+\lambda)\theta(\lambda-k)$，$\exp(-a^2k^2/2)$，$\exp(-\epsilon|k|)$ を導入して得られた次の近似式を使うと便利である：

$$\delta_\lambda(x) = \frac{\sin\lambda x}{\pi x}\ ,\quad \delta_a(x) = \frac{1}{a\sqrt{2\pi}}\exp(-\frac{x^2}{2a^2})\ , \tag{A.3}$$

$$\delta_\epsilon(x) = \frac{1}{\pi}\frac{\epsilon}{x^2+\epsilon^2}\ . \tag{A.4}$$

それぞれは $\lambda\to\infty$，$a\to 0$，$\epsilon\to 0$ の極限でデルタ関数に接近する．

3 次元デルタ関数．3 次元（または多次元）デルタ関数の導入は，変数の 3 次元化（または多次元化）によって直ちに行なわれ，似たような公式が得られる．ここでは，積分表示とそれから導出した球座標表示をあげるにとどめたい：

$$\delta^3(\boldsymbol{r}) = \frac{1}{(2\pi)^3}\int\exp[i\boldsymbol{k}\cdot\boldsymbol{r}]d^3\boldsymbol{k} \tag{A.5}$$

$$= \lim_{K\to\infty}\frac{1}{(2\pi)^3}\int_0^K k^2dk\int_0^\pi \sin\theta d\theta\int_0^{2\pi}d\varphi\exp(ikr\cos\theta)$$

$$= \lim_{K\to\infty}\frac{1}{2\pi^2r^3}[\sin Kr - Kr\cos Kr]\ . \tag{A.6}$$

これらの式は $\boldsymbol{r}$ と $\boldsymbol{k}$ を交換しても成立する．

ゼロによる割り算．公式 $x\delta(x)=0$ によれば，方程式 $xX=1$ の解は

$$X = \mathrm{P}\frac{1}{x} + C\delta(x) \tag{A.7}$$

である．ただし，C は任意定数，右辺第 1 項は Cauchy の主値である：

$$\mathrm{P}\frac{1}{x} = \lim_{\epsilon \to 0} \frac{x}{x^2+\epsilon^2} \ . \tag{A.8}$$

重要な特異関数：ここで特異関数 $(1/x)_\pm$ と $\delta_\pm(x)$ を定義式

$$\left(\frac{1}{x}\right)_\pm = \mp 2\pi i \delta_\pm(x) \equiv \lim_{\epsilon \to 0} \frac{1}{x \pm i\epsilon} \ , \tag{A.9}$$

$$\delta_\pm(x) \equiv \pm \frac{i}{2\pi}\mathrm{P}\frac{1}{x} + \frac{1}{2}\delta(x) \tag{A.10}$$

によって導入すれば，(A. 4) と (A. 8) は

$$\delta(x) = \frac{i}{2\pi}\left\{\left(\frac{1}{x}\right)_+ - \left(\frac{1}{x}\right)_-\right\},\ \mathrm{P}\frac{1}{x} = \frac{1}{2}\left\{\left(\frac{1}{x}\right)_+ + \left(\frac{1}{x}\right)_-\right\} \tag{A.11}$$

となり，解 (A. 7) を次のように書き直すことができる：

$$X = \left(\frac{1}{2} + \frac{i}{2\pi}C\right)\left(\frac{1}{x}\right)_+ + \left(\frac{1}{2} - \frac{i}{2\pi}C\right)\left(\frac{1}{x}\right)_- \ . \tag{A.12}$$

さらに，次式が成立する：

$$\left(\frac{1}{x}\right)_\mp = -\left(\frac{1}{-x}\right)_\pm \ ,\ \delta_\mp(x) = \delta_\pm(-x) \ ,\ \delta(x) = \delta_+(x) + \delta_-(x) \ . \tag{A.13}$$

なお，$\delta_\pm$ 関数には（超関数としての）重要な性質

$$e^{-ixt}\delta_+(x)\begin{cases} \xrightarrow{t \to -\infty} 0 \\ \xrightarrow{t \to \infty} \delta(x) \end{cases} \text{および} \quad e^{-ixt}\delta_-(x)\begin{cases} \xrightarrow{t \to -\infty} \delta(x) \\ \xrightarrow{t \to \infty} 0 \end{cases} \tag{A.14}$$

がある．証明は容易である：いま，$f(x)$ をよい関数として積分

$$\int_{-\infty}^{\infty} e^{-ixt}\delta_+(x)f(x)dx = \frac{i}{2\pi}\mathrm{P}\int_{-\infty}^{\infty}\frac{1}{x}e^{-ixt}f(x)dx + \frac{1}{2}f(0) \tag{A.15}$$

を考え，右辺第 1 項において，変数を $\eta = xt$ に変更すれば

$$\frac{t}{|t|}\frac{i}{2\pi}\mathrm{P}\int_{-\infty}^{\infty}\frac{1}{\eta}e^{-i\eta}f\left(\frac{\eta}{|t|}\right)d\eta \xrightarrow{t\to\pm\infty} \pm\frac{if(0)}{2\pi}\mathrm{P}\int_{-\infty}^{\infty}\frac{1}{\eta}e^{-i\eta}d\eta=\pm\frac{1}{2}f(0) \tag{A.16}$$

となる．これから直ちに (A.14) 第1式が得られる．第2式も同様．

A-2　球 関 数

Legendre 多項式と陪多項式，球面調和関数

Legendre 多項式 $P_\ell(x)$ と $m\leqq\ell$ に対する陪多項式 $P_\ell^m(x)$ は

$$P_\ell(x)=\frac{1}{2^\ell\ell!}\frac{d^\ell}{dx^\ell}(x^2-1)^\ell\quad(\ell=0,1,2,\cdots)\ , \tag{A.17}$$

$$P_\ell^m(x)=(1-x^2)^{|m|/2}\frac{d^{|m|}}{dx^{|m|}}P_\ell(x). \tag{A.18}$$

によって定義される．変域は $1\geqq x\geqq -1$．球面調和関数は

$$Y_{\ell,m}(\theta,\varphi)=(-1)^{(m+|m|)/2}\sqrt{\frac{2\ell+1}{4\pi}\frac{(\ell-|m|)!}{(\ell+|m|)!}}P_\ell^m(\cos\theta)e^{im\varphi} \tag{A.19}$$

で与えられる．しかし，(A.18) の代わりに定義

$$P_\ell^m(x)=\frac{1}{2^\ell\ell!}(1-x^2)^{m/2}\frac{d^{\ell+m}}{dx^{\ell+m}}(x^2-1)^\ell \tag{A.20}$$

を採用すれば，$P_\ell^{-m}=(-1)^m[(\ell-m)!/(\ell+m)!]P_\ell^m$ となるので，(A.19) 右辺の $|m|$ は m としてよい．すなわち，(4.85) を使うことができる．なお，

$$P_\ell(x)=P_\ell^0(x) \tag{A.21}$$

が成立する．両多項式が満足する方程式と直交関係は

$$\frac{d}{dx}\left[(1-x^2)\frac{dP_\ell^m}{dx}\right]+\left[\ell(\ell+1)-\frac{m^2}{1-x^2}\right]P_\ell^m=0\ , \tag{A.22}$$

$$\int_{-1}^{1}P_\ell^m(x)P_{\ell'}^m(x)dx=\frac{2}{2\ell+1}\frac{(\ell+m)!}{(\ell-m)!}\delta_{\ell\ell'} \tag{A.23}$$

によって与えられる．ℓ と m の小さい値に対しては

$$P_0(x)=1,\ P_1(x)=x,\ P_2(x)=\frac{1}{2}(3x^2-1),\ P_3(x)=\frac{5}{2}(5x^3-3x),\ \cdots,$$

$$P_1^1(x)=(1-x^2)^{\frac{1}{2}},\ P_2^1(x)=3(1-x^2)^{\frac{1}{2}}x,\ P_2^2(x)=3(1-x^2),$$

$$P_3^1(x)=\frac{3}{2}(1-x^2)^{\frac{1}{2}}(5x^2-1),\ P_3^2(x)=15(1-x^2)x,$$

$$P_3^3(x)=15(1-x^2)^{\frac{3}{2}},\ \cdots$$

である．

本文の (4.85) はこれらの Legendre（陪）多項式によって書かれた球面調和関数であった．定義 (4.85) の特徴は性質

$$Y_{\ell-m}(\theta,\varphi)=(-1)^m Y_{\ell m}^*(\theta,\varphi) \tag{A.24}$$

をもつところにある．ℓ と m の小さな値に対しては

$$Y_{00}=\frac{1}{\sqrt{4\pi}},\ Y_{10}=\sqrt{\frac{3}{4\pi}}\cos\theta,\ Y_{1\pm1}=\mp\sqrt{\frac{3}{8\pi}}\sin\theta e^{\pm i\varphi},$$

$$Y_{20}=\sqrt{\frac{5}{16\pi}}(\cos^2\theta-1),\ Y_{2\pm1}=\mp\sqrt{\frac{15}{8\pi}}\sin\theta\cos\theta e^{\pm i\varphi},$$

$$Y_{2\pm2}=\sqrt{\frac{15}{32\pi}}\sin^2\theta e^{\pm 2i\varphi},\ \cdots$$

である．

球 Bessel 関数

自由粒子の定常状態波動関数は方程式 $(\nabla^2+k^2)u^{(0)}=0$ を満足するが，球座標表示をとったときの波動関数の r 依存性 $\chi_\ell^{(0)}(\xi)$ $(\xi=kr)$ の方程式は

$$\left[\frac{d^2}{d\xi^2}+\frac{2}{\xi}\frac{d}{d\xi}+1-\frac{\ell(\ell+1)}{\xi^2}\right]\chi_\ell^{(0)}(\xi)=0 \tag{A.25}$$

である．ここで $\chi_\ell^{(0)}(\xi)=(1/\sqrt{\xi})Z_\nu(\xi)$ とおけば，$Z_\nu(\xi)$ は次数 $\nu=\ell+\dfrac{1}{2}$ の Bessel 微分方程式

$$\left[\frac{d^2}{d\xi^2}+\frac{1}{\xi}\frac{d}{d\xi}+\left(1-\frac{(\nu)^2}{\xi^2}\right)\right]Z_\nu=0 \tag{A.26}$$

を満足することが分かる．この方程式の（$\xi=0$ での）正則解として $J_{\ell+\frac{1}{2}}(\xi)$,

および，それと独立な解 $N_{\ell+\frac{1}{2}}(\xi)$ を選ぶことにしよう．J_ν は Bessel 関数，N_ν は Neumann 関数である：

$$J_\nu(\xi) = \sum_{m=0}^{\infty} \frac{(-1)^m}{m!\Gamma(\nu+m+1)}\left(\frac{\xi}{2}\right)^{\nu+2m}, \tag{A.27}$$

$$N_\nu(\xi) = \frac{J_\nu(\xi)\cos\nu\pi - J_{-\nu}(\xi)}{\sin\nu\pi}. \tag{A.28}$$

元の解 $\chi_\ell^{(0)}(\xi)$ に戻れば(そして係数を適当に選んで)，独立な解として

$$j_\ell(\xi) = \sqrt{\frac{\pi}{2\xi}}\,J_{\ell+\frac{1}{2}}(\xi), \quad n_\ell(\xi) = \sqrt{\frac{\pi}{2\xi}}\,N_{\ell+\frac{1}{2}}(\xi) \tag{A.29}$$

を使うことができる．$j_\ell(\xi)$ を球 Bessel 関数，$n_\ell(\xi)$ を球 Neumann 関数という．これらは初等関数であり，次のように書くことができる：

$$j_\ell(\xi) = (-\xi)^\ell\left(\frac{1}{\xi}\frac{d}{d\xi}\right)^\ell \frac{\sin\xi}{\xi}, \tag{A.30}$$

$$n_\ell(\xi) = -(-\xi)^\ell\left(\frac{1}{\xi}\frac{d}{d\xi}\right)^\ell \frac{\cos\xi}{\xi}. \tag{A.31}$$

ℓ の小さい値に対して具体的に書けば

$$\begin{aligned}
j_0(\xi) &= \frac{\sin\xi}{\xi}, \quad j_1(\xi) = \frac{\sin\xi}{\xi^2} - \frac{\cos\xi}{\xi}, \\
j_2(\xi) &= \left(\frac{3}{\xi^3} - \frac{1}{\xi}\right)\sin\xi - \frac{3\cos\xi}{\xi^2}, \cdots, \\
n_0(\xi) &= -\frac{\cos\xi}{\xi}, \quad n_1(\xi) = -\frac{\cos\xi}{\xi^2} - \frac{\sin\xi}{\xi}, \\
n_2(\xi) &= -\left(\frac{3}{\xi^3} - \frac{1}{\xi}\right)\cos\xi - \frac{3\sin\xi}{\xi^2}, \cdots
\end{aligned} \tag{A.32}$$

である．

球 Bessel 関数に対して，引数が小さい場合の近似式と大きい場合の漸近式をまとめて書けば

$$j_\ell(\xi) \xrightarrow{\xi\to 0} \frac{2^\ell \ell!}{(2\ell+1)!}\xi^\ell \ , \tag{A.33}$$

$$n_\ell(\xi) \xrightarrow{\xi\to 0} \frac{(2\ell)!}{2^\ell \ell!}\frac{1}{\xi^{\ell+1}} \ , \tag{A.34}$$

$$j_\ell(\xi) \xrightarrow{\xi\to \infty} \frac{1}{\xi}\sin(\xi - \frac{\ell\pi}{2}) \ , \tag{A.35}$$

$$n_\ell(\xi) \xrightarrow{\xi\to \infty} -\frac{1}{\xi}\cos(\xi - \frac{\ell\pi}{2}) \tag{A.36}$$

となる．これは本文で多用した式だ．j_ℓ と n_ℓ を正弦関数と余弦関数に対応させた Euler の公式

$$h_\ell^{(1)}(\xi) = j_\ell(\xi) + i n_\ell(\xi),\ h_\ell^{(2)}(\xi) = j_\ell(\xi) - i n_\ell(\xi) \tag{A.37}$$

によって定義した関数を，それぞれ，第 1 種球 Hankel 関数，第 2 種球 Hankel 関数という．この関数もよく利用されている．漸近形は明らかに次式である：

$$h_\ell^{(1)}(\xi) \xrightarrow{\xi\to \infty} (-i)^{\ell+1}\frac{e^{i\xi}}{\xi}\ ,\ h_\ell^{(2)}(\xi) \xrightarrow{\xi\to \infty} (i)^{\ell+1}\frac{e^{-i\xi}}{\xi}\ . \tag{A.38}$$

参考書

1. Dirac,P.A.M., The Principles of Quantum Mechanics, Oxford University Press, 1978. (邦訳) 朝永ほか，量子力学 (原書第 4 版)，岩波書店，1968.

誰でも一度は読むという名著.

2. 朝永振一郎, 量子力学 I,II, および補巻 (亀淵, 原, 小寺編), みすず書房, 1953, 1989.

「ゆっくり学びたい人たちのために」とある名著.

3. ランダウ・リフシッツ, 量子力学—非相対論的理論, (邦訳) 佐々木ほか, 東京図書, 1983.

驚くほど多くの問題に量子力学を適用している．手元において随時参考にしたい.

4. Schiff,L.I., Quantum Mechanics (3rd ed.), McGraw-Hill, 1968. (邦訳) 井上, 吉岡書店, 1970, 1972.

詳細な計算の手引きとして現在も広く使われている.

5. Bohm,D., Quantum Theory, Prentice-Hall, 1951. (邦訳) 高林ほか, みすず書房, 1956.

原理的考察のある好著．やや古いが観測問題の議論もある.

6. Sakurai,J.J., Modern Quantum Mechanics, Benjamin/Cummings, 1985. (邦訳) 桜井, 現代の量子力学 上, 下, 吉岡書店, 1989.

現代的な教科書．観測問題の新しい発展にまで視野を広げた.

7. 河原林研，量子力学 (岩波講座『現代の物理学』3), 岩波書店, 1993.

新しく書き下ろされた現代的教科書．随所に工夫が見られるが，散乱理論は省略された.

8. 湯川・豊田編, 量子力学 I,II (岩波講座『現代物理学の基礎』3,4), 岩波書店, 1978.

残念ながら現在では入手しがたい. 著者 (並木) は, I で波動力学の導入とその発展および 1 次元散乱問題, II で散乱理論を担当した. 本書はそれを下敷きに全面的に書き換えたものである.

9. 並木美喜雄, 不確定性原理—量子力学を語る, 共立出版, 1982.

波動力学の導入と不確定性原理を詳しく解説した. 本書第 2 章の下敷きでもある.

10. Goldberger,M.L., and Watson,K.M., Collision Theory, John Wiley & Sons, Inc., 1964.

その当時までの衝突・散乱理論が詳しく解説されている. 大部のため初学者の通読には適さないだろう. 適当に参考にすればよい.

11. Newton,R.G., Scattering Theory of Waves and Particles, Springer-Verlag, 1982.

量子力学的散乱問題ばかりでなく, 古典的波動や粒子の散乱まで扱っている膨大な労作である. 参考にはなるが, やはり初学者の通読には適さない.

12. Amrein,W.O., Jauch,J.M., and Sinha,K.B., Scattering Theory in Quantum Mechanics, W.A. Benjamin Inc., 1977.

散乱の量子力学の数学的基礎付けが主題である. やはり初学者の通読には向かない.

13. Sitenko,A.G., Scattering Theory, (英訳)Kocherga,O.D., Springer-Verlag, 1991.

手頃なサイズ (300 頁足らず) の中に必要な話を要領よくまとめた好著.

14. 砂川重信, 散乱の量子論 (岩波全書 296), 岩波書店, 1977.

日本語で書かれた数少ない散乱理論の教科書の一つ. 波束を著者独特の工夫で扱っている.

15. 笹川辰弥, 散乱理論 (物理学選書 20), 裳華房, 1991.

具体的な計算技術に詳しい.

16. 加藤祐輔, 散乱理論における逆問題(応用数学叢書), 岩波書店, 1983.

逆散乱問題を扱った(しかも, 日本語で書かれた)数少ない解説書.

17. 並木美喜雄, デルタ関数と微分方程式 (応用数学叢書), 岩波書店, 1982.

線形振動・波動を扱う数学的方法の解説だが, 散乱理論にもふれている.

18. 並木美喜雄, 解析力学, 丸善, 1991.

古典力学の教科書だが，相空間分布関数による衝突・散乱現象の取り扱いがある．
19. 並木美喜雄, 量子力学入門—現代科学のミステリー (岩波新書 210), 岩波書店, 1992.
市民向けの解説書だが，波動・粒子の 2 重性と観測問題を含む量子力学の原理的諸問題を詳しく議論してある．第 2 章導入部との関連で読んでいただきたい．
20. 大貫義郎，ポアンカレ群と波動方程式(応用数学叢書)，岩波書店，1976.
本書ではふれなかった相対論的粒子の量子力学的波動方程式の解説書．
21. Feynman, R.P., and A.R. Hibbs, Quantum Mechanics and Path Integral, McGraw-Hill Book Company, 1965;(邦訳)北原和夫，量子力学と経路積分，みすず書房，1995.
経路積分についての入門的解説書．
22. Mott, N.F., and Massey, H.S.W., The Theory of Atomic Collisions, 3rd ed., Oxford, 1965
古い本だが，相対論的な場合を含めた数多くの具体的問題を丁寧に扱っていて参考になる．

索　引

■岩波オンデマンドブックス■

散乱の量子力学

1997年 6月10日　第1刷発行
2015年 7月10日　オンデマンド版発行

著　者　並木美喜雄　大場一郎

発行者　岡本　厚

発行所　株式会社　岩波書店
〒101-8002 東京都千代田区一ツ橋 2-5-5
電話案内 03-5210-4000
http://www.iwanami.co.jp/

印刷／製本・法令印刷

ISBN 978-4-00-730232-9　　Printed in Japan